国家职业资格技师考评教程

维修电工

（技师 高级技师）

编审人员

主　编　李　钰

副主编　赵国梁　董焕和

编　者　张冬柏　易贵平　赵　卿　郜　鑫　于福海

主　审　郭大辉

中国劳动社会保障出版社

图书在版编目（CIP）数据

维修电工：技师 高级技师/人力资源和社会保障部教材办公室组织编写．—北京：中国劳动社会保障出版社，2016

国家职业资格技师考评教程

ISBN 978－7－5167－2867－3

Ⅰ.①维… Ⅱ.①人… Ⅲ.①电工－维修－技术培训－教材 Ⅳ.①TM07

中国版本图书馆CIP数据核字（2017）第000235号

中国劳动社会保障出版社出版发行

（北京市惠新东街1号 邮政编码：100029）

*

三河市华骏印务包装有限公司印刷装订 新华书店经销

787毫米×1092毫米 16开本 25.25印张 532千字

2017年2月第1版 2021年10月第7次印刷

定价：58.00元

读者服务部电话：(010)64929211/84209101/64921644

营销中心电话：(010)64962347

出版社网址：http://www.class.com.cn

内 容 简 介

本教材由人力资源和社会保障部教材办公室组织编写。教材以《国家职业技能标准·维修电工》为依据，紧紧围绕“以企业需求为导向，以职业能力为核心”的编写理念，力求突出职业技能培训特色，满足职业技能培训与鉴定考核的需要。

本教材详细介绍了维修电工技师、高级技师应掌握的相关知识和能力要求。全书分为4个模块单元，主要内容包括：双闭环直流调速系统的调试与维修、直流斩波电路的测试、抢答系统的安装与调试、多泵切换恒压供水系统的调试与维修、数控机床电气系统的维修、技能培训与技术管理、新技术与新工艺、技师的评价方案、技师核心能力的考核、技师业绩的评价、技师生产现场能力的考核等。

本教材是维修电工技师、高级技师职业技能培训与鉴定考核用书，也可供相关人员参加在职培训、岗位培训使用。

前　言

《国家中长期人才发展规划纲要（2010—2020年）》和《国务院关于加强职业培训促进就业的意见》（国发〔2010〕36号）明确提出：高技能人才队伍发展目标就是适应走新型工业化道路和产业结构优化升级的要求，以提升职业素质和职业技能为核心，以技师和高级技师为重点，形成一支门类齐全、技艺精湛的高技能人才队伍。到2020年，高技能人才总量要达到3 900万人。《关于国家高技能人才振兴计划实施方案》提出：我国将重点实施技师培训、高技能人才培训基地建设，到2020年，全国技师和高级技师总量要达到1 000万人，其中国家重点支持50万名（每年5万名）经济社会发展急需、紧缺行业（领域）高级技师培训；建设1 200个高技能人才培训基地，基本形成覆盖重点产业和中心城市的高技能人才培养网络。

当今世界，高技能人才是人才队伍的重要组成部分，是社会主义现代化事业的重要建设者、产业转型升级的重要推动者、创新驱动发展战略的重要实践者、技术技能的重要传承者，在推动经济发展和社会进步中发挥着不可或缺的重要作用。虽然技师、高级技师培养一直稳步推进，但我国仍有40%以上的技师、高级技师年龄超过46岁，高技能人才短缺问题非常突出。与此同时，市面上用于高技能人才的培训类教材和图书又存在着重考轻评、厚而不精等不符合我国现阶段技师、高级技师培养需求的问题。因此，人力资源和社会保障部教材办公室组织相关职业专家及一线优秀教学人员开发了一套服务于现阶段技师、高级技师考评培训需求的教材——《国家职业资格技师考评教程》，以供参加相关职业技师、高级技师等高级能人才培养、培训使用。

本套教材开发以“核心职业技能”为切入点，根据企业对高技能人才的要求，将国家职业标准与企业实际完美结合，为培养高技能人才的职业能力、乃至企业一线技术复杂操作岗位的技能水平评价，提供了更加科学、实用的标准和方法。

本套教材在编写中对高技能人才评价体系方法进行了有益的探索，针对不同职业岗位，突出了对高技能人才的职业能力和岗位贡献的评价，形成了以工作业绩考核为核心，以职业技能鉴定和岗位资质认证为基础，以高技能人才评价为重点，注重职业能力和职业态度的高

技能人才评价方式。

本套教材具有以下特点：

1. 教材具有通用性，又能兼顾定向需求，具有选择性。

2. 教材具有相关知识、论文撰写、答辩、企业实际等多位一体的综合性。

3. 教材具有符合高技能人才鉴定考试的实用性。

人力资源和社会保障部教材办公室

目　录

模块三　企业行业技师的综合评价

模块四　模拟试卷

附录

模块一

级别侧重表

单元名	节名	目	侧重级别
第1单元　双闭环直流调速系统的调试与维修	1.1　识读原理图	1.1.1　主电路及继电保护电路原理分析	技师 / 高级技师
		1.1.2　电源电路原理分析	技师 / 高级技师
		1.1.3　触发电路原理分析	技师 / 高级技师
		1.1.4　隔离电路原理分析	技师 / 高级技师
		1.1.5　调节电路原理分析	技师 / 高级技师
	1.2　系统调试	1.2.1　系统开环调试	技师
		1.2.2　系统闭环调试	技师
	1.3　故障检修	1.3.1　故障检修的原则与方法	技师
		1.3.2　故障测量方法	技师
	1.4　实例解析	1.4.1　案例故障检修	技师
		1.4.2　常见故障现象与检修方法	技师
第2单元　直流斩波电路的测试	2.1　器件学习	2.1.1　功率二极管	技师
		2.1.2　可关断晶闸管	技师
		2.1.3　电力场效应晶体管	技师
		2.1.4　绝缘栅双极型晶体管	技师
	2.2　识读原理图	2.2.1　主电路原理分析	技师
		2.2.2　控制电路原理分析	技师
	2.3　实例解析	2.3.1　直流电动机斩波调速电路	技师
		2.3.2　电路分析	技师
第3单元　抢答系统的安装与调试	3.1　器件学习	3.1.1　编码器	技师
		3.1.2　译码器	技师
		3.1.3　触发器	技师
		3.1.4　计数器	技师
	3.2　识读原理图	3.2.1　基本要求	技师
		3.2.2　基本电路	技师
	3.3　实例解析		技师
	3.4　电路制作	3.4.1　焊接的基本要求	技师
		3.4.2　调试中出现的问题及解决方法	技师

续表

单元名	节名	目	侧重级别
第4单元　多泵切换恒压供水系统的调试与维修	4.1　控制系统介绍	4.1.1　多泵切换恒压供水系统控制要求	技师 / 高级技师
		4.1.2　控制系统的组成	
	4.2　变频器的原理与使用	4.2.1　变频器的原理	技师 / 高级技师
		4.2.2　变频器的选择	技师 / 高级技师
		4.2.3　变频器的参数设定	技师 / 高级技师
	4.3　PLC 的选择与控制程序的编写	4.3.1　PLC 与特殊模块的选择	技师 / 高级技师
		4.3.2　程序编写	技师 / 高级技师
	4.4　触摸屏界面的选择与设计	4.4.1　触摸屏基础知识	技师 / 高级技师
		4.4.2　触摸屏画面的设计方法	技师 / 高级技师
	4.5　系统调试与维修	4.5.1　恒压供水系统的调试步骤与方法	技师 / 高级技师
		4.5.2　恒压供水系统的故障检修	技师 / 高级技师
	4.6　实例解析		技师 / 高级技师
第5单元　数控机床电气系统的维修	5.1　数控机床电气控制系统的组成与特点	5.1.1　数控机床电气控制系统的组成	高级技师
		5.1.2　数控机床的特点	高级技师
	5.2　数控机床主轴驱动系统	5.2.1　概述	高级技师
		5.2.2　交流主轴电动机及其驱动控制	技师 / 高级技师
		5.2.3　直流主轴电动机及其驱动控制	高级技师
	5.3　数控机床进给驱动系统	5.3.1　进给系统的简介	高级技师
		5.3.2　步进电动机及其驱动系统	高级技师
		5.3.3　伺服电动机及驱动系统	高级技师
		5.3.4　位置检测元件	高级技师
	5.4　数控机床电气故障的诊断与检修	5.4.1　故障的类型与特点	高级技师
		5.4.2　故障的诊断	高级技师
	5.5　实例解析		高级技师
第6单元　技能培训与技术管理	6.1　技能培训	6.1.1　技能培训概述	技师 / 高级技师
		6.1.2　技能培训的教学原则	技师 / 高级技师
		6.1.3　技能培训的教学方法	高级技师
		6.1.4　技能培训的教学设计	技师 / 高级技师
		6.1.5　技能培训的课题教学	技师 / 高级技师
		6.1.6　技能培训教学方案的编写	高级技师
		6.1.7　技师论文与技术总结的写作	技师 / 高级技师

续表

单元名	节名	目	侧重级别
第6单元　技能培训与技术管理	6.2　技术管理	6.2.1　电气设备维护的质量管理	技师
		6.2.2　电气设备的检修管理	技师
		6.2.3　电气设备技术改造方案的编写	高级技师
		6.2.4　技术改造的成本核算	高级技师
		6.2.5　工作日志的撰写	技师 / 高级技师
		6.2.6　技能操作要领总结方法	技师 / 高级技师
第7单元　新技术与新工艺	7.1　计算机辅助设计	7.1.1　CAD 系统的硬件与软件	技师 / 高级技师
		7.1.2　CAD 软件应用实例	技师 / 高级技师
	7.2　电磁干扰的产生与防治	7.2.1　电磁干扰的产生	技师 / 高级技师
		7.2.2　电磁干扰的防治	技师 / 高级技师
	7.3　嵌入式系统	7.3.1　嵌入式系统的定义	技师 / 高级技师
		7.3.2　ARM 处理器介绍	技师 / 高级技师
		7.3.3　嵌入式系统的组成与开发	技师 / 高级技师
	7.4　工业控制网络技术	7.4.1　局域网基础知识	技师 / 高级技师
		7.4.2　现场总线	高级技师

模块二 职业考核内容

第 1 单元　双闭环直流调速系统的调试与维修

双闭环直流调速系统是工业生产过程中应用最广的电气传动装置之一。广泛应用于轧钢机、冶金、印刷、金属切削机床等许多领域的自动控制系统中。它通常采用三相全控桥式整流电路对电动机进行供电，从而控制电动机的转速，传统的控制系统采用模拟元件，如晶体管、各种线性运算电路等，在一定程度上满足了生产要求。

直流电动机和交流电动机相比，其制造工艺复杂、生产成本高、维修困难，需备有直流电源才能使用。但因直流电动机具有宽广的调速范围，平滑的调速特性，较高的过载能力和较大的启动、制动转矩，因此被广泛地应用于调速性能要求较高的场合。在工业生产中，需要高性能速度控制的电力拖动场合，直流调速系统发挥着极其重要的作用，高精度金属切削机床、大型起重设备、轧钢机、矿井卷扬机、城市电车等领域都广泛采用直流电动机拖动。特别是晶闸管直流电动机拖动系统，因具有自动化程度高、控制性能好、启动转矩大、易于实现无级调速等优点而被广泛应用。

引入案例：某焊管厂使用双闭环直流调速装置拖动焊管生产线直流拖动电动机，在使用过程中出现转速降低的情况，导致无法正常生产。现要求电气维修人员按照工作的技术要求，对双闭环直流调速装置进行维修，恢复生产线功能，要求在 1 天内完成。

1.1　识读原理图

1.1.1　主电路及继电保护电路原理分析

双闭环直流调速装置主电路及继电保护电路主要由励磁电源电路、晶闸管可控整流电路、电流采样电路、电压采样电路、缺相保护电路和继电控制电路组成，主电路及继电控制电路原理图如图 1—1 所示。

1．继电控制电路工作原理

继电控制电路原理图如图 1—2 所示。

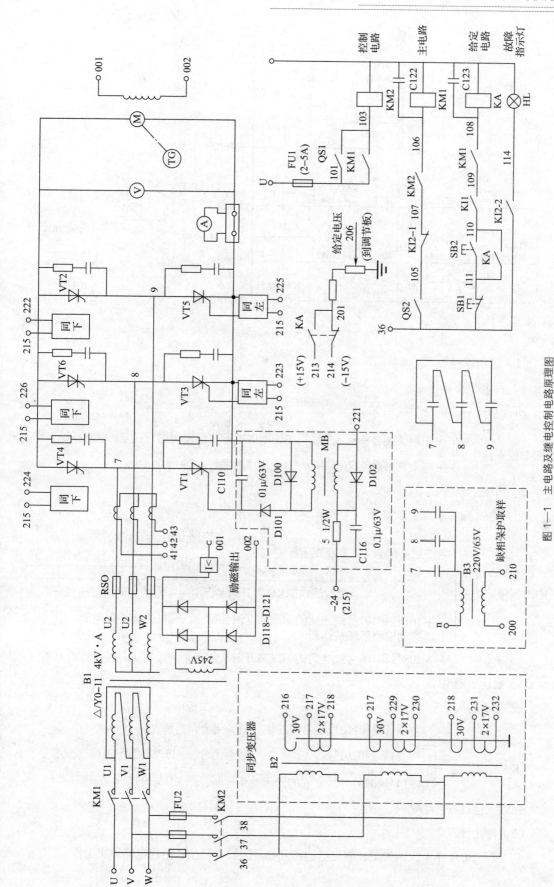

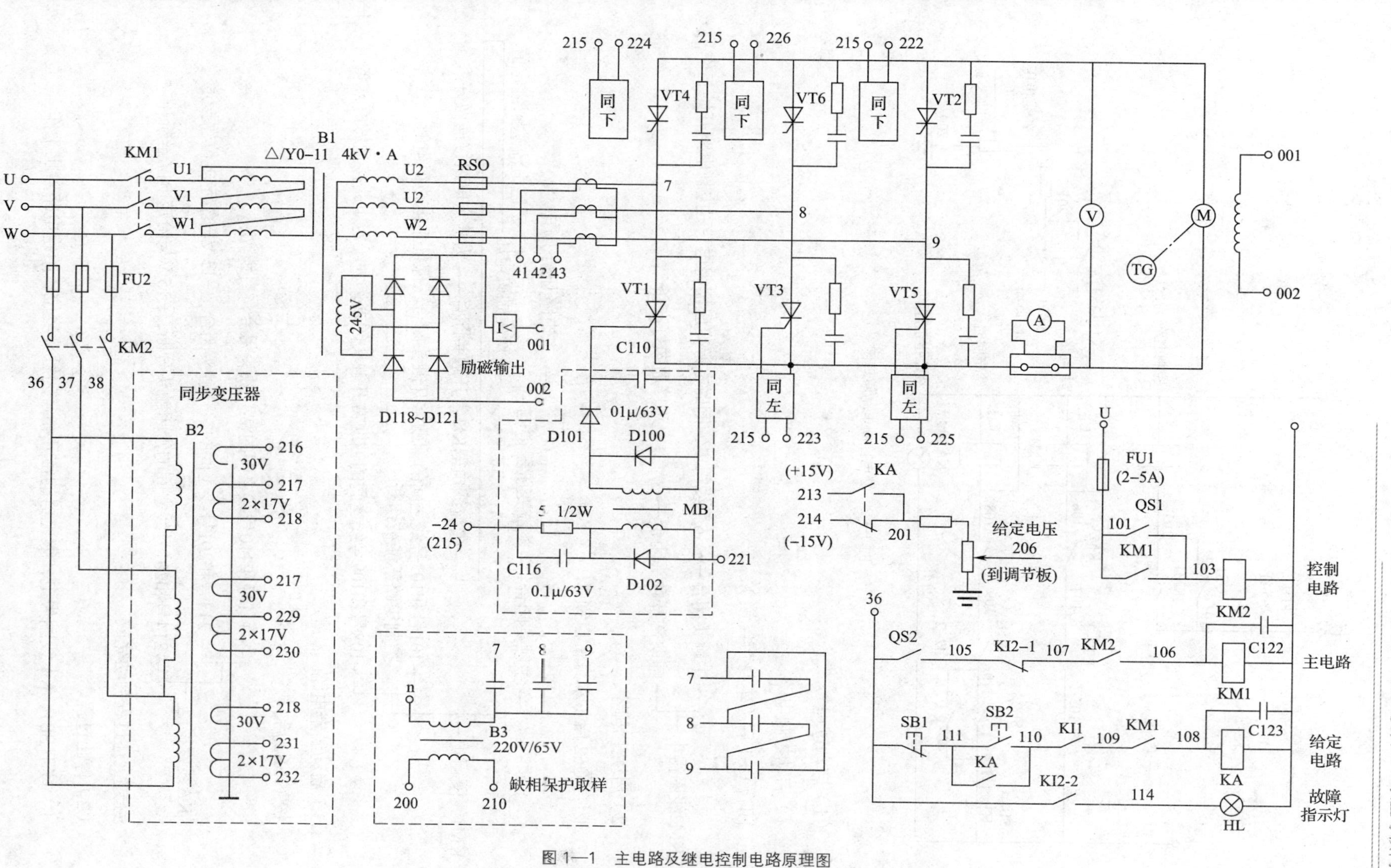

图1—1　主电路及继电控制电路原理图

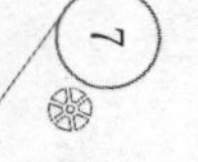

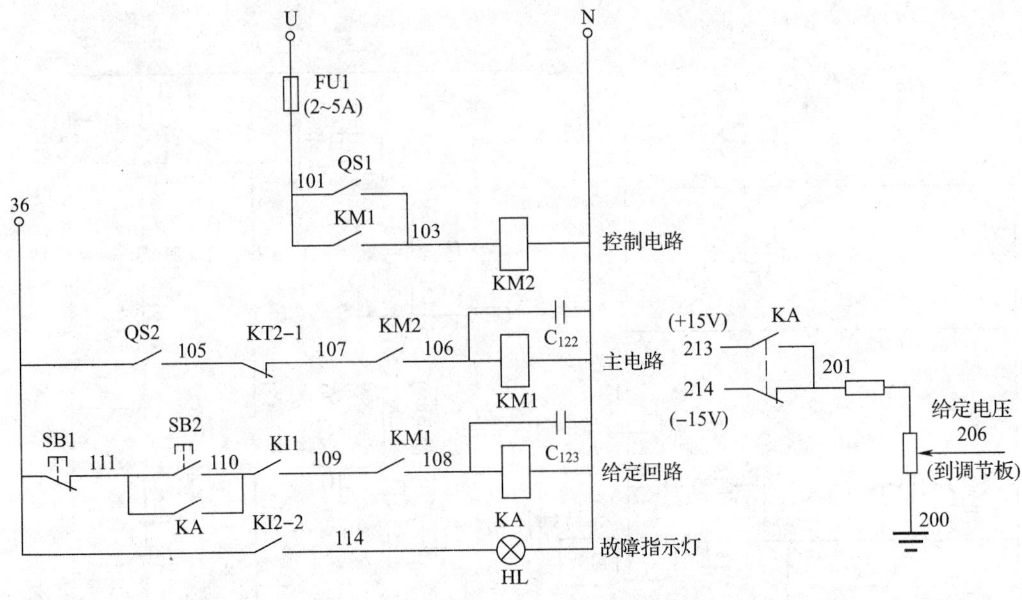

图 1—2　继电控制电路原理图

（1）启动过程

1）启动控制电路

闭合 QS1 后（本身带自锁），

KM2线圈得电—→主触头闭合→36号线得电，同时电源变压器得电→控制电路开始工作

KM2线圈得电—→辅助常开触头闭合→为主电路接通做好准备

2）启动主电路

闭合 QS2 后（本身带自锁），

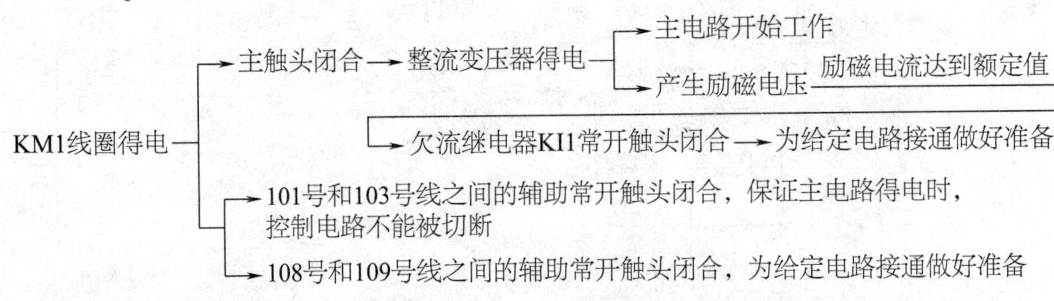

3）启动给定电路

按下 SB2 后，

KA线圈得电—→111号和110号线之间的常开触头闭合，自锁

KA线圈得电—→213号和201号线之间的常开触头闭合，+15 V与给定电位器接通

KA线圈得电—→214号和201号线之间的常闭触头分断，−15 V与给定电位器断开

经过上述过程启动完成。

（2）停止过程

1）按下 SB1，KA 线圈失电，继电器的常开和常闭触头复位，给定电路停止工作。

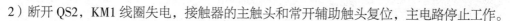

2）断开 QS2，KM1 线圈失电，接触器的主触头和常开辅助触头复位，主电路停止工作。

3）断开 QS1，KM1 线圈失电，接触器的主触头和常开辅助触头复位，控制电路停止工作。

（3）继电控制电路中需要注意的一些问题

1）与 QS1 并联的 KM1 辅助常开触点的作用。由继电控制电路的工作原理可知，只有当 KM2 得电后，KM1 才能得电。这个顺序控制是依靠在 KM1 控制电路中串入 KM2 辅助常开触头实现的。一旦完成上述操作，只要 KM1 线圈不断电，KM2 将无法断电，这是由并联在 QS1 上的 KM1 常开触头实现的，其作用是保证控制电路得电后，主电路才能得电，而主电路没有断电时，控制电路不能断电，这样设计的目的是防止主电路得电而控制电路不工作时，由于干扰等原因而引起的误工作发生事故。

2）KA 控制接通 ±15 V 的作用。在 KA 不得电时给定电路接通 −15 V，而当 KA 得电后给定电路接通 +15 V，设备正常工作时需要大于零的给定电压，因此这样做的目的是提高设备的抗干扰能力。

2．主电路工作原理

整流电路采用三相全控桥电路形式，与晶闸管并联的电阻、电容为阻容吸收电路，起防止晶闸管过电压的作用。

（1）整流变压器 B1 及交流电流互感器的接线方式与作用

1）三相变压器的联结方式和标号

①表示联结方式的字母符号。三相变压器常见的联结方式有星形（Y 形）和三角形（△形），还有开口三角形（V 形）、自耦形和曲折形（Z 形）。最常见的是星形和三角形。如图 1—3 所示为高压侧星形和低压侧三角形变压器联结方式的常见画法。

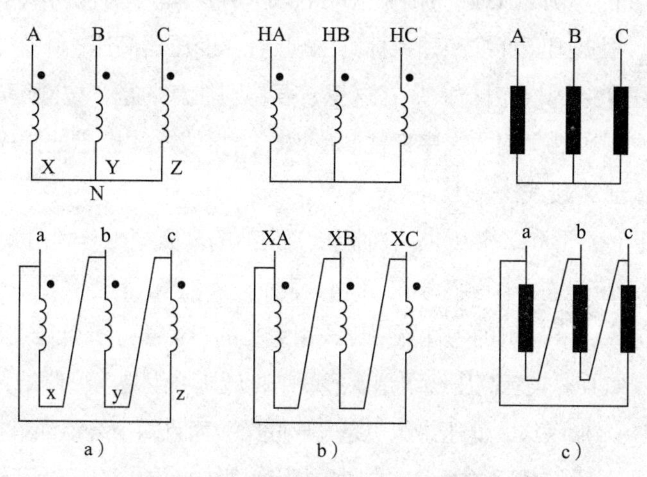

图 1—3　常见的几种变压器联结方式画法

a）常见画法　b）美国画法　c）IEC 画法

当把高压侧接成 Y 形，把低压侧也接成 Y 形时，即为 Y－Y 形接线；当把高压侧接成 Y 形，把低压侧接成△形时，即为 Y－△形接线；当把高压侧接成△形，把低压侧接成 Z 形时，

即为△－Z形接线。

在上述的每种接线方式中，又有多种接线方法可选。例如，在丫－丫形接线类型中有6种接线方法；在丫－△形接线和△－丫形接线类型中也各有6种接线方法。同样，在丫－Z和△－Z接线中也各有6种接线方法。

不过，基于安全、经济和实用的角度，许多接线方法是不宜采用的。例如，当用高压进行远距离输电时，为了经济，高压侧就不应该采用△形接线；当用三台单相变压器组成三相变压器组时，为了避免三次谐波的影响，就不能采用丫－丫形接线；为了安全，在某些情况下必须把中性点引出来等。

根据我国的相应规定，目前生产的变压器型号中，其组别编号只有Yyn0、Yd11、YNd11、YNy0和Yy0 5种。其中的Yyn0联结组是在低压侧引出中性点，便于220 V电器用户使用；YNd11主要是供高压输电使用。

②表示联结组别的数字符号。对于单相变压器来说，高压侧的电压跟低压侧的电压之间的相位差，不是0°，就是180°。但是，对于三相变压器来说，情况就要复杂得多，其相位差为0°～330°，间隔是30°。

所谓三相变压器的联结组别，就是给变压器的各种联结方法编的号码，从这些号码就可以知道变压器如何联结。

因此，判别三相变压器组别的工作，就是判别高压端的电压跟低压端的相应电压间的相位差是多少的问题。具体地说，三相变压器的组别编号是根据低电压的相位落后于对应的高电压的相位角是多少而定的，跟一次侧和二次侧无关。

根据变压器的国际标准《电力变压器—第1部分》（IEC 60076-1—2011）和国内标准《电力变压器—第1部分》（GB 1094.1—2013）的规定大体是：三相变压器联结方式的编号是由字母和数字两部分组成的。例如Yy4、Yd11、Dy11、YNd11等。其中的字母表示联结方式；数字表示联结的组别。根据国际标准和国家标准的规定："变压器高压、中压、低压绕组联结字母标志应按额定电压递减的次序标注"。在这里，要特别注意的是"按额定电压递减的次序标注"，而不是按一次侧和二次侧的次序标注。所以，当接线方式标志的排序为YNd时，并不是说一次侧一定是高压丫接线。

具体来说：丫形、△形和Z形（也叫曲折形）联结的高压绕组分别用大写字母Y、D和Z表示；对应的低压绕组分别用小写字母y、d和z表示。

对于丫形接线来说，高压侧的中性点引出线用大写的N字表示；低压侧的中性点引出线用小写的n字表示；例如Dyn表示高压绕组是△形联结；低压绕组是丫形联结，并有中性点引出；YNyn表示高压绕组是丫形联结，低压绕组也是丫形联结，而且两个绕组都有中性点引出。

③表示三相变压器联结状况的标号。根据国际和国内标准的规定，三相变压器接线的组别是用时钟上时针的位置表示的。这种方法的最大特点是把高压侧的相量作为基准，并把它定位在时间为零点的位置，把低压侧的相量作为时针对待。如果低压相量落后高压相量30°，就相当是1点钟，因此，这种接线的组别编号就是"1"。又如，当低压侧的相量落后高压侧

的相量 330° 时，就相当是 11 点钟，因此就把这种接线的组别编号规定为“11”。

2）整流变压器 B1 的接线方式与作用。

整流变压器 B1 和交流电流互感器的接线方式如图 1—4 所示。

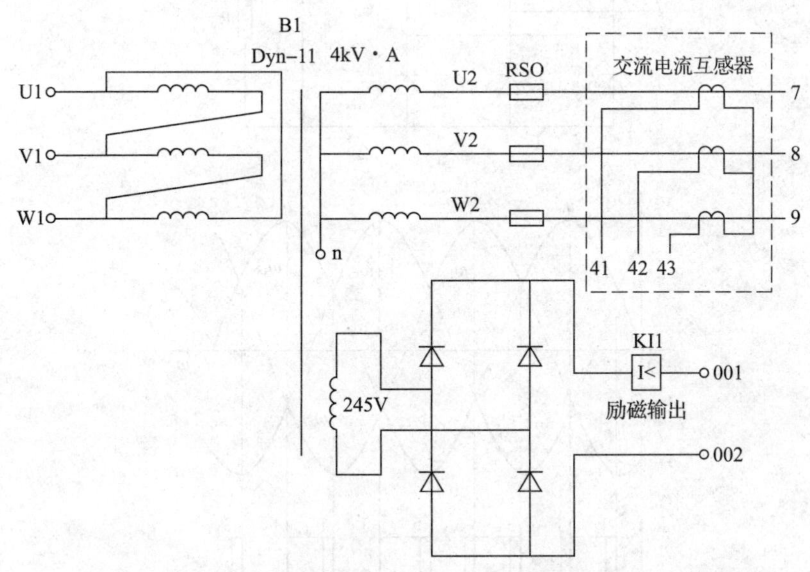

图 1—4　整流变压器 B1 和交流电流互感器的接线方式

整流变压器 B1 由一个一次侧绕组和两个二次侧绕组组成，两个二次侧绕组中一个为三相绕组，与一次侧绕组采用 Dyn–11 的接线方法，另一个二次侧绕组是单向绕组，为励磁电路提供交流电源。采用 Dyn–11 接线方法的绕组有两个作用，一个是将 380 V 电压变为电路所需要的 127 V，起降压作用，另一个是采用 Dyn–11 的接线方法可有效地防止三次谐波进入电网造成电网电压的畸变。

3）交流电流互感器的接线方式与作用。交流电流互感器采用 Y 形接线方式，其作用是对主电路交流侧的电流进行取样，为调节板电路提供电流反馈信号。

（2）晶闸管整流电路工作原理

整流电路采用三相全控桥式电路形式，如图 1—5a 所示。

1）电阻性负载。三相全控桥式整流电路电阻性负载 α=0° 时，主电路电压、脉冲安排电压、电流等波形如图 1—5b ~ e 所示。

在三相不可控整流电路中，每到电压正向波形交点就自动换相，所以三相电压波形的交点叫自然换相点，三相可控整流电路 α=0° 处应在自然换向点。

由于全控桥式电路中的电流 i_d 流过时，必须有两只晶闸管同时导通，一只属于共阴极组（阴极连接在一起的晶闸管组）；另一只属于共阳极组（阳极连接在一起的晶闸管组）。为使电路能启动工作或电流断续时能再次导通，必须同时对两组中应导通的晶闸管施加触发脉冲，为此有两种方法可供选择：一种是宽脉冲，每一个触发脉冲宽度在 85° 左右，在共阴极组的自然换相点（α=0°）ω_{t1}、ω_{t3} 和 ω_{t5} 时刻分别对晶闸管 VT1、VT3 和 VT5 施加触发脉冲 u_{g1}、u_{g3} 和 u_{g5}，在共阳极组的自然换相点（α=0°）ω_{t2}、ω_{t4} 和 ω_{t6} 时刻分别对晶闸管 VT2、VT4 和

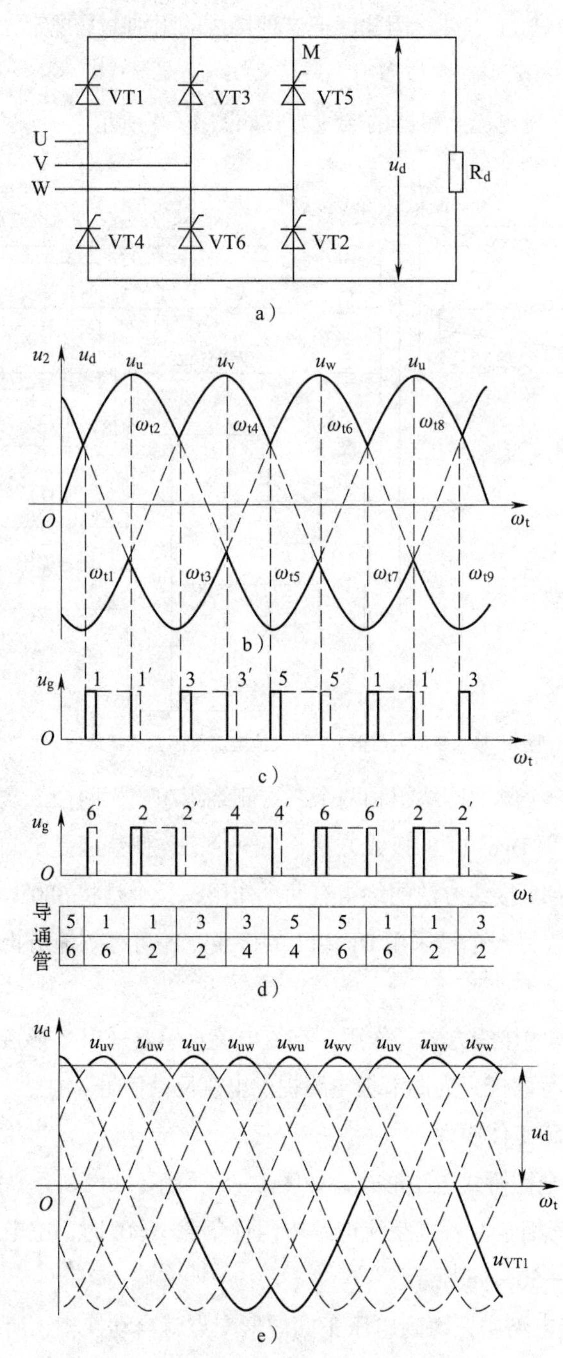

图 1—5　三相全控桥式整流电路电阻性负载主电路

$\alpha=0°$ 时脉冲安排和 u_d、i_d、u_{VT1} 等波形

a）原理图　b）输入电压波形　c）共阴晶闸管脉冲波形　d）共阳晶闸管脉冲波形　e）输出电压波形

VT6 施加触发脉冲 u_{g2}、u_{g4} 和 u_{g6}，如图 1—5c 虚线部分所示。这样就可保证在任一换向时刻都有相邻的两只晶闸管的触发脉冲；另一种是双窄脉冲，每一个触发脉冲宽度在 18° 左右。在某一号晶闸管触发脉冲来到，触发该晶闸管时，触发电路同时给前一号晶闸管补发一个脉冲，叫作补脉冲（或辅助脉冲），如图 1—5c 所示，在 ω_{t2} 时刻，实线所示的窄脉冲 2 是 VT2 管的

主脉冲，而窄脉冲 1′ 是 VT1 管的补脉冲。显然，双窄脉冲的作用和宽脉冲的作用是一样的。双窄脉冲触发，可减少触发电路的功率，目前应用较多，但触发脉冲电路要复杂一点。

三相桥式全控整流电路中，共阴极和共阳极组各有一只晶闸管导通，才能构成电流 i_d 的通路，因而负载上得到的输出电压 u_d 为线电压。由图 1—5e 可知，线电压正半波各交点即为 $\alpha=0°$ 处。在 ω_{t1} ~ ω_{t2} 期间，u 相电压最高，v 相电压最低，在触发脉冲 u_{g1}、u_{g6} 的作用下，VT1、VT6 管同时被触发导通，电流从 u 相流出，经 VT1 → R_d → VT6 流回 v 相，负载上得到的电压为 $u_d=u_u-u_v=u_{uv}$。在 ω_{t2} ~ ω_{t3} 期间、ω_{t2} 时刻，u 相电压仍最高，但 w 相电压将低于 v 相电压，使 w 相 VT2 管承受正压，在 u_{g2} 作用下 VT2 管导通。使 VT6 管受反压而关断，负载电流从 VT6 管换到 VT2 管，电流 i_a 通路为 u 相→ VT1 → R_d → VT2 → w 相，负载上得到的电压为 $u_d=u_u-u_w=u_{uw}$。依此类推，在 ω_{t3} 时刻，u_{g3} 使 VT3 管导通而 VT1 管关断，在 ω_{t3} ~ ω_{t4} 期间，输出电压为 $u_d=u_v-u_w=u_{vw}$，输出电压完整波形如图 1—5e 所示，它为线电压的正向包络线。

现以 VT1 为例进行介绍晶闸管两端电压波形。当 VT1 导通时 $u_{VT1}=0$ V（忽略晶闸管通态平均电压）；在 VT3 导通时图 1—5a 中 M 点电位和 v 相相等，此时 VT1 管承受 u、v 相间的线电压，即 $u_{VT1}=u_v-u_u=u_{uv}$；同理，在 VT5 导通时，M 点电位和 w 相相等，$u_{VT1}=u_w-u_u=u_{wu}$，u_{VT1} 波形如图 1—5e 所示。

当 $\alpha>0°$ 时，输出电压 u_d、电流 i_d、晶闸管两端电压 u_{VT} 等波形都要变化，图 1—6、图 1—7、图 1—8 给出了 $\alpha=30°$、60°、90° 时的波形。由图可知，$\alpha\leq 60°$ 时，u_d、i_d 波形连续，$\theta_T=120°$；$\alpha>60°$ 则 u_d、i_d 断续，$\theta_T<120°$。本电路的移相范围为 0° ~ 120°。在断续期间，将晶闸管漏电阻看成是对称三相负载，共阴极和共阳极点看成中性点，则各晶闸管均承受所在相的相电压，但实际情况差异较大。

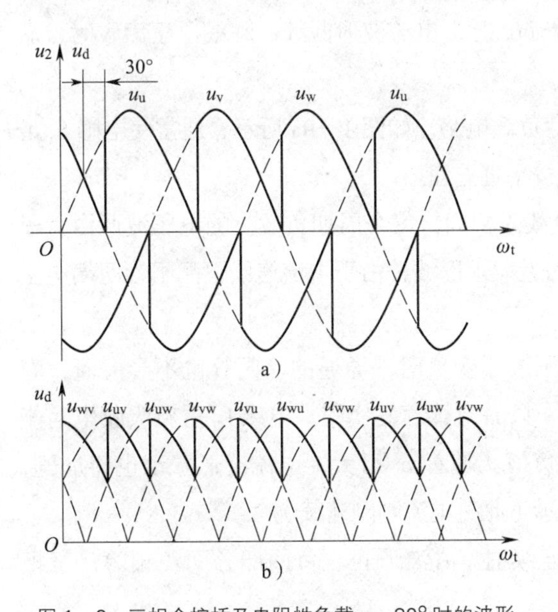

图 1—6　三相全控桥及电阻性负载 $\alpha=30°$ 时的波形

a）交流输入电压波形　b）直流输出电压波形

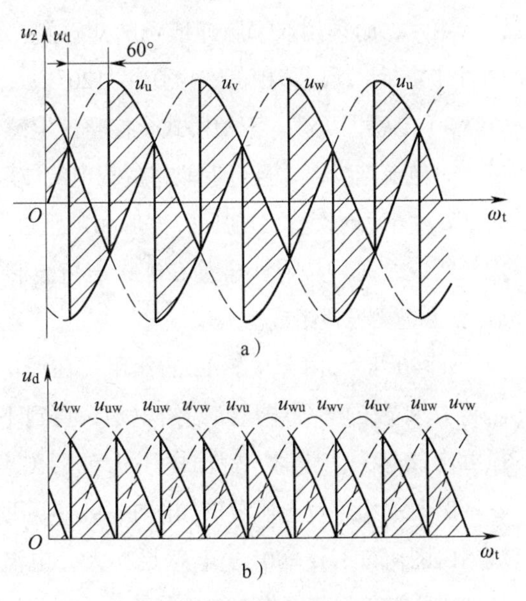

图 1—7　三相全控桥及电阻性负载 $\alpha=60°$ 时的波形

a）交流输入电压波形　b）直流输出电压波形

通过以上分析，现归纳以下几点：

第一，三相桥式整流电路在任何时候都必须有分属两个连接组的两只不同相的晶闸管同时导通，才能构成电流通路。晶闸管间换相只在本连接组内进行，本组各管触发脉冲间隔为120°，由于共阴极和共阳极管子换相时刻相隔60°，因此，每隔60°有一个管子换相，共阴极组共阳极组轮流进行，换相的顺序为VT1、VT2、VT3、VT4、VT5、VT6、VT1…，当然，触发脉冲的顺序也为u_{g1}、u_{g2}、u_{g3}、u_{g4}、u_{g5}、u_{g6}，各触发脉冲依次相差60°。

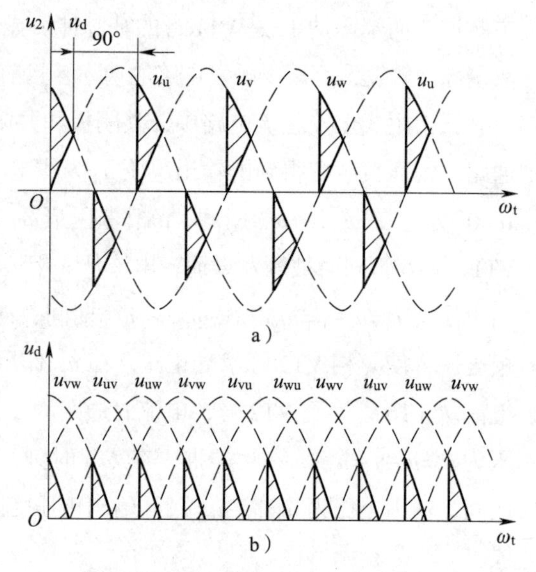

图1—8　三相全控桥及电阻性负载 α=90°时的波形

a）交流输入电压波形　b）直流输出电压波形

第二，电流i_d连续时，每只晶闸管导电角θ_T为120°，电流断续则小于120°。控制角α的移相范围为0°～120°，电流连续与断续的分界点是α=60°。

第三，输出电压u_d波形由六个不同的线电压组成。α=0°时，u_d为六个线电压的正向包络线，每周期脉动六次，基波频率为300 Hz。

第四，三相全控桥式整流电路，控制角α=0°处为相邻相电压的交点（包括正、负方向），距相电压波形原点为30°，在线电压波形上，α=0°处为相邻线电压正半波交点，距线电压波形原点60°。

第五，$\alpha \leqslant$ 60°时，电流连续，晶闸管承受的最大电压为线电压峰值，即$\sqrt{6}U_2$=2.45U_2。

第六，必须用双窄脉冲或宽脉冲触发，α>60°时，电流波形断续，到线电压为零时，晶闸管才关断，所以移相范围为0°～120°。

2）电感性负载。三相桥式全控整流电感性负载电路，如图1—9a所示。通常使电感L_d足够大，电流连续，并且可近似将负载电流波形按平直处理。

$\alpha \leqslant$ 60°时，输出电压u_d波形和电阻性负载时相同，每个周期负载上的电压波形由六段电压组成，每只晶闸管导通120°，电流波形为近似矩形波，由于电流连续，晶闸管两端电压u_{VT}波形仍由三段组成。

α>60°时，由于电感L_d的作用，在线电压过零变负时，导通的晶闸管也不会关断，而是将L_d释放的部分能量回馈给电网，直到下一只晶闸管触发换相，电感L_d重新吸收电网能量并存储起来。此时，输出电压u_d波形出现负值。随着α增大，电流波形脉动也将加剧，α=90°时的电路及电压波形如图1—9b～c所示（此时电流刚刚连续）。

由图可知，α=90°、电感足够大、电流连续时，u_d波形正、负两部分面积相等，三相U_d=0，所以移相范围为0°～90°。

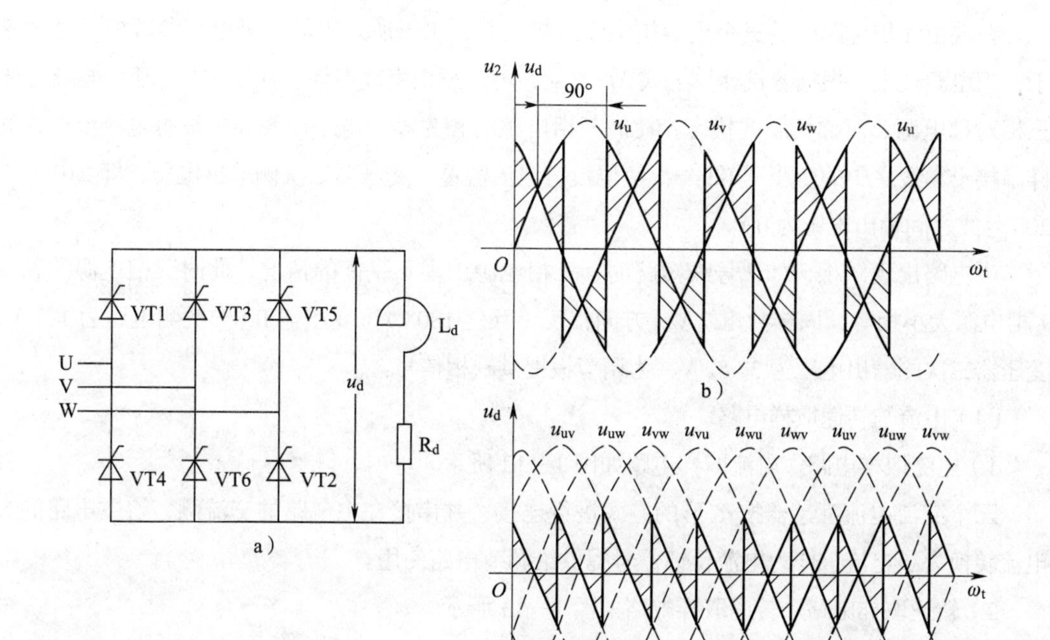

图 1—9　三相全控桥电路及电感电阻性负载 α=90° 时的波形

a）三相全控桥电路　b）输入电压波形　c）输出电压波形

3）反电动势负载

通常串入足够大的电感 L_d 使电流波形连续平直，此时输出电压 u_d 的波形与大电感负载时相同，如果不用于直流电动机可逆拖动系统，也可以在输出端并接续流二极管 VD，其电路如图 1—10 所示。电感性负载在并接续流二极管后，输出电压的波形与接电阻性负载时的情况相同。在 α>60° 时，并接续流二极管可以提高输出平均电压，减轻晶闸管的负担。

（3）过电压及缺相保护取样电路工作原理

过电压及缺相保护取样电路如图 1—11 所示。

将三个电容△接于 7、8、9 号线（整流变压器输出端）三相电源之间，利用电容两端电压不能突变的特性，可以吸收浪涌电压，起过压保护的作用。

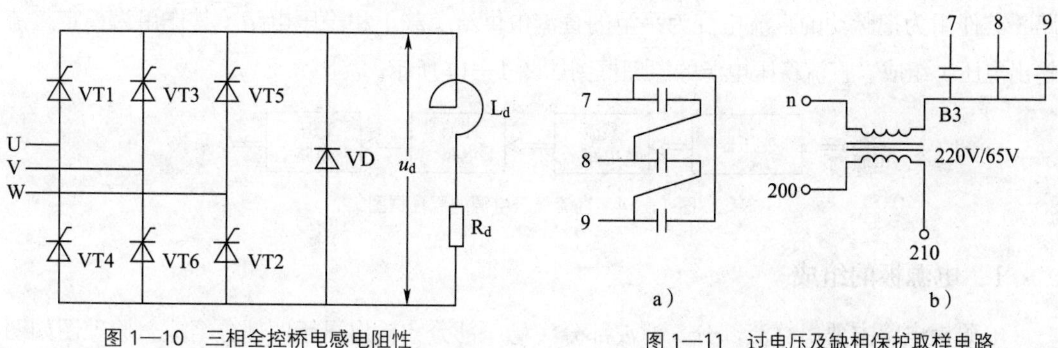

图 1—10　三相全控桥电感电阻性负载并接续流二极管电路

图 1—11　过电压及缺相保护取样电路

a）过电压保护电路　b）缺相保护取样电路

在缺相保护电路中的三个电容相当于三相负载，由于所采用的三个电容参数相同又丫接于三相电源之中，根据容抗计算公式 $X_C=1/\omega_c$，可知三相负载相等。在正常状态下，电路处于三相对称电源、对称负载的状态，此时三相电源的和为零、电路零线 n 中没有电流流过，同样串接于零线之中的变压器 B3 一次侧也没有电流流过，变压器二次侧输出电压，即 210 号与 200 号线之间输出电压为 0 V。

当电路出现缺相，如 7 号线短路时，三相电源出现不平衡的情况，此时三相电源的和与 7 相电源大小相等，同样为 127 V、方向相反（互差 180°），变压器 B3 一次侧电压为 127 V，变压器二次侧输出电压为 37.52 V，为调节板提供缺相信号。

（4）电流与转速取样电路

1）电流取样电路。电流取样电路如图 1—12 所示。

三个交流电流互感器按丫形的方式进行连接，并串接在主电路的交流侧，将主电路的大电流转换为小电流，作为电流反馈信号提供给调节电路使用。

2）转速取样电路。转速取样电路如图 1—13 所示。

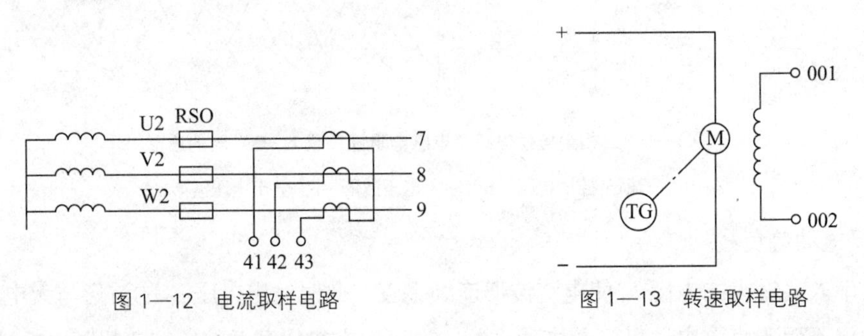

图 1—12　电流取样电路　　图 1—13　转速取样电路

测速发电机与直流电动机同轴连接，对直流电动机的转速进行测量，以电压的形式输出，作为转速反馈信号提供给调节电路使用。

1.1.2　电源电路原理分析

电源板的作用是为调节、触发和隔离等电路工作提供直流电源。

将工频正弦交流电转换成直流电的直流稳压电源一般由变压器（其作用为把输入的交流电压变为整流电路所要求的电压值）、整流电路（其作用为将交流电变换成直流电）、滤波电路（其作用为把脉动的直流电变为平滑的直流电供给负载）和稳压电路（其作用为稳定直流输出电压）组成。直流稳压电源的原理框图如图 1—14 所示。

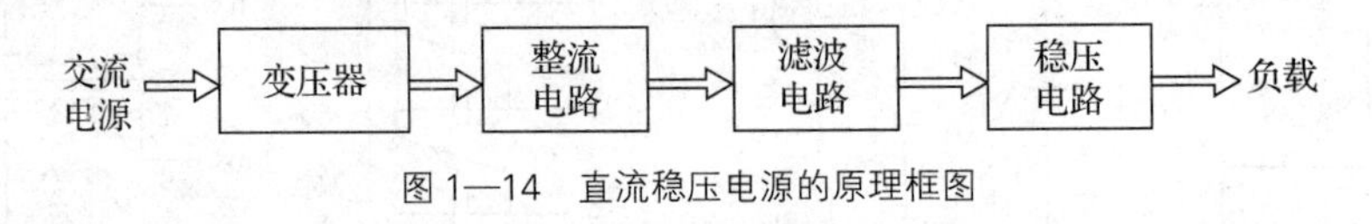

图 1—14　直流稳压电源的原理框图

1．电源板的组成

电源板电路主要由整流部分、滤波部分、稳压部分和输出显示四部分组成，原理图如图 1—15 所示。

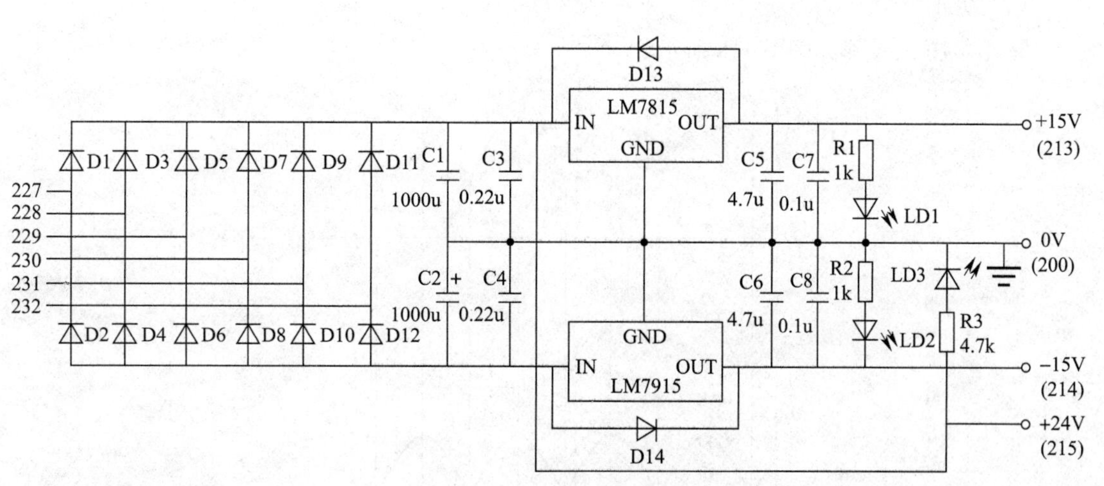

图 1—15　电源板电路原理

2．电源板的用途

电源板的作用是将输入的 6 组 17 V 交流电源，经过整流、滤波和稳压后得到 +15 V，+24 V，−15 V 和 0 V 四个电位，为给定板、调节板、隔离板、触发板提供工作的直流电源，确保电路工作。电源板主要是由 D1 ~ D12 十二只二极管组成的桥式整流电路，滤波后给 LM7815 和 LM7915 集成稳压器提供电源，其输出为各控制板及脉冲变压器，过流继电器提供电源，电源板是给调节板和电源隔离板提供电源，它能够输出 +15 V，－15 V 和 +24 V 电压，使其直流调速装置能够正常的工作。

3．电源板的输入电压

电源板的输入电压是取自于同步变压器 B2 二次侧绕组，在相位上互差 60° 的六组交流 17 V 电压，其矢量图如图 1—16 所示。

4．整流部分工作原理

将六组 17 V 电源经由 12 只二极管组成的整流电路，产生具有六个波头的直流脉动电压。

（1）整流部分电路原理图

整流部分电路原理图如图 1—17 所示。

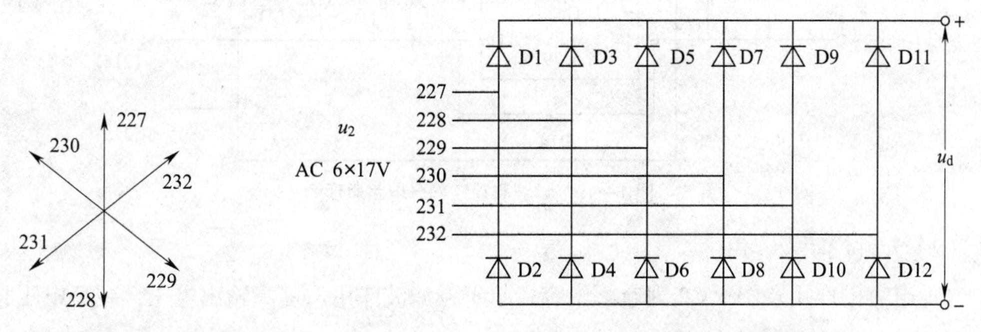

图 1—16　电源板输入电压矢量图

图 1—17　整流部分电路原理图

（2）波形分析

输出电压 u_d 波形如图 1—18 所示。

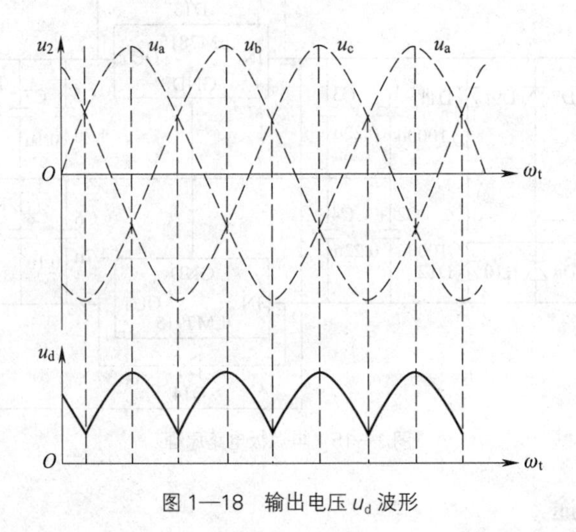

图 1—18　输出电压 u_d 波形

（3）理论分析

u_d 理论计算值为：

$$U_d=\frac{17\times2.3}{2}\times1.2\approx24\ \text{V}$$

5．滤波和稳压部分

将输出电压 U_d 分为正负两组后进行滤波。正电压经 C1、C3，负电压经 C2、C4 滤波。而后采用固定输出三端集成稳压器 LM7815 和 LM7915 进行稳压得到 +15 V 和 −15 V 电压。

（1）电路原理图。滤波和稳压部分电路原理图如图 1—19 所示。

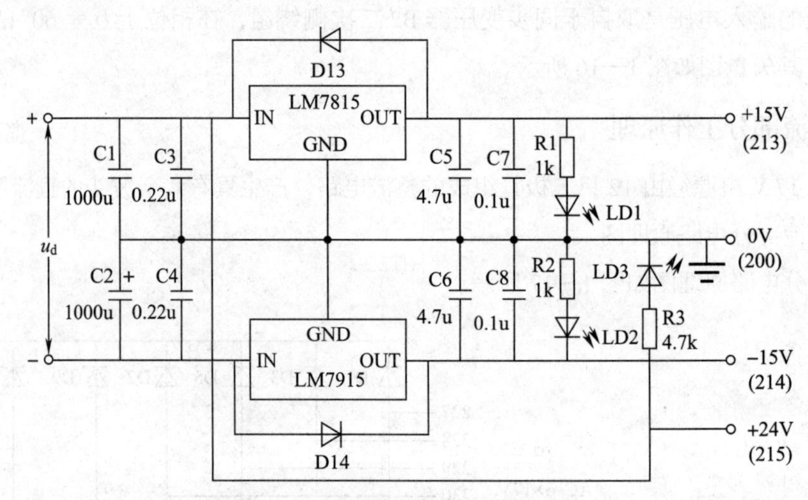

图 1—19　滤波和稳压部分电路原理图

（2）元件说明及作用

1）电容的作用。C1、C2 为电解电容，起工频滤波作用，提高输出电压，减小电压脉动。C3、C4 为 0.22uF 的小电容，起高频滤波作用，减小高频信号对电路的影响。同时 C3、C4、

C5、C6 又可以实现频率补偿，防止稳压器产生高频自激振荡和抑制电路引入高频干扰的作用。C7、C8 的作用是减小稳压电路输出端由输入端引入的低频干扰。

2）二极管的作用。D13、D14 的作用是保护二极管，当输入短路时，给 C7、C8 一个放电回路。

3）指示环节。由 R1、R2、R3、LD1、LD2、LD3 组成，R1、R2、R3 的作用为限流。

1.1.3　触发电路原理分析

1．KC04 集成触发芯片的结构和工作原理

如图 1—20 所示为 KC04 电路的原理图，虚线框内为集成电路部分，该电路可分为同步电源、锯齿波形成、脉冲移相、脉冲形成、脉冲分选与放大输出五个环节。

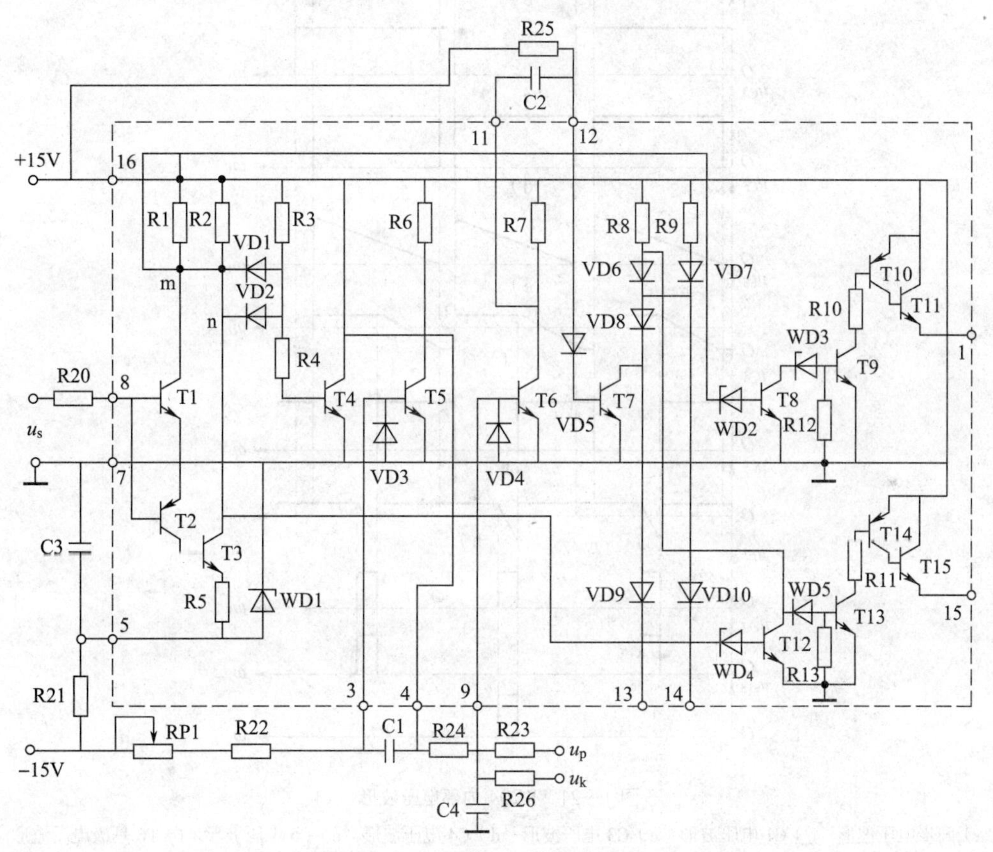

图 1—20　KC04 电路的原理图

（1）同步电源环节

同步电源环节主要由 T1 ~ T4 等元件组成，同步电压 u_S 经限流电阻 R20 加到 T1、T2 的基极，当 u_S 为正半周时，T1 导通，T2、T3 截止，m 点为低电平，n 点为高电平。当 u_S 为负半周时，T2、T3 导通，T1 截止，n 点为低电平，m 点为高电平。VD1、VD2 组成与门电路，只要 m、n 两点有一处是低电平，就将 u_{b4} 箝位在低电平，T4 就截止，只有在同步电压 $|u_S|<0.7$ V 时，T1 ~ T3 都截止，m、n 两点都是高电平，T4 才饱和导通。所以，每周内 T4 从

截止到导通变化两次，锯齿波形成环节在同步电压 u_S 的正、负半周内均有相同的锯齿波产生，且两者有固定的相位关系，如图 1—21a ～ d 所示。

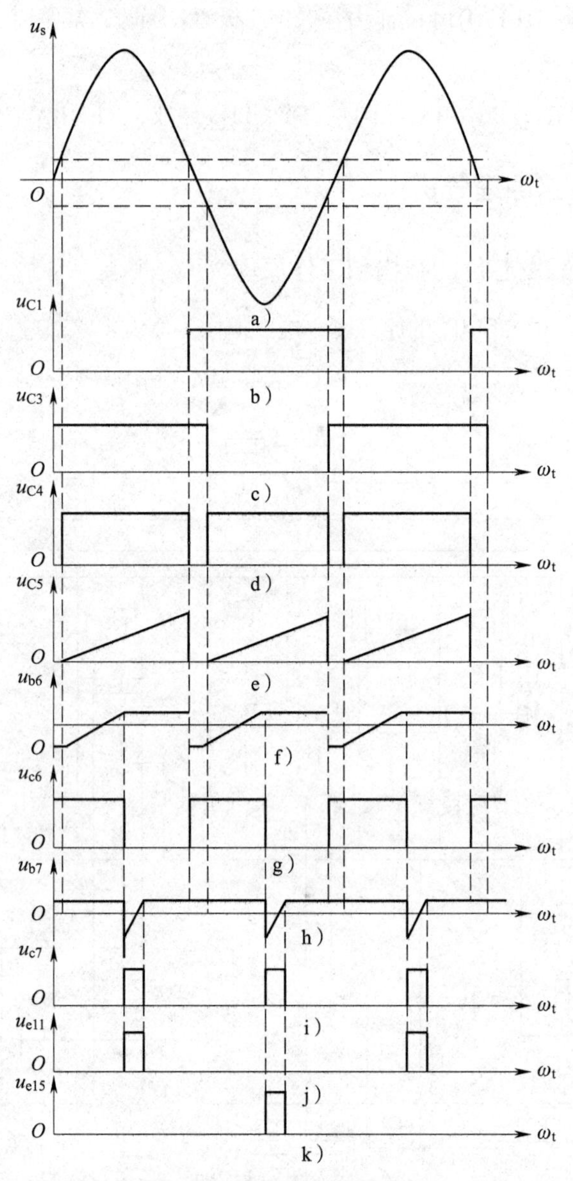

图 1—21　KC04 内部电压波形

a）同步电压波形　b）C1 电压波形　c）C3 电压波形　d）C4 电压波形　e）C5 电压波形　f）T6 基极电压波形　g）C6 电压波形　h）T7 基极电压波形　i）C7 电压波形　j）T11 发射极电压波形　k）T15 发射极电压波形

（2）锯齿波形成环节

锯齿波形成环节主要由 T5、C1 等元件组成，电容 C1 接在 T5 的基极和集电极之间，组成一个电容负反馈的锯齿波发生器。T4 截止时，+15 V 电源经 R6、R22、RP1、−15 V 电源给 C1 充电，T5 的集电极电位 u_{C5} 逐渐升高，锯齿波的上升段开始形成，当 T4 导通时，C1 经 T4、VD3 迅速放电，形成锯齿波的回程电压。所以，当 T4 周期性的导通、截止时，在端 4，即 u_{C5} 就形成了一系列线性增长的锯齿波，锯齿波的斜率是由 C1 的充电时间常数（$R_5+R_{22}+RP_1$）C1

决定的，如图 1—21e 所示。

（3）脉冲移相环节

脉冲移相环节主要由 T6、u_k、u_P 及外接元件组成，锯齿波电压 u_{C5} 经 R24、偏移电压 u_P 经 R23、控制电压 u_k 经 R26 在 T6 的基极叠加，当 T6 的基极电压 u_{b6}>0.7 V 时，T6 管导通（即 T7 截止），若固定 u_{C5}、u_P 不变，使 u_k 变化，T6 管导通的时刻将随之改变，即脉冲产生的时刻随之改变，这样脉冲也就得以移相，如图 1—21f ~ g 所示。

（4）脉冲形成环节

脉冲形成环节主要由 T7、VD5、C2、R7 等元件组成，当 T6 截止时，+15 V 电源通过 R25 给 T7 提供一个基极电流，使 T7 饱和导通。同时 +15 V 电源经 R7、VD5、T7、接地点给 C2 充电，充电结束时，C2 左端电位 u_{C6} ≈ +15 V，C2 右端电位约为 +1.4 V，当 T6 由截止转为导通时，u_{C6} 从 +15 V 迅速跳变到 +0.3 V，由于电容两端电压不能突变，C2 右端电位也从 +1.4 V 迅速下跳到 −13.3 V，这时 T7 立刻截止。此后 +15 V 电源经 R25、T6、接地点给 C2 反向充电，当充电到 C2 右端电压大于 1.4 V 时，T7 又重新导通，这样，在 T7 的集电极就得到了固定宽度的脉冲，其宽度由 C2 的反向充电时间常数 $R_{25} \cdot C_2$ 决定，如图 1—21g ~ i 所示。

（5）脉冲分选与放大输出环节

T8、T12 组成脉冲分选环节，功放环节由两路组成，一路由 T9 ~ T11 组成，另一路由 T13 ~ T15 组成。在同步电压 u_S 一个周期的正负半周内，T7 的集电极输出两个相隔 180° 的脉冲，这两个脉冲可以用来触发主电路中同一相上分别工作在正、负半周的两只晶闸管。由图 1—21 可知，其两个脉冲的分选是通过同步电压的正半周和负半周来实现的。当 u_S 为正半周时，T1 导通，m 点为低电平，n 点为高电平，T8 截止，T12 导通，T12 把来自 T7 集电极的正脉冲箝位在零电位。另外，T7 集电极的正脉冲又通过二极管 VD7，经 T9 ~ T11 组成的功放电路放大后由端 1 输出。当 u_S 为负半周时，则情况相反，T8 导通，T12 截止，T7 集电极的正脉冲经 T13 ~ T15 组成的功放电路放大后由端 15 输出，如图 1—21i ~ k 所示。

电路中 T17 ~ T20 是为了增强电路的抗干扰能力而设置的，用来提高 T8、T9、T12、T13 的门槛电压，二极管 VD1 ~ VD2、VD6 ~ VD8 起隔离作用，端子 13、14 是提供脉冲列调制和封锁脉冲的控制端。

2．KC04 集成触发芯片各管脚作用（见表 1—1）

表 1—1　　KC04 集成触发芯片各管脚作用

管脚号	作用	管脚号	作用
1	脉冲输出（在同步电压正半周）	9	综合 u_K，u_P 等信号，移相信号控制
3、4	接电容形成锯齿波	10、12	接电容控制 T7 产生脉冲
5	电源（负）	15	脉冲输出（在同步电压负半周）
7	接地（零电位）	16	正 15 V 电源
8	接同步电压		

3. 触发电路工作原理

触发电路原理图如图 1—22 所示。

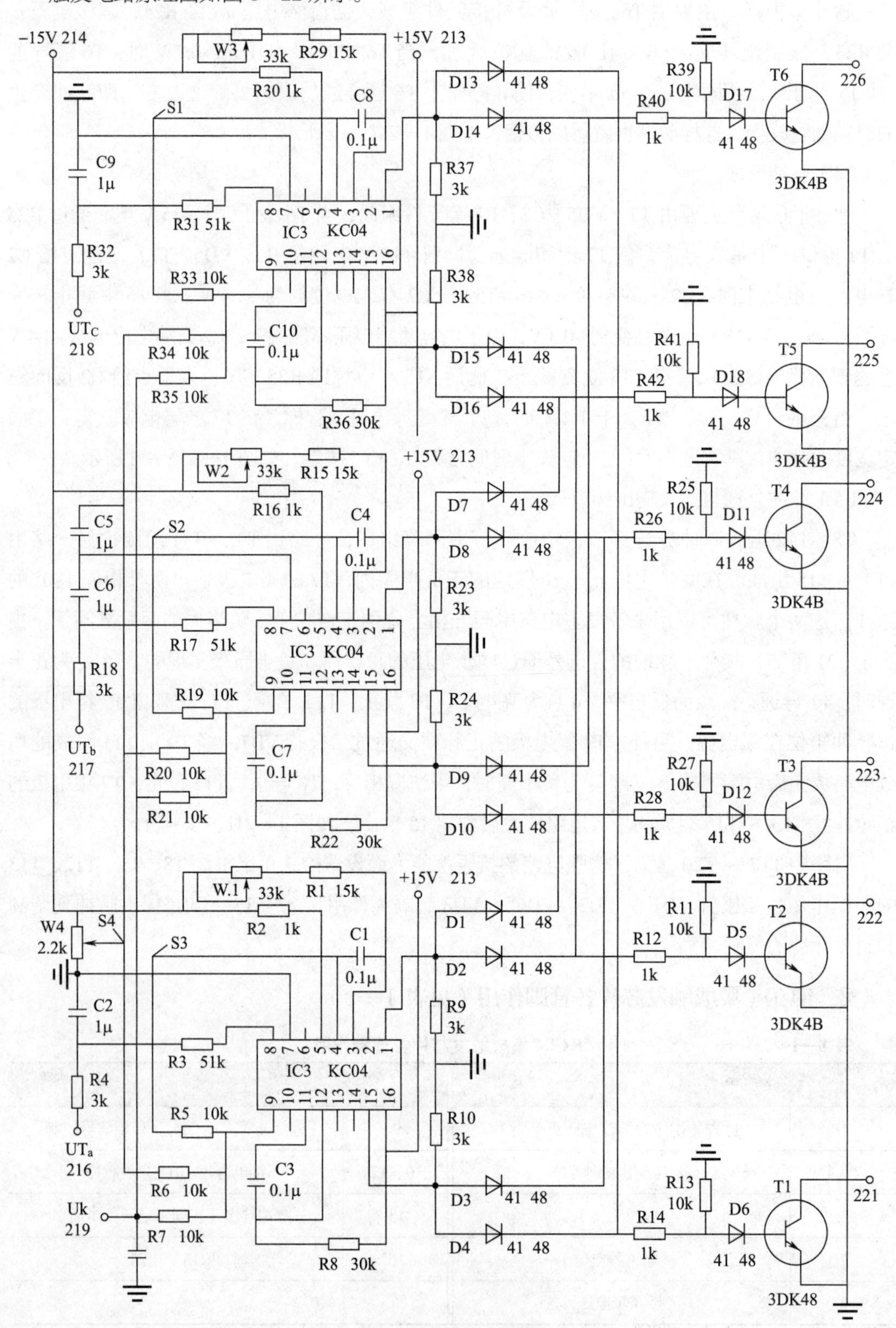

图 1—22 触发电路原理

（1）可控整流电路对触发电路的要求

1）触发脉冲信号应有足够的功率和宽度。因为晶闸管元件门极参数具有一定的分散性，并且外界温度不同时，元件的触发电压和电流也有一定的差异。即使同一型号的晶闸管也不能用一条伏安特性来表示出来，而只能用该型号晶闸管的一组高阻伏安特性和一组低阻伏安特性所围成的一个伏安特性区域来表示，所以为了使元件在各种可能的工作条件下均能可靠触发，触发电路所发出的触发脉冲电压和电流必须大于门极规定的触发电压 U_{gt} 与触发电流 I_{gt} 的最大值，并且留有足够的余量。

另外，由于晶闸管的触发是有一个过程的，也就是说晶闸管的导通需要一定的时间，不是一触即通的，只有晶闸管的阳极电流即主回路电流上升到擎住电流 I_L 以上时，管子才能导通，所以触发脉冲信号应有一定的宽度，才能保证触发的晶闸管可靠导通。

2）触发脉冲的形式要和晶闸管导通时间有一定的对应性。触发脉冲要有足够的移相范围并且要与主回路电源同步。

（2）补脉冲的形成

补脉冲形成的框图如图 1—23 所示。

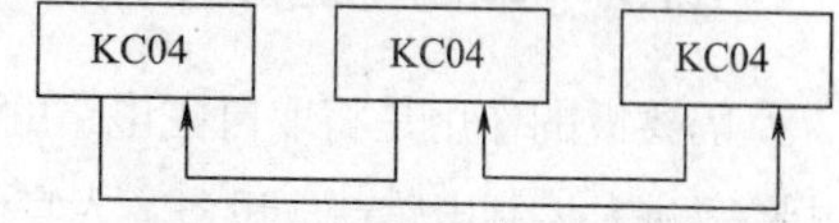

图 1—23　补脉冲形成的框图

（3）触发电路的原理

1）U_{Ta}、U_{Tb}、U_{Tc} 的作用。U_{Ta}、U_{Tb}、U_{Tc} 分别为 A，B，C 三相的同步电压，KC04 的脉冲移相范围小于 180°。当同步电压为 30 V 时，其有效移相范围为 150°。所以在本电路中，U_{Ta}、U_{Tb}、U_{Tc} 均为 30 V，移相范围为 150°。

2）脉冲输出分析。VD1 ~ VD4、VD7 ~ VD10、VD13 ~ VD16 组成六个或门，可输出六路双窄脉冲，三极管 T1 ~ T6 起功率放大的作用。

4．触发电路中需要注意的一些问题

（1）同步信号电压输入器设置阻容移相环节的作用

阻容移相环节电路原理图如图 1—24 所示。主要作用为：

1）抑制电网电压中高次谐波的干扰。

2）调节同步电压的相位，使同步电压滞后主电路 30°，以达到充分利用 KC04 移相范围的目的。

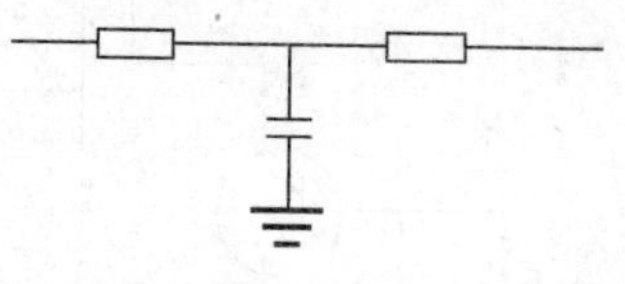
图 1—24　阻容移相环节电路原理图

（2）设置偏移电压 u_P 的作用和调节方法

设置 u_P 的作用是当触发电路的控制电压 $U_K=0$ 时，使晶闸管整流装置输出电压 $U_d=0$，对应控制角 α_0 的定义为初始相位角。整流电路的形式不同，负载的性质不同，初始相位角 α_0 不同。阻性负载时，三相半波 $\alpha_0=150°$，三相全控桥 $\alpha_0=120°$，三相半控桥 $\alpha_0=180°$。若为感性负载，则 α_0 分别为 90°，90°，180°。

（3）三相输出平衡的调节方法

调节三相触发电路中 KC04 锯齿波斜率相同可以保证三相输出平衡，在触发板上，W1，W2，W3 的作用是调整 KC04 锯齿波的斜率，在开环条件下，令 $U_g=0$，调节 W1，W2，W3，测量测试点S1、S2、S3的对地电压，当其值为6.3 V时，在理论分析上U_g每变化1 V，脉冲移相20°。

5．防止晶闸管误导通的措施

（1）门极回路使用屏蔽线，并将金属屏蔽层可靠接地。

（2）门极回路走线与载流大的导线以及易产生干扰信号的引线之间保持足够的距离。

（3）触发器的电源采用有静电屏蔽的变压器供电。

（4）不要选用触发电流较小的晶闸管。

（5）门极和阴极间加幅值不大于5 V的负偏压。

（6）在脉冲变压器二次侧输出或晶闸管的门极和阴极之间串并二极管、电阻、电容，通常在门极和阴极间并接0.01～0.1 μF的电容可有效吸收高频干扰。

1.1.4　隔离电路原理分析

隔离板的作用是将取自主电路的电压反馈信号与控制电路进行隔离，以防止主电路的强电信号进入控制电路造成设备及人身伤害。其电路原理图如图1—25所示。

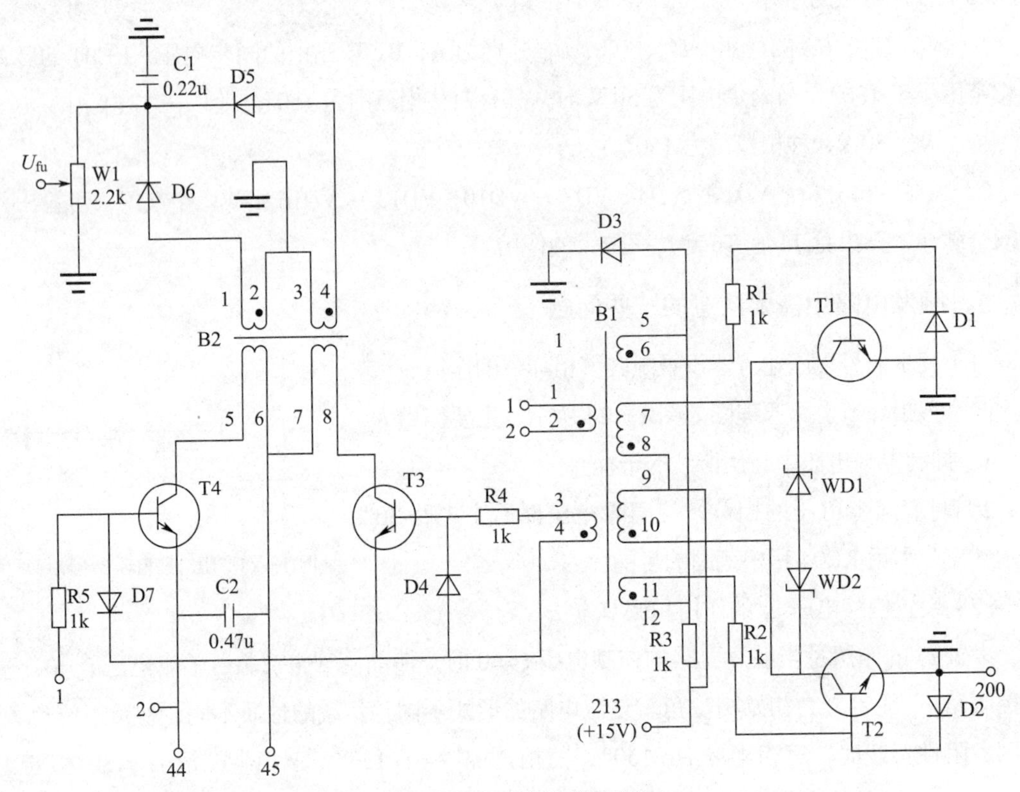

图1—25　隔离板电路原理图

1．工作原理分析

（1）振荡部分电路

1）振荡部分电路原理图如图1—26所示。

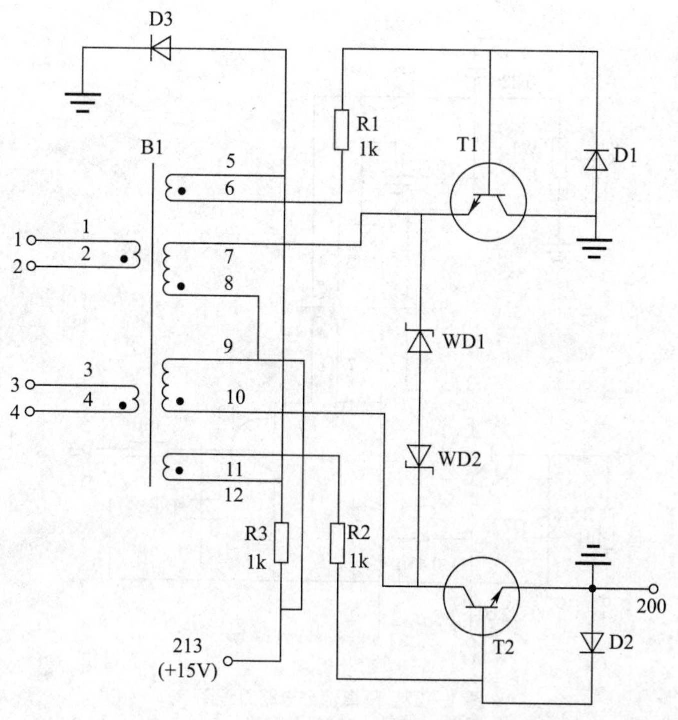

图 1—26 振荡部分电路原理图

2）振荡部分电路工作原理。+15 V 的直流电源经振荡变压器的绕组 9、10 加于 T2 的集电极，经电阻 R3，绕组 12、11，R2 加于 T2 的基极；+15 V 电源经绕组 8、7 加于 T1 集电极，经电阻 R3，绕组 5、6、电阻 R1 加于 T1 的基极。此时，T1、T2 同时具备了导通条件，但由于 T1、T2 的参数不完全一致，导致了其中一只三极管优先导通工作。

以 T1 优先导通为例，T1 导通，导致 T2 集电极电位下降，T2 截止，当 T1 饱和时，由于 U_{ce}-0.3 V，而 U_{be}=0.7 V 而使 T1 截止，T2 导通。

T1、T2 的轮流导通，使绕组 7，8 和 9，10 轮流流过电流。电流方向为 8 到 7，9 到 10。而 8 和 10 为同名端，所以在 1，2 和 3，4 产生互差 180° 的信号，而且频率为 2 kHz 左右。

（2）隔离部分电路

1）隔离部分电路原理图如图 1—27 所示。

2）工作原理。将取自主电路的电压反馈信号 44 号、45 号，接到如图 1—27 所示端子，其中 45 号电位高于 44 号电位，即 45 号为正，44 号为负。

当 2 kHz 的方波产生以后，振荡变压器的输出波形如图 1—28 所示。

①当 1，2 输出时，T4 管饱和导通，此时，隔离变压器的一次侧绕组 5，6 脚接通反馈电压，即 6 正，5 负，而二次侧 1，2 脚产生电压，2 正，1 负。

②当 3，4 输出时，T3 管饱和导通，此时，隔离变压器的一次侧绕组 7，8 脚接通反馈电压，即 7 正，8 负，而二次侧 3，4 脚产生电压，3 正，4 负。

③经隔离变压器，产生 2 kHz 的信号，即将 45 号与 44 号的直流信号调制成 2 kHz 交流信号。

④再经由 D5，D6 组成的全波整流电路变为直流电压，作为反馈信号使用。

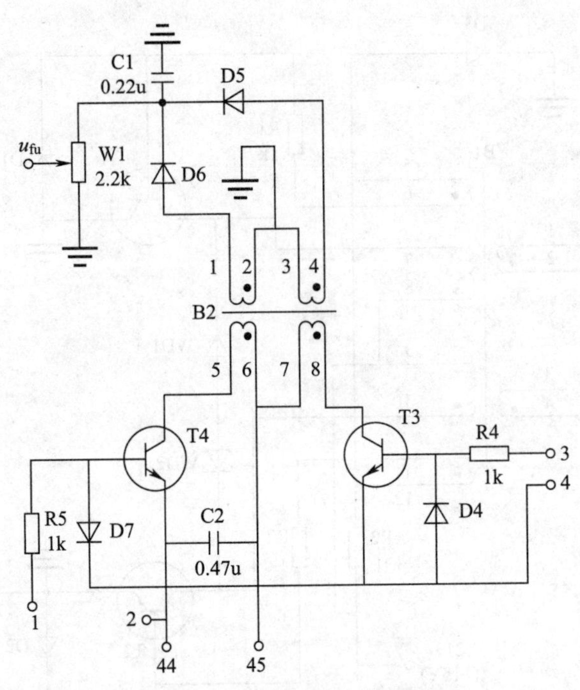

图 1—27　隔离部分电路原理图

2．问题说明

（1）振荡电路的工作方式

振荡电路的工作方式为电感三点式振荡电路。

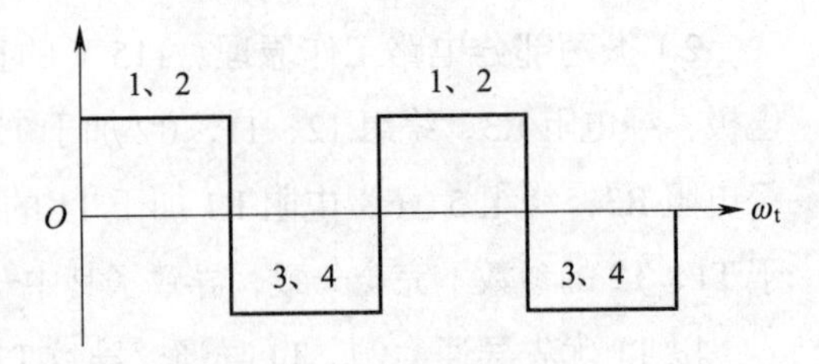

图 1—28　振荡变压器的输出波形

（2）隔离变压器的作用

1）将主电路与控制电路隔离，使其只有磁的联系而无电的联系。

2）隔离变压器一次侧绕组约为 1.8 Ω，而二次侧绕组约为 2.0 Ω。具有一定的升压作用，用于补偿调制电路的损耗。

（3）判断振荡电路正常工作时的方法

1）工作时应有蜂鸣声。

2）万用表测量 1、2 和 3、4 时，应有 3.3 V 左右的电压。

3）用示波器应能看到 2 kHz 左右的方波。

1.1.5　调节电路原理分析

1．集成运算放大器的组成和工作原理

集成运算放大器是一种集成电路，它是将电阻、小电容、二极管、三极管以及它们的连线等全部集成在一小块半导体基片上的完整电路，具有体积小、重量轻、功耗小、外部接线少等优点，从而大大提高了设备的可靠性，降低了成本，推动了电子技术的普及和应用。集成电路可分为数字集成电路和模拟集成电路两大类。集成运算放大器是模拟集成电路中应用最广泛的一种，由于最初用于数值运算，所以称为集成运算放大器，简称集成运放或运放。它的电路符号如图 1—29 所示。图中集成运算放大器有三个端子，即反相输入端（用符号“–”表示）、同相输入端（用符号“+”表示）和输出端。与输出端电压极性相反的输入端称为反向输入端，与输出端电压极性相同的输入端称为同向输入端。

（1）集成运放的基本结构

集成运放根据性能要求，可分为通用型和专用型。通用型的直流特性较好，性能上能满足许多领域应用中的要求，价格也便宜，用途最广。专用型运放的某些性能指标特别突出，可以满足一些特殊应用的需要。专用型有低功耗型、高输入阻抗型、高速型、高精度型及高电压型等。虽然集成运放的产品种类很多，内部电路也各有差异，但从电路总体结构上看又有许多共同之处。它们实际上都是直接耦合的多级放大器，具有极高的电压放大倍数。通常都是由输入级、中间级、输出级和偏置电路四部分组成，集成运放的组成框图如图 1—30 所示。

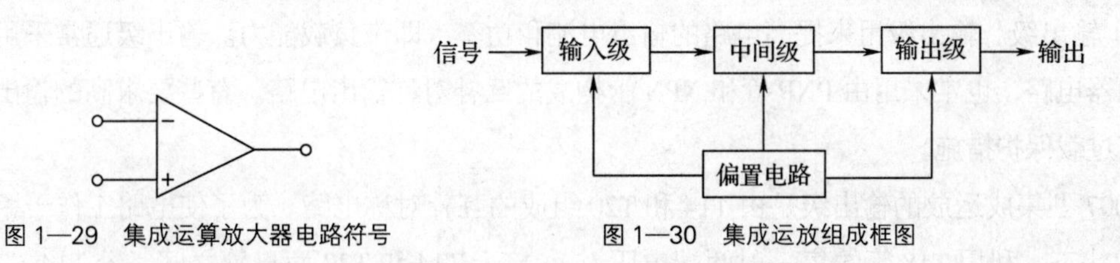

图 1—29　集成运算放大器电路符号　　　　图 1—30　集成运放组成框图

（2）集成运放的组成

为了便于了解集成运放的内部结构，本节以通用型集成运放 F007 为例进行介绍，F007 型集成运放由 24 只三极管、10 个电阻和 1 个电容所组成，其原理图如图 1—31 所示。

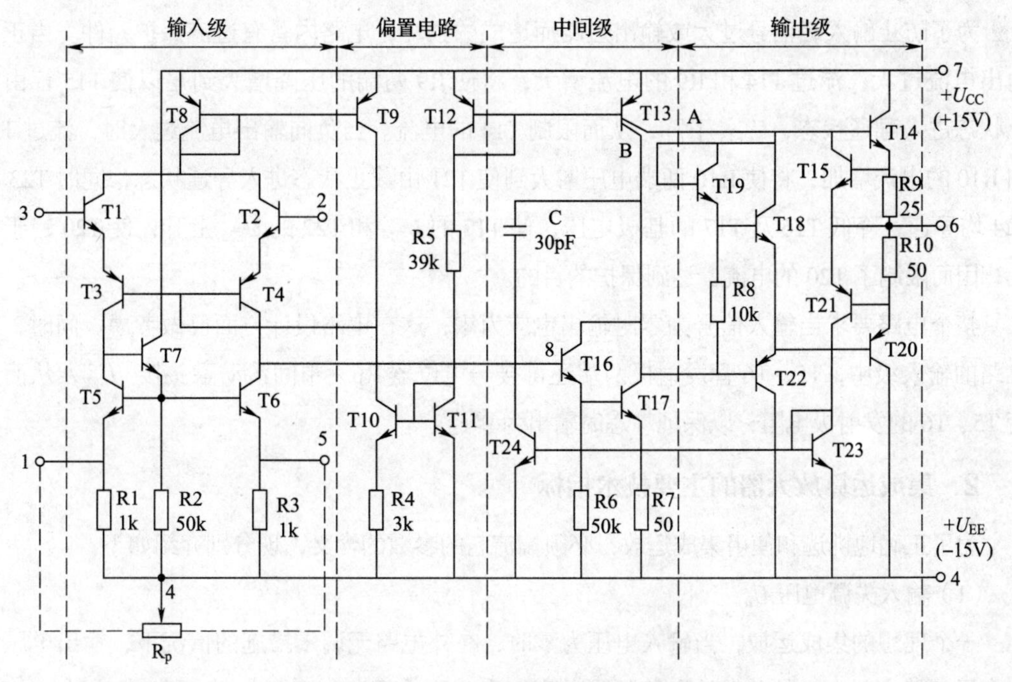

图 1—31　集成运算放大器原理图

1）输入级。输入级是集成运放性能指标好坏的关键。通常采用差分放大电路来减小温度漂移，获得尽可能高的共模抑制比，以及良好的输入特性。输入级还要求高的输入电阻，可以采用共集—共基复合电路或场效晶体管作为输入级。

F007的输入级是由T1~T6组成的差动式放大电路，由T6的集电极输出，T1、T3和T2、T4组成共集—共基复合差动电路。T7用来构成T5、T6的偏置电路。

2）偏置电路。根据各级的需要，集成运放内部采用各种形式的电流源电路。电流源具有很大的动态电阻，可作为中间级的有源负载和差分电路的恒流源电阻。电流源还为各级提供小而稳定的直流偏置电流，从而确定合适而稳定的静态工作点。

3）中间级。中间级是集成运放的主要电压放大级，常采用带有源负载的共射或共基放大电路来提高电压增益，并将差分放大电路的双端输入转换为集成运放的单端输出。

F007型集成运放的中间级由T16和T17组成复合管共射极放大电路，其交流电阻很大，故本级可以获得很高的电压放大倍数，同时也具有较高的输入电阻。

4）输出级。输出级用来提高电路的输出电流和功率，即带负载能力。输出级通常采用射极输出器电路，也常采用由PNP管和NPN管构成的互补对称输出电路。有些要求高的输出级还设有过载保护措施。

F007型集成运放的输出级是由T14和T20组成的互补对称电路。为了使电路工作于甲乙类放大状态，利用T18管的集—射两端电压U_{CE18}接于T14和T20两只管之间，给T14、T20提供一个起始偏置电压，同时利用T19管（接成二极管）的U_{BE19}连于T18管的基极和集电极之间，形成负反馈偏置电路，从而使U_{CE18}的值比较稳定。这个偏置电路由T13A组成的电流源供给恒定的工作电流，T22管接成共集电路以减小对中间级的影响。

为了防止输入级信号过大或输出短路而造成的损坏，电路内备有过流保护元件。当正向输出电流过大，流过T14和R9的电流增大，将使R9两端的压降增大到足以使T15管由截止状态进入导通状态，U_{CE15}下降，从而限制T14的电流。当负向输出电流过大时，流过T20和R10的电流增加，将使R10两端电压增大到使T21由截止状态进入导通状态，同时T23和T24均导通，降低T16及T17的基极电压，使T17的U_{C17}和T22的U_{E22}上升，使T20趋于截止，因而限制了T20的电流，达到保护的目的。

整个电路要求当输入信号为零时输出也应为零，这在电路设计方面已做考虑。同时，在电路的输入级中，T5、T6管发射极两端还可接一电位器Rp，中间滑动融头接$-U_{EE}$，从而改变T5、T6的发射极电阻，以保证静态时输出为零。

2．集成运算放大器的主要技术指标

为了正确地挑选和使用集成运放，必须搞清它的参数的含义，现分别介绍如下：

（1）输入失调电压U_{IO}

一个理想的集成运放，当输入电压为零时，在外电路无调零措施的情况下，输出电压也应为零。但实际上它的差动输入级很难做到完全对称，通常在输入电压为零时，存在一定的输出电压。在室温（25℃）及标准电源电压下，输入电压为零时，为了使集成运放的输出电压为零，在输入端加的补偿电压叫作失调电压 U_{IO}。U_{IO} 的大小反映了运放制造中电路的对称程度和电位配合情况。U_{IO} 值越大，说明电路的对称程度越差，F007 的 U_{IO} 为 2~10 mV，低零漂的集成运放 U_{IO} 可达 1 mV 以下。

（2）输入偏置电流 I_{IB}

集成运放的两个输入端是差动对管的基极，因此两个输入端总需要一定的输入电流。输入偏置电流是指集成运放输出电压为零时，两个输入端静态电流的平均值。F007 的输入偏置电流 I_{IB} 约为 0.2 μA。

在电路外接电阻确定之后，输入偏置电流的大小主要取决于运放差动输入级三极管的性能，当它的 β 值太小时，将引起偏置电流增加。从使用角度来看，偏置电流越小，信号源内阻变化引起的输出电压变化也越小，因此它是重要的技术指标。

（3）输入失调电流 I_{IO}

输入失调电流 I_{IO} 是指当输出电压为零时流入放大器两输入端的静态基极电流之差。

由于信号源内阻的存在，I_{IO} 会引起一输入电压，破坏放大器的平衡，使放大器输出电压不为零。所以希望 I_{IO} 越小越好，一般为 0.05 ~ 0.1 μA。

（4）最大差模输入电压 U_{idmax}

指的是集成运放的反相和同相输入端所能承受的最大电压值。超过这个电压值，运放输入级某一侧的三极管将出现发射结的反向击穿，而使运放的性能显著恶化，甚至可能造成永久性损坏。F007 的最大差模输入电压 U_{idmax} 约为 30 V。

（5）最大共模输入电压 U_{icmax}

这是指运放所能承受的最大共模输入电压。超过 U_{icmax} 值，它的共模抑制比将显著下降。F007 的最大共模输入电压一般为 ±13 V。

（6）转换速率 S_R

转换速率是指放大器在闭环状态下，输入为大信号（例如阶跃信号）时，放大器输出电压对时间的最大变化速率。F007 的转换速率一般在 1 V/μs 以下。

（7）开环差模放大倍数（开环差模电压增益）A_{VO}

这是指运放在无反馈情况下的差模电压放大倍数，是影响运算精度的重要指标，通常用分贝表示，即 $20\lg A_{VO}$（dB）。对 F007 有 $20\lg A_{VO} \geqslant 100$ dB。

（8）输入电阻 R_i

由于运放输入信号极其微小，所以输入级一般都可用微电流源作为偏置，以提高输入电阻。其输入电阻都很大，F007 的输入电阻约为 2 MΩ。

（9）共模抑制比 K_{CMR}。共模抑制比 K_{CMR} 是差模放大倍数与共模放大倍数（绝对值）之比。其大小反映了集成运放对共模信号的抑制能力。F007 的共模抑制比一般在 80 dB 以上。

（10）失调电压的温度漂移 $\Delta U_{IO}/\Delta T$ 和失调电流的温度漂移 $\Delta I_{IO}/\Delta T$

当温度升高时，失调电压和失调电流也会随之相应的增大。温度每升高1℃时，失调电压和失调电流的增大值就是失调电压和失调电流的温度漂移。F007失调电压的温度漂移为20 ~ 30 μV/℃。

3．集成运算放大器的线性应用

（1）分析集成运算放大器线性电路的两个重要原则

对于工作在线性区的理想运放，存在“虚短”和“虚断”两条重要原则：

1）虚短。虚短是指运放的两个输入端的电位相等。这是因为运放本身的放大倍数极大，有限的输出量除以放大倍数得到的净输入量是极其微小的，因此可以认为运放两个输入端之间的净输入电压为0，或者说可以认为运放的两个输入端的电位是相等的。这种情况称为“虚短”，意思是虽然两个输入端相当于短路一样，但不是真正的短路，所以称为“虚短”。

2）虚断。虚断是指运放的两个输入端的输入电流为0。这是因为运放的输入电阻很大，在极小的静输入电压作用下，可以认为运放两个输入端的输入电流为0。这种情况称为“虚断”，意思是虽然两个输入端相当于断路一样，但不是真正的断路，所以称为“虚断”。

（2）比例放大电路（又称比例放大器）

由运算放大器组成的比例放大器，又称比例调节器或P调节器，可分为同相比例调节器和反相比例调节器。

1）同相比例放大器。同相比例放大器电路如图1—32所示。同相比例放大器的输入信号U_i经过电阻R2从运放的同相端加入。电路中输出信号通过Rf反馈到反相输入端，运放的反相端通过电阻R1接地，因此电路中引入的是电压串联负反馈，Rf为反馈电阻。

利用虚短的概念，反相输入端的电位U_f=U_i。利用虚断的概念，电阻R_2上没有电流流过，运放的同相输入端接输入信号U_i，因此同相输入端的电位为U_i，并且电阻R_f与R_1通过的是同一个电流，由于电阻R_f与R1的连接方式为串联，按照分压公式得出：

$$U_i=U_f=U_O\frac{R_1}{R_1+R_f}$$

由此可得出电路的闭环电压放大倍数为：

$$A_{uf}=\frac{U_O}{U_i}=\frac{R_1+R_f}{R_1}=1+\frac{R_f}{R_1}$$

2）反相比例放大器。反相比例放大器电路如图1—33所示。

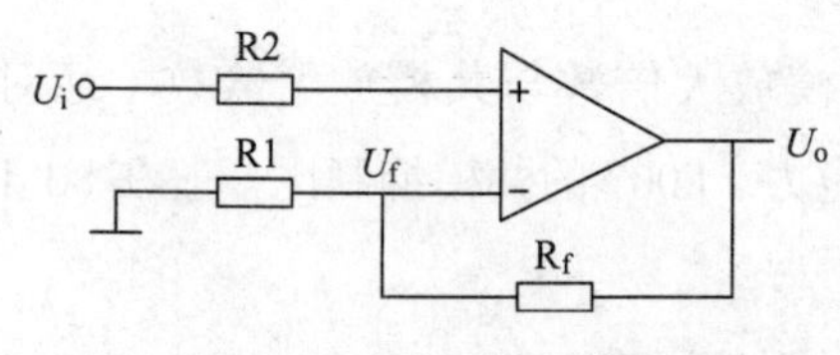

图1—32　同相比例放大器

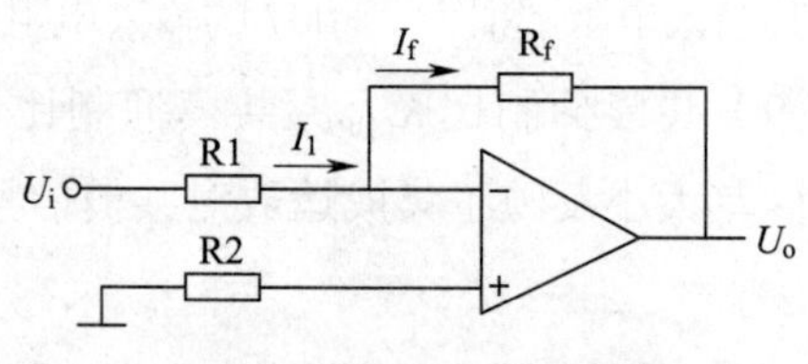

图1—33　反相比例放大器

反相比例放大器的输入信号 U_i 经过电阻 R1 从运放的反相端加入。电路中输出信号通过 Rf 反馈到反相输入端，因此电路中引入的是电压并联负反馈，Rf 为反馈电阻。利用虚短的概念，由于运放的同相端通过电阻 R2 接地，所以同相输入端和反相输入端的电位均为 0，0 电位就是地电位，对于这一特殊情况，可以把反相端的电位称为“虚地”。利用虚断的概念可以得出 $I_1=I_f$，由此可得电路的闭环放大倍数：

$$A_{uf}=\frac{U_O}{U_i}=-\frac{I_fR_f}{I_1R_1}=-\frac{R_f}{R_1}$$

由上式可见电路的放大倍数与运放本身的参数无关，仅取决于外接电路的元件参数，式中的“-”表示输入信号和输出信号的相位相反。由于电路是深度电压负反馈，其输出电阻近似为零，无论电路是否带上负载，其电压放大倍数不变。电阻 R2 的大小并不影响放大倍数，其作用是用来平衡运放输入端的静态电流在电阻 R1、Rf 上的压降。当输入电压为零时，运放的两个输入端都有静态电流 I_B 流入。尽管这一电流很小，但是在电阻 R1、Rf 上还是会产生压降，这一电压加到输入端就会使输出电压产生偏差。为了平衡这一电压，就需要在同相输入端接上电阻 R2，其阻值应与电阻 R1、Rf 的并联阻值相等，这样就可以使得两个输入端的静态电位相等，从而达到静态平衡。

反向比例放大器的放大倍数由电阻 Rf 与 R1 的比值所决定，如果同时成倍增大或减小两个电阻的阻值，放大倍数保持不变。但是如果电阻取得过小，因为电路的输入电阻就是 R1，输入电阻过小会使得信号源的负载过重；如果电阻取得过大，则会加大输入失调电流 I_{IO} 引起的零漂，一般可以取 10~100 kΩ。

（3）加法器与电压跟随器

加法器基本电路如图 1—34a 所示。输入信号 U_{i1}、U_{i2} 分别经过 R1、R2 输入到运放的反向输入端，输出信号通过反馈电阻 Rf 反馈到反相输入端，运放的同相端接地。这一电路属于多输入的电压并联负反馈电路。利用虚短的概念 $U_N=0$，利用虚断的概念 $I_I=0$，对反向输入节点 N 可写出下面的方程：

$$\frac{U_{i1}-U_N}{R_1}+\frac{U_{i2}-U_N}{R_2}=\frac{U_N-U_O}{R_f}$$

由此可得：

$$-U_O=\frac{R_f}{R_1}U_{i1}+\frac{R_f}{R_2}U_{i2}$$

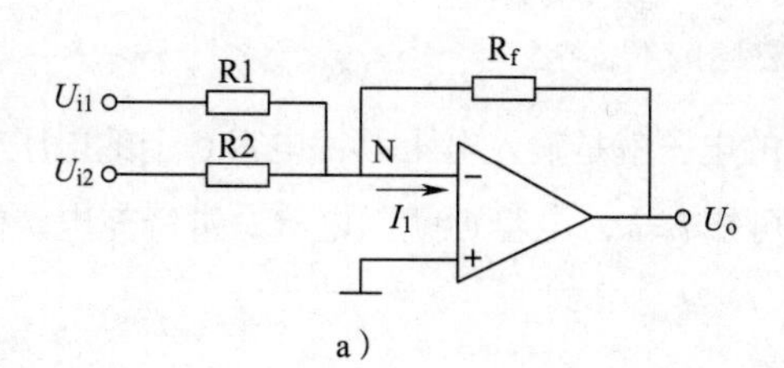

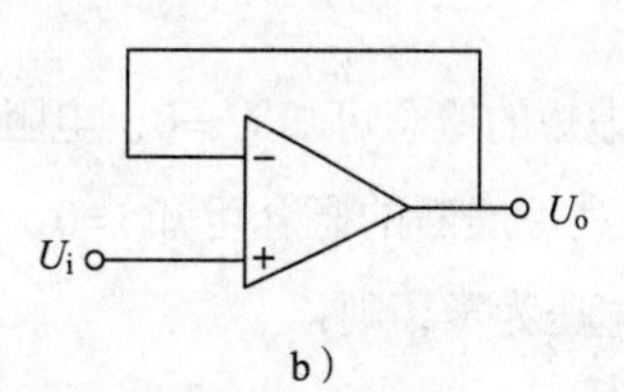

图 1—34　加法器与电压跟随器

a）加法器　b）电压跟随器

式中的负号表示输入信号与输出信号反相，若 $R_1=R_2=R_f$，则 $-U_0=U_{i1}+U_{i2}$。如在图中再接一级反相器，则可消去负号。加法器也可以由同相比例放大器组成。

电压跟随器基本电路如图 1—34b 所示。该电路为放大倍数为 1 的同相比例放大器，即输出电压与输入电压相等，电路中电压跟随器接在信号源和负载之间起隔离的作用，即信号源只为运放提供信号，几乎不输出电流，而负载的电压、电流由运放提供。

（4）差动放大器

差动放大器电路如图 1—35 所示。

从差动放大器的结构来看，是反相输入和同相输入相结合的放大器。利用虚短的概念 $U_N=U_P$ 和虚断的概念 $I_1=0$ 可得：

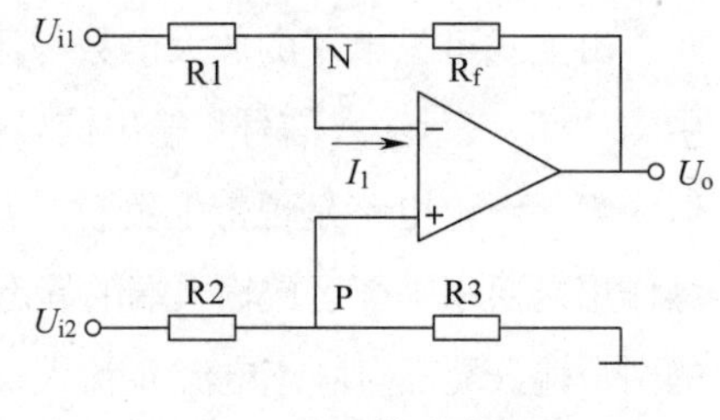

图 1—35　差动放大器

$$U_0=\left(\frac{R_1+R_f}{R_1}\right)\left(\frac{R_3}{R_2+R_3}\right)U_{i2}-\frac{R_f}{R_1}U_{i1}$$

上式中，如果选取 $R_1=R_2$、$R_3=R_f$，输出电压可简化为：

$$U_0=\frac{R_f}{R_1}(U_{i2}-U_{i1})$$

通过以上的分析可知，差动放大器的输出电压与两个输入电压的差值成正比，当 $R_1=R_f$ 时，$U_0=(U_{i2}-U_{i1})$，所以差动放大器实际上也是一个减法器。

（5）积分器

1）积分器的工作原理。积分器电路如图 1—36a 所示，也称为积分调节器或 I 调节器。在积分调节器中电路的输出量与输入量对时间的积分成正比。

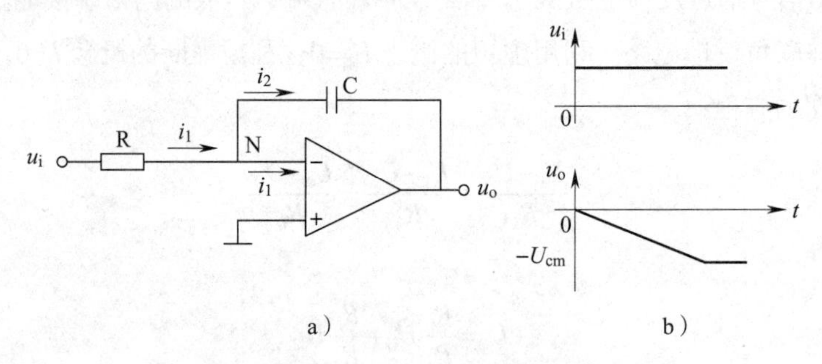

图 1—36　积分调节器及其传输特性

a）电路图　b）传输特性

利用虚短的概念可知 $U_N=0$，电阻 R 上的电压就是输入电压 U_i，电容 C 上的电压就是输出电压 U_0。利用虚断的概念可知 $i_1=0$，因此可知 $i_1=i_2$，电容 C 就以电流 i_2 进行充电。假设电容 C 的初始电压为零，则：

$$u_0=-\frac{1}{C}\int i_2\mathrm{d}t=-\frac{1}{C}\int i_1\mathrm{d}t=-\frac{1}{C}\int\frac{u_i}{R}\mathrm{d}t=-\frac{1}{RC}\int u_i\mathrm{d}t$$

上式表明，输出电压 u_O 为输入电压 u_i 对时间的积分，负号表示它们在相位上是相反的。在电气控制系统的实际电路中，通常将一个直流电压作为积分调节器输入电压，此时积分调节器的输出是一个随时间线性变化的斜坡函数。当以恒定的直流电压 U_i 为输入时，输入电流也保持恒定。由于电容 C 两端电压不能突变，故电容开始充电。由于运放的净输入电流为 0，所以输入电流全部用于对电容进行充电，此时电容 C 处于恒流充电状态，电容上的电压（输出电压）就会随时间而呈线性变化。如果 $U_i=0$，积分过程就会终止，只要 $U_i \neq 0$，电容就会继续充电（即积分过程继续进行），直到积分器饱和为止。积分过程完成后，电容两端电压等于积分终值电压并保持不变，如图 1—36b 所示。

2）积分器的应用。在自动控制系统中所使用的积分调节器通常有两个输入信号，一般情况下两个输入信号所接的电阻阻值是相等的。两个输入信号分别为输入电压 U_i 和反馈电压 U_f，如图 1—37 所示。当系统采用负反馈时，输入电压与反馈电压的极性总是相反的，因此电流 I_i 与 I_f 的实际方向也总是相反的。当反馈电压 U_f 与输入电压 U_i 的绝对值相等时，两个电流 I_i 与 I_f 绝对值也相等。此时积分电容上没有电流流过，积分调节器的输出电压为一固定数值不变，系统处于稳定状态。

当由于负载变化等外界的扰动导致系统输出电压发生变化，引起反馈电压 U_f 的波动或改变输入电压 U_i 时，$|U_f| \neq |U_i|$、$|I_f| \neq |I_i|$，积分电容就会有电流流过，开始对电容充电或放电，积分调节器的输出电压发生变化，使积分器后级的控制电路也发生变动，从而调整系统的输出。例如在输入电压增大或输出减小时，$|U_f|<|U_i|$，积分电容上将有电流流过开始充电，积分器的输出增大，系统的输出也相应增大，反馈电压 $|U_f|$ 也随之变大，当达到 $|U_f|=|U_i|$ 时，电容上就没有电流流过，积分调节器的输出就维持不变，系统在一个新的状态下稳定工作；在输入电压减小或输出增大时，$|U_f|>|U_i|$，恰好与上述情况相反，此时积分电容上的充电电流方向变反了，积分器的输出减小，系统的输出也相应随之减小，反馈电压 $|U_f|$ 也随之减小，直至再次达到 $|U_f|$ 与 $|U_i|$ 相等，系统重新稳定为止。

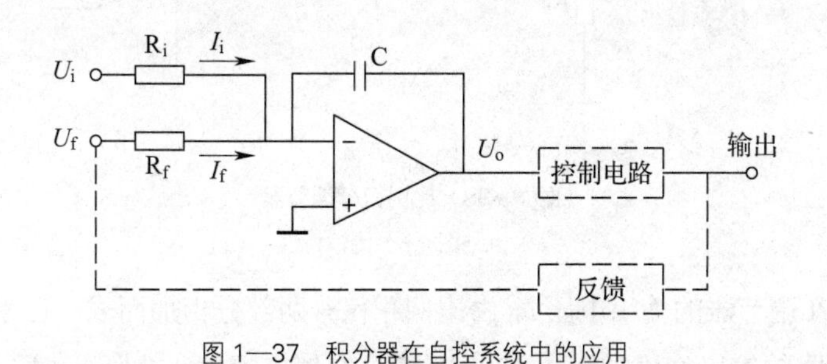

图 1—37　积分器在自控系统中的应用

3）积分器存在的问题。积分调节器在工作中常会产生误差，主要有两种情况：

①爬行现象。通过对积分器的分析，可知当积分调节器的输入电压为 0 时，输出电压应该维持一个恒定的值不变。但实际电路中积分调节器的输出往往会出现一些缓慢的增大或减小，这就是输出电压的爬行现象。由于运放存在输入失调电流，当这一电流流过积分电容，使得输出电压产生缓慢的变动，积分调节器的输出就会出现爬行现象。针对这种情况，可选

用 U_{IO}、I_{IB}、I_{IO} 较小和低漂移的运放，并在同相输入端接入可调平衡电阻；或选用输入级采用场效应管的运放。

②泄漏现象。积分电容 C 存在漏电电流，所以当输入电压为恒定的直流时，输出电压的变化速率就会比理想情况要慢，造成了积分运算的误差。这种现象称为泄漏现象。为了减小电容漏电的影响，应该选择泄漏电阻大的电容器，如薄膜电容、钽电容、聚苯乙烯电容等均可减少这种误差。

（6）比例积分调节器

比例调节器的输出只取决于输入偏差量的现状，而积分调节器的输出则包含了输入偏差的全部历史，提高了控制的稳定性和准确性。但在另一方面，其在控制的快速性上却又不如比例调节器。例如，同样在阶跃输入的作用下，比例调节器输出可以立即响应，而积分调节器的输出却只能逐渐变化。那么既需要稳态精度高，又要动态响应快时，就要将两种调节器结合起来，这就是比例积分调节器，又称 PI 调节器，其电路如图 1—38 a 所示。

利用虚短的概念可知 $U_N=0$，利用虚断的概念可知 $i_I=0$，因此可知 $i_1=i_2$。假设电容 C 的初始电压为零，则：$u_i=i_1R_1$

$$u_0=i_2R_2+\frac{1}{C}\int i_2\mathrm{d}t=i_1R_2+\frac{1}{C}\int i_1\mathrm{d}t$$

$$u_0=-\left(\frac{R_2}{R_1}\cdot u_i+\frac{1}{R_1C}\int u_i\mathrm{d}t\right)=-\left(K_{pi}u_i+\frac{1}{\tau}\int u_i\mathrm{d}t\right)$$

上式中 $K_{pi}=\frac{R_2}{R_1}$，为比例部分放大倍数，$\tau=\frac{1}{R_1C}$，为积分时间常数。

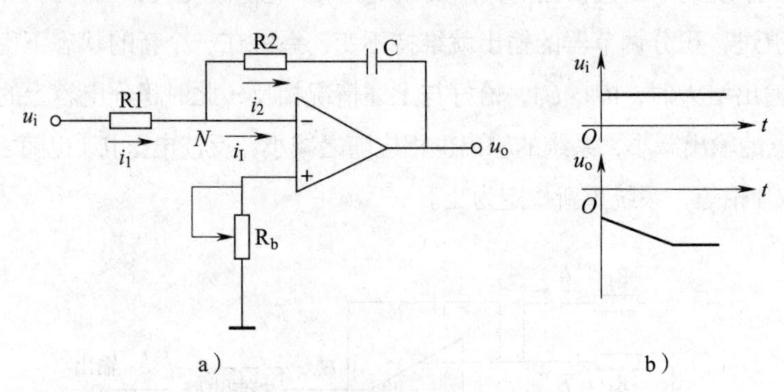

图 1—38　比例积分调节器

a）电路图　b）传输特性

由此可见，PI 调节器的输出电压 u_0 由比例和积分两部分相加而成。在零初始条件和阶跃输入下，PI 调节器的输出特性如图 1—38b 所示。突然施加输入电压 u_i 时，输出电压突变到 $K_{pi}u_i$，以保证一定的快速控制作用。但 K_{pi} 是小于稳态性能所要求的比例放大倍数 K_p 的，因此快速性被压低了，换来对稳定性的保证。如果只有比例部分，稳态精度必然受到影响，但现在还有积分部分。在过渡过程中，电容 C 逐渐被充电，实现积分作用，使 u_0 不断线性增长，相当于在动态中放大倍数逐渐提高，直到输出电压 u_0 达到集成运放的输出电压最大值，才不再增长，称为集成运放的饱和，从而满足稳态精度的要求。

（7）微分器

微分是积分的逆运算。因此，只要将积分运算电路中 R 和 C 的位置互换，就能形成微分器电路，如图 1—39a 所示。如果说积分电路能够延缓信号的传输，那么微分电路则能加速信号的传输过程。微分器又称 D 调节器，其传输特性如图 1—39b 所示。

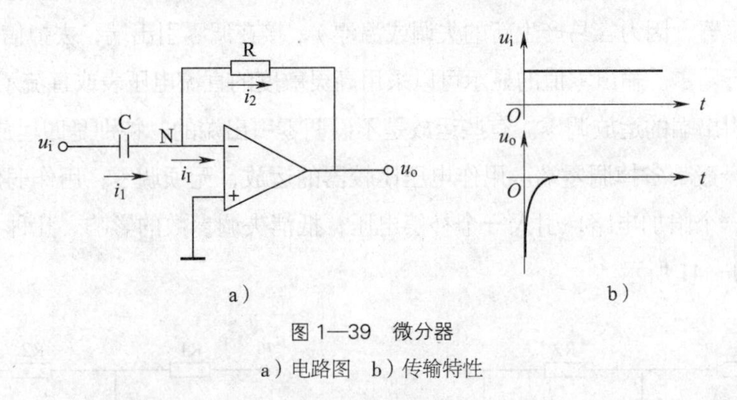

图 1—39　微分器

a）电路图　b）传输特性

这个电路中，利用虚短的概念可知 U_N=0，利用虚断的概念可知 i_1=0，因此可知 i_1=i_2。假设电容 C 的初始电压为零，则：

$$i_1=RC\frac{\mathrm{d}u_i}{\mathrm{d}t}$$

$$u_O=-i_2R=-i_1R=-RC\frac{\mathrm{d}u_i}{\mathrm{d}t}$$

上式表明，输出电压正比于输入电压对时间的微分。

（8）比例积分微分调节器

比例微分调节器可提高控制系统的稳定裕度，并获得足够的快速性，但稳态精度可能受到影响；比例积分调节器可以保证控制系统的稳态精度，却是以对快速性的限制来换取系统稳定的。如图 1—40a 所示的比例积分微分调节器，又称 PID 调节器，则兼有二者的优点，可以全面提高系统的控制性能，但线路及其调试要复杂一些。比例积分微分调节器传递函数为：

$$u_O=-\left(\frac{R_f}{R_1}\cdot u_i+\frac{C_1}{C_f}\cdot u_i+R_fC_1\frac{\mathrm{d}u_i}{\mathrm{d}t}+\frac{1}{R_1C_f}\int u_i\mathrm{d}t\right)$$

第一、二项表示比例运算，第三项表示微分运算，第四项表示积分运算。PID 调节器的输出特性如图 1—40b 所示。在常规调节中，比例、积分通常用来提高调节精度，而微分则是用来加速过渡过程。

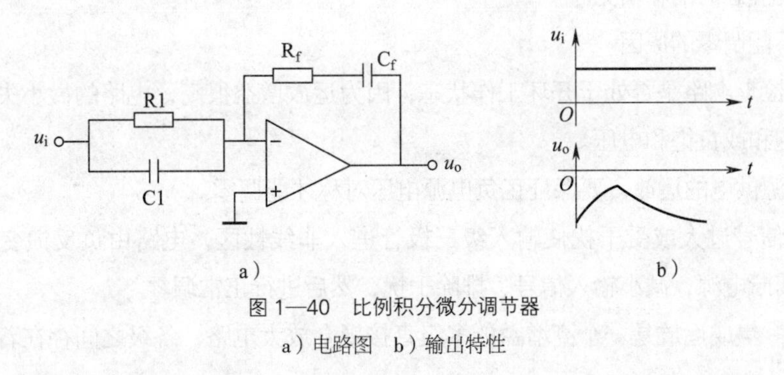

图 1—40　比例积分微分调节器

a）电路图　b）输出特性

（9）使用集成运算放大器应注意的问题

1）调零。集成运算放大器由于内部参数不对称而使输入信号为零时输出不为零，所以给电路带来静态误差。为消除失调参数的不良影响，使用运放时先要进行调零。

①有调零引出端的运放调零。按产品说明的要求，选择适当阻值的调零电位器（最好不要使用碳膜电位器，因为容易产生新的失调或温漂），接在调零引出端，去掉信号源，将输入接地，然后进行调零。输出零值的显示可以采用高灵敏度的直流电压表或直流示波器。

②无调零引出端的运放调零。有些运放是不设调零引出端的，特别是四运放或双运放等，因管脚有限，一般都省掉调零端。用作电压比较器的运放，无须调零；用作弱信号的线性电路，需要通过一个附加电路，引入一个补偿电压，抵消失调参数的影响。几种常见附加调零电路形式如图 1—41 所示。

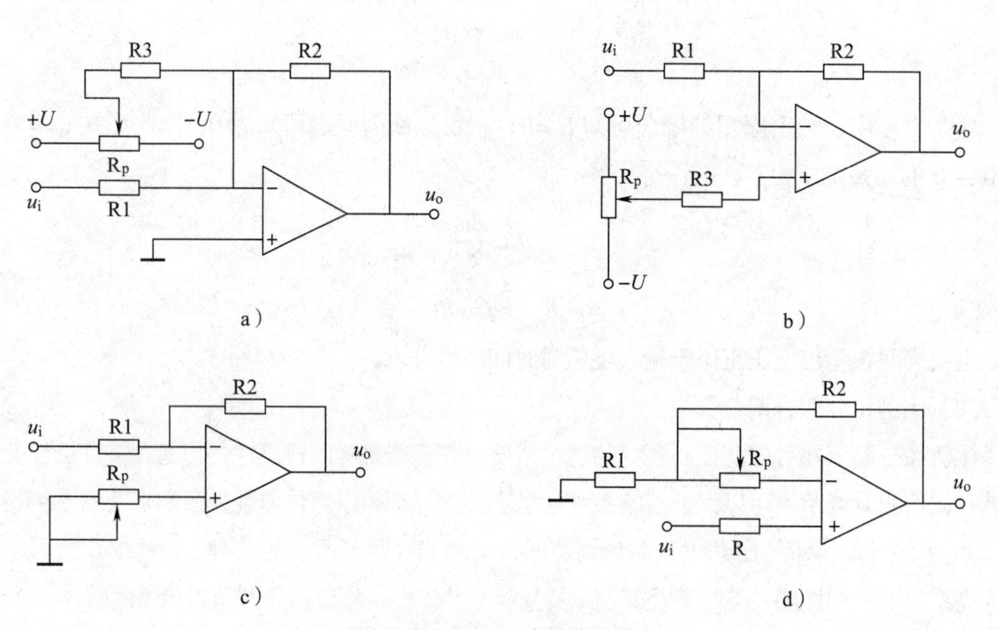

图 1—41　几种常见附加调零电路

调零电路的接入对信号的传输关系应无影响，故图 1—41a 和 b 加入了限流电阻 R_3，R_3 的阻值要求比 R_I 大数十倍，若 R_I =10 kΩ，R_3 可取 200 kΩ。图 1—41c、d 所示为不用调零电源（+ U 和 −U）的调零电路，通过调节电位器 R_P，可以改变输入偏置电流的大小，以调整电路的对称，实现静态时的输出为零。

③电路不能调零的原因

a. 首先检查电路是否处于开环工作状态，因为运放增益很高，电路的微小失调都会导致输出偏向正饱和或负饱和电压。

b. 双电源供电的运放，要保证正负电源电压对称才能调零。

c. 输入信号过大或受干扰使输入级三极管进入非线性区，电路由负反馈变成正反馈状态。这时应切断电源，减小输入信号、排除干扰，然后进行正常调零。

2）消振。集成运放是一个高增益的多级直接耦合放大电路，各级之间存在着输入、输出电阻及分布电容，从而在高频工作时产生 RC 网络的附加相移，附加相移达到 180° 时，线性状态的负反馈变成了正反馈，这时若器件的开环增益较高，再满足幅度条件，就很可能引起自激振荡。

①自激的判别。在调试电路之前，若发现尚未接通输入信号时，在输出端有交流信号输出（用示波器观察或仪表测得），即表明电路产生自激。在接通输入信号后，则在输出信号波形上叠加了振荡波粗带，带越宽，自激越严重，就破坏了信号的正常传输。

②消振措施

a. 区分内外补偿。从产品手册或产品说明书上可查到补偿方法，如 F007 运放往往把消振用的 RC 元件制作在运放内部。大部分没有外接相位补偿（校正）端子的运放，均列出补偿用 RC 元件的参考数值，按厂家提供的参数，一般均能消除自激。

b. 补偿电容与带宽的关系。有时按厂家提供的 RC 参数，不能完全消除自激。此时若加大补偿电容的容量，可以消除自激，对于交流放大器，则必须注意补偿元件对频带的影响，不应取过大的容量值，要选取适当的电容值，使之既能消除振荡，又能保持一定的频带宽度。此外对应不同的闭环增益，所需的补偿电容和补偿电阻也不同。在选取补偿元件时，可以按以下原则掌握：在消除自激的前提下，尽可能使用容量小的补偿电容和阻值大的补偿电阻。

c. 缩短外接引线和增加电源去耦电容进一步消振。当按说明书提供的补偿元件参数达不到预期效果时，必须检查是否有运放外接的布线太长或电源滤波不良等自激因素。此时应尽量缩短引线，或在正、负电源端加接大容量滤波电容，再并联 0.01 ~ 0.1 μF 的低电感电容。

d. 内补偿运放的进一步消振。这时可在反馈电阻上再并联反馈电容，以抵消输入分布电容的影响，电路的负反馈越深，此电容值应越大。对于电容性负载引起的自激，可在运放输出端与负反馈端之间加接一个串联补偿电阻解决。以上两项外加补偿元件的接法，如图 1—42 所示。

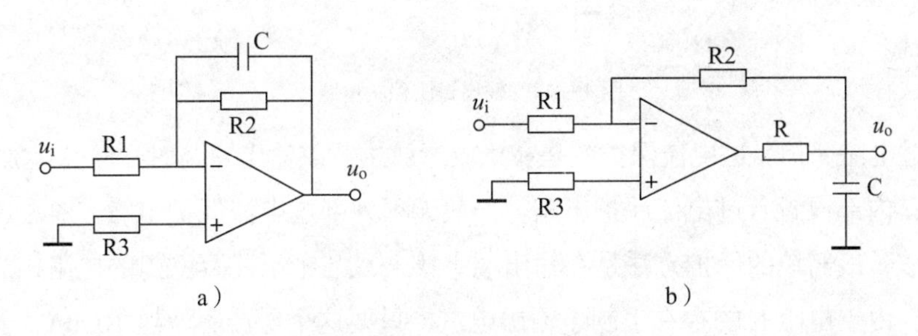

图 1—42　外加补偿元件的电路

a）并联电容 C　b）串联电阻 R

3）集成运放的保护。集成运放在使用过程中，有时会发生突然损坏或失效现象。其原因可能是操作不慎，输入信号过大（强干扰），电源接反，输出短路、过载等。为了避免器件的损坏，要采用一些保护措施。

①输入限幅保护。输入信号电压超过最大允许差模输入电压指标，可能损坏器件。如图 1—43a 所示是在运放的输入端接两只反向并联的二极管。当两个输入端之间的信号电压超过

0.6 V 时，必有一只二极管导通，把输入电压限制在 0.6 V 以内。从而保护运放不致损坏。电阻 R1 的选择应考虑二极管在最大差模电压作用下不损坏。如图 1—43b 所示是将双向稳压管跨接在器件的输入端，把输入电压钳位在器件允许的差模电压范围以内。

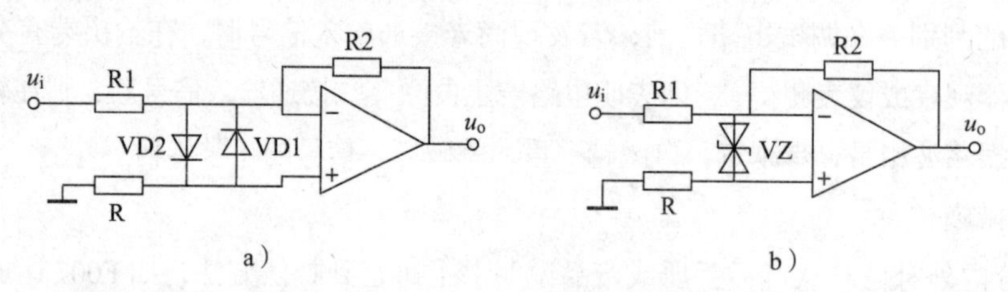

图 1—43　输入保护电路

②电源端极性保护。当供电电源的极性接反时，集成运放可能损坏。为防止发生这种情况，可在正、负电源端与运放端子间分别串接二极管，当电源极性正确时，二极管正向导通；当电源极性接反时，二极管截止，避免了因反接而造成的损坏。

③输出过电压限幅保护。如图 1—44a 所示的电路，一旦输出端偶然接到外部高电压（正或负）上，双向稳压管将输出电压钳位。图 1—44a 中 R 为限流电阻，稳压管 VZ 的稳压值可选略高于运放所允许的最大输出电压值，保证稳压管的接入不影响运放正常工作。

如图 1—44b 所示电路，在反馈电阻 R2 上并联双向稳压管 VZ，也能构成输出端过电压保护。当输出端接触外部高电压时，双向稳压管导通，使反馈支路的总电阻大大减小，负反馈作用加强，使输出电压限制在允许范围内。

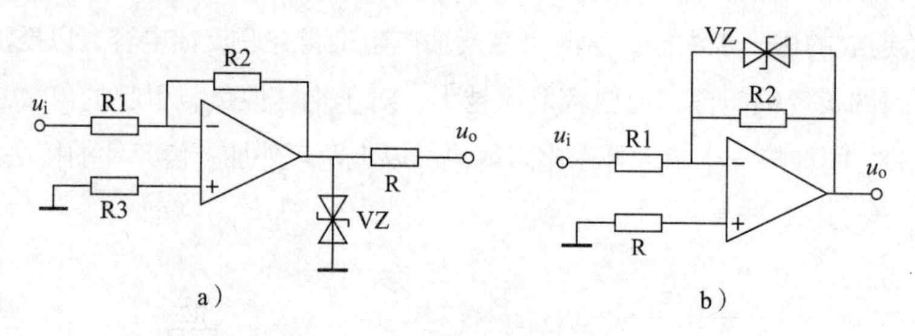

图 1—44　输出过压保护电路

④输出过电流保护。过电流保护就是在集成运放过载或输出短路时，保护运放不致损坏。许多运放在其内部设置有过电流保护电路，一般无须外部过电流保护电路。对于内部无过电流保护的运放，最简单的保护方法是在输出端串接一只几十至几百欧姆的电阻，当电路的输出端短路时，由于电阻 R 的存在限制了输出电流，只要这个电流不超过 10 mA，器件一般不会损坏。

4．集成运算放大器的非线性应用

（1）电压（电平）比较器

电压（电平）比较器，其电路如图 1—45 所示。电压（电平）比较器基本功能是对送到集成运放两个输入端的电平进行比较，并在输出端给出比较的结果。其输入信号可以是一个模拟电压与参考电压的比较，也可以是两个输入模拟电压进行比较。作为比较结果的输出信号则是两种不同的电平，即高电平或低电平。因而可知电压比较器中的集成运放主要工作在非线性区，只有分析临界转换工作情况时才能应用虚短和虚断的概念。

在电压比较器中，参考电压 U_{REF} 加于反相输入端，它可以是正值，也可以是负值，输入电压 U_i 则加于运放的同相输入端。这时，运放处于开环状态，具有极大的开环电压增益。当输入电压 U_i 略大于参考电压 U_{REF} 时，运放处于正饱和状态，输出端似乎就应该得到一个极大的正电压。由于受到运放电源电压的限幅，输出电压 U_0 就接近于正电源电压 $+U_{CC}$；当输入电压 U_i 降低到略小于参考电压 U_{REF} 时，运放立即转入负饱和状态，输出电压 U_0 就接近于负电源电压 $-U_{EE}$。电压比较器的输入、输出关系称为电路的传输特性，如图 1—45 所示。当运放工作在开环状态下时，运放的输出只能是正电源电压或负电源电压，不可能得到其他数值，所以根据电压比较器输出端的电压值就可以很容易地判别输入端究竟是 $U_i>U_{REF}$，还是 $U_i<U_{REF}$，这就是电压比较器的工作原理。

如果将图 1—45a 中的输入电压 U_i 与参考电压 U_{REF} 互相交换一下位置，如图 1—45c 所示，比较器同样可以工作，只是在 $U_i>U_{REF}$ 时，输出为 $-U_{EE}$，而 $U_i<U_{REF}$ 时，输出为 $+U_{CC}$，也就是说它的传输特性颠倒了，如图 1—45d 所示。

如果比较器的参考电压 $U_{REF}=0$，则输入电压每次过零时，输出就要产生突然的变化，这种比较器称为过零比较器。

电压比较器常用作波形变换使用，它可以把连续变化的输入波形变换成矩形波；或者可以作为电压是否超过了规定数值的检测；也可以和传感器配合使用，作为某一物理量（例如温度、压力、位移等）是否超过了整定值的检测。

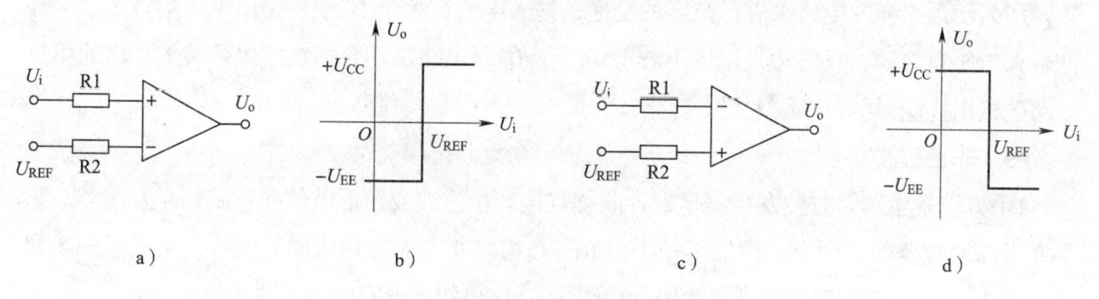

图 1—45　电压比较器

a）同相电压比较器电路图　b）传输特性

c）反相电压比较器电路图　d）传输特性

（2）迟滞比较器

在电压比较器中，电路的抗干扰性能较差，如果输入电压在参考电压附近有微小的波动，则输出电压就会不断翻转。为了提高电路的抗干扰性能，可以采用迟滞比较器。在电压比较器的基础上，通过 R_1 和 R_2 把输出电压的一部分加到放大器的同相端，就组成了迟滞比较器，如图 1—46a 所示为具有正反馈的迟滞比较器（又称施密特触发器）。迟滞比较器的输入输出传输特性如图 1—46b 所示，它与电压比较器的传输特性有明显的区别，由于它具有迟滞回线形状，电路由此得名。

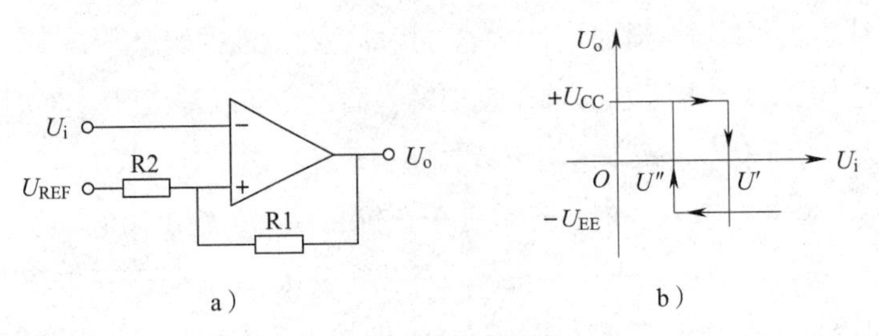

图 1—46　迟滞比较器

a）电路图　b）传输特性

当输入电压增大与减小时，翻转点的电平是不一样的。具体情况分析如下：输出电压 $+U_{CC}=-U_{EE}=15$ V，当输入电压为较大的负值时，输出电压应为 $+U_{CC}$，对应此时运放同相端的电压（即翻转电压）应为：

$$U'=U_{0+}\cdot\frac{R_2}{R_1+R_2}+U_{REF}$$

当输入电压逐渐增大到略大于 U' 时，输出电压翻转为 $-U_{EE}$。由于正反馈的作用，这一翻转的过程很快，此时运放同相端的电压也相应改变为负值，即：

$$U''=U_{0-}\cdot\frac{R_2}{R_1+R_2}+U_{REF}$$

当输出电压翻转以后，减小输入电压使其小于翻转电压 U'，由于同相端的翻转电压已经变为 U''，因此电路不可能再次翻转。只有当输入电压减小到比 U'' 略小一些之后才会再次翻转。那么使用这样的电路来进行波形的变换，输入电压在大于 U' 使得输出电压翻转之后，即使输入电压有波动，只要输入电压不波动到小于 U''，电路是不会再次发生翻转的，由此可见电路的抗干扰能力得到了很大提高。

（3）非正弦波发生器

1）方波发生器。方波发生器是一种能够直接产生方波或矩形波的非正弦信号发生器。它是在迟滞比较器的基础上，增加了一个由 Rf、C 组成的充放电和双向稳压管，组成了一个如图 1—47a 所示的双向限幅方波发生器。由图 1—47a 可知，电路的正反馈系数 F 为：

$$F\approx\frac{R_2}{R_1+R_2}$$

在接通电源的瞬间，输出电压究竟偏于正饱和还是负饱和，纯属偶然。设输出电压为正饱和值，即 $U_0=U_Z$ 时，加到运放同相端的电压为 $U'=FU_Z$，而加于反向输入端的电压 U_C，由于电容 C 的电压不能突变，只能由输出电压 U_0 通过电阻 Rf 按指数规律向电容 C 充电来建立。待电容电压上升到略大于 FU_Z 时，输出电压翻转为负饱和值，电容放电，电容电压随指数规律下降，待电容电压下降到略小于 $U''=-FU_Z$ 时，输出状态再翻转回来，如此循环，形成一系列的方波输出。电容电压 U_C 与输出电压 U_0 的波形如图 1—47b 所示。

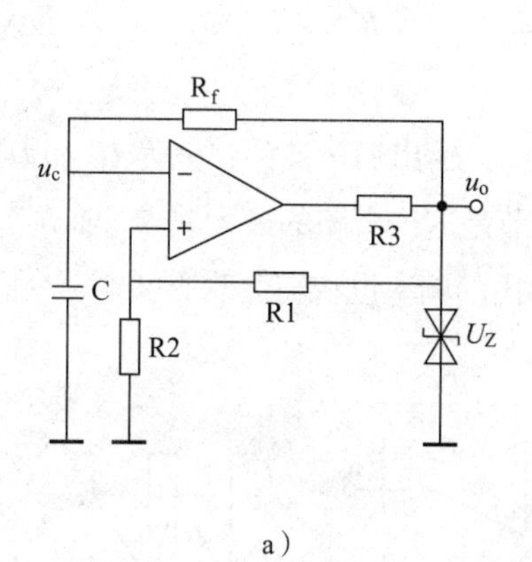

a）

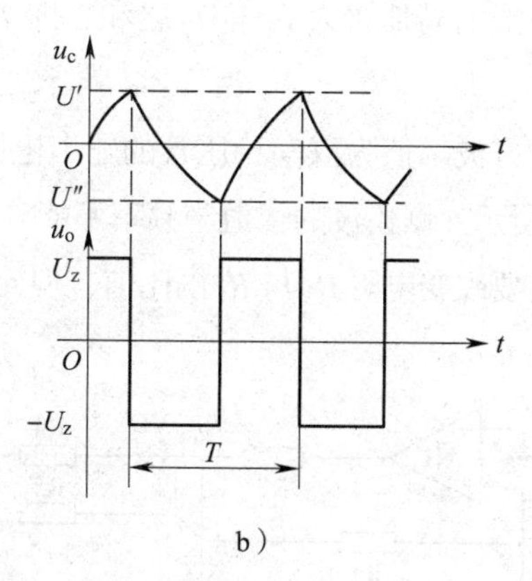

b）

图 1—47　方波发生器

a）电路图　b）波形图

电路的振荡周期与电路的 RC 时间常数和翻转点的电压大小有关，即与 R_1、R_2 的比值有关。用 RC 电路的三要素法可以求得其振荡周期为：

$$T=2R_fC\ln\left(1+2\frac{R_2}{R_1}\right)$$

2）锯齿波发生器。锯齿波发生器由运放 N1 组成的迟滞比较器和运放 N2 组成的积分器构成，电路如图 1—48a 所示。运放 N1 组成的迟滞比较器输出 U_{O1} 数值为 $+U_Z$ 或 $-U_Z$ 的方波。迟滞比较器是在运算放大器同相输入端的电压过 0 时翻转的，当同相输入端的电压小于 0 时就输出 $-U_Z$，否则就输出 $+U_Z$。积分器的输出电压 U_O 作为迟滞比较器的输入电压，它的传输特性如图 1—48b 所示。当运算放大器同相输入端的电压过 0 时，翻转点的电压 U_O 应该为：

$$U'=-U''=\frac{R_2}{R_1}\cdot U_Z$$

假设迟滞比较器初始时输出正电压为 $+U_Z$，二极管 V_2 承受正向电压而导通，迟滞比较器输出正电压 $+U_Z$，通过电阻 R4 对积分器中的电容 C 充电，由运放 N2 组成的积分器输出线性下降的负电压，当其输出电压 U_O 上升到翻转电压 U'' 时，迟滞比较器输出发生翻转，U_{O1} 输出负电压 $-U_Z$。此时积分器的输出电压 U_O 上升，二极管 V_2 截止，电容 C 只有通过电阻 R_5 才能使电容放电然后反向充电。因为电阻 R_5 比 R_4 要大得多，输出电压 U_O 的上升速度很慢。当积分器输出电压上升到翻转电压 U' 时，比较器输出再次翻转，U_{O1} 输出正电压 $+U_Z$，积分器输出电压 U_O 又会以较快的速度下降，当达到 U'' 时，电路再次翻转，并重复上述过程振荡。

在电路发生翻转的过程中，输出电压从 U'' 上升到 U'，其上升的幅度为 $2U'$，电路输出的锯齿波上升时的斜率为 $U_Z/(R_5C)$，由此可得：$2U'=\frac{U_Z}{R_5C}T_1$

因为 $U'=\frac{R_2}{R_1}U_Z$，可得上升时间 T_1：$T_1=2\frac{R_2}{R_1}R_5C$

当忽略二极管正向压降时，下降时间 T_2 的估算值为：$T_2=2\frac{R_2}{R_1}\times\frac{R_4R_5}{R_4+R_5}\cdot C$

整个波形的周期 T 为 T_1 与 T_2 之和，即 $T_1+T_2=T$。一般 R_5 远大于 R_4，即 T_1 远大于 T_2，故可取 $T \approx T_1$。

输出的方波幅值为双向稳压管的输出电压 $\pm U_Z$，输出锯齿波的幅值为 U' 和 U''，波形如图 1—48b 所示。锯齿波的幅值与频率不能分别调节是这一电路的最大缺点，在调节锯齿波的幅值时，需要改变电阻 R_2 与 R_1 的比值，但此时输出的频率也将随之改变。

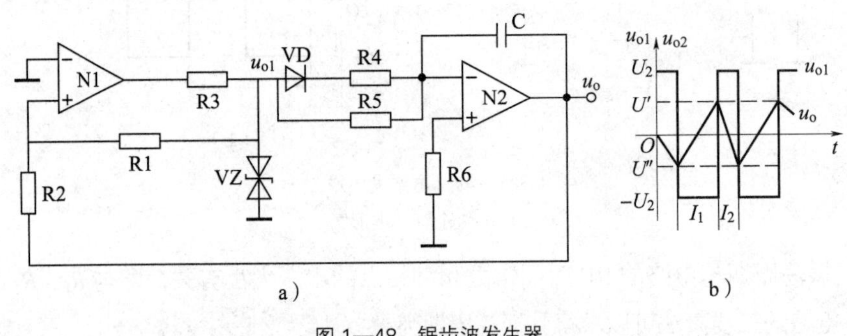

图 1—48　锯齿波发生器

a）电路图　b）波形图

3）三角波发生器。当锯齿波发生器中积分器充放电的时间常数一致，也就是锯齿波的波形上升时间 T_1 与波形下降时间 T_2 相等时，锯齿波就可以成为三角波，因此只需将锯齿波发生器电路中的二极管去掉，电路就变成一个三角波发生器。但三角波的输出幅值与频率不能分别调节的缺点仍然存在。如图 1—49a 所示的三角波发生器，可以在调节三角波的输出幅值时不影响到频率，调节频率时也不影响到输出幅值，即幅值与频率可以分别调节。

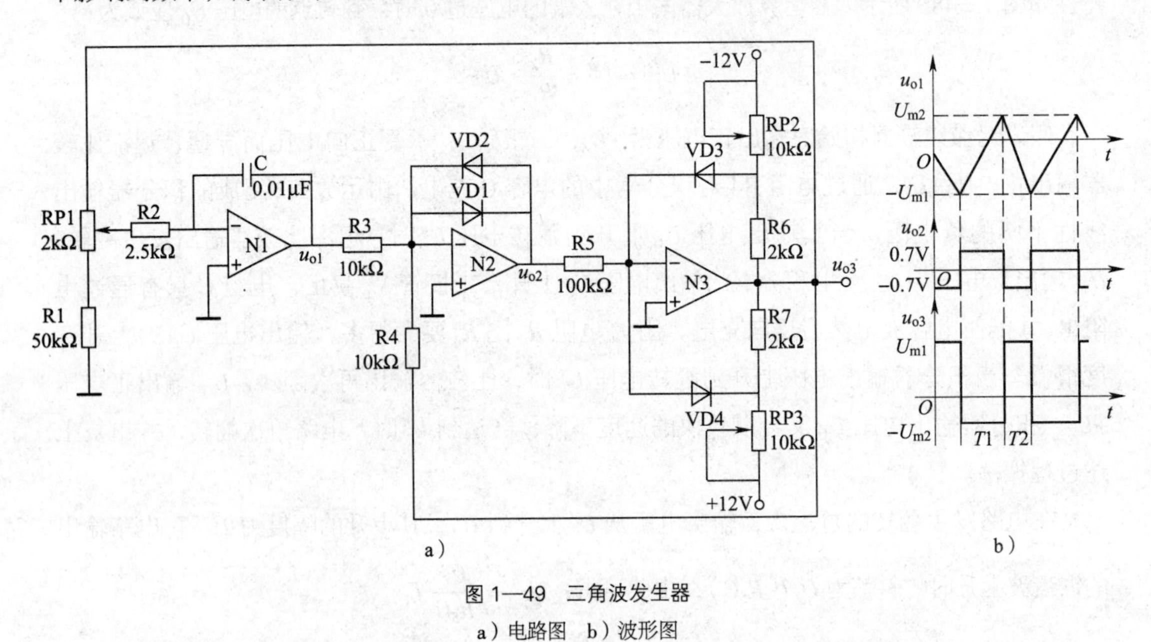

图 1—49　三角波发生器

a）电路图　b）波形图

三角波发生器由三个运放组成，运放 N1 是积分器，起到调节振荡频率的作用，输入电压的大小由电位器 RP1 进行调节，输出为三角波；运放 N2 是电平比较器，其反向输入

端的两个输入信号分别由电压 U_{01}、U_{03} 通过电阻 R3，R4 提供，当两个信号大小相等、极性相反时，N2 的输出就会翻转，由于二极管 VD1、VD2 的限幅作用，其输出电压 U_{02} 为 ±0.7 V 的方波；运放 N3 也是一个电平比较器，输出方波，通过电位器 RP2、RP3 可以调节其输出方波的正向、负相幅值，如果 RP2、RP3 采用同轴电位器，则输出方波的正、负幅值相等。

电路的工作过程分析如下。设电路初始输出的电压 U_{03} 为正，正电压 U_{03} 通过 RP1 的调节作为积分器的输入电压使用，此时积分器输出线性下降的负电压 U_{01}，当电压 U_{01} 下降到与 U_{03} 的幅值相同（极性相反）时，N2 的输出电压发生翻转，由 −0.7 V 变成为 +0.7 V，N3 在输入为 +0.7 V 的情况下，输出电压 U_{03} 翻转为负电压，改变了积分器输入电压的极性，使积分器输出电压开始上升，当输出 U_{01} 上升到与 U_{03} 幅度值相等（极性相反）时，N2、N3 再次翻转产生振荡。

设 N3 输出电压正向幅值为 U_{m1}，负向幅值为 U_{m2}。三角波经过上升时间 T_1 之后，电压的变化幅度为 $U_{m1}+U_{m2}$，由于三角波的斜率为 KU_{m2}/R_2C（K 为小于 1 的系数，由电位器 RP1 分压得到）有：$\frac{KU_{m2}}{R_2C}\times T_1=U_{m1}+U_{m2}$。

由此可求得上升时间为：$T_1=\frac{R_2C}{K}\times\frac{U_{m1}+U_{m2}}{U_{m2}}$

三角波下降斜率为 KU_{m1}/R_2C，经过下降时间 T_2 之后，电压变化幅度也是 $U_{m1}+U_{m2}$，$\frac{KU_{m1}}{R_2C}\times T_2=U_{m1}+U_{m2}$。

由此可求得下降时间为：$T_2=\frac{R_2C}{K}\times\frac{U_{m1}+U_{m2}}{U_{m1}}$

整个周期：$T=T_1+T_2$

图 1—49b 所示为输出正、负限幅值不同时的波形图。

5．电路的组成和用途

调节板电路是控制电路的核心，它主要由零速封锁电路、给定积分电路、滤波型调节电路、保护延时电路等组成，调节板电路原理图如图 1—50 所示。其主要作用是对给定信号、电流截止负反馈信号、电压负反馈信号、缺相信号和过流信号等电压量进行综合、调节和放大，产生的输出电压作为集成移相脉冲触发器的控制电压使用。通过控制触发脉冲控制角（移相角）的大小来控制晶闸管整流系统的输出电压。

6．主要电子元器件的介绍

（1）集成运算放大器

在图 1—50 中使用了由集成运算放大器 LM324 所组成的比例放大电路、比例积分电路、加法器电路和由 LM311 组成的电压比较电路。LM324 为四运放集成电路，LM311 为电压比较器集成电路，其管脚连接图如图 1—51a 和 b 所示，管脚功能见表 1—2。

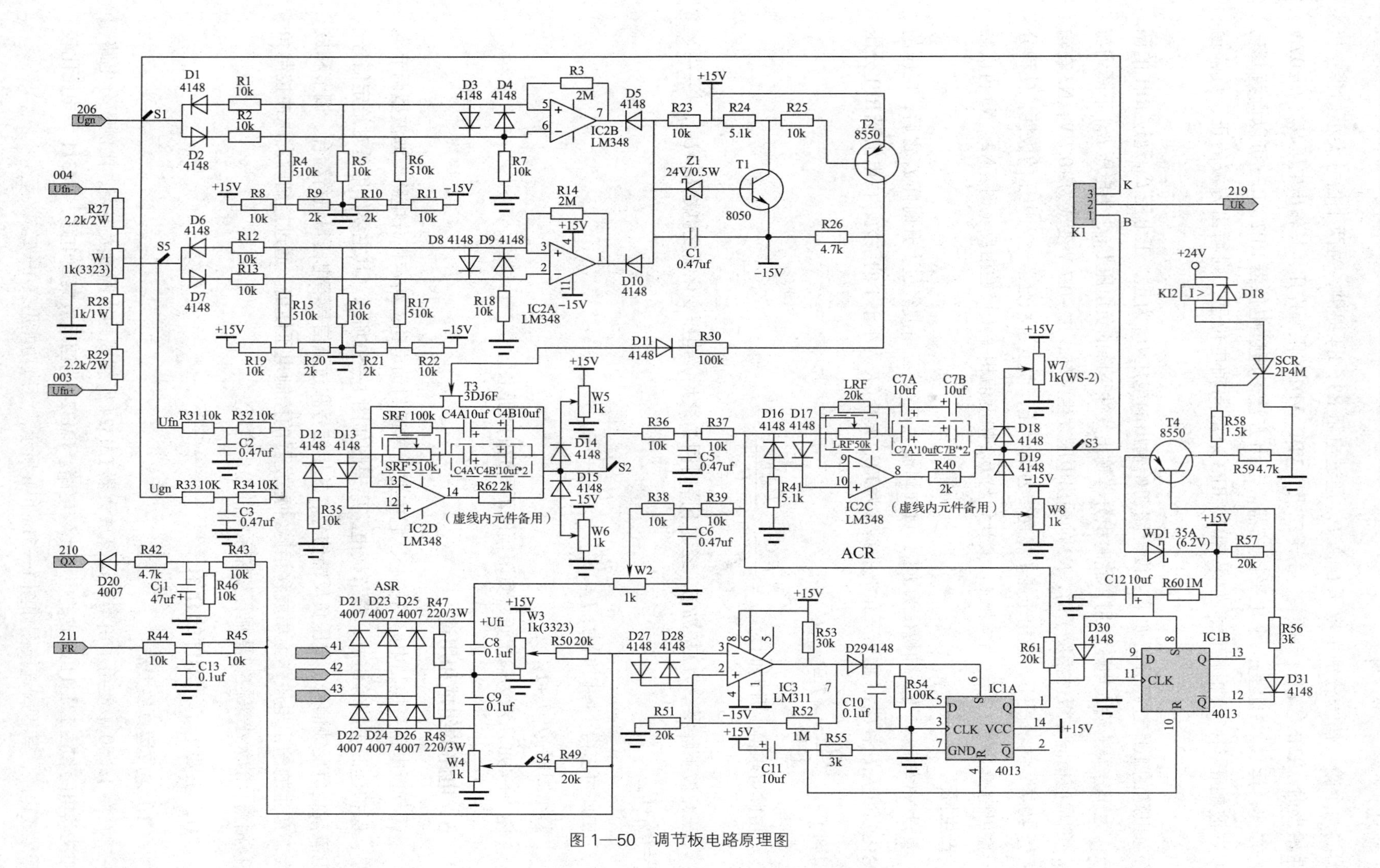

图 1—50 调节板电路原理图

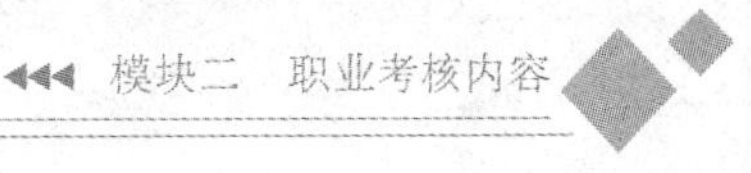

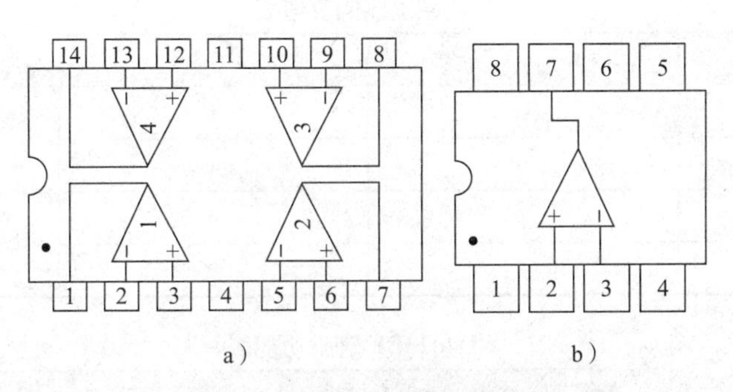

a）　　　　b）

图 1—51　集成电路管脚连接图

a）LM324 管脚连接图　b）LM311 管脚连接图

表 1—2　　　　**LM324 和 LM311 管脚功能表**

管脚号 输入输出 / 管型	同相输入端	反相输入端	输出端	正电源	负电源	接地	平衡信号	或门电路
LM324	3、5、10、12	2、6、9、13	1、7、8、14	4	11	无	无	无
LM311	2	3	7	8	4	1	5	6

（2）CD4013BE 具有置位 / 复位功能的双 D 型触发器

如图 1—52a 所示的代表符是具有置位 / 复位功能的 D 型触发器，触发器的状态说明为：外加时钟脉冲 CP 作用后，触发器的状态决定了 CP 到达前 D 的值，而与 CP 到达前触发器状态无关，其真值表见表 1—3。CD4013BE 是具有直接置位 / 复位功能的双 D 型触发器，其管脚连接图如图 1—52b 所示，管脚功能见表 1—4。该触发器的直接置 1 和直接置 0 功能由 S（SET）置位端和 R（RSET）复位端进行控制。S 为 1 时，Q=1，当 R 为 1 时，Q=0。在晶闸管整流装置处于缺相或过流时，D 触发器发生翻转，从而使全部电路停止工作，起到保护的作用。

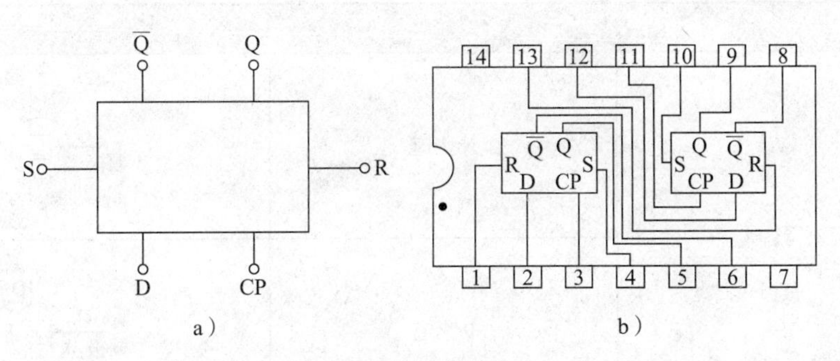

a）　　　　b）

图 1—52　触发器

a）具有置位 / 复位功能 D 型触发器　b）CD4013BE 管脚连接图

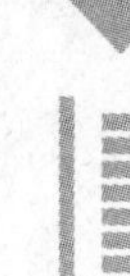

表 1—3　　D 触发器的真值表

D	Q	$\overline{Q}$	说明
0	0	1	输出状态与 D 端状态相同
0	0	1	
1	1	0	
1	1	0	

表 1—4　　CD4013BE 管脚功能表

	D	CP	S	R	Q	$\overline{Q}$	正电源	接地
管脚号	2、12	3、11	4、10	1、13	5、9	6、8	14	7

（3）场效应管

场效应晶体管（Field Effect Transistor，FET）简称场效应管。一般的晶体管是由两种极性的载流子，即多数载流子和反极性的少数载流子参与导电，因此称为双极型晶体管，而 FET 仅是由多数载流子参与导电，它与双极型相反，也称为单极型晶体管。它属于电压控制型半导体器件，具有输入电阻高（10^8 ~ 10^9 Ω）、噪声小、功耗低、动态范围大、易于集成、没有二次击穿现象、安全工作区域宽等优点，现已成为双极型晶体管和功率晶体管的强大竞争者。

1）场效应管的分类。场效应管分结型和绝缘栅型两大类。结型场效应管（JFET）因有两个 PN 结而得名，绝缘栅型场效应管（JGFET）则因栅极与其他电极完全绝缘而得名。目前在绝缘栅型场效应管中，应用最为广泛的是 MOS 场效应管，简称 MOS 管（即金属—氧化物—半导体场效应管 MOSFET）；此外还有 PMOS、NMOS 和 VMOS 功率场效应管，以及最近刚问世的 πMOS 场效应管、VMOS 功率模块等。

按沟道半导体材料的不同，结型和绝缘栅型场效应管各分 N 沟道和 P 沟道两种。若按导电方式来划分，场效应管又可分成耗尽型与增强型。结型场效应管均为耗尽型，绝缘栅型场效应管既有耗尽型的，也有增强型的。

场效应晶体管可分为结型场效应晶体管和 MOS 场效应晶体管。而 MOS 场效应晶体管又分为 N 沟道耗尽型和增强型；P 沟道耗尽型和增强型四大类。场效应管符号见表 1—5。

表 1—5　　场效应管符号表

场效应管名称		符号
结型场效应晶体管	N 沟道	漏极 D G 栅极 S 源极
	P 沟道	漏极 D G 栅极 S 源极

续表

场效应管名称		符号
MOS 场效应晶体管	N 沟道耗尽型	D G 衬底 S
	P 沟道耗尽型	D G 衬底 S
	N 沟道增强型	D G 衬底 S
	P 沟道增强型	D G 衬底 S

2）场效应管的参数。场效应管的参数很多，包括直流参数、交流参数和极限参数，但一般使用时关注以下主要参数：

①I_{DSS}—饱和漏源电流。指结型或耗尽型绝缘栅场效应管中，栅极电压 U_{GS}=0 时的漏源电流。

②U_{P}—夹断电压。指结型或耗尽型绝缘栅场效应管中，使漏源间刚截止时的栅极电压。

③U_{T}—开启电压。指增强型绝缘栅场效应管中，使漏源间刚导通时的栅极电压。

④g_{M}—跨导。表示栅源电压 U_{GS} 对漏极电流 I_{D} 的控制能力，即漏极电流 I_{D} 变化量与栅源电压 U_{GS} 变化量的比值。g_{M} 是衡量场效应管放大能力的重要参数。

⑤BU_{DS}—漏源击穿电压。指栅源电压 U_{GS} 一定时，场效应管正常工作所能承受的最大漏源电压。这是一项极限参数，加在场效应管上的工作电压必须小于 BU_{DS}。

⑥P_{DSM}—最大耗散功率。指场效应管性能不变坏时所允许的最大漏源耗散功率。它也是一项极限参数，使用时，场效应管实际功耗应小于 P_{DSM} 并留有一定裕量。

⑦I_{DSM}—最大漏源电流。指场效应管正常工作时，漏源间所允许通过的最大电流。它也是一项极限参数，场效应管的工作电流应不超过 I_{DSM}。

3）场效应管的作用

①场效应管可应用于放大电路。由于场效应管放大器的输入阻抗很高，因此耦合电容可以容量较小，不必使用电解电容器。

②场效应管很高的输入阻抗非常适合做阻抗变换。常用于多级放大器的输入级做阻抗变换。

③场效应管可以用作可变电阻。

④场效应管可以方便地用作恒流源。

⑤场效应管可以用作电子开关。

4）场效应管的测试

①结型场效应管的管脚识别。场效应管的栅极相当于晶体管的基极，源极和漏极分别对应于晶体管的发射极和集电极。将万用表置于 $R\times1$ k 挡，用两表笔分别测量每两个管脚间的正、反向电阻。当某两个管脚间的正、反向电阻相等，均为数 kΩ 时，则这两个管脚为漏极 D 和源极 S（可互换），余下的一个管脚即为栅极 G。对于有 4 个管脚的结型场效应管，另外一极是屏蔽极（使用中接地）。

②判定栅极。用万用表黑表笔碰触管子的一个电极，红表笔分别碰触另外两个电极。若两次测出的阻值都很小，说明均是正向电阻，该管属于 N 沟道场效应管，黑表笔接的也是栅极。

制造工艺决定了场效应管的源极和漏极是对称的，可以互换使用，并不影响电路的正常工作，所以不必加以区分。源极与漏极间的电阻约为几千欧。

注意不能用此法判定绝缘栅型场效应管的栅极。因为这种管子的输入电阻极高，栅源极间的电容又很小，测量时只要有少量的电荷，就可在极间电容上形成很高的电压，容易将管子损坏。

5）场效应管工作原理。当漏极与源极间电压 u_{DS} 和栅极与源极间电压 u_{GS} 均为 0 时，漏极电流 i_D 也为 0。但随着 u_{DS} 逐渐增加，沟道电场强度也随之增加，导致了漏极电流 i_D 的增加。当 u_{DS} 达到夹断电压 VP 时，i_D 达到饱和，此后即使 u_{DS} 继续增加，漏极电流 i_D 也不再变化。

如果降低栅极与源极间的电压 u_{GS}，则沟道电阻会相应的增加，导致漏极电流 i_D 也随之减小。当 u_{GS} 达到夹断电压 VP 时，i_D=0 达到最小。

7．基础单元电路的工作原理和作用

（1）零速封锁电路

零速封锁电路原理图如图 1—53 所示。

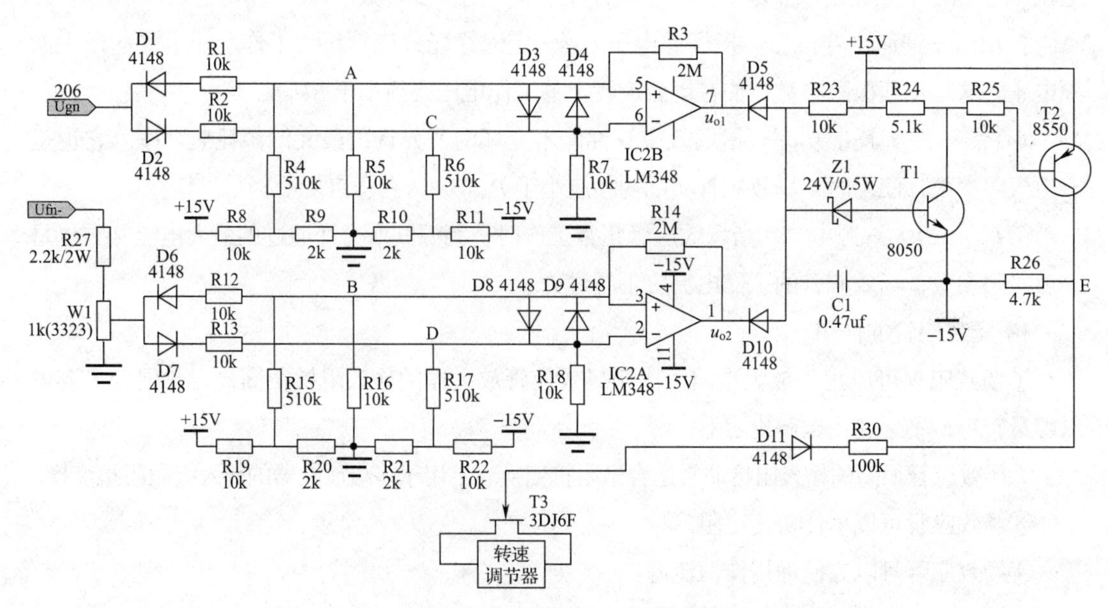

图 1—53　零速封锁电路原理图

1）零速封锁电路的作用。零速封锁电路的作用是防止由于控制电路中电子器件的温度漂移等因素所引起的电动机爬行。

2）零速封锁电路的工作原理分析。由于反馈电阻 R_3 和 R_{14} 大小均为 2 MΩ，所以零速封锁电路近似为电压比较器。

①当 $U_{gn(206)}$ 和 U_{fn-} 为 0 V 时，如图 1—53 所示 A 点电压由 +15 V、R8、R4、R9、R5 确定，B 点的电压则由 +15 V、R15、R16、R19、R20 确定，C 点电压由 −15 V、R11、R6、R7 确定，D 点的电压则由 −15 V、R17、R18、R22 确定，具体数值大小如下：

$$U_A=\frac{15-15/[(R_4+R_5)//R_9+R_8]R_8}{R_4+R_5}\times R_5$$

$$=\frac{15-15/[(510\ k+10\ k)//2\ k+10\ k]\times 10\ k}{510\ k+10\ k}\times 10\ k$$

$$=0.05\ V$$

$$U_B=\frac{15-15/[(R_{15}+R_{16})//R_{20}+R_{19}]R_{19}}{R_{15}+R_{16}}\times R_{15}$$

$$=\frac{15-15/[(510\ k+10\ k)//2\ k+10\ k]\times 10\ k}{510\ k+10\ k}\times 10\ k$$

$$=0.05\ V$$

$$U_C=\frac{-15}{R_6+R_7+R_{11}}\times R_7$$

$$=\frac{-15}{510\ k+10\ k+10\ k}\times 10\ k=-0.28\ V$$

$$U_D=\frac{-15}{R_{17}+R_{18}+R_{22}}\times R_{18}$$

$$=\frac{-15}{510\ k+10\ k+10\ k}\times 10\ k=-0.28\ V$$

运算放大器 IC2B 的同相输入为 U_A=0.05 V，反相输入为 U_C=−0.28 V，根据电压比较器的工作原理可知，IC2B 输出电压 u_{O1}=+15 V；同样运算放大器 IC2A 的同相输入为 U_B=0.05 V，反相输入为 U_D=−0.28 V，根据电压比较器的工作原理可知，IC2A 输出电压 u_{O2}=+15 V，二极管 D6 和 D10 均处于截止状态。在 +15 V 电源的作用下，三极管 T1 工作于放大状态，由于 T1 的工作导致三极管 T2 进入饱和状态，使 E 点的电压升高，最高可达 14 V 左右。E 点电压的升高促使场效应管 T3 的漏极电流 i_D 最大达到饱和，使转速调节器失效，并使电流调节器的反相输入电压增大、输出电压 U_K 为负值，最终晶闸管主电路没有输出电压。

②增大给定电压使 $U_{gn(206)}$>0，此时由于电动机尚未转动，所以 U_{fn-} 仍然为 0 V。随着给定电压 $U_{gn(206)}$ 的增大，B 点电压开始上升，当 U_B 达到 0.05 V 以上时，运算放大器 IC2B 的输出电压 u_{O1} 变为 −15 V，二极管 D6 导通。三极管 T1 仍处于放大状态，但三极管 T2 则退出饱和状态，进入放大状态，E 点电压随之下降，此时场效应管 T3 的漏极电流 i_D 开始减小，电流调节器的反相输入电压减小、输出电压 U_K 为正值，晶闸管主电路出现输出电压，电动机开始

旋转。

③随着电动机转速的增加，转速反馈信号 U_{fn-} 也逐渐增加，导致 D 点电压逐渐升高，当 U_D 达到 0.05 V 以上时，运算放大器 IC2A 的输出电压 u_{O2} 变为 −15 V，二极管 D10 导通。三极管 T1、T2 均进入截止状态，E 点电压降至 −15 V，场效应管 T3 的漏极电流 i_D 减小为 0，转速调节器和电流调节器均投入工作，零速封锁电路失效启动过程完成。

（2）转速调节器 ASR

转速调节器电路如图 1—54 所示。

1）转速调节器的作用。转速调节器的作用是稳定电动机转速，提高机械特性硬度。

2）转速调节器的工作原理分析。转速调节器是把给定电压信号 U_{gn} 与反馈电压信号 U_{fn} 进行比例积分运算，可以将突变的信号转变为连续缓慢变化的信号，从而实现电动机的软启动。

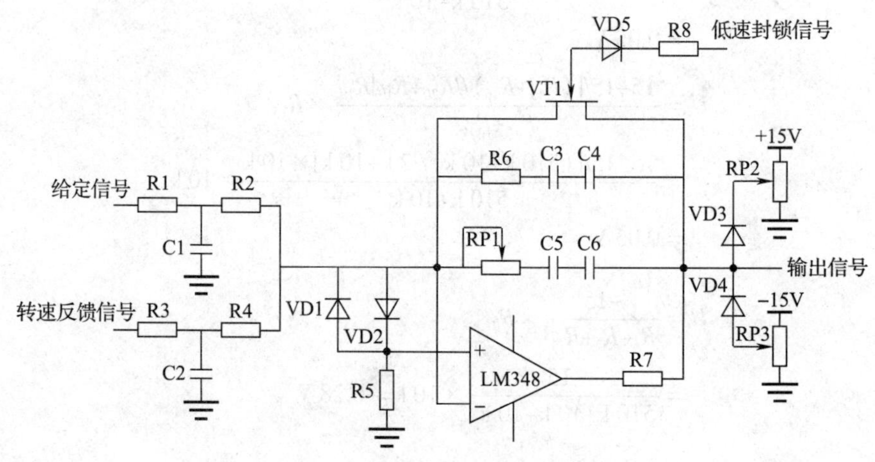

图 1—54　转速调节器电路图

当零速封锁电路失效后，给定信号和转速反馈信号经过 R1、R2、C1 和 R3、R4、C2 组成的抗干扰环节后进行叠加，作用于比例积分调节器，得到小于 0 的可调输出电压，其调节范围是 0 ~ −15 V。VD3、RP2、+15 V 和 VD4、RP3、−15 V 分别组成正限幅和负限幅电路，可以限制转速调节器的输出电压在一定范围内，同时转速调节器的输出电压将作为电流调节器的输入信号使用。图中的 PR1、C5 和 C6 是防止 R6、C3 和 C4 失效的备用元件。

（3）电流调节器 ACR

电流调节器电路图如图 1—55 所示。电流调节器的作用与转速调节器的作用类似，它把转速调节器的输出信号与电流反馈信号进行比例积分运算。在系统中起到维持电流恒定的作用，并保证在过渡过程中维持最大电流不变，以缩短转速的调节过程。VD8、RP5、+15 V 和 VD9、RP6、−15 V 分别组成正限幅和负限幅电路，可以限制电流调节器的输出电压在一定范围内，同时电流调节器的输出电压将作为触发电路控制信号使用。图 1—55 中的 PR4、C10 和 C11 是防止 R11、C8 和 C9 失效的备用元件。

（4）保护电路的工作原理和作用

1）过流、缺相和风扇过载保护电路。其基本电路如图 1—56 所示。

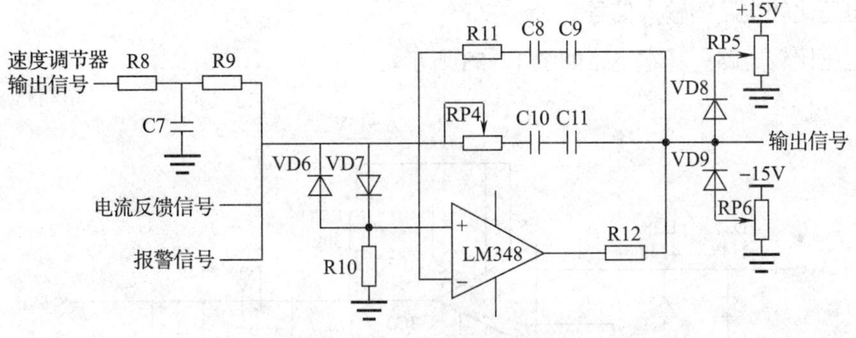

图 1—55 电流调节器电路图

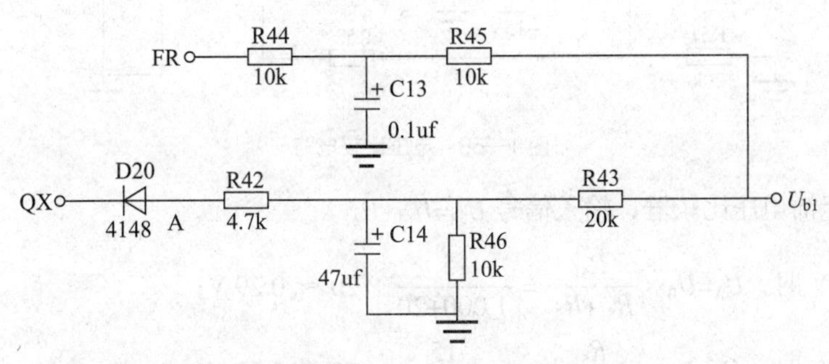

图 1—56 过流、缺相和风扇过载保护电路

当风扇过载时，热继电器动作，风扇过载信号 FR 由 0 V 变为 −15 V。当晶闸管整流装置的主电路发生缺相时，缺相信号 QX 由 0 V 变为交流 30 V，经过二极管 D20 的半波整流，在 A 点处得到 −13.5 V 的直流电压。

缺相和风扇过载保护的信号叠加后，得到电压 U_{b1}，作为电压比较电路的输入信号。

2）基准比较电位电路。其基本电路如图 1—57 所示。

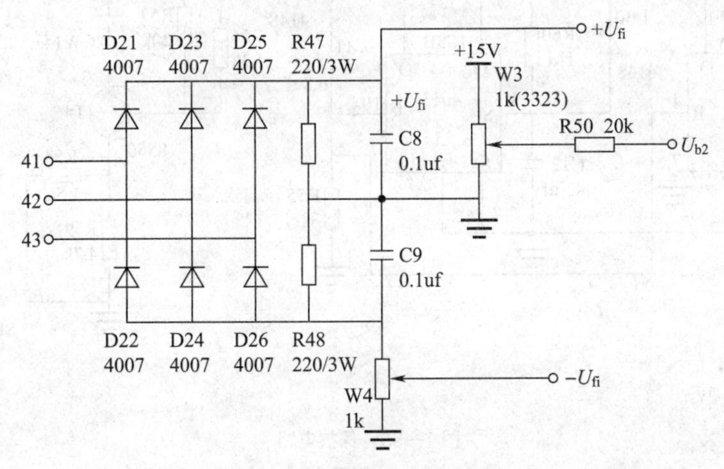

图 1—57 基准比较电位电路

该电路的作用是将 41、42、43 号线的电流反馈信号，通过由二极管 D21 ~ D26 组成的三相不可控整流电路整流后得到的直流信号，再经过滤波后分为 $+U_{fi}$ 和 $-U_{fi}$ 两个信号。$+U_{fi}$ 供电流负反馈使用，$-U_{fi}$ 供过流保护电路使用。调节电位器 W5 可以得到 0 ~ +15 V 的可调电压，

U_{b2} 作为电压比较电路的输入信号。

3）电压比较电路。基本电路如图 1—58 所示。

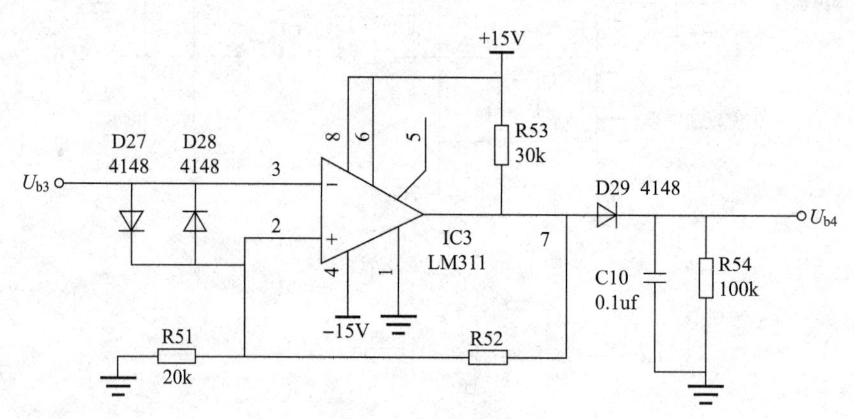

图 1—58　电压比较电路

该电路为迟滞电压比较器，输入信号 $U_{b3}=U_{b1}+U_{b2}$。

当 U_B=+15 V 时，$U_A=U_B\times\dfrac{R_{51}}{R_{51}+R_{52}}=\dfrac{15}{1\,000+20}\times 20\approx 0.29$ V；

当 U_B=−15 V 时，$U_A=U_B\times\dfrac{R_{51}}{R_{51}+R_{52}}=\dfrac{-15}{1\,000+20}\times 20\approx 0.29$ V；

当 $U_{b3}<-0.29$ V 时，U_B=+15 V，U_{b4}=14.3 V，当 $U_{b3}>0.29$ V 时，U_B=−15 V，U_{b4}=0 V。迟滞环的作用是抗干扰，此电路环宽仅为 0.6 V 左右。

4）保护电路。基本电路如图 1—59 所示。

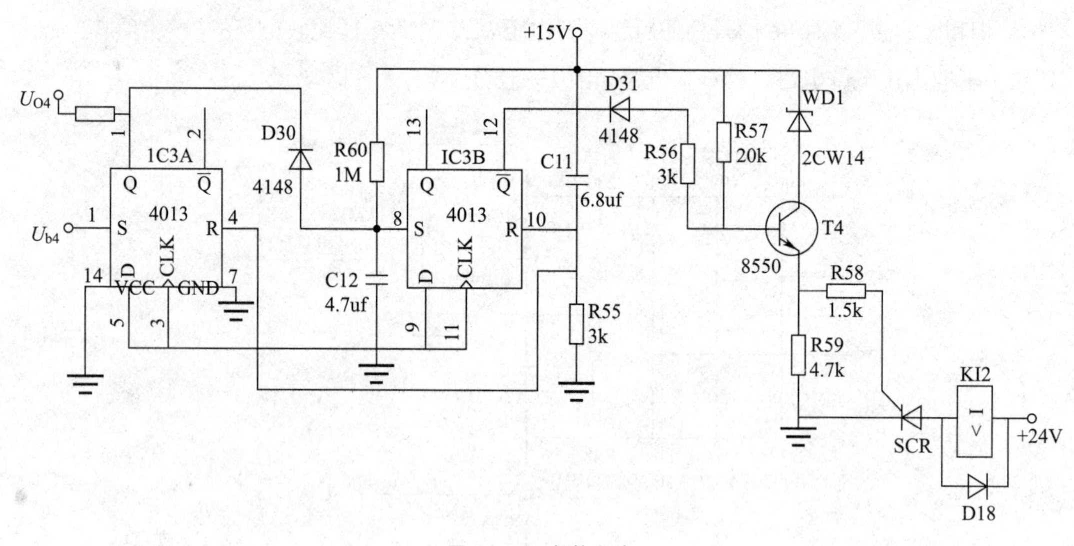

图 1—59　保护电路

C11 和 R55 组成上电复位电路。在电路接通电源时，+15 V 电压为一突变的信号。在突变信号的作用下，电容 C11 处于短路状态，所有的电压全部降落在电阻 R55 上。U_A 和 U_B 均为 +15 V，将 D1 和 D2 两个 D 触发器同时复位，即 Q=0 的状态。随着 +15 V 电压稳定以后，电容 C17 相当于断路状态，U_A 和 U_B 均变为 0 V 并保持，此时 D 触发器的状态仅取决于 S 端

的状态。

当 U_{b4}=0 V 时，电路不工作，U_{O4}=0，SCR 不导通。

当 U_{b4}=14.3 V 时，D_1 翻转，Q=1，即 +15 V，U_{O4}=+15 V，作用于滤波型调节器，同时 D80 截止，+15 V 经 R60 给 C12 充电。当 U_{C12} 达到 D 触发器的门槛电压时，D_2 翻转。$\overline{Q}$ =0，D81 导通，三极管 T4 放大，产生脉冲，晶闸管 SCR 导通并保持，同时故障指示灯点亮。

1.2　系统调试

系统调试的目的是对整个系统进行测试和参数调整，以使其达到要求的工作状态。双闭环调速系统调试的原则包括：先单元、后系统，即先将单元的参数调好，然后才能组成系统；先开环、后闭环，即先使系统运行在开环状态，然后在确定电流和转速均为负反馈后，才可组成闭环系统；先内环，后外环，即先调试电流内环，然后调试转速外环；先调整稳态精度，后调整动态指标。

1.2.1　系统开环调试

开环调试的调试顺序为：继电控制电路→电源板→触发板→调节板→隔离板。

1．继电控制电路调试

（1）将电源板、调节板、触发板和隔离板取下。

（2）接通总电源开关，测量输入的三相电网电压，正常值为 380 V。

（3）闭合 SQ1，接通控制电路，观察 KM2 能否正常得电动作，测量 36 号、37 号和 38 号之间的电压，正常值为 380 V。同步变压器二次侧中 216 号、217 号和 218 号对 200 号电压为 30 V，227 号到 232 号与 200 号线之间电压为 17 V。

（4）闭合 SQ2 接通主路，观察 KM1 能否正常得电动作，测量整流变压器一次侧绕组和二次侧绕组电压，一次侧正常值为 380 V，二次侧正常值为 220 V 和 245 V。

（5）按下 SB2 接通给定电路，观察 KA1 能否正常得电动作，此时 213 号和 200 号线电阻为 0 Ω。按下 SB1，观察 KA1 能否正常失电动作，如能正常工作可进行下一步。

（6）按操作要求断开所有电路，完成继电控制电路的测试。

注意：操作过程中应先快速通断无误，方可持续通电。

2．电源板的调试

（1）闭合 SQ1，接通控制电路，用引出线测量电源板的输入电压是否为 17 V。

（2）断开控制电路安装电源板，闭合控制电路观察电源指示灯能否正常点亮，测量各输出电压是否正常。

3．触发板的调试

（1）闭合 SQ1，接通控制电路，用引出线测量触发板的输入电压是否为 30 V。

（2）断开控制电路安装触发板，此时由于调节板没有安装，所以 U_k=0 V，闭合控制电路，调节 W1，W2，W3，并测量各测量点电压均为 6.3 V，锯齿波斜率为 20° /V。

（3）闭合主电路，调节 WP，使输出电压在 0 ~ 300 V 范围内可调，最后将输出电压调整为 0 V。

4．调节板的调试

（1）闭合 SQ1，接通控制电路，用引出线测量调节板的输入电压是否正确。

（2）断开控制电路安装调节板（开环），闭合控制电路、主电路和给定电路，调节给定电位器，观察输出电压的变化范围是否为 0 ~ 300 V。

5．隔离板的调试

（1）闭合 SQ1，接通控制电路，用引出线测量隔离板的输入电压是否正确。

（2）断开控制电路安装隔离板，闭合控制电路，此时隔离板振荡电路开始工作，应产生蜂鸣声，再闭合主电路和给定电路，调节给定电位器，增大给定电压，测量隔离板输出电压，应可进行调节，并可随给定电压的变化成比例变化。

1.2.2　系统闭环调试

待开环调试正常后方可进行闭环调试，将调节板改为闭环状态并连接到电路之中，正确连接好测速发电机。

（1）将转速负反馈信号调至最小（反馈最弱）、电流反馈信号调至最大（反馈最强），启动控制电路、主电路和给定电路并增大给定电压至最大状态。此时系统输出电压几乎为 0，电动机处于静止状态（电动机须带一定负载），逐渐调节调节板的电位器 W2，使输出电流达到 1.5 倍的电动机额定电流。

（2）调节正限幅电位器 W7，使输出电压维持在 220 V。

（3）调节电位器 W1，逐渐增加转速负反馈，用转速表测量转速，使输出转速达到要求。该调节过程会出现超调的现象，因此在调试过程中应做到少调、慢调。

（4）缺相保护电路的调试，断开 7 号、8 号、9 号任意一根闭合电路，接通控制电路、主电路和给定电路，此时电路没有输出电压，且延时断开主电路和给定电路，故障灯亮。

（5）风机过热保护电路的调试，人为使风机过热保护动作，接通控制电路、主电路和给定电路，此时电路没有输出电压，且延时断开主电路和给定电路，故障灯亮。

（6）闭合控制电路、主电路和给定电路，突加给定电压，观察输出电流和转速的变化情况。此时电流最大值不应超过电动机额定电压的 1.5 倍，转速最大超调量应小于额定转速的 5%。

（7）使调节板处于闭环状态，此时，闭合控制电路、主电路和给定电路，逐渐加大给定电压，观察电压表的变化，检测零速封锁电路是否正常。

1.3 故障检修

1.3.1 故障检修的原则与方法

1. 故障检修的原则

（1）先动口，再动手

应先询问产生故障的前后经过及故障现象，先熟悉电路原理和结构特点，遵守相应的规则。拆卸前要充分熟悉每个电气部件的功能、位置、连接方式及与周围其他器件的关系，在没有组装图的情况下，应一边拆卸，一边画草图，并记上标记。

（2）先外部，后内部

应先检查设备有无明显裂痕、缺损，了解其维修史、使用年限等，然后再对机内进行检查，拆前应排除周边的故障因素，确定为机内故障后才能拆卸。否则，盲目拆卸可能使设备越修越坏。

（3）先机械，后电气

只有在确定机械零件无故障后，再进行电气方面的检查。检查电路故障时，应利用检测仪器寻找故障部件，确认无接触不良故障后，再有针对性地查看线路与机械的动作关系，以免误判。

（4）先静态，后动态

在设备未通电时，判断电气设备按钮接触器、热继电器以及保险丝的好坏，从而断定故障的所在。通电试验听其声，测参数判断故障，最后进行维修。如电动机缺相，若测量三相电压值无法判断时，就应该听其声，单独测每相对地电压，方可判断哪一相缺损。

（5）先清洁，后维修

对污染较重的电气设备，先对其按钮、接线点、接触点进行清洁，检查外部控制键是否失灵，许多故障都是由脏物及导电尘块引起的。经清洁后故障往往会排除。

（6）先电源，后设备

电源部分的故障率在整个故障设备中占的比例很高，所以先检修电源往往可以事半功倍。

（7）先普遍，后特殊

因装配配件质量或其他设备故障而引起的故障，一般占常见故障的50%，电气设备的特殊故障多为软故障，要靠经验和仪表来测量和维修。例如，一个0.5 kW电动机带不动负载，有人认为是负载故障，根据经验先检查电动机，结果是电动机本身问题。

（8）先外围，后内部

先不要急于更换损坏的电气部件，在确认外围设备电路正常时，再考虑更换损坏的电气部件。

（9）先直流，后交流

检修时，必须先检查直流回路静态工作点，再检查交流回路动态工作点。

（10）先故障，后调试

对于调试和故障并存的电气设备，应先排除故障，再进行调试，调试必须在电气线路正常的前提下进行。

2．电气故障检修的一般步骤

（1）观察和调查故障现象

电气故障现象是多种多样的。例如，同一类故障可能有不同的故障现象，不同类故障可能有同种故障现象，这种故障现象的同一性和多样性，给查找故障带来复杂性。但是，故障现象是检修电气故障的基本依据，是电气故障检修的起点，因而要对故障现象进行仔细观察、分析，找出故障现象中最主要的、最典型的方面，搞清故障发生的时间、地点、环境等。

（2）分析故障原因，初步确定故障范围、缩小故障部位

根据故障现象分析故障原因，是电气故障检修的关键。分析的基础是电工电子基本理论，是对电气设备的构造、原理、性能的充分理解，是电工电子基本理论与故障实际的结合。某一电气故障产生的原因可能很多，重要的是在众多原因中找出最主要的原因。

（3）确定故障的部位，判断故障点

确定故障部位是电气故障检修的最终目标和结果。确定故障部位可理解成确定设备的故障点，如短路点、损坏的元器件等，也可理解成确定某些运行参数的变异，如电压波动、三相不平衡等。确定故障部位是在对故障现象进行周密的考察和细致分析的基础上进行的。在这一过程中，往往要采用下面将要介绍的多种手段和方法。

在完成上述工作过程中，实践经验的积累起着重要的作用。

3．电气故障检修技巧

（1）熟悉电路原理，确定检修方案

当一台设备的电气系统发生故障时，不要急于动手拆卸，首先要了解该电气设备产生故障的现象、经过、范围、原因。熟悉该设备及电气系统的基本工作原理，分析各个具体电路。弄清电路中各级之间的相互联系以及信号在电路中的传输过程，结合实际经验，经过周密思考，确定一个科学的检修方案。

（2）先机损，后电路

电气设备都以电气—机械原理为基础，特别是机电一体化的先进设备，机械和电子在功能上有机配合，是一个整体的两个部分。往往机械部件出现故障，影响电气系统，许多电气部件的功能就不起作用。因此不要被表面现象迷惑，电气系统出现故障并不全部都是电气本身问题，有可能是机械部件发生故障所造成的。因此先检修机械系统所产生的故障，再排除电气部分的故障，往往会收到事半功倍的效果。

（3）先简单，后复杂

检修故障要先用最简单易行、自己最拿手的方法去处理，再用复杂、精确的方法。排除故障时，先排除直观、显而易见、简单常见的故障，后排除难度较高、没有处理过的疑难故障。

（4）先检修通病，后治疑难杂症

电气设备经常容易产生的相同类型的故障，就是通病。由于通病比较常见，积累的经验较丰富，因此可快速排除。这样就可以集中精力和时间排除比较少见、难度高、古怪的疑难杂症，简化步骤，缩小范围，提高检修速度。

（5）先外部调试，后内部处理

外部是指暴露在电气设备外壳或密封件外部的各种开关、按钮、插口及指示灯。内部是指在电气设备外壳或密封件内部的印制电路板、元器件及各种连接导线。先外部调试，后内部处理，就是在不拆卸电气设备的情况下，利用电气设备面板上的开关、旋钮、按钮等调试检查，缩小故障范围。首先排除外部部件引起的故障，再检修机内的故障，尽量避免不必要的拆卸。

（6）先不通电测量，后通电测试

首先在不通电的情况下，对电气设备进行检修；然后再在通电情况下，对电气设备进行检修。对许多发生故障的电气设备检修时，不能立即通电，否则会人为地扩大故障范围，烧毁更多的元器件，造成不应有的损失。因此，在故障设备通电前，先进行电阻测量，采取必要的措施后，方能通电检修。

（7）先公用电路，后专用电路

任何电气系统的公用电路出故障，其能量、信息就无法传送、分配到各具体的专用电路，专用电路的功能、性能就不起作用。如一个电气设备的电源出故障，整个系统就无法正常运转，向各种专用电路传递的能量、信息就不可能实现。因此遵循先公用电路、后专用电路的顺序，就能快速、准确地排除电气设备的故障。

（8）总结经验与提高效率

电气设备出现的故障五花八门、千奇百怪。任何一台有故障的电气设备检修完，应该把故障现象、原因、检修经过、技巧、心得记录在专用笔记本上，学习掌握各种新型电气设备的机电理论知识、熟悉其工作原理、积累维修经验，将自己的经验上升为理论。在理论指导下，具体故障具体分析，才能准确、迅速地排除故障。只有这样才能把自己培养成为检修电气故障的行家里手。

4．电气故障检修的一般方法

（1）直观法

通过“问、看、听、摸、闻”来发现异常情况，从而找出故障电路和故障所在部位。

1）问。向现场操作人员了解故障发生前后的情况。如故障发生前是否过载、频繁启动和

停止；故障发生时是否有异常声音和振动，有无冒烟、冒火等现象。

2）看。仔细查看各种电气元件的外观变化情况。如看触点是否烧融、氧化，熔断器熔体熔断指示器是否跳出，热继电器是否脱扣，导线和线团是否烧焦，热继电器整定值是否合适，瞬时动作整定电流是否符合要求等。

3）听。主要听有关电器在故障发生前后声音有无差异。如听电动机启动时是否只嗡嗡响而不转；接触器线圈得电后是否噪声很大等。

4）摸。故障发生后，断开电源，用手触摸或轻轻推拉导线及电器的某些部位，以察觉异常变化。

5）闻。故障出现后，断开电源，将鼻子靠近电动机、继电器、接触器、绝缘导线等处，闻是否有焦味。如有焦味，则表明电器绝缘层已被烧坏，主要原因则是过载、短路或三相电流严重不平衡等。

（2）测量电压法

测量电压法是根据电器的供电方式，测量各点的电压值与电流值并与正常值比较。具体可分为分阶测量法、分段测量法和点测法。

（3）测量电阻法

测量电阻法可分为分阶测量法和分段测量法。这两种方法适用于开关、电器分布距离较大的电气设备。

（4）对比、置换元件、逐步开路（或接入）法

1）对比法。把检测数据与图样资料及平时记录的正常参数相比较来判断故障。对无资料又无平时记录的电器，可与同型号的完好电器相比较。电路中的电气元件属于同样控制性质或多个元件共同控制同一设备时，可以利用其他相似的或同一电源的元件动作情况来判断故障。

2）置换元件法。某些电路的故障原因不易确定或检查时间过长时，为了保证电气设备的利用率，可置换同一型号性能良好的元器件实验，以证实故障是否由此电器引起。运用置换元件法检查时应注意，当把原电器拆下后，要认真检查是否已经损坏，只有肯定是由于该电器本身因素造成损坏时，才能换上新电器，以免新换元件再次损坏。

3）逐步开路（或接入）法。多支路并联且控制较复杂的电路短路或接地时，一般有明显的外部表现，如冒烟、有火花等。电动机内部或带有护罩的电路短路、接地时，除熔断器熔断外，不易发现其他外部现象。这种情况可采用逐步开路（或接入）法检查。逐步开路法是指遇到难以检查的短路或接地故障，可重新更换熔体，把多支路交联电路，一路一路逐步或逐段地从电路中断开，然后通电试验，若熔断器一再熔断，故障就在刚刚断开的这条电路上。然后再将这条支路分成几段，逐段地接入电路。当接入某段电路时熔断器又熔断，故障就在这段电路及某电气元件上。这种方法简单，但容易把损坏不严重的电气元件彻底烧毁。逐步接入法是指电路出现短路或接地故障时，换上新熔断器逐步或逐段地将各支路一条一条的接入电源，重新试验。当接到某段时熔断器又熔断，故障就在刚刚接入的这条电路及其所包含

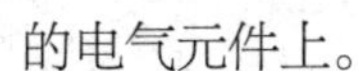

的电气元件上。

（5）强迫闭合法

强迫闭合法是在排除电器故障时，经过直观检查后没有找到故障点而手中也没有适当的仪表进行测量，可用一绝缘棒将有关继电器、接触器、电磁铁等用外力强行按下，使其常开触点闭合，然后观察电器部分或机械部分出现的各种现象，如电动机从不转到转动，设备相应的部分从不动到正常运行等。

（6）短接法

短接法设备电路或电器的故障大致归纳为短路、过载、断路、接地、接线错误、电器的电磁及机械部分故障六类。诸类故障中出现较多的为断路故障，它包括导线断路、虚连、松动、触点接触不良、虚焊、假焊、熔断器熔断等。对这类故障除用电阻法、电压法检查外，还有一种更为简单可靠的方法，就是短接法。方法是用一根良好绝缘的导线，将所怀疑的断路部位短路接起来，如短接到某处，电路工作恢复正常，说明该处断路。具体操作可分为局部短接法和长短接法。

1.3.2 故障测量方法

仪表、仪器测量法是用电气仪表测量某些电参数的大小，经与正常的数值对比后，来确定故障部位和故障原因。

仪表、仪器测量法的具体方法如下：

1．测量电压法

用万用表交流 500 V 挡测量电源、主电路线电压以及各接触器和继电器线圈、各控制回路两端的电压。若发现所测处电压与额定电压不符（超过 10% 以上），则该处是故障可疑处。

2．测量电流法

用钳形电流表或交流电流表测量主电路及有关控制回路的工作电流。若所测电流值与设计电流值不符（超过 10% 以上），则该相电路是故障可疑处。

3．测量电阻法

断开电源后，用万用表欧姆挡测量有关部位电阻值。若所测电阻值与要求的电阻值相差较大，则该部位极有可能就是故障点。一般来讲，触头接通时，电阻值趋于 0，断开时电阻值为 ∞；导线连接牢靠时连接处的接触电阻也趋近于 0，连接处松脱时，电阻值则为 ∞；各种绕组（或线圈）的直流电阻值也很小，往往只有几欧姆至几百欧姆，而断开后的电阻值为 ∞。

4．测量绝缘电阻法

断开电源，用绝缘电阻表测量电气元件和线路对地以及相间的绝缘值，电器绝缘层应根据电压等级确定绝缘电阻值。电气检测绝缘电阻值过小，是造成相线与地、相线与相线、相线与中性线之间漏电和短路的主要原因，若发现这种情况，应着重予以检查处理。

1.4 实例解析

1.4.1 案例故障检修

故障检修工作一般包括故障勘查、故障范围分析、故障点测量和确定、故障排除以及通电试车交付验收五个阶段。

1．故障勘查阶段

故障分析、测量和排除前需要进行现场的勘察和故障的调查。故障勘查包括以下内容：

（1）勘查调速装置状况和现场环境。根据引入案例的描述在勘查现场后，未发现明显损害（如烧焦、异味）等情况，且现场环境也处于正常状态。

（2）询问现场人员（设备操作人员）发生故障时的情况和现象。据现场工作人员反映，在正常生产中突然出现转速降低的情况，但未发现异声和异味。

（3）查看调速装置的连接状态（接触不良、接线松动）、内部元件状态（接线松动、元件异样）和负载状态（卡堵、过重）。经现场勘查未发现异常情况。

（4）分析、判断、确认调速装置可否送电试车观察故障现象而无危险。经勘查和分析，最终确定可以通电试车。

（5）通电试车观察故障现象。通过反复通电试车发现无论开环状态还是闭环状态，均出现输出电压过低的情况，电压表示数最大只能到 200 V 左右，且出现在给定电压增大到某一数值时，输出电压突然减小，而后随给定电压的继续增加输出电压继续增加的现象，故障状态输出电压与给定电压的关系曲线如图 1—60 所示。

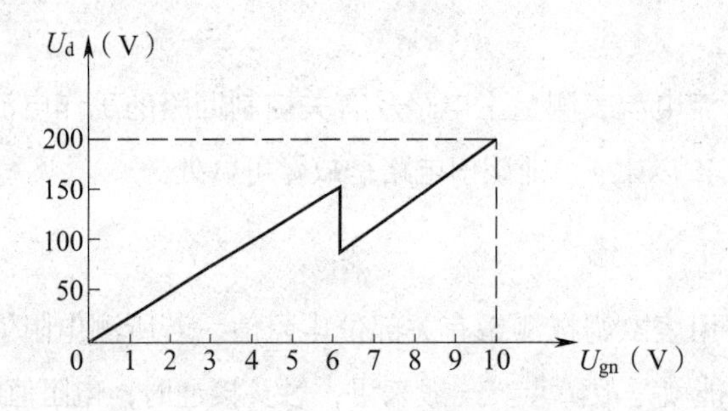

图 1—60 输出电压与给定电压的关系曲线

2．故障范围分析阶段

依据图样、原理和经验，分析、推断可能发生故障部分或故障元件。经分析该故障发生的原因极有可能是由于主电路和触发电路不同步造成，造成同步被破坏的故障原因是主电路的供电电压或触发电路的同步电压相位错误，造成相位错误的故障范围包括晶闸管主电路的交流供电电路和触发芯片同步电压的供电电路。

3．故障点测量和确定

（1）用万用表检测三相供电电源电压，测量结果正常。

（2）检测快速熔断器上端电压，测量结果正确。

（3）检测同步变压器一次侧电压，发现不正确，38 号线电压过低。

（4）检测控制电路接触器主触头上口 33 号、34 号和 35 号线之间的电压，测量结果正确。

（5）检测控制电路接触器主触头下口 36 号、37 号和 38 号线之间的电压，测量结果 38 号线电压过低。

（6）检测 35 号和 38 号线之间的控制电路接触器主触头电压，测量结果有 100 V 左右的电压。

（7）测量结果表明故障点是 35 号和 38 号线之间的控制电路接触器主触头，再经仔细观察发现，该触头氧化和烧灼现象严重，接触不良导致 38 号线电压过低。

4．故障排除以及通电试车交付验收

（1）更换同型号接触器进行故障排除。

（2）通电试车，在更换完成后进行通电运行，调整参数，发现电动机运行正常。

（3）要求操作人员进行检验，交付使用，并填写故障检修记录。

1.4.2　常见故障现象与检修方法

触发电路和主电路运行时常见故障的可能原因、检测和维修方法见表 1—6。

表 1—6　　常见故障现象与检修方法

故障现象	故障原因	检测和维修方法
电源电压正常，但晶闸管整流桥输出波形不齐	1. 有误触发 （1）由于布线时强电和弱点电线引起干扰 （2）触发单元本身插件有毛病、虚焊、元件质量等引起触发电路故障	（1）查看电缆沟中强电弱电的布局，适当分开 （2）用示波器查看触发电路波形，查找不正常，进行维修
	2. 相位错误 （1）同步电源的相位有可能因为 RC 组成的同步滤波移相的影响而出现异常 （2）调节电路故障 （3）进线电源相序不对	（1）测试触发电路上同步电源相位是否互差 60°，发现不正常逐级向前查 （2）用万用表和示波器查看调节电路的静态和动态性能 （3）用示波器查看三相波形，重新对准相序
交直流侧过电压保护部分保护	（1）过电压吸收部分元件击穿 （2）能量过大引起元件损坏	（1）断电后用万用表检查过电压吸收部分的 R、C 及二极管等元件 （2）更换损坏元件

续表

故障现象	故障原因	检测和维修方法
快速熔断器熔断	（1）晶闸管元件击穿 （2）误触发 （3）控制部分有故障 （4）过电压吸收电路不良 （5）电网电压或频率波动过大	（1）检查晶闸管元件 （2）检查有无不触发、误触发、丢失脉冲或脉冲过小现象 （3）检查晶闸管元件 （4）检查保护电路 （5）检查稳压电源、电网电压是否正常
晶闸管元件损坏	1. 电流方面的原因 （1）输出发现短路或过载 （2）过电流保护不完善 （3）熔断器性能不合格 （4）输出接大电容，触发导通时电流上升率太大 （5）元件性能不稳，正向压降和温升太高	（1）选择合适的快速熔断器 （2）选择合适的快速熔断器 （3）选择合格的快速熔断器 （4）减小输出侧电容 （5）选择性能好的器件
	2. 电压方面的原因 （1）没有适当的过压保护 （2）元件特性不稳定	（1）增加阻容保护 （2）选用性能好的元件
	3. 控制方面的原因 （1）控制极所加最高点电压、电流或平均功率超过允许值 （2）控制极和阳极短路 （3）触发电路短路，控制极电压过高	（1）降低控制极上的电压、电流和平均功率 （2）更换晶闸管
晶闸管元件不良	晶闸管耐压下降或吸收部分故障	晶闸管元件质量下降，保护元件损坏，应更换
过电流	（1）过负荷 （2）调节器不正常 （3）电流反馈断线或接触不良 （4）保护环节出故障 （5）脉冲部分不正常 （6）有元件损坏或缺相	（1）检查电动机有无卡死或阻力矩过大 （2）检查调节器输出电压 （3）检查电流反馈信号数值和波形 （4）排除干扰影响，更换屏蔽线 （5）用示波器检查脉冲波形 （6）检查接触器有无误动作
晶闸管导通角开不到最大，关不到最小	触发电路移相范围不够	1. 导通角开不到最大是因为触发脉冲移步到最前沿，可采用以下措施： （1）同步电压过低，增大电压 （2）减小充电回路电阻 （3）减小充电回路电容 （4）三相装置应采用扩大移相范围的措施 2. 晶闸管关不到最小 （1）触发电路电容过小，适当增大 （2）增大充电回路电阻

续表

故障现象	故障原因	检测和维修方法
晶闸管整流输出波形不对称	（1）触发电路与其他交流电路发生联系 （2）交流输入电压的正、负半周波形不对称 （3）输出控制电压脉冲前沿不够陡峭，造成晶闸管导电角不同	（1）切断触发电路与其他交流电路的联系 （2）减小充电回路电阻 （3）减小充电回路电容
控制电路受干扰	（1）电源安排不当，变压器一、二次侧或几个二次侧绕组之间形成干扰 （2）放大器输入、输出及反馈引线太长 （3）空间电场或磁场干扰 （4）布线不合理，主、控回路平行走线 （5）元件特性不稳定	（1）变压器一、二次侧之间加屏蔽层接地 （2）反馈电路使用屏蔽线 （3）缩短输出脉冲回路用线长度 （4）控制回路用金属罩屏蔽，且屏蔽罩接地 （5）更换性能不稳定的元件

第 2 单元　直流斩波电路的测试

引入案例：在日常生活中，手机充电器通过整流电路可以把交流电变换成直流电给手机电池充电；UPS 不间断电源在交流停电时，通过逆变电路把电池中的直流电变成交流电供给计算机等设备使用，保证计算机不突然失电；变频空调器通过变频器把 50 Hz 交流电变换成 30 ~ 130 Hz 的交流电，提高了效率，节省电能；在电力机车上还需要一种装置能调节直流电压，改变电力机车的速度，这就是直流斩波电路。这几种交直流电的变换关系如图 2—1 所示。

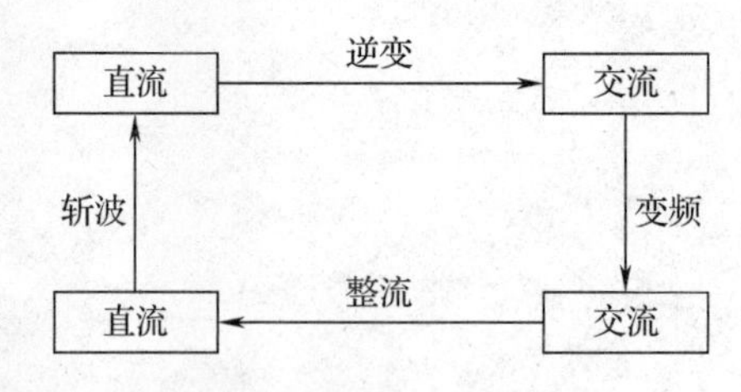

图 2—1　交直流电的变换关系

改变交流电压的大小一般使用变压器，改变变压器一次侧和二次侧线圈匝数的比值，即可改变变压器一次侧和二次侧的电压比值，从而改变二次侧输出电压的大小。变压器变压时功耗小，既能降压，也可升压，使用方便。但是直流电压不能使用变压器来变压，使用串电阻的方式调压功耗大。因此需要一种功耗小，使用方便的直流变压装置——直流斩波器。直流斩波器利用电子开关器件，改变单位时间内负载接通电源和断开电源的时间比值，从而改变负载两端的电压。负载上获得的是一系列调制矩形波，改变调制波占空比即可改变直流电压。

2.1　器件学习

2.1.1　功率二极管

二极管是半导体器件中结构最为简单的器件，但它是一种十分重要的基础器件。功率二极管属于功率最大的半导体器件之一，现在其最大额定电压、电流可达 8 kV、6 kA 以上。常用的功率二极管分为整流二极管、快速恢复二极管和肖特基二极管。

1．整流二极管

功率二极管的基本结构和工作原理与普通的二极管一样，具有单向导电性。功率二极管用高纯单晶硅制造（掺杂较多时容易反向击穿），它的PN结面积较大，能通过较大电流（可达上千安），PN结在正向电流较大时压降仍然很低，维持在1 V左右，所以正向偏置的PN结仍表现为低阻态。但其工作频率不高，一般在几十千赫以下。功率二极管的封装形式常采用螺栓（螺旋）型和平板型，并配用风冷散热器或水冷散热器元件进行散热。高压大功率整流二极管的外形、结构和电气图形符号如图2—2所示。

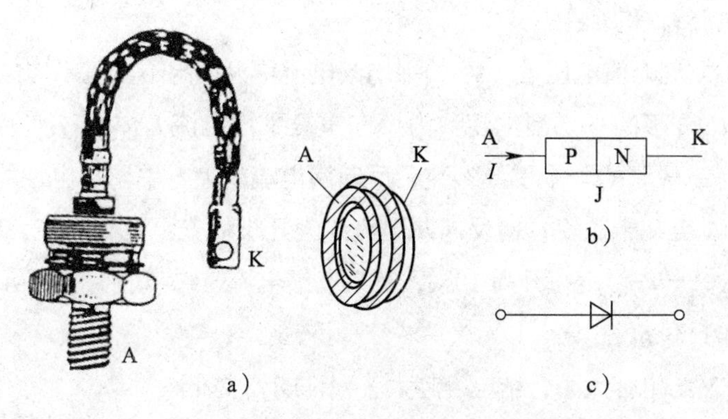

图2—2　高压大功率整流二极管的外形、结构和电气图形符号

a）外形图　b）结构图　c）电气图形符号

二极管的参数是正确选用二极管的依据。二极管的常用参数如下。

（1）反向重复峰值电压 U_{RRM}

反向重复峰值电压是指对二极管所能重复施加的反向最高峰值电压。一般取反向不重复峰值电压 U_{RSM} 的80%称为反向重复峰值电压 U_{RRM}，也被定义为二极管的额定电压 U_{RR}。将 U_{RRM} 整化到等于或小于该值的电压等级，即为元件的额定电压。显然，U_{RRM} 小于二极管的反向击穿电压 U_{RO}。选用二极管的额定电压一般为其可能承受最高峰值电压的2 ~ 3倍。

（2）额定电流 $I_{F(AV)}$

二极管的额定电流 I_F 被定义为其额定发热所允许流过的最大工频正弦半波电流平均值。其正向导通流过额定电流时的电压降 U_{FR} 一般为1 ~ 2 V。当二极管在规定的环境温度（+40℃）和散热条件下工作时，通过正弦半波电流平均值 I_F 时，其管芯PN结温升不超过允许值。在实际应用中应按有效值相等条件来选取二极管的定额，并应留有一定的裕量。

（3）最大允许非重复浪涌电流 I_{FSM}

最大允许非重复浪涌电流是指二极管所能承受的最大连续一个或几个工频周期的过电流。该值比二极管的额定电流要大得多。实际上它体现了二极管抗短路冲击电流的能力。

（4）最高工作结温 T_{JM}

最高工作结温是在PN结不受损坏的前提下，二极管所能承受的最高平均温度，一般为125 ~ 175℃。

（5）反向恢复时间 t_{rr}

反向恢复时间是指二极管由导通到截止，并恢复到自然阻断状态所需的时间。定义从二极管正向电流过零到其反向电流下降到其峰值的10%的时间间隔。

（6）正向压降 U_{FM}

正向压降是指在指定温度和标准的散热条件下，功率二极管承受的正向电压大到一定值（门槛电压 V_{TO}），正向电流才开始明显增加，处于稳定的导通状态。流过某一指定的稳态正向电流 I_F 时对应的正向压降 U_{FM}，有时也称为管压降。元件发热和损耗与 U_F 有关，一般应选用管压降小的元件以降低元件的导通损耗。

（7）反向漏电流 I_{RS} 和 I_{RR}

对应于反向不重复峰值电压 U_{RSM} 下的平均漏电流称为反向不重复平均电流 I_{RS}。对应于反向重复峰值电压 U_{RRM} 下的平均漏电流称为反向重复平均电流 I_{RR}，I_{RRM} 称为反向最高峰值电流。反向漏电流是二极管的一个重要参数，反向漏电流越大，单向导电性能越差。一般硅反向漏电流约为 1 μA 至几十微安，锗反向漏电流约为几十微安至几百微安。PN 结漏电流随温度上升，急剧增大，一般温度每升高 10℃，其反向漏电流值约增加 1 倍。

（8）最高工作频率 f_M

主要取决于 PN 结电容大小，结电容越大，允许的 f_M 越低。

2．快速恢复二极管

在电力电子电路的主回路中，不论是采用普通的晶闸管，还是采用新型全控型电力电子器件，都需要一个与之并联的快速恢复二极管，以通过负载中的无功电流，减小电容的充电时间，同时抑制因负载电流瞬时反向而感应的高电压。由于这些电力电子器件的频率和性能不断提高，为了与其关断过程相匹配，该二极管必须具有快速开通和高速关断能力，即具有较短的反向恢复时间 t_{rr}，较小的反向漏电流 I_{RRM} 和软恢复特性。

半导体器件中众所周知的 PN 结具有单向导电性。其中导电的基本单元称为载流子，即电子和空穴。简单说来二极管的单向导电性能就是应用了载流子的产生和消失的物理原理。正向导电时（P 区接正、N 区接负），PN 结两边产生并充满大量载流子，可以在很低的电压下导通较大的电流，呈现低阻状态。反向阻断时（N 区接正、P 区接负），PN 结两边的载流子很快就变为零（有极少量遗留形成了漏电流），呈高阻状态。载流子的产生、消失过程需要时间，于是有开通时间和关断时间的概念。载流子存在时间称为寿命。寿命的长短会影响到开通时间和关断时间。载流子的寿命较长，二极管的开关速度相应较低。为提高其开关速度，可采用掺杂重金属杂质和通过电子辐照的办法减小载流子寿命，但这又会不同程度地造成不希望出现的二极管“硬恢复特性”，它会在电路中引起较高的感应电压，对整个电路的正常工作产生不小的影响。因此还要采用新的结构、新的工艺来控制少数载流子寿命，提高二极管开通和关断的速度。

3．肖特基二极管

肖特基二极管是以其发明人肖特基博士（Schottky）命名的，SBD 是肖特基势垒二极管（Schottky Barrier Diode）的简称，是利用金属与半导体接触形成的金属—半导体结原理制作的。SBD 与 PN 结二极管一样，是一种具有单向导电性的非线性器件，是近年来面世的低功耗、大电流、超高速半导体器件。其反向恢复时间极短（可以小到几纳秒），正向导通压降仅0.4 V左右，而整流电流却可达到几千安培。这些优良特性是快速恢复二极管所无法比拟的。肖特基二极管虽然具备正向导通压降低、反向漏电流受温度变化小、动态特性好、工作频率高的优点，但是其反向击穿电压比较低，大多不高于60 V，最高仅约100 V，反向漏电流也比PN结二极管大。多用作高频、低压、大电流整流二极管、续流二极管、保护二极管，广泛应用于开关电源、变频器、驱动器等电路。

表2—1列出了几种二极管的性能比较。由表可见，硅高速开关二极管的 t_{rr} 虽极低，但平均整流电流很小，不能用于大电流整流。

表2—1　　二极管性能比较表

半导体器件名称	典型产品型号	平均直流电流（A）	正向导通电压（V）		反向恢复时间 t_{rr}（ns）	反向峰值电压（V）
			典型值	最大值		
肖特基二极管	181CMQ035	100	0.4	0.8	<10	50
快速恢复二极管	MUR30100A	30	0.5	1.0	25	1 000
快恢复二极管	D25-02	15	0.5	1.0	400	200
硅高频整流管	DR3005	8	0.5	1.2	400	800
硅高速开关二极管	1N4248	0.15	0.5	1.0	4	100

2.1.2 可关断晶闸管

可关断晶闸管（Gate-Turn-Off Thyristor，GTO）具有普通晶闸管（SCR）的全部优点，如耐压高、电流大等。同时它又是全控型器件，即在门极正脉冲电流触发下导通，在负脉冲电流触发下关断。它的主要缺点是导通后管压降比普通晶闸管大，工作频率比电力晶体管（GTR）低，触发功率特别是门极反向触发关断电流较大，约为阳极电流的1/5。GTO目前在高压、中频、大中容量的直流斩波电路中获得广泛应用，例如直流斩波调速的电力机车电气控制系统。

1. GTO的结构

可关断晶闸管GTO的结构与普通晶闸管SCR的相同，也是采用PNPN四层三端结构的半导体器件，外部引出阳极A、阴极K和门极G。但是和普通晶闸管又不同，GTO是一种多元的功率集成器件，内部包含数十个甚至数百个共阳极的小GTO元，这些GTO元的阴极和门极则在器件内部并联在一起，其目的是便于实现门极通断控制。GTO的内部结构和电气图形符号如图2—3所示。

GTO也可以看作是由 $P_1N_1P_2$ 和 $N_1P_2N_2$ 构成的两只晶体管 V_1、V_2，分别具有共基极电流增益 α_1 和 α_2。$\alpha_1+\alpha_2=1$ 是器件临界导通的条件。设计时 α_2 较大，使晶体管 V_2 控制灵敏，易于关断。导通时，$\alpha_1+\alpha_2=1.05$，更接近1，接近临界饱和，有利于门极控制关断，但导通时管压降增大。多元集成结构，使得 P_2 基区横向电阻很小，能从门极抽出较大电流。

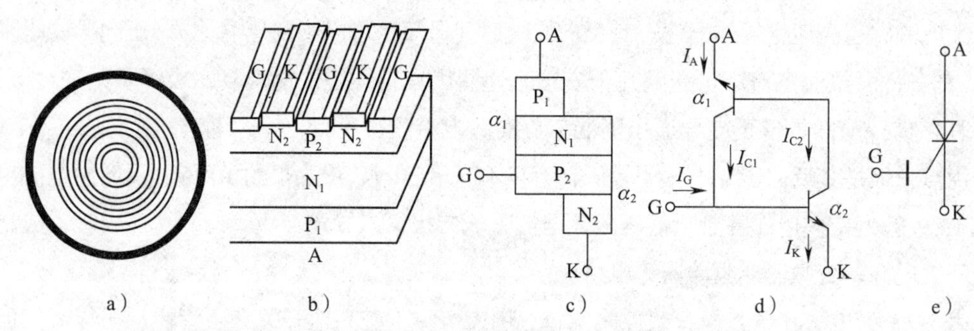

图 2—3 GTO 的内部结构和电气图形符号

a）各单元的阴极、门极间隔排列的图形 b）并联单元结构断面示意图

c）管结构图 d）等效电路 e）电气图形符号

2．GTO 的原理

可关断晶闸管 GTO 的导通机理与普通晶闸管 SCR 是相同的，即在阳极与阴极间加上正向电压，同时在门极与阴极间加上正向电压。GTO 一旦导通之后，只要阳极电流大于擎住电流，门极信号是可以撤除的，但在制作时采用特殊的工艺使管子导通后处于临界饱和，以便用门极负脉冲电流破坏临界饱和状态使其关断。普通晶闸管处于深饱和状态，一旦导通，阳极电流大于擎住电流，门极信号失去控制功能。

GTO 在关断机理上与 SCR 是不同的。SCR 是采用外部关断电路，在阳极和阴极间加上反向电压，使阳极电流降到维持电流以下而关断。GTO 是在门极加负脉冲，即从门极抽出电流（即抽取饱和和导通时储存的大量载流子），产生强烈正反馈，使器件退出饱和而关断。GTO 导通和关断等效电路如图 2—4 所示。

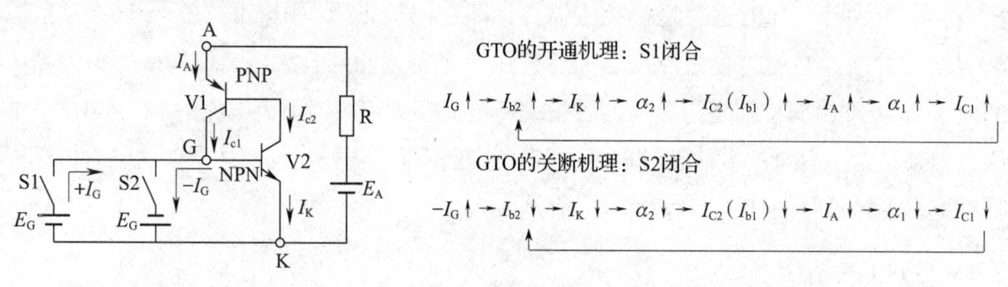

图 2—4 GTO 导通和关断等效电路

3．GTO 的参数

（1）最大可关断阳极电流 I_{ATO}

最大可关断阳极电流是 GTO 的额定电流。该电流过大时，$\alpha_1+\alpha_2$ 稍大于 1 的条件可能被破坏，使器件饱和程度加深，导致门极关断失败。因此，GTO 的标称电流定额定义为阳极可关断的最大电流。

（2）关断增益 β_{off}

最大可关断阳极电流 I_{ATO} 与门极负脉冲电流最大值 I_{GM} 之比称为电流关断增益。β_{off} 一般很小，只有 5 左右，这是 GTO 的一个主要缺点。

（3）擎住电流

GTO 经门极触发后，阳极电流上升到保持所有 GTO 元导通的最低值，即擎住电流值。擎住电流对 GTO 器件影响最大。当门极电流脉冲宽度不足时，门极脉冲电流下降沿越陡，GTO 的擎住电流值将越大。

（4）开通时间 t_{on}

开通时间是指延迟时间与上升时间之和。延迟时间一般为 1 ~ 2 μs，上升时间则随通态阳极电流的增大而增大。

（5）关断时间 t_{off}

关断时间一般指储存时间和下降时间之和，不包括尾部时间。下降时间一般小于 2 μs。

（6）浪涌电流

与 SCR 类似，浪涌电流是指使结温不超过额定结温时的不重复最大通态过载电流，一般为通态峰值电流的 6 倍，会引起器件性能的变差。

（7）阳极尖峰电压 V_P

V_P 是在下降时间末尾出现的极值电压，随阳极关断电流线性增加，过高会导致 GTO 失效。V_P 的产生是由缓冲电路中的引线电感、二极管正向恢复电压和电容中的电感造成的，减小 V_P 应尽量缩短缓冲电路的引线，采用快恢复二极管和无感电容。

4．GTO 的触发

（1）门极触发信号的要求

门极触发控制电流信号的波形要求是脉冲的前沿陡、幅度高、宽度大、后沿缓。理想的门极触发控制电流信号波形如图 2—5 所示。

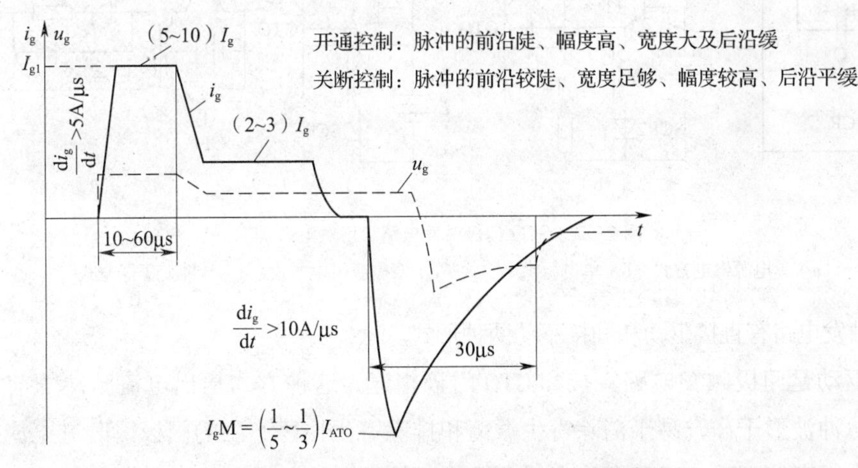

图 2—5　GTO 理想门极触发控制电流信号波形

脉冲前沿（正、负脉冲）越陡越有利，前沿陡有利于 GTO 的快速导通或关断。因为 GTO 工作在临界饱和状态，所以门极触发信号要足够大。门极正脉冲幅度高可以实现强触发，一般该值比额定直流触发电流大 3 ~ 10 倍，为快速开通甚至还可以提高该值。门极触发电流的幅值不同，相应的开通时间也不同。强触发有利于缩短开通时间，减小开通损耗，降低管压降，适于低温触发并易于 GTO 串并联运行。关断电流脉冲的幅度 I_{GRM} 一般取为（1/3 ~ 1/5）I_{ATO} 值，由关断增益的大小来确定。在 I_{ATO} 一定的条件下，I_{GRM} 越大，关断时间越短，关断损耗越小，但是关断增益下降。若关断增益保持不变，增加 I_{GRM} 可提高 GTO 的阳极可关断能力。触发正电流脉冲的宽度用来保证阳极电流的可靠建立，一般定为 10 ~ 60 μs。门极关断负电压脉冲必须具有足够的宽度，既要保证下降时间 t_f 内能继续抽出载流子，又要保证剩余载流子的复合有足够的时间。特别是 GTO 关断过程中尾部时间过长时，必须用足够的门极负电压脉冲宽度保证 GTO 可靠关断。脉冲后沿（正、负脉冲）越平缓越好，正脉冲后沿太陡会产生负尖峰脉冲，产生振荡；负脉冲后沿太陡会产生正尖峰脉冲，使刚刚关断的 GTO 的耐压和阳极承受的 du/dt 降低。

（2）门极触发电路的组成

门极触发电路一般由门极开通电路、门极关断电路和门极反偏电路三部分组成，作用于 GTO 的门极，保证 GTO 按要求导通或关断，如图 2—6 所示。

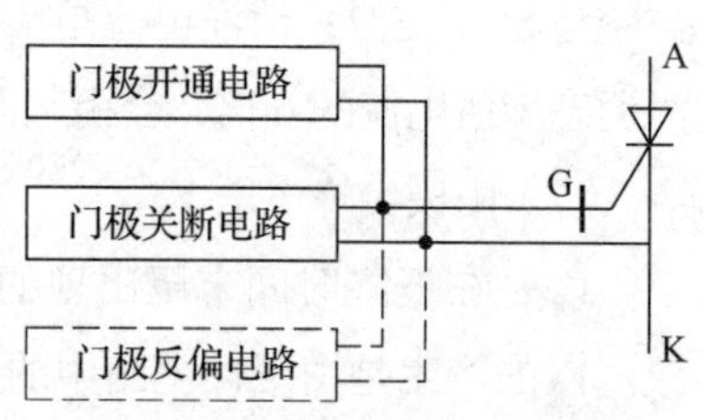

图 2—6　GTO 门极触发电路组成

GTO 门极有单电源供电方式、双电源供电方式和脉冲变压器方式，单电源和双电源供电方式适用于 300 A 以下 GTO 的控制，脉冲变压器方式适用于 300 A 以上 GTO 控制。双电源方式比单电源方式可关断阳极电流要大。如果增大门极负电源，阳极可关断的电流也随之增大。门极触发电路供电形式如图 2—7 所示。

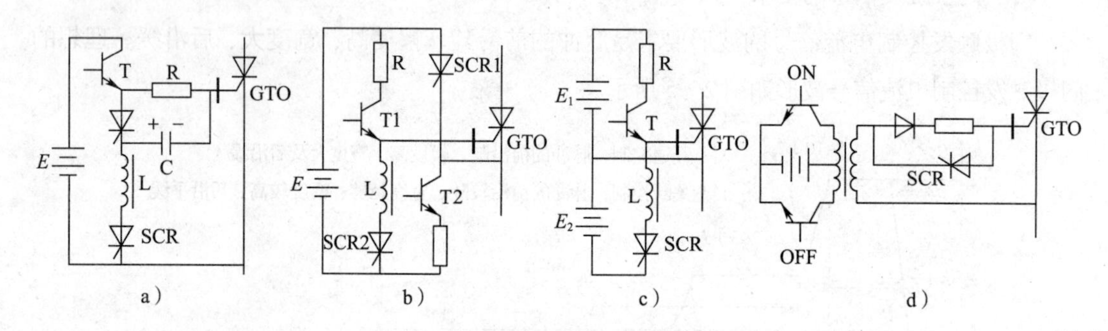

图 2—7　GTO 门极触发电路常用供电形式

a）单电源供电方式　b）单电源供电方式　c）双电源供电方式　d）脉冲变压器方式

门极触发电路有直接驱动和间接驱动两种形式。

直接驱动是门极触发电路直接和 GTO 门极相连。这种方式输出电流脉冲的前沿陡度好，门极脉冲波形干净，易于消除寄生振荡和排除寄生振荡产生的门极瞬时过电流或过电压。但是由于直接驱动，驱动电路中的半导体开关器件必须直接承担 GTO 的门极电流，故开关器件的电流比较大，由于门极—阴极间内阻小，尤其动态内阻更小，用晶体管驱动时，晶体管很难饱和，因此功耗大、效率低。为了安全，驱动电路电源必须和控制系统电源隔离。

间接驱动是驱动电路通过脉冲输出变压器与 GTO 门极相连接。这种方式 GTO 主电路与门极控制电路之间有变压器做电隔离，对控制系统来说较为安全。利用变压器可进行合理的阻抗配合，使驱动电路的脉冲功率放大器件电流可以大幅度减小。但是输出变压器的漏感使输出电流脉冲前沿陡度受到限制，输出变压器带来的寄生电感和电容易产生高频寄生振荡，致使门极脉冲前后沿出现电压和电流寄生振荡，有可能出现门极瞬时过电压或过电流，而且造成 GTO 不能干净利落地开通和关断。

GTO 门极触发方式通常有下面三种：

1）直流触发。在 GTO 被触发导通期间，门极一直加有直流触发信号。

2）连续脉冲触发。在 GTO 被触发导通期间，门极上仍加有连续触发脉冲，所以也称脉冲列触发。

3）单脉冲触发。即常用的脉冲触发，GTO 导通之后，门极触发脉冲即结束。

5．GTO 的串并联

GTO 是目前耐压最高，电流容量最大的全控型电力半导体器件，因而在高电压、大容量的应用领域，如机车牵引、大容量不停电电源、高压电动机的供电与调速等应用中具有无可争辩的优势。但是，随着整机设备电流容量和电压等级的不断提高，GTO 器件也必须串、并联使用。

（1）GTO 的串联

GTO 串联可以提高设备整机的电压等级，但是要解决好串联 GTO 静、动态均压问题。一般静态采用均压电阻，动态采用均压电感，如图 2—8 所示。

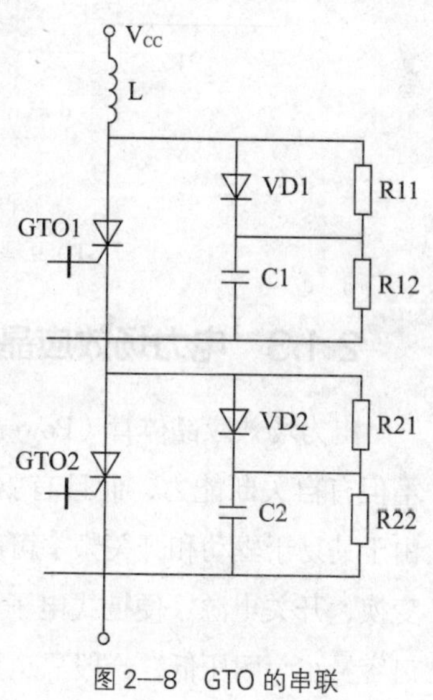

图 2—8　GTO 的串联

（2）GTO 的并联

GTO 并联可以提高设备整机的电流容量，但是要解决好并联 GTO 动态均流问题。一般常见有强迫均流法和直接并联法，如图 2—9 所示，其中图 2—9a、图 2—9b、图 2—9c 属于强迫均流法，图 2—9d、图 2—9e 属于直接并联法。

6．GTO 的应用

GTO 主要用于斩波调速、变频调速、逆变电源等领域，在使用时应注意以下几点：

（1）用门极正脉冲可使 GTO 开通，用门极负脉冲可以使其关断，这是 GTO 最大的优点。但要使 GTO 关断的门极反向电流比较大，约为阳极电流的 1/5 左右。

（2）GTO 的通态管压降比较大，一般为 2 ～3 V。

（3）GTO 有能承受反压和不能承受反压两种类型，在使用时要特别注意。

（4）不少 GTO 都制造成逆导型，类似于逆导晶闸管，需承受反压时应和电力二极管串联。

（5）过高的电压增长率、结温过高、光照等因素会引起 GTO 误触发，同时也会使导通的 GTO 饱和程度加深，不易关断，这些在应用中要加以防止。

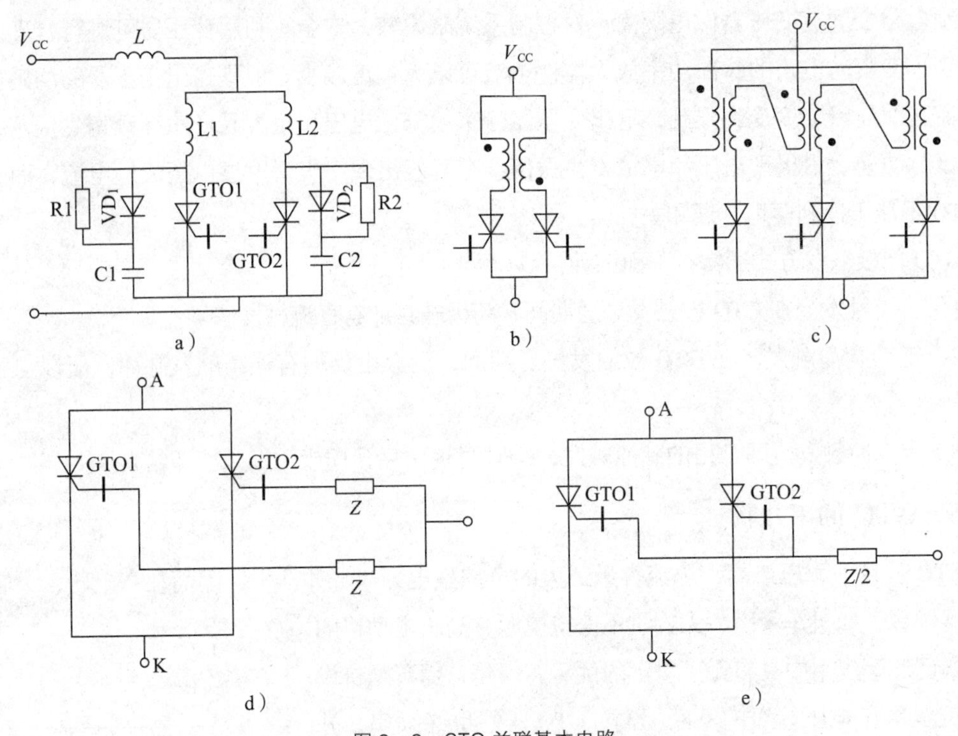

图 2—9 GTO 并联基本电路

a）非耦合均流电抗器并联 b）互耦平衡电抗器并联

c）三 GTO 互耦平衡电抗器并联 d）门极串阻抗耦合 e）门极直接耦合

2.1.3 电力场效应晶体管

电力场效应晶体管（Power MOSFET）也叫功率场效应管，是一种单极型的电压控制器件，不但有自关断能力，而且有驱动功率小、开关速度高、无二次击穿、安全工作区宽等特点。由于其易于驱动和开关频率可高达 500 kHz，特别适于高频化电力电子装置，如应用于 DC/DC 变换、开关电源、便携式电子设备、航空航天以及汽车等电子电气设备中。但因为其电流小、热容量小、耐压低，一般只适用于小功率电力电子装置。

1．电力场效应晶体管的结构和工作原理

（1）电力场效应晶体管的结构

电力场效应晶体管的种类按结构一般分为结型和绝缘栅型，通常主要指绝缘栅型中的 MOS 型。电力场效应晶体管按导电沟道可分为 P 沟道和 N 沟道，同时又有耗尽型和增强型之分。在电力电子装置中，主要应用 N 沟道增强型。

电力场效应晶体管导电机理与小功率绝缘栅 MOS 管相同，但结构有很大区别。小功率绝缘栅 MOS 管是一次扩散形成的器件，导电沟道平行于芯片表面，横向导电。电力场效应晶体管大多采用垂直导电结构，提高了器件的耐电压和耐电流能力。按垂直导电结构的不同，又可分为 V 形槽 VVMOSFET 和双扩散 VDMOSFET 两种。

电力场效应晶体管采用多单元集成结构，一个器件由成千上万个小的 MOSFET 组成。N

沟道增强型双扩散电力场效应晶体管一个单元内部结构的剖面示意图和电气符号如图 2—10 所示。

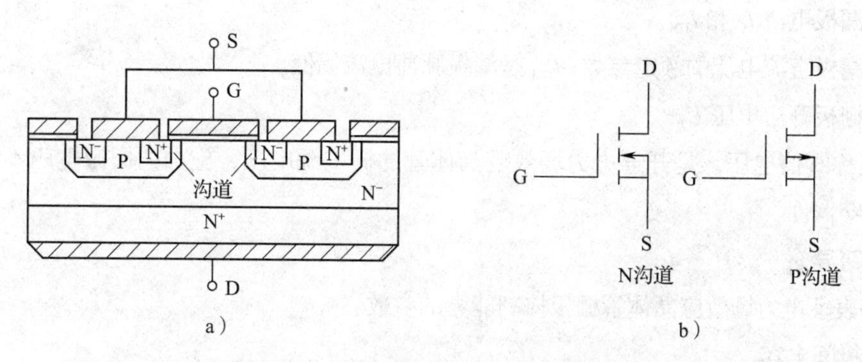

图 2—10　N 沟道增强型双扩散电力场效应晶体管内部结构剖面示意图和电气符号

a）内部结构剖面示意图　b）电气符号

（2）电力场效应管的工作原理

1）电力场效应晶体管的连接方式。电力场效应晶体管有 3 个端子，漏极 D、源极 S 和栅极 G。当漏极接电源正，源极接电源负时，栅极和源极之间电压为 0，沟道不导电，管子处于截止状态。如果在栅极和源极之间加一正向电压 U_{GS}，并且使 U_{GS} 大于或等于管子的开启电压 U_T，则管子开通，在漏、源极间流过电流 I_D。U_{GS} 超过 U_T 越大，导电能力越强，漏极电流越大。

2）电力场效应晶体管的开通过程。由于电力场效应晶体管存在等效输入电容，因此当栅极和源极之间的脉冲电压 u_p 的上升沿到来时，输入电容有一个充电过程，栅极电压 u_{GS} 按指数曲线上升。当 u_{GS} 上升到开启电压 U_T 时，开始形成导电沟道并出现漏极电流 i_D。此后，i_D 随 u_{GS} 的上升而上升，u_{GS} 从开启电压 U_T 上升到临近饱和区的栅极电压 u_{GSP}，电力场效应晶体管完成开通过程。

3）电力场效应晶体管的关断过程。当脉冲电压 u_p 信号下降到 0 时，栅极输入电容上储存的电荷通过信号源内阻 R_S 和栅极电阻 R_G 放电，使栅极电压 u_{GS} 按指数曲线下降，当 $u_{GS}<u_{GSP}$ 时，i_D 才开始减小。此后，输入电容继续放电，u_{GS} 继续下降，i_D 也继续下降，到 $u_{GS}<U_T$ 时导电沟道消失，直到 i_D=0，电力场效应晶体管完成关断过程。

从上述分析可知，要提高器件的开关速度，则必须减小开关时间。在输入电容一定的情况下，可以通过降低驱动电路的内阻 R_S 来加快开关速度。

电力场效应晶体管是压控器件，在静态时几乎不输入电流。但在开关过程中，需要对输入电容进行充放电，故仍需要一定的驱动功率。工作速度越快，需要的驱动功率越大。

2．电力场效应晶体管的主要参数

（1）漏极击穿电压 BU_D

BU_D 是不使器件击穿的极限参数，它大于漏极电压额定值。BU_D 随结温的升高而升高，这点正好与 GTO 相反。

（2）漏极额定电压 U_D

U_D 是器件的标称额定值。

（3）漏极电流 I_D 和 I_{DM}

I_D 是漏极直流电流的额定参数；I_{DM} 是漏极脉冲电流幅值。

（4）栅极开启电压 U_T

U_T 又称阀值电压，是开通电力场效应晶体管的栅—源电压，施加的栅源电压不能太大，否则将击穿器件。

（5）跨导 g_m

g_m 是表征电力场效应晶体管栅极控制能力的参数。

（6）极间电容

电力场效应晶体管的 3 个极之间分别存在极间电容 C_{GS}、C_{GD}、C_{DS}。通常生产厂家提供的是漏源极断路时的输入电容 C_{iSS}、共源极输出电容 C_{oSS}、反向转移电容 C_{rSS}。C_{iSS} 为 C_{GS}、C_{GD} 之和；C_{oSS} 为 C_{GD}、C_{DS} 之和；C_{rSS} 等于 C_{GD}。前面提到的输入电容可近似地用 C_{iSS} 来代替。

（7）漏源电压上升率

器件的动态特性还受漏源电压上升率的限制，过高的 du/dt 可能导致电路性能变差，甚至引起器件损坏。

3．电力场效应晶体管的驱动

电力场效应晶体管是单极型压控器件，开关速度快。但存在极间电容，器件功率越大，极间电容也越大。为提高其开关速度，要求驱动电路必须有足够高的输出电压、较高的电压上升率、较小的输出电阻。另外，还需要一定的栅极驱动电流。为了满足对电力场效应晶体管驱动信号的要求，一般采用双电源供电，其输出与器件之间可采用直接耦合或隔离器耦合。

电力场效应晶体管既可以采用分离元件组成的驱动电路，也可以采用 IR2130、IR2237/2137 等 MOSFET 的专用集成驱动电路。这些集成驱动电路内部一般含过电流、过电压和欠电压等保护，有些还具有软启动、软停机的功能，能在线间短路及接地故障时，抑制峰值电压，甚至可以感应出 MOSFET 的短路状态，输出故障信号。集成驱动电路已广泛应用于各种电力场效应晶体管电路驱动控制中。

4．电力场效应晶体管的保护措施

电力场效应晶体管的绝缘层易被击穿是它的致命弱点，栅源电压一般不得超过 ±20 V。因此，在应用时必须采用相应的保护措施。通常有以下几种：

（1）防静电击穿

电力场效应应管最大的优点是有极高的输入阻抗，因此在静电较强的场合易被静电击穿。为此，应注意：

1）储存时，应放在具有屏蔽性能的容器中，取用时工作人员要通过腕带良好接地。

2）在器件接入电路时，工作台和烙铁必须良好接地，且烙铁断电焊接。

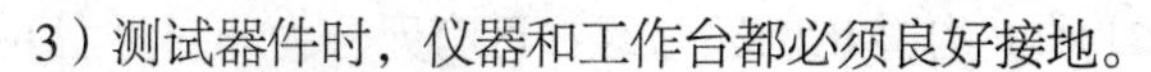

3）测试器件时，仪器和工作台都必须良好接地。

（2）防偶然性振荡损坏

当输入电路某些参数不合适时，可能引起振荡而造成器件损坏。为此，可在栅极输入电路中串入电阻。

（3）防栅极过电压

可在栅源之间并联电阻或约 20 V 的稳压二极管。

（4）防漏极过电流

由于过载或短路都会引起过大的电流冲击，超过 I_{DM} 极限值，此时必须采用快速保护电路，使用器件迅速断开主回路。

2.1.4　绝缘栅双极型晶体管

绝缘栅双极型晶体管（Insulated Gate Bipolar Transistor，IGBT），是以场效应管 MOSFET 作为基础，以电力晶体管 GTR 作为发射极和集电极复合而成的。它综合了 MOSFET 和 GTR 的优点，即驱动功率小、工作频率高、饱和压降小、容量大，是很有前途的大功率、具备自关断能力的全控型电力半导体器件。

1．IGBT 的结构

IGBT 是以场效应管 MOSFET 为基础发展起来的，两者结构十分类似，不同之处是 IGBT 多一个 P^+ 层发射极，形成 PN 结 J_1，并由此引出集电极；栅极和发射极与 MOSFET 相类似，并最终引出栅极 G、集电极 C 和发射极 E 三端。如图 2—11 所示是一个 N 沟道 MOSFET 与 GTR 组合形成的 N 沟道 IGBT。可见 IGBT 比 MOSFET 多一层 P^+ 注入区，具有很强的通流能力。简化等效电路表明，IGBT 是 GTR 与 MOSFET（驱动元件）组成的达林顿结构，一只由 MOSFET 驱动的厚基区 PNP 晶体管。但是在集电极和发射极之间，其内部实际上包含了两只双极型晶体管 P^+NP 及 N^+PN，它们又组合成了一只等效的晶闸管，即存在着一只寄生晶闸管，寄生晶闸管有擎住作用。

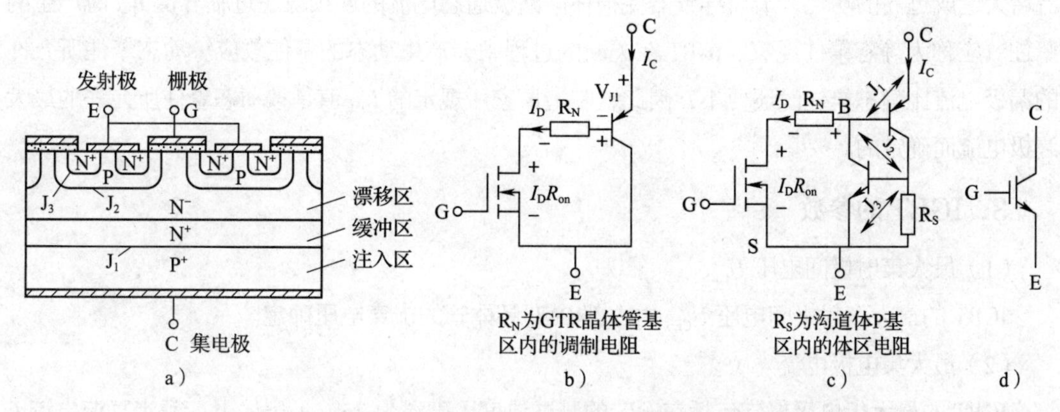

图 2—11　N 沟道 IGBT 内部结构剖面示意图、等效电路与电气图形符号

a）内部结构剖面示意图　b）简化等效电路　c）实际等效电路　d）电气图形符号

IGBT 按沟道类型可分为 N 沟道 IGBT 和 P 沟道 IGBT。按缓冲区有无分为非对称型 IGBT 和对称型 IGBT。非对称型 IGBT 有缓冲区 N^+，属于穿通型 IGBT，由于 N^+ 区存在，反向阻断能力弱，但正向压降低，关断时间短，关断时尾部电流小；对称型 IGBT 没有缓冲区 N^+，属于非穿通型 IGBT，具有正、反向阻断能力，其他特性较非对称型 IGBT 差。IGBT 的实际等效电路如图 2—11c 所示。

2. IGBT 的原理

IGBT 的工作原理与电力 MOSFET 基本相同，属于场控器件，通断由栅射极电压 u_{GE} 决定。IGBT 的开通和关断是由门极电压来控制的。栅射极正向电压 u_{GE} 大于开启电压 $U_{GE(th)}$ 时，MOSFET 内形成沟道，并为晶体管提供基极电流，从而使 IGBT 导通。在栅射极间施加反压或不加信号时，MOSFET 内的沟道消失，晶体管的基极电流被切断，IGBT 即关断。

IGBT 在使用时要注意以下几点：

（1）当 U_{CE} 为负时，J_3 结处于反偏状态，器件呈反向阻断状态。

（2）当 U_{CE} 为正时，若 $U_{GE}<U_{GE(th)}$，沟道不能形成，器件呈正向阻断状态；$U_{GE}>U_{GE(th)}$，绝缘门极下形成沟道，由于载流子的相互作用，产生电导调制效应使电阻 R_{oN} 减小，使器件正向导通，通态压降减小。

（3）关断时拖尾时间。在器件导通之后，若将门极电压突然减至零，则沟道消失，通过沟道的电子电流为零，使漏极电流有所突降，但由于 N^- 区中注入了大量的电子、空穴对，因而漏极电流不会马上为零，而出现一个拖尾时间。

（4）锁定现象。IGBT 的锁定现象又称擎住效应。IGBT 复合器件采用 PNPN 四层结构，内有一只寄生晶闸管存在，它由 PNP 和 NPN 两只晶体管组成。在 NPN 晶体管的基极与发射极之间并联有一个体区电阻 R_{br}，在该电阻上，P 型体区的横向空穴流会产生一定的压降。对 J_3 结来说相当于加一个正偏置电压。在规定的漏极电流范围内，这个正偏压不大，NPN 晶体管不起作用。当漏极电流大到一定程度时，这个正偏置电压足以使 NPN 晶体管导通，进而使寄生晶闸管导通、门极失去控制作用，这就是所谓的擎住效应。IGBT 发生擎住效应后，漏极电流增大造成过高的功耗，最后导致器件损坏。漏极通态电流的连续值超过临界值 I_{DM} 时产生的擎住效应称为静态擎住现象。IGBT 在关断的过程中会产生动态的擎住效应。动态擎住所允许的漏极电流比静态擎住时还要小，因此，制造厂家所规定的 I_{DM} 值是按动态擎住所允许的最大漏极电流而确定的。

3. IGBT 的参数

（1）最大集射极间电压 U_{CES}

IGBT 的最大集射极间电压 U_{CES} 由内部 PNP 晶体管的击穿电压确定。

（2）最大集电极电流

IGBT 的最大集电极电流包括在额定的测试温度（壳温为 25℃）条件下，额定直流电流 I_C 和 1 ms 脉宽最大电流 I_{CP}。

（3）最大集电极功耗 P_{CM}

IGBT 的最大集电极功耗 P_{CM} 是正常工作温度下允许的最大功耗。

（4）栅射极额定电压 U_{GES}

U_{GES} 是栅极的电压控制信号额定值。只有栅射极电压小于额定电压值，才能使 IGBT 导通而不致损坏。

（5）集射极饱和电压 U_{CEO}

是指 IGBT 在饱和导通时，通过额定电流的集射极电压。通常 IGBT 的集射极饱和电压为 1.5 ~ 3 V。

（6）栅射极开启电压 $U_{GE(th)}$

是指使 IGBT 导通所需的最小栅—射极电压，通常 IGBT 的开启电压 $U_{GE(th)}$ 为 3 ~ 5.5 V。

4．IGBT 的安全工作区

（1）正向偏置安全工作区（FBSOA）

IGBT 开通时正向偏置安全工作区由最大集电极电流、最大集射极间电压和最大集电极功耗三条边界极限包围而成。最大集电极电流 I_{CM} 是根据避免动态擎住而确定的；最大集射极电压 U_{CEM} 由 IGBT 中 PNP 晶体管的击穿电压所确定；最大功耗则由最高允许结温所决定。随导通时间的增加，损耗增大，发热严重，安全区逐步减小，如图 2—12a 所示。

（2）反向偏置安全工作区（RBSOA）

IGBT 关断时反向偏置安全工作区由最大集电极电流、最大集射极间电压和最大允许电压上升率 dU_{CE}/dt 确定。IGBT 关断时的 dU_{CE}/dt 越高，RBSOA 越窄，安全工作区越小。通过选择栅极电压、栅极驱动电阻和吸收回路设计可控制重加 du_{CE}/dt，扩大 RBSOA。如图 2—12b 所示。

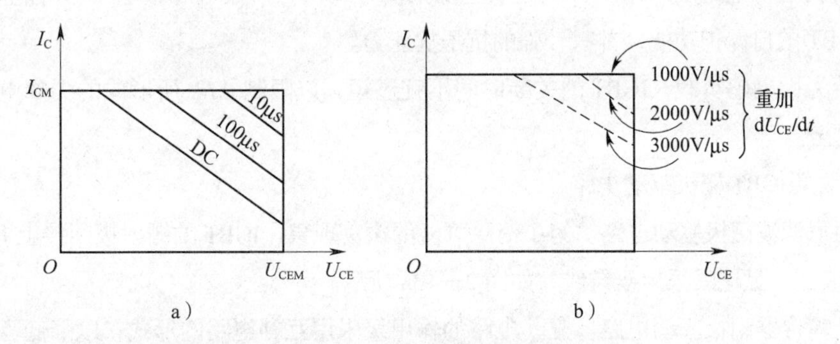

图 2—12　IGBT 的安全工作区

a）正向偏置安全工作区（FBSOA）　b）反向偏置安全工作区（RBSOA）

5．IGBT 的栅极驱动电路

（1）栅极驱动电路对 IGBT 的影响

门极驱动电路的正偏压 V_{GS}、负偏压 V_{GS}、门极电阻 R_G 的大小决定 IGBT 的静态和动态特性，如通态电压、开关时间、开关损耗、短路能力、电流 di/dt 及 dv/dt。

1）栅极驱动电路的正偏压 U_{GE} 增加时，IGBT 输出级晶体管的导通压降和开通损耗值将下降，开通时间缩短，但 U_{GE} 增加到一定程度后，对 IGBT 的短路能力及电流 di/dt 不利，U_{GE} 不超过 15 V，一般为 12 ~ 15 V。

2）IGBT 在关断过程中，栅射极施加的负偏压可以减小漏极浪涌电流，避免发生锁定效应，有利于 IGBT 的快速关断。负偏压一般为 −2 ~ −10 V。

3）当栅极电阻 R_G 增加时，IGBT 的开通与关断时间增加，进而使每个脉冲的开通能耗和关断能损也增加。但 R_G 减小时，IGBT 的电流上升率 di/dt 增大，会引起 IGBT 的误导通，同时 R_G 电阻的损耗也增加。一般地，在开关损耗不太大的情况下，选较大的电阻 R_G。

4）栅极驱动电路最好有对 IGBT 的完整保护能力。

5）为防止造成同一个系统多个 IGBT 中某个的误导通，要求栅极配线走向应与主电流线尽可能远，且不要将多个 IGBT 的栅极驱动线捆扎在一起。

（2）IGBT 栅极驱动电路应满足的条件

栅极驱动条件与 IGBT 的特性密切相关。设计栅极驱动电路时，应特别注意开通特性、负载短路能力和引起的误触发等问题。

1）栅极驱动电压脉冲的上升率和下降率要充分大，使 IGBT 的开关损耗尽量小。另外 IGBT 开通后，门极驱动源应提供足够的功率。

2）在 IGBT 导通后，栅极驱动电路提供给 IGBT 的驱动电压和电流要具有足够的幅度，使 IGBT 不致退出饱和而损坏。

3）栅极驱动电路输出阻抗应尽可能地低，驱动电路要保证有一条低阻抗值的放电回路。

4）IGBT 多用于高压场合，故驱动电路应与整个控制电路在电位上严格隔离，一般采用抗噪声能力强，信号传输时间短的快速光耦。

5）栅极驱动电路应采用正负电压双电源工作方式，必须很可靠，电路尽可能简单实用，具有对 IGBT 的自保护功能，并有较强的抗干扰能力。

6）若为大电感负载，IGBT 的关断时间不宜过短，以限制 di/dt 所形成的尖峰电压，保证 IGBT 的安全。

（3）常见 IGBT 栅极驱动电路

1）阻尼滤波门极驱动电路。为了消除可能的振荡现象，IGBT 的栅射极间接上 RC 网络组成阻尼滤波器，且连线采用双绞线，如图 2—13a 所示。

2）光耦合器门极驱动电路。驱动电路的输出级采用互补电路的形式，以降低驱动源的内阻，同时加速 IGBT 的关断过程，如图 2—13b 所示。

3）脉冲变压器直接驱动 IGBT 的电路。由于是电磁隔离方式，驱动级不需要专门直流电源，简化了电源结构，如图 2—13c 所示。

4）IGBT 的驱动模块电路。大多数 IGBT 生产厂家为了解决 IGBT 的可靠性问题，都生产与其相配套的混合集成驱动电路。应用成品驱动模块电路来驱动 IGBT，可以大大提高设备的可靠性，目前市场上可以买到的驱动模块均具备过流软关断、高速光耦隔离、欠压锁定、故

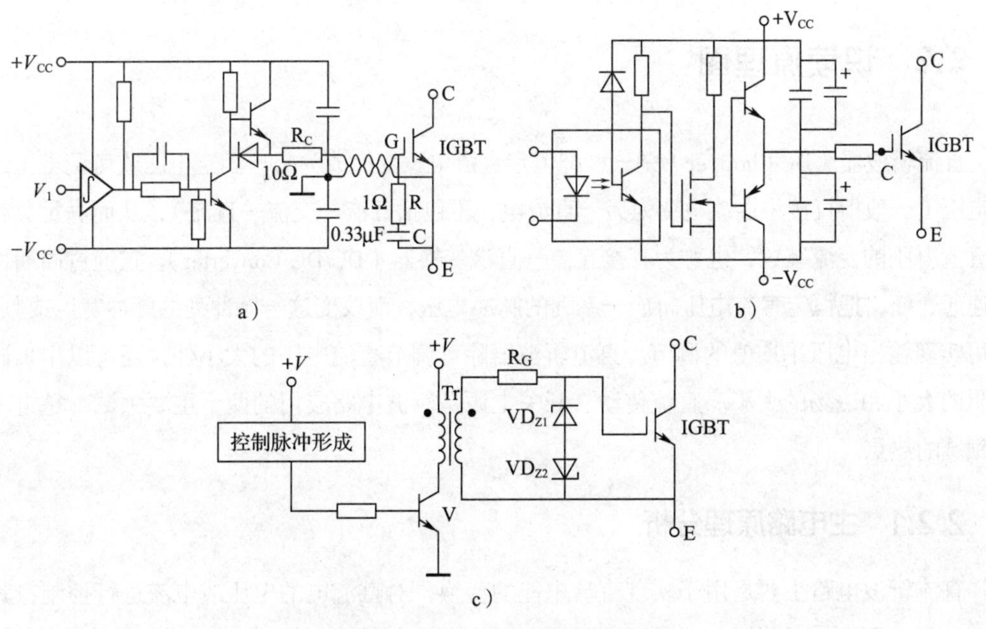

图 2—13 常见 IGBT 栅极驱动电路

a）阻尼滤波门极驱动电路 b）光耦合器门极驱动电路 c）脉冲变压器直接驱动 IGBT 的电路

障信号输出功能。由于这类模块具有集成化程度高、速度快、保护功能完善、抗干扰能力强、可靠性高、免调试的优点，应用这类模块驱动 IGBT 可以缩短产品开发周期，提高产品可靠性。如图 2—14 所示为富士公司生产的 IGBT 专用驱动模块电路 EXB841。

图 2—14 IGBT 的专用驱动模块电路 EXB841

6．IGBT 的保护

（1）过电流保护

通过检出的过电流信号切断门极控制信号，实现过电流保护。

（2）过电压保护

利用缓冲电路抑制过电压，并限制过量的 dv/dt。

（3）静电保护

IGBT 的输入级为 MOSFET，所以 IGBT 也存在静电击穿的问题。防静电保护极为必要。可采用 MOSFET 防静电保护方法，如采用防静电袋包装，管脚套短路环，设备要有妥善的接地措施，栅射极并联稳压管。

（4）过热保护

利用温度传感器检测 IGBT 的壳温，当超过允许温度时，主电路跳闸，实现过热保护。

2.2　识读原理图

直流斩波器（DC Chopper）是一种把恒定直流电压变换成为另一固定电压或可调电压的直流电压（一般指直接将直流电变为另一直流电，不包括直流—交流—直流），从而满足负载所需直流电压的变流装置，也称为直接直流—直流变换器（DC/DC Converter）。它通过周期性地快速通、断，把恒定直流电压斩成一系列的脉冲电压，而改变这一脉冲列的脉冲宽度或频率，就可实现输出电压平均值的调节。直流斩波器除可调节直流电压的大小外，还可以用来调节电阻的大小和磁场的大小。直流传动、开关电源是斩波电路应用的两个重要领域，是电力电子领域的热点。

2.2.1　主电路原理分析

直流斩波电路主要是用于实现直流电能的变换，对直流电的电压或电流进行控制，其主电路一般如图 2—15 所示。开关 S 按要求交替开合，在负载上得到一系列脉冲列，其平均值就是输出电压。如果是感性负载，则需要加装续流二极管 VD，以保证电感储存的电量有释放通道。在实际应用中，开关 S 一般用全控型电力电子器件，如 GTO、IGBT 等来实现，如果用 SCR 等，则需要考虑关断电路。

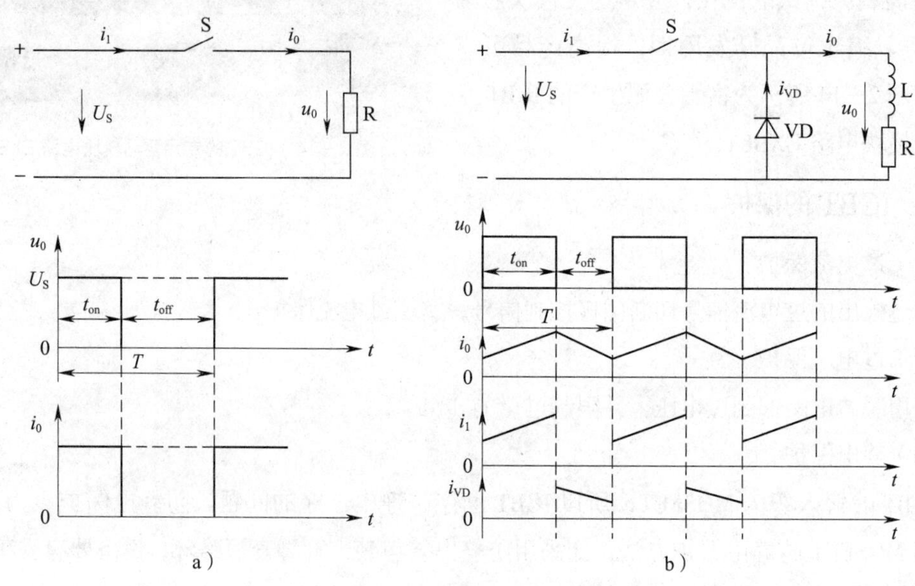

图 2—15　直流斩波器原理图与波形图

a）电阻性负载　b）电感性负载

按照输入电压与输出电压之间的关系，直流斩波电路可以分为六种基本结构，即降压斩波电路、升压斩波电路、升降压斩波电路、Cuk 斩波电路、Sepic 斩波电路和 Zeta 斩波电路。另外还有由不同结构基本斩波电路组合而成的复合斩波电路和由相同结构基本斩波电路组合

而成的多相多重斩波电路。下面分别对它们的工作原理进行简单的介绍。

1．降压斩波电路（Buck Chopper）

降压斩波电路的原理图及工作波形如图 2—16 所示。图 2—16 中 V 为全控型器件，一般选用 IGBT。该电路通常接较大电感 L，使负载电流连续且脉动小，VD 为续流二极管。当 V 处于导通时，电源 U_S 向负载 R 供电，$U_D=U_i$。当 V 处于断开时，存储在电感 L 中的电量通过续流二极管向负载 R 供电，$U_D\approx0$，到一个周期 T 结束。下一个周期，V 再导通，重复上一周期的过程。负载上的电压平均值为：

$$U_o=\frac{t_{on}}{t_{on}+t_{off}}U_i=\frac{t_{on}}{T}U_i=\alpha U_i$$

式中 t_{on} 为 V 处于导通的时间，t_{off} 为 V 处于关断的时间，T 为开关周期，α 为导通占空比，简称占空比。输出到负载 R 的平均电压最大值 U_{0max} 为电源输入电压 U_i，若占空比减小，则输出电压 U_o 随之降低，由于输出电压低于输入电压，所以该电路为降压斩波电路。降压斩波电路的典型应用是拖动直流电动机或蓄电池负载。

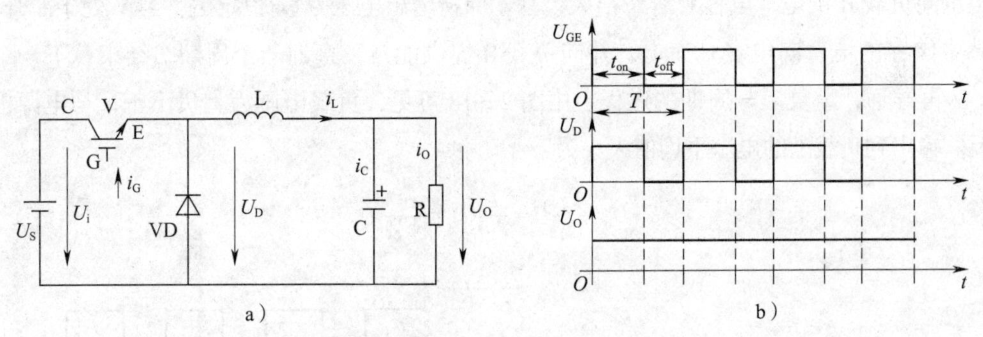

图 2—16　降压斩波电路的原理图及工作波形

a）电路原理图　b）工作波形

2．升压斩波电路（Boost Chopper）

升压斩波电路的原理图及工作波形如图 2—17 所示。图 2—17 中 V 也是全控型器件，该电路串接一个较大的储能电感 L。当 V 处于导通时，电源 U_S 向电感 L 充电，同时电容 C 上的电压向负载 R 供电，电容 C 容量很大，基本保持输出电压 U_o 为恒定值。当 V 处于断开时，电源 U_S 和电感共同向电容 C 充电，并向负载 R 提供能量，直到一个周期 T 结束。下一个周期，V 再导通，重复上一周期的过程。在一个周期 T 内，电感储存的能量和释放的能量应相等，因此负载上的电压平均值为：

$$U_o=\frac{t_{on}+t_{off}}{t_{off}}U_i=\frac{T}{t_{off}}U_i=\frac{1}{1-\frac{t_{on}}{T}}U_i=\frac{1}{1-\alpha}U_i$$

式中$\frac{1}{1-\alpha}\geqslant1$。由于输出电压高于输入电压，所以该电路为升压斩波电路。输出电压能升高的原因，一是电感 L 储能使电压产生泵升作用，二是电容 C 可将输出电压保持住。升压斩波电路的典型应用一是直流电动机传动，二是单相功率因数校正（PFC）电路，三是其他交直流电源。用于直流电动机传动时，可以把直流电动机再生制动时的电能回馈给直流电源。

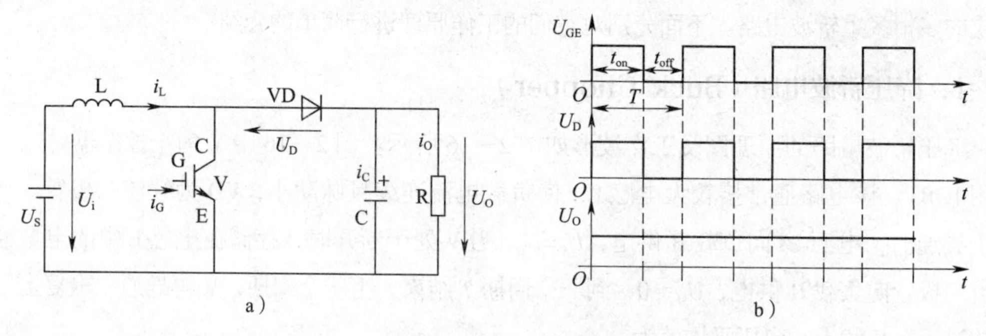

图 2—17 升压斩波电路的电路原理图及工作波形

a）电路原理图 b）工作波形

3．升降压斩波电路（Buck-Boost Chopper）

升降压斩波电路的原理图及工作波形如图 2—18 所示。图 2—18 中 V 也是全控型器件，该电路也接一个较大的储能电感 L。当 V 处于导通时，电源 U_S 向电感 L 充电，同时电容 C 上的电量向负载 R 供电，电容 C 容量很大，基本保持输出电压 U_o 为恒定值。当 V 处于断开时，电感中储存的电量向电容 C 充电，并向负载 R 提供能量，直到一个周期 T 结束。下一个周期，V 再导通，重复上一周期的过程。由图 2—18 可见，负载电压为上负下正，与电源极性相反。输出到负载上的电压平均值大小为：

$$U_o=\frac{t_{on}}{t_{off}}U_i=\frac{t_{on}}{T-t_{on}}U_i=\frac{\alpha}{1-\alpha}U_i$$

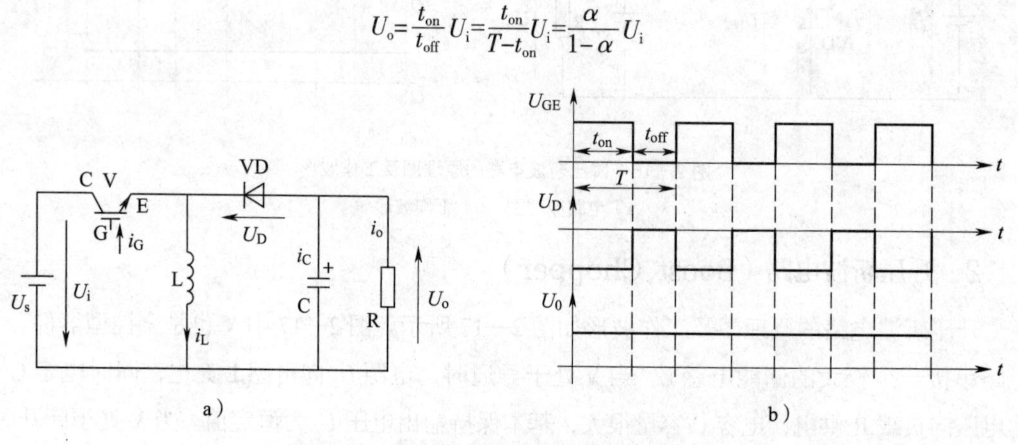

图 2—18 升降压斩波电路的原理图及工作波形

a）电路原理图 b）工作波形

如果改变占空比 α，则输出电压可以比电源电压低，也可以比电源电压高，当 $0<\alpha<0.5$ 时，输出电压比电源电压低，当 $0.5<\alpha<1$ 时，输出电压比电源电压高。由于输出电压可高于或低于输入电压，所以该电路为升降压斩波电路。升降压斩波电路可以灵活地改变电压高低，还能改变电压极性，常用于电池供电设备中产生负电源的电路以及开关稳压电源中。

4．Cuk 斩波电路

Cuk 斩波电路的原理图如图 2—19 所示。电路中的电感 L1、L2 和电容 C1 都是储能元件，并且容量足够大，保证电路中的电流是连续的。电路的基本工作原理：当可控开关 V 处于通态时，电源 U_S 给电感 L1 充电储能（U_S—L1—V 回路），同时，电容 C1 释放电能供给负载 R，同时给电感 L2 储能（R—L2—C1—V 回路）；当 V 处于断态时，电源 U_S 和电感 L1 共同对电容 C1 充电（U_S—L1—C1—VD 回路），同时存储在电感 L2 的电量向负载 R 供电（R—L2—VD 回路）。输出电压的极性与电源电压极性相反。输出电压为：

$$U_o=\frac{t_{on}}{t_{off}}U_i=\frac{t_{on}}{T-t_{on}}U_i=\frac{\alpha}{1-\alpha}U_i$$

若改变导通比 α，则输出电压可以比电源电压高，也可以比电源电压低。当 $0<\alpha<0.5$ 时为降压，当 $0.5<\alpha<1$ 时为升压。Cuk 斩波电路的输入输出电压关系与升降压斩波电路完全一样，极性也同样是相反，但是 Cuk 斩波电路输入电源电流和输出负载电流都是连续的，且脉动很小，有利于对输入、输出进行滤波。

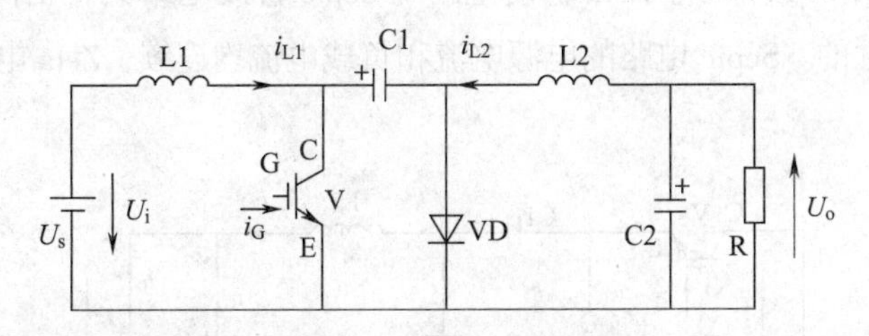

图 2—19　Cuk 斩波电路的原理图

5．Sepic 斩波电路

Sepic 斩波电路的原理图如图 2—20 所示。电路中的电感 L1、L2 和电容 C1 都是储能元件，并且容量足够大，保证电路中的电流是连续的。电路的基本工作原理：可控开关 V 处于通态时，电源 U_S 给电感 L1 充电储能（U_S—L1—V 回路），电容 C1 给电感 L2 充电储能（C1—V—L2 回路），L1 和 L2 同时储能；当 V 处于断态时，电源 U_S 和电感 L1 共同向负载 R 供电，并给电容 C1 充电储能（U_S—L1—C1—VD—R 回路），同时电感 L2 存储的电量也向负载 R 供电（L2—VD—R 回路）。此阶段 U_S 和 L1 既向 R 供电，还给 C1 充电，同时 L2 也向 R 供电。C_1 储存的能量在 V 处于通态时向 L2 转移。输出电压为：

$$U_o=\frac{t_{on}}{t_{off}}U_i=\frac{t_{on}}{T-t_{on}}U_i=\frac{\alpha}{1-\alpha}U_i$$

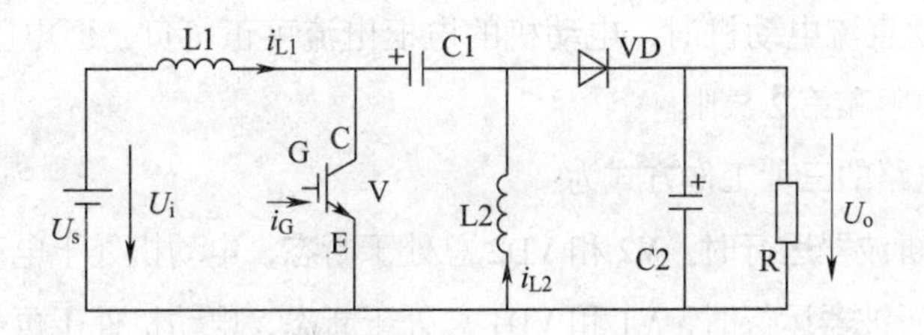

图 2—20　Sepic 斩波电路的原理图

若改变导通比 α，则输出电压可以比电源电压高，也可以比电源电压低。当 $0<\alpha<0.5$ 时为降压，当 $0.5<\alpha<1$ 时为升压。Sepic 斩波电路的输出电压极性与电源极性一致。

6．Zeta 斩波电路

Zeta 斩波电路也称为双 Sepic 斩波电路，其原理图如图 2—21 所示。电路中的电感 L1、L2 和电容 C1 都是储能元件，并且容量足够大。电路的基本工作原理：当可控开关 V 处于通态时，电源 U_S 经开关 V 向电感 L_1 储能。当 V 处于断态后，L1 经 VD 与 C1 构成振荡回路，其储存的能量转至 C1，至振荡回路电流过零，L1 上的能量全部转移至 C1 上之后，VD 关断，C1 经 L2 向负载 R 供电。输出电压为：

$$U_o=\frac{\alpha}{1-\alpha}U_i$$

若改变导通比 α，则输出电压可以比电源电压高，也可以比电源电压低。当 $0<\alpha<0.5$ 时为降压，当 $0.5<\alpha<1$ 时为升压。Zeta 斩波电路与 Sepic 斩波电路具有相同的输入输出关系，输出电压均为正极性的。Sepic 电路的电源电流和负载电流均连续，Zeta 电路的输入、输出电流均是断续的。

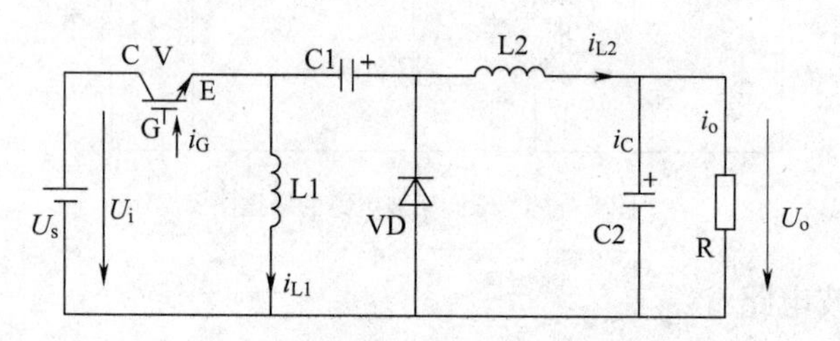

图 2—21　Zeta 斩波电路原理图

7．复合斩波电路

复合斩波电路主要是由降压斩波电路和升压斩波电路等不同结构的基本斩波电路组合构成的，常见的有电流可逆斩波电路和桥式可逆斩波电路等。

（1）电流可逆斩波电路

斩波电路用于拖动直流电动机时，常要使电动机既可电动运行，又可再生制动。电流可逆斩波电路如图 2—22a 所示，由降压斩波电路与升压斩波电路组合而成。V1 和 VD1 构成降压斩波电路，由电源向直流电动机供电，电动机为电动运行，工作于第 1 象限；V2 和 VD2 构成升压斩波电路，把直流电动机的动能转变为电能反馈到电源，使电动机再生制动运行，工作于第 2 象限。拖动直流电动机时，电动机的电枢电流可正可负，但电压只能是一种极性，故其可工作于第 1 象限和第 2 象限。

电流可逆斩波电路的三种工作方式为：

1）只作为降压斩波器运行时，V2 和 VD2 总处于断态，电动机处于电动运行状态。

2）只作为升压斩波器运行时，V1 和 VD1 总处于断态，电动机处于再生制动状态。

3）第 3 种工作方式为一个周期内交替地作为降压斩波电路和升压斩波电路工作。当降压斩波电路或升压斩波电路的电流断续而为零时，使另一个斩波电路工作，让电流反方向流过，这样电动机电枢回路总有电流流过，如图 2—22b 所示。在一个周期内，电枢电流沿正、负两个方向流通，电流不断，所以响应很快。

注意，电流可逆斩波电路必须防止 V1 和 V2 同时导通，这样容易导致电源短路。

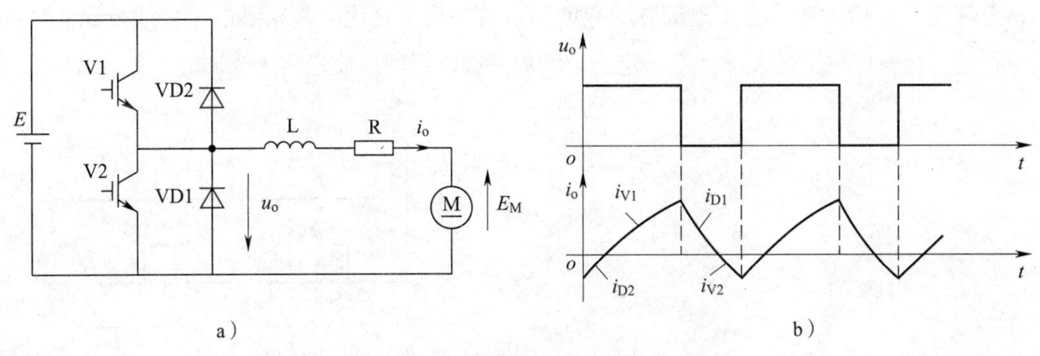

图 2—22　电流可逆斩波电路原理图和波形图
a）电路原理图　b）波形图

（2）桥式可逆斩波电路

电流可逆斩波电路拖动直流电动机时，电枢电流可逆，在两个象限运行，但电压极性是单向的。当需要电动机进行正、反转以及可电动又可制动的场合，须将两个电流可逆斩波电路组合起来，分别向电动机提供正向和反向电压，成为桥式可逆斩波电路，原理图如图 2—23 所示。

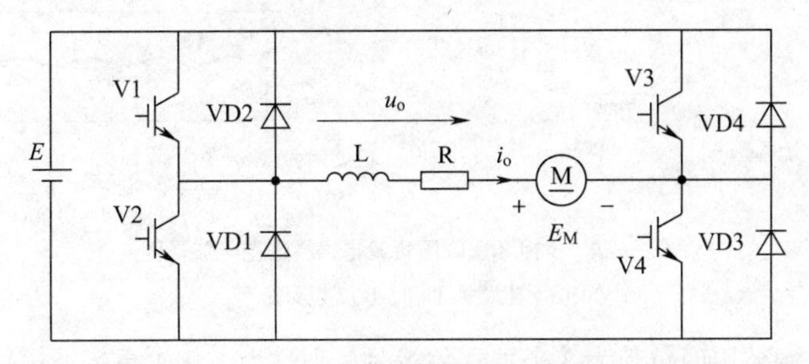

图 2—23　桥式可逆斩波电路原理图

使 V4 保持导通时，V1、VD1 和 V2、VD2 等效为一组电流可逆斩波电路，向电动机提供正电压，可使电动机工作于第 1、2 象限，即正转电动和正转再生制动状态。

使 V2 保持导通时，V3、VD3 和 V4、VD4 等效为另一组电流可逆斩波电路，向电动机提供负电压，可使电动机工作于第 3、4 象限，即反转电动和反转再生制动状态。

8．多相多重斩波电路

多相多重斩波电路是在电源和负载之间接入多个结构相同的基本斩波电路而构成的。相数是指一个控制周期中电源侧的电流脉冲数；重数是指负载电流脉冲数。常见的有 3 相 3 重降压斩波电路等，如图 2—24a 所示。

3 相 3 重降压斩波电路相当于由 3 个降压斩波电路单元并联而成，共用一个公共电源和负载。电路的工作原理与单相降压斩波电路完全相同，只是在一个周期 T 内，3 个全控型器件 V_1、V_2、V_3 轮流触发工作，有三个直流电压输出脉冲。输出到负载上的总电流为 3 个斩波电路单元输出电流之和，其平均值为各斩波电路单元输出电流平均值的3倍，脉动频率也为3倍。由于3个单元电流的脉动幅值互相抵消，使总的输出电流脉动幅值变得很小，如图2—24b所示，总输出电流最大脉动率（电流脉动幅值与电流平均值之比）与相数的平方成反比。和单相时相比，当输出电流最大脉动率一定时，所需平波电抗器总质量将大为减轻。

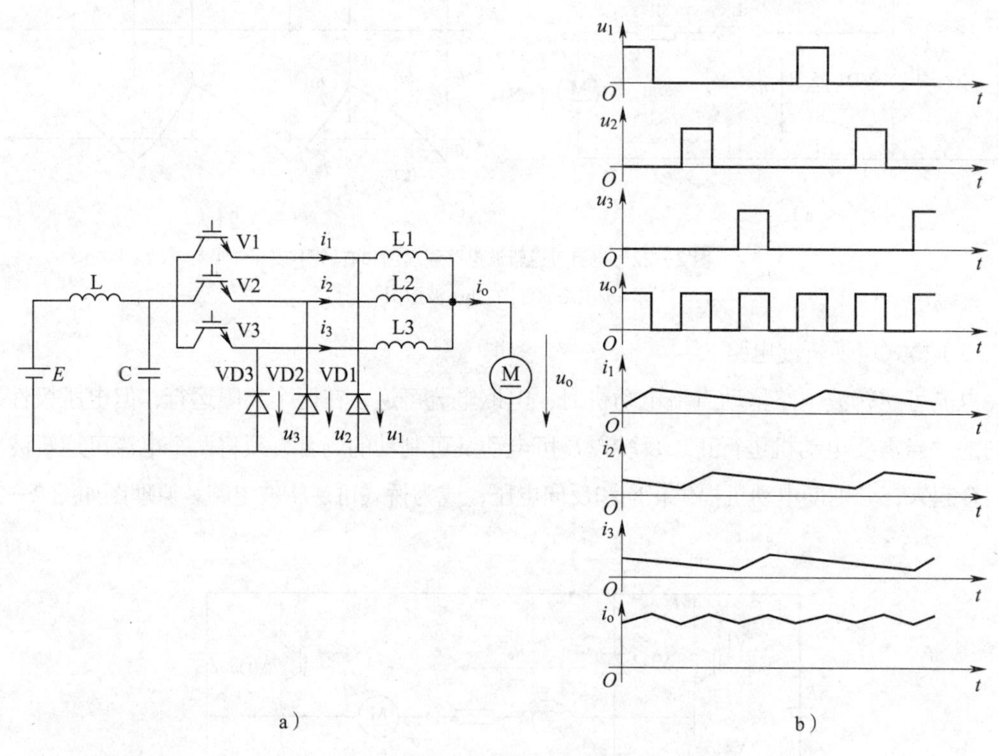

图2—24　3相3重降压斩波电路原理图与波形图

a）电路原理图　b）波形图

当上述电路电源公用而负载为3个独立负载时，则称为3相1重斩波电路；而当电源为3个独立电源，向一个负载供电时，则称为1相3重斩波电路。同时多相多重斩波电路还具有备用功能，各斩波电路单元可互为备用，降低设备的故障率。

2.2.2　控制电路原理分析

采用全控型器件斩波电路的控制电路主要功能是给全控型器件提供控制信号，同时对保护信号作出反应关闭控制信号。控制信号的常用控制方式有三种：一是t_{on}变T不变的脉冲宽度调制（PWM调制）；二是t_{on}不变T变的频率调制；三是t_{on}和T都变的混合型。

应用比较广泛的是PWM脉宽调制。PWM脉宽调节器的基本工作原理是用一个电压比较器在正输入端输入一个三角波，在负输入端输入一个直流电平，比较后输出一个方波信号，改变负输入端直流电平的大小，即可改变方波信号的脉宽。一般可以用分离元件、单片机、CPLD等来设计脉宽调节器，输出PWM波，也可以用集成电路SG3525等专用的PWM脉宽发生芯片来产生 PWM 波。

不同的全控型器件要选用不同的驱动电路，以满足不同的触发条件和关断条件。由于集成电路具有集成化程度高、速度快、保护功能完善、抗干扰能力强、可靠性高、免调试的优点，在实际应用中常常采用这类集成电路驱动，提高电路可靠性。EXB841 驱动模块作为 IGBT 的专用驱动模块，具有单电源、正负偏压、过流检测、保护、软关断等主要特性，其功能完善，控制简便可靠。

1．SG3525 脉宽调制型控制器简介

SG3525 脉宽调制型控制器是美国通用电气公司的产品，它是一款专用的 PWM 控制集成电路芯片，采用恒频调宽控制方案，适合于运用 MOS 管作为开关器件的 DC/DC 变换器。它是采用双级型工艺制作的新型模拟数字混合集成电路，性能优异，所需外围器件较少。SG3525 控制器采用 16 端双列直插 DIP 封装，其引脚图如图 2—25 所示。

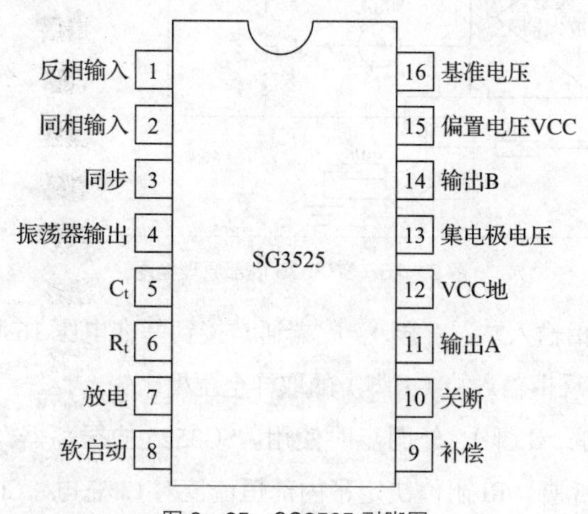

图 2—25　SG3525 引脚图

SG3525 集成电路芯片内部由精密基准源、锯齿波振荡器、误差放大器、PWM 比较器与锁存器、分相器、欠压锁定输出驱动级、软启动、关断电路等组成，如图 2—26 所示。它的主要特点是输出级采用推挽输出，双通道输出，占空比 0 ~ 50% 可调。每一通道的驱动电流最大值可达 200 mA，灌拉电流峰值可达 500 mA。可直接驱动功率 MOS 管，工作频率为 100 ~ 400 kHz，具有欠压锁定、过压保护和软启动等功能。采用外部独立的振荡器同步，可以使多个单元成为从电路或一个单元和外部系统时钟同步。正常工作的温度范围是 0 ~ 70℃，基准电压为 5.1 V ± 1%，工作电压范围很宽，为 8 ~ 35 V。

（1）SG3525 集成电路芯片管脚功能说明与内部结构

1）INV.input（反相输入端、1 脚）。误差放大器的反相输入端，误差放大器是差动输入的放大器，它的增益标称值为 80 db，其大小由反馈或输出负载来决定，输出负载可以是纯电阻，也可以是电阻性元件和电容元件的组合。误差放大器共模输入电压范围是 1.5 ~ 5.2 V。此端通常接到与电源输出电压相连接的电阻分压器上。负反馈控制时，将电源输出电压分压后与基准电压相比较。

SG3525的比较器增加一个反相输入端，误差放大器的输出与关闭电路各自送至比较器的不同反相输入端。这样避免了彼此相互影响，有利于误差放大器和补偿网络工作精度的提高。

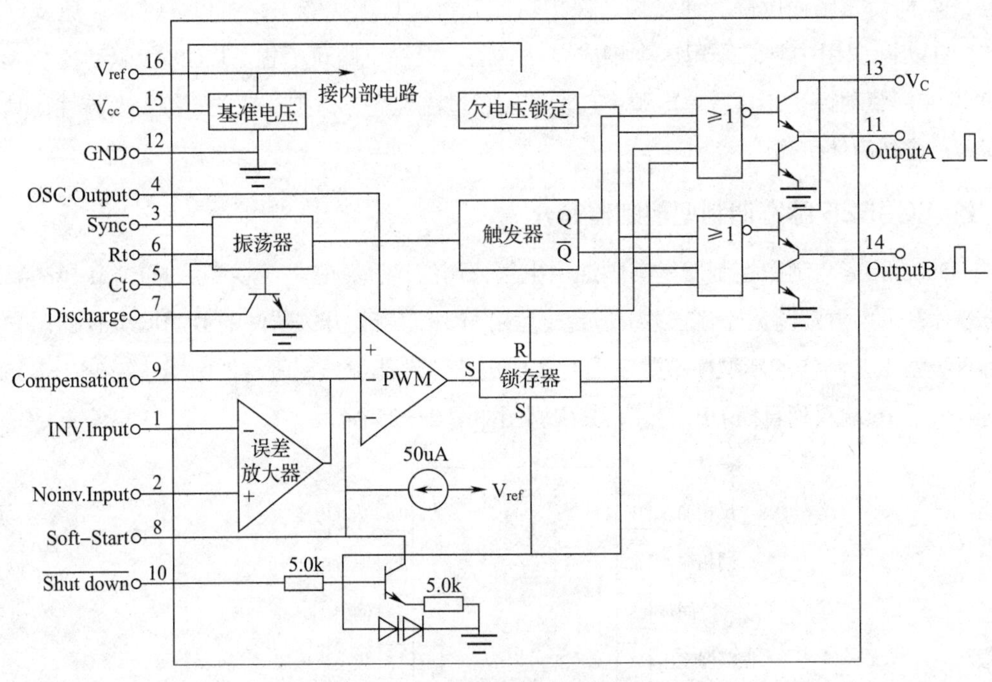

图 2—26　SG3525内部原理框图

2）Noinv.input（同相输入端、2脚）。此端通常接到基准电压16脚的分压电阻上，取得2.5 V的基准比较电压与反相输入端（1脚）的取样电压相比较。

3）Sync（外同步端、3脚）。外同步时使用。SG3525的振荡器，除Ct、Rt端外，增加了放电端7脚、同步端3脚。Rt阻值决定了内部恒流值对Ct充电，Ct的放电则由5、7脚之间外接的电阻值R_D决定。把充电和放电回路分开，有利于通过R_D来调节死区的时间。这时SG3525的振荡频率可表示为：

$$f_s=\frac{1}{C_t(0.7R_t+3R_D)}$$

式中，C_t，R_t分别是与5脚、6脚相连的振荡器的电容值和电阻值；R_D是与7脚相连的放电端电阻值。

需要多个芯片同步工作时，每个芯片有各自的振荡频率，可以分别将它们的4脚和3脚相连，这时所有芯片的工作频率与最快的芯片工作频率同步。也可以使单个芯片以外部时钟频率工作。

4）OSC.Output（同步输出端、4脚）。同步脉冲输出。作为多个芯片同步工作时使用。但几个芯片的工作频率不能相差太大，同步脉冲频率应比振荡频率低一些。如不需多个芯片同步工作时，3脚和4脚悬空。4脚输出频率为输出脉冲频率的2倍。输出锯齿波电压范围为0.6 ~ 3.5 V。

5）Ct（振荡电容端、5脚）。振荡电容一端接至5脚，另一端直接接地。其取值范围为

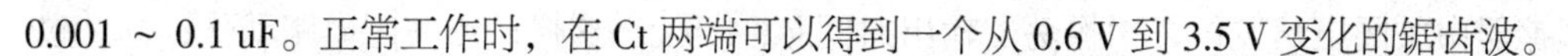

0.001 ~ 0.1 uF。正常工作时，在 Ct 两端可以得到一个从 0.6 V 到 3.5 V 变化的锯齿波。

6）Rt（振荡电阻端、6 脚）。振荡电阻一端接至 6 脚，另一端直接接地。Rt 的阻值决定了内部恒流值对 Ct 充电的快慢，其取值范围为 2 k ~ 150 kΩ，Rt 和 Ct 越大，充电时间越长，反之则充电时间短。

7）Discharge（放电端、7 脚）。Ct 的放电由 5、7 两脚的死区电阻决定。把充电和放电回路分开，有利于通过死区电阻来调节死区时间，使死区时间调节范围更宽。其取值范围为 0 ~ 500 Ω。放电电阻 RD 和 Ct 越大，放电时间越长，反之则放电时间短。

8）Soft-Start（软启动端、8 脚）。比较器的反相端即软启动器控制 8 脚，8 脚可外接软启动电容，该电容由内部 V_{ref} 的 50 uA 恒流源充电。

9）Compensation（补偿端、9 脚）。在误差放大器输出端 9 脚与误差放大器反相输入端 1 脚间接电阻与电容，构成 PI 调节器，补偿系统的幅频、相频响应特性。补偿端工作电压范围为 1.5 ~ 5.2 V。

10）Shutdown（关断端、10 脚）。10 端为 PWM 锁存器的一个输入端，一般在 10 端接入过流检测信号。过流检测信号维持时间长时，软启动 8 脚接的电容 C8 将被放电。电路正常工作时，8 脚呈高电平，其电位高于锯齿波的峰值电位（3.3 V）。在电路异常时，只要 10 脚电压大于 0.7 V，三极管导通，反相端的电压将低于锯齿波的谷底电压（0.9 V），使得输出 PWM 信号关闭，起到保护作用（输入高电平信号，关闭 PWM 输出，可作为软启动和过电压保护）。

11）Output A，Output B（脉冲输出端，11、14 脚）。输出末级采用推挽输出电路，由两只中功率 NPN 管构成，每管有抗饱和电路和过流保护电路，每组可输出 100 mA，驱动场效应功率管时关断速度更快。11 脚和 14 脚相位相差 180°，拉电流和灌电流峰值达 200 mA。由于存在开闭滞后，使输出和吸收间出现重叠导通。在重叠处有一个电流尖脉冲，持续时间约为 100 ns。可以在 Vc 处接一个约 0.1 uf 的电容滤去电压尖峰。

12）GND（接地端、12 脚）。该芯片上的所有电压都是相对于 GND 而言，既是功率地也是信号地。

13）V_C（推挽输出电路电压输入端、13 脚）。作为推挽输出级的电压源，提高输出级输出功率。可以和 15 脚共用一个电源，也可用更高电压的电源。电压范围是 18 ~ 34 V。

14）VCC（芯片电源端、15 脚）。直流电源从 15 脚引入，分为两路：一路作为内部逻辑和模拟电路的工作电压；另一路送到有短路电流保护的基准电压稳压器的输入端，输出内部基准电压为 5.1 V ± 1%，50 mA。电路中增设欠压锁定电路，如果该脚电压低于门限电压（Turn-off，8 V），该芯片内部电路锁定，停止工作（基准源及必要电路除外），使之消耗的电流降至很小（约 2 mA）。另外，该脚电压最大不能超过 35 V。使用中应该用电容直接旁路引到 GND 端。若输入电压低于 6 V 时，可把 15、16 脚短接，这时基准电压稳压器不起作用。

15）V_{ref}（基准电压端、16 脚）。基准电压端 16 脚的输出电压由内部基准电压稳压器控制在 5.1 V ± 1%，50 mA，可以分压后作为误差放大器的参考电压。

16）增加 PWM 锁存器使关闭作用更可靠。比较器（脉冲宽度调制）输出送到 PWM 锁存器。锁存器由关闭电路置位，由振荡器输出时间脉冲复位。这样，当关闭电路动作，即使过流信号立即消失，锁存器也可维持一个周期的关闭控制，直到下一周期时钟信号使锁存器复位为止。另外，由于PWM锁存器对比较器输入的置位信号锁存，将误差放大器上的噪声及系统所有的跳动和振荡信号消除了，只有在下一个时钟周期才能重新置位，有利于提高可靠性。

（2）由SG3525控制器构成的基本电路

由SG3525控制器构成的基本电路如图2—27所示，由15脚输入+15 V电压，用于产生+5.1 V基准电压，从16脚输出，同时13脚和15脚一起与+15 V电压源相连，供内部晶体管工作。5脚、6脚、7脚接入振荡电阻、电容，使内部振荡器产生一定频率的PWM波形。+5.1 V基准电压通过分压电路，作为误差放大器的参考电压从2脚输入，通过改变其电压大小，调节11脚、14脚的输出脉冲宽度，实现脉宽调制变换器的功能。

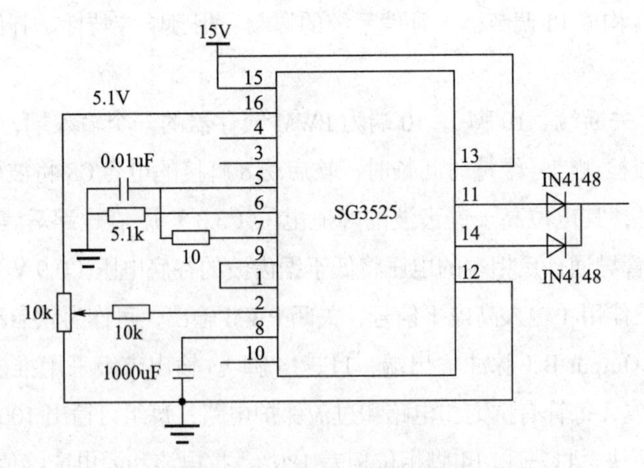

图2—27 SG3525基本电路图

2. EXB841驱动模块简介

驱动电路是连接控制部分和主电路的桥梁，该部分主要完成以下几个功能：

（1）提供适当的正向和反向输出电压，使IGBT可靠地开通和关断。

（2）提供足够大的瞬态功率或瞬时电流，使IGBT能迅速建立栅控电场而导通。

（3）实现尽可能小的输入输出延迟时间，以提高工作效率。

（4）保证足够高的输入输出电气隔离性能，使信号电路与栅极驱动电路绝缘。

（5）具有灵敏的过流保护能力。

EXB841驱动模块作为IGBT的专用驱动模块，具有单电源、正负偏压、过流检测、保护、软关断等主要特性，其功能完善，控制简便可靠。下面简单介绍一下它的工作原理。EXB841内部框图和原理图如图2—28所示。

EXB841驱动模块的工作电源为独立电源20±1 V，内部含有−5 V的稳压电路，为IGBT的栅极提供+15 V的驱动电压，关断时提供−5 V的偏置电压，使其可靠关断。当15脚和14脚有10 mA电流通过时，3脚输出高电平而使IGBT导通；而当15脚和14脚无电流通过时，3脚输出低电平使IGBT关断。

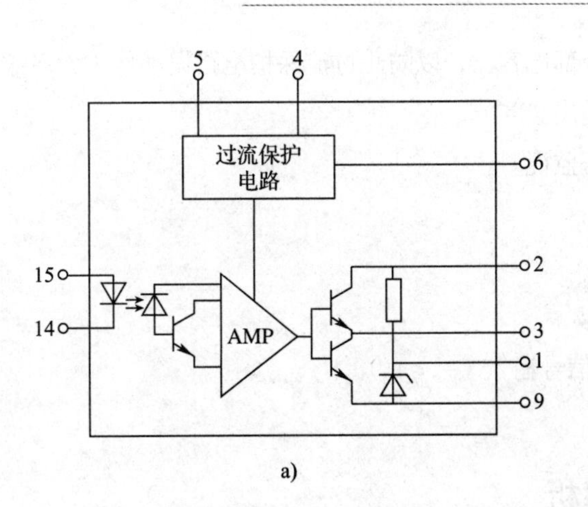

a）

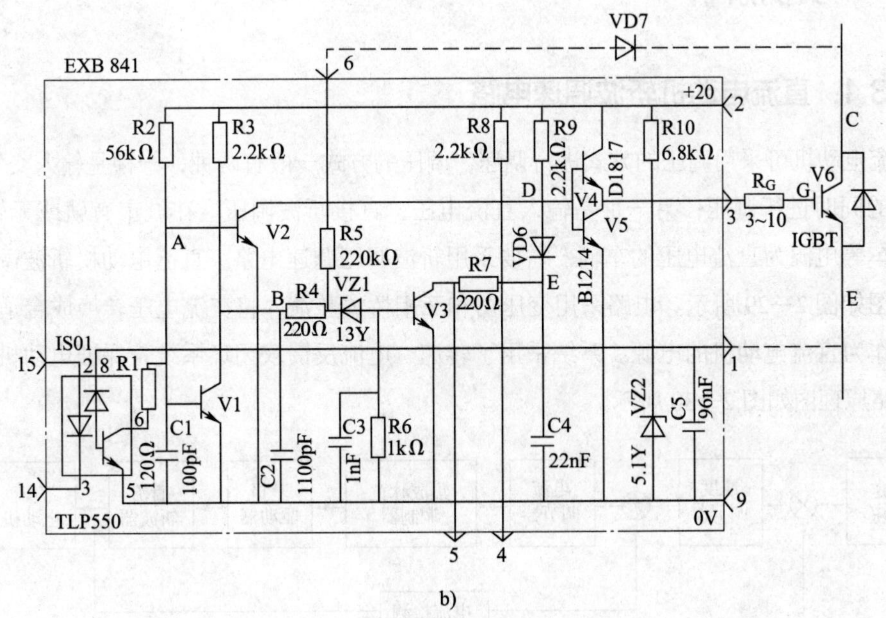

b）

图 2—28　EXB841 内部框图和原理图

a）内部框图　b）原理图

EXB841 驱动模块内设有电流保护电路，根据驱动信号与集电极之间的关系检测过电流。IGBT 导通时，若承受短路电流，则其电压 U_{CE} 随电流的增大迅速上升，使得 VD7 截止，6 脚悬空，B 点电位开始由约 6 V 上升，当上升至 13 V 时，VZ1 被击穿，V3 导通，C4 通过 R7 和 V3 放电，E 点的电压逐渐下降，V6 导通，从而使 IGBT 的 GE 间电压 U_{GE} 下降，实现软关断，完成 EXB841 对 IGBT 的保护，同时 5 脚输出低电平报警信号。驱动器低速切断，电路就慢速关断，从而保证 IGBT 不被损坏。射极电位为 −5.1 V，由 EXB841 内部的稳压二极管 VZ2 决定。

EXB841 驱动模块的各引脚功能如下：

脚 1：连接用于反向偏置电源的滤波电容器。

脚 2：电源（ + 20 V）。

脚 3：驱动输出。

脚 4：用于连接外部电容器，以防止过流保护电路误动作（大多数场合不需要该电容器）。

脚 5：过流保护输出。

脚 6：集电极电压监视。

脚 7、8：不接。

脚 9：电源负极。

脚 10、11：不接。

脚 14、15：驱动信号输入（-，+）。

2.3 实例解析

2.3.1 直流电动机斩波调速电路

直流电动机可采用调压的方式进行调速，调压的方式一般有两种，一种是输入交流电压，在整流的同时进行调压；另一种是输入直流电压，直接斩波调压。在城市有轨或无轨电车、电力机车等电源为直流电压的车辆，需要采用斩波调压调速电路。直流电动机斩波调速电路系统框图如图 2—29 所示。电路采用变压器和三相桥式整流，将交流电压转换成合适的直流电压，作为直流电动机的电源。系统采用了转速、电流反馈双闭环系统，保证电动机转速恒定。电路原理图如图 2—30 所示。

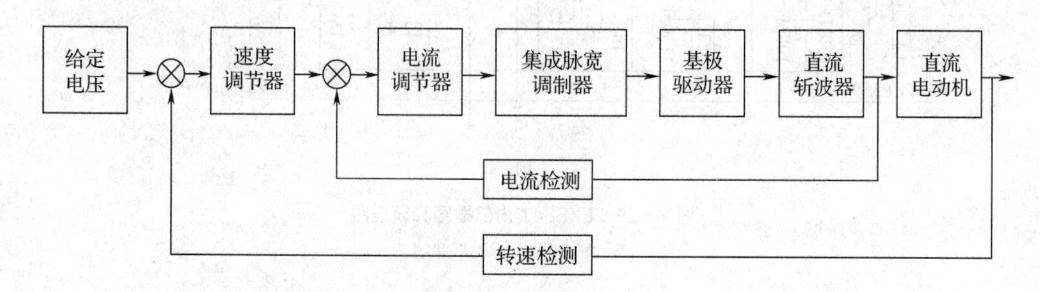

图 2—29 直流电动机斩波调速电路系统框图

2.3.2 电路分析

1. 主电路

主电路采用三相变压器降压后，利用三相桥式整流电路来获得直流电压，并利用大电解电容 C18 滤波，为直流电动机提供直流电源。直流电动机斩波调速电路采用降压斩波电路，主电路如图 2—31 所示。电路使用一个全控器件 VD，为 IGBT 在 VD 关断时给负载电流提供通道，设置了续流二极管 VD。

输入的直流电经过滤波电容后接入全控型器件 IGBT，通过控制占空比达到直流调压的目的，为达到较好的输出波形，在输出端接一电感 L1。当 VD 导通时，电源给电动机 M 供电，

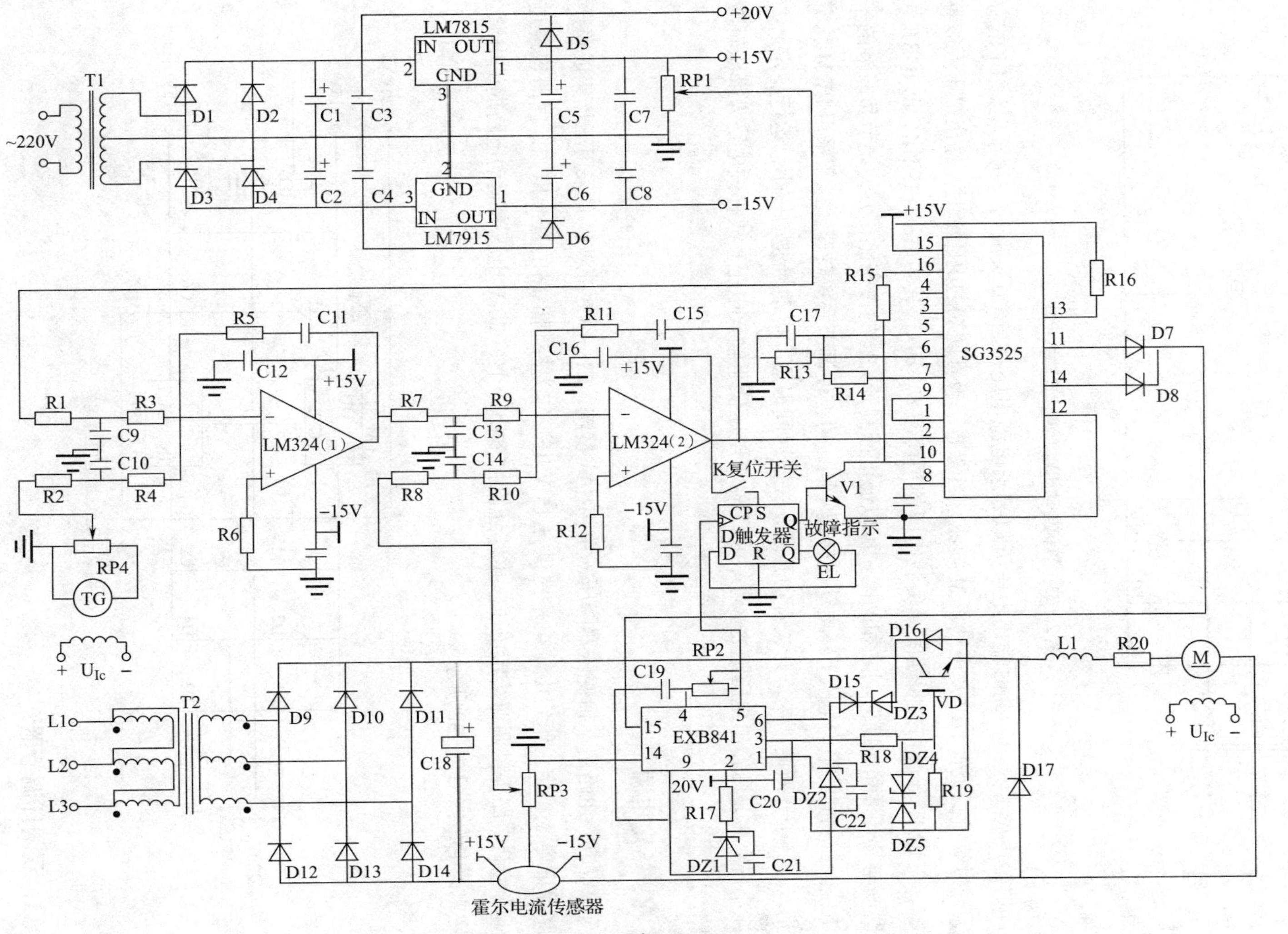

图2—30 直流电动机斩波调速电路原理图

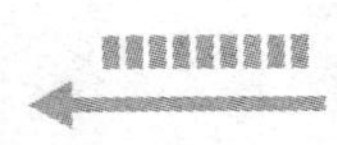

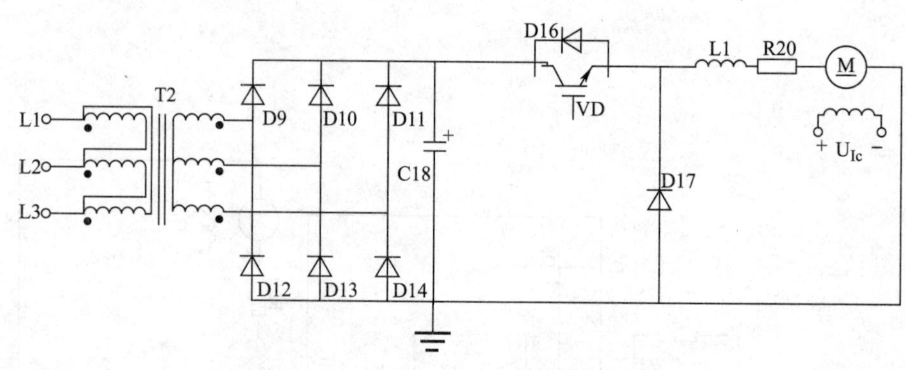

图 2—31 直流电动机斩波调速电路主电路

并同时给电感 L 充电，此时输出电压近似等于电源电压；当 VD 关断时，由于电感 L1 的存在，通过续流二极管 D17 及电动机 M 续流，当忽略二极管两端的电压降时，输出电压近似等于零。在 IGBT 开通和关断期间，负载电压的平均值 $U_0=\alpha U_i$，其中 α 为占空比，即 IGBT 导通时间与其开通和关断时间之和的比。可以通过控制开关管的占空比，方便调节负载端的平均电压。在不同的平均电压下，电动机转速不同，可方便调节系统转速。由于采用 PWM 脉宽调制，在一个开断周期内，开关管的开通、关断时间很短，电动机波动较小，运行稳定。如果减小占空比，则输出电压随之减小，由于输出电压低于输入电压，故称该电路为降压斩波电路。

2．给定电源

给定电源电路用单相变压器降压，单相桥式整流，C1 ~ C8 滤波，并采用三端集成稳压电路保证电压稳定。给定电源电路提供 ±15 V 电源作为控制电路的基准电源，同时也通过 RP1 给控制电路提供调速给定电压。电路还直接输出一个 + 20 V 电压为驱动电路提供电源。给定电源电路如图 2—32 所示。

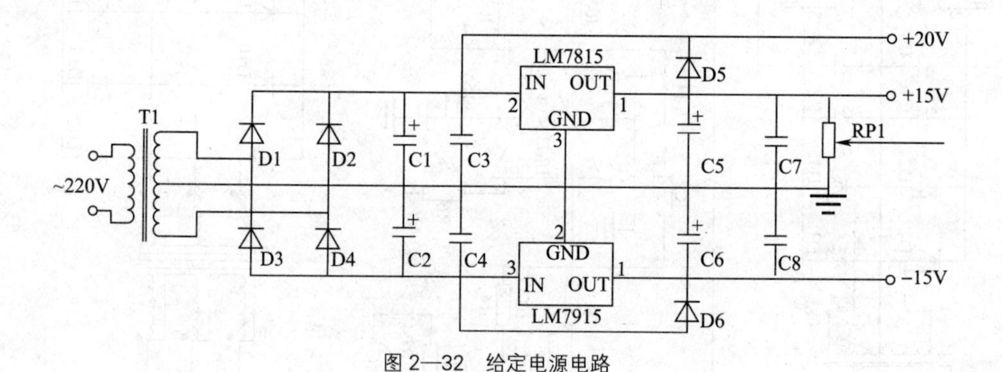

图 2—32 给定电源电路

3．双闭环调节器

为了实现闭环控制，必须对被控量进行采样，然后与给定值比较，决定调节器的输出，反馈的关键是对被控量进行采样与测量。电路采用转速、电流双闭环，电流环在内，转速环在外，如图 2—33 所示。

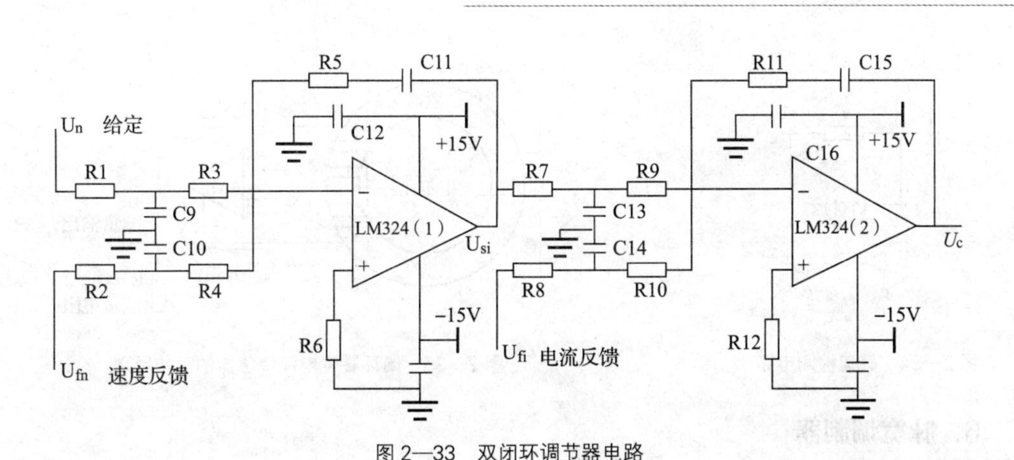

图 2—33　双闭环调节器电路

转速反馈环节主要利用测速发电机检测电动机的转速，将转速信号转换为电压信号，以一定的比例反馈回转速调节器输入端 U_{fn}，与给定电压信号 U_n 进行比较，从而产生输出信号 U_{si}，作为电流调节器的给定信号；系统采用比例积分调节，可以消除系统静差。由于测速发电机得到的转速反馈电压含有换向纹波，因此需要滤波，为了平衡反馈信号的延迟，在给定通道上加入同样的给定滤波环节，使二者在时间上配合恰当。

电流反馈环节主要将电枢中电流转换为电压信号，以一定的比例反馈回电流调节器输入端 U_{fi}，与转速调节器的输出 U_{si} 作比较，产生控制信号 U_c，用来作为控制电路的输入信号。电流调节器也采用比例积分调节，消除系统静差。由于电流检测中常常含有交流分量，调节器上有滤波装置，用来减少系统中谐波分量。为了平衡电流反馈信号的延迟，在给定通道上加入同样的给定滤波环节，使二者在时间上配合恰当。

4．转速检测电路

转速检测电路如图 2—34 所示，与电动机同轴安装一台测速发电机，从而引出与被调量转速成正比的负反馈电压 U_{fn}，与给定电压 U_n 相比较后，得到转速偏差电压 ΔU_n，输送给转速调节器。测速发电机的输出电压不仅表示转速的大小，还包含转速的方向，通过调节电位器即可改变转速反馈系数。

5．电流检测电路

电流检测电路采用霍尔电流传感器，其原理如图 2—35 所示。霍尔电流传感器基于磁平衡式霍尔原理，即闭环原理。用一环形导磁材料作成磁芯，一次侧电流 I_N 产生的磁通通过高品质磁芯集中在磁路中，在磁芯上开一气隙，内置一个霍尔线性器件，霍尔元件固定在气隙中检测磁通，通过绕在磁芯上的多匝线圈输出反向的补偿电流 I_2，用于抵消一次侧 I_N 产生的磁通，使得磁路中磁通始终保持为零。经过特殊电路的处理，传感器的输出端能够输出精确反映一次侧电流的变化。

闭环霍尔电流传感器可以测量直流、交流、脉冲电流等任意波形电流；二次侧测量电流与一次侧被测电流之间完全电气隔离，绝缘电压一般为 2 ~ 12 kV；电流测量范围宽，可测量额定 1 mA ~ 50 kA 电流；响应时间短，小于 1 μs；频率响应 0 ~ 100 kHz。

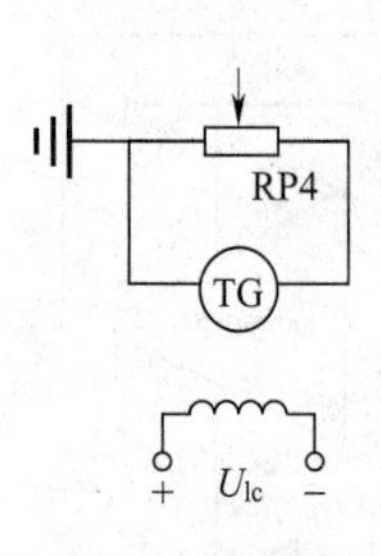

图 2—34　转速检测电路

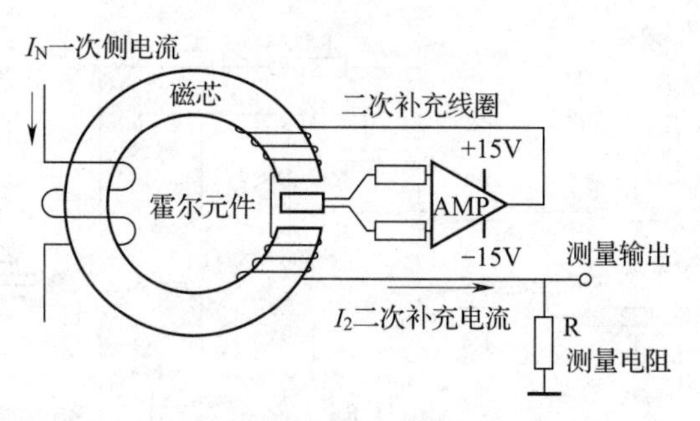

图 2—35　闭环霍尔电流传感器的工作原理

6．脉宽调制器

电路采用集成脉宽调制器 SG3525 作为脉冲信号发生的核心元件。根据主电路中 IGBT 的开关频率，选择适当的 R、C 值即可确定振荡频率。PWM 信号产生电路如图 2—36 所示，电流调节器的输出 U_c 接到集成脉宽调制器 SG3525 的同相输入端 2。电路中的 PWM 信号由集成芯片 SG3525 产生，SG3525 采用恒频调宽控制方案，改变输入端直流电平的大小，即可调节 11、14 引脚的输出脉冲宽度，实现脉宽调制变换器的功能实现。

当电路出现短路等情况时，过流保护信号从 10 脚输入，封锁 PWM 信号，停止驱动电路，从而关断 IGBT，保护电路。

7．驱动电路

EXB841 正常工作驱动 IGBT 时，主要有三个工作过程：正常开通过程、正常关断过程和过流保护动作过程。驱动电路如图 2—37 所示，当 14 和 15 两脚间外加 PWM 触发脉冲信号时，在 IGBT 的 GE 两端产生约 15 V 的 IGBT 开通电压；当触发控制脉冲撤销时，在 IGBT 的 GE 两端产生 −5.1 V 的 IGBT 关断电压。过流保护动作过程是根据 IGBT 的 CE 极间电压 U_{CE} 的大小判定是否过流而进行保护的。D 触发器主要起到锁存作用。当过流发生时，5 脚输出低电平，下降沿触发的 D 触发器 Q 也输出低电平，并锁存输出，封锁 PWM 信号，$\overline{Q}$输出高电平，

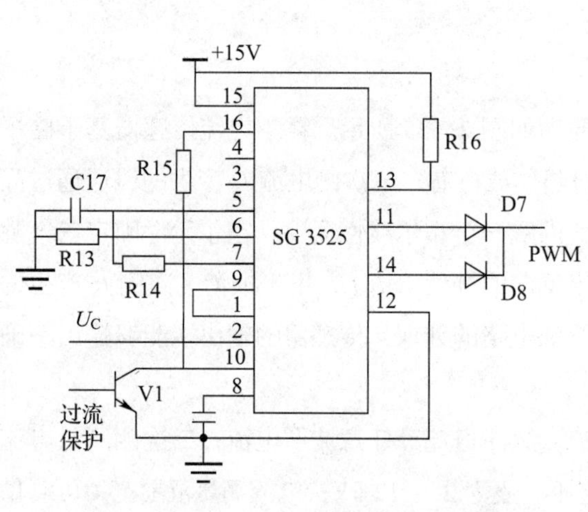

图 2—36　PWM 信号产生电路

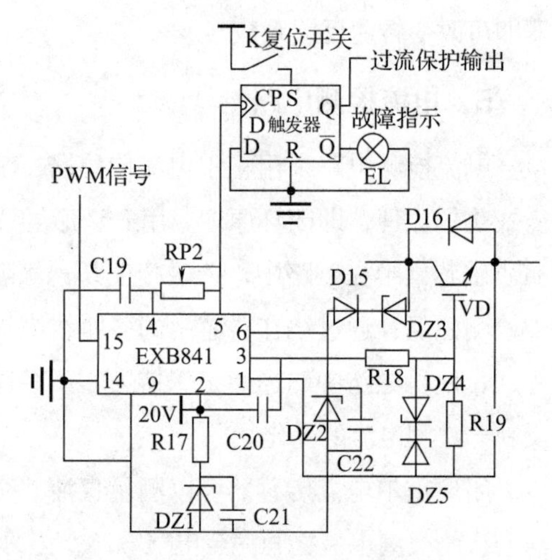

图 2—37　驱动电路电路

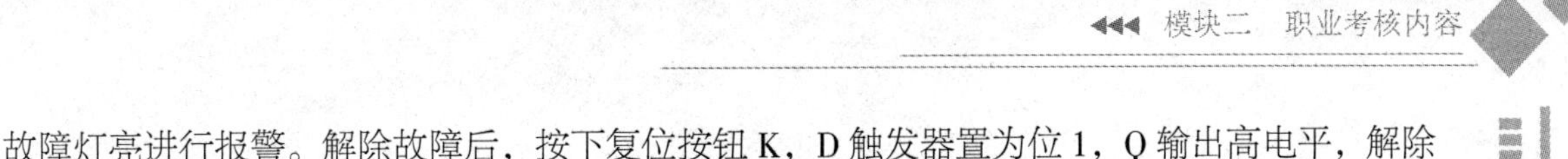

故障灯亮进行报警。解除故障后，按下复位按钮 K，D 触发器置为位 1，Q 输出高电平，解除封锁，$\overline{Q}$输出低电平，故障灯灭。

驱动电路中 DZ2 起保护作用，避免 EXB841 的 6 脚承受过电压，通过 D15 检测是否过电流，接 DZ3 的目的是为了改变 EXB 模块过流保护起控点，以降低过高的保护阈值，从而解决过流保护阈值太高的问题。R17、C21 及 DZ1 接在 +20 V 电源上，保证稳定的电压。DZ4 和 DZ5 避免栅极和射极出现过电压，R19 是防止 IGBT 误导通。

针对 EXB841 软关断保护不可靠的问题，在 EXB841 的 5 脚和 4 脚间接一个可变电阻，4 脚和地之间接一个电容，用来调节关断时间，保证软关断的可靠性。EXB841 在软关断保护的同时，5 脚输出低电平报警信号。

8．保护电路

保护电路主要有过电压保护、过电流保护等，与其他变流电路基本一致。电路利用驱动电路检测 IGBT 的过流情况，发生过流后，关断 IGBT，同时输出报警信号至脉宽调制器，封锁 PWM 信号，实现双重保护。

通过本单元的学习，可知直流斩波电路利用全控型电子器件的间歇式导通、关断，输出一系列方波电压，利用大电感、大电容维持电流连续，最终实现对直流电压的调压控制。输出的直流电压既可以高于输入的直流电压，也可以低于输入的直流电压，调压过程中损耗较小，和交流变压器的变压功能非常类似，所以直流斩波电路通常也被称为直流变压器。

第 3 单元 抢答系统的安装与调试

引入案例：进入 21 世纪，越来越多的电子产品出现在人们的视野中，如企业、学校和电视台等单位常举办各种智力竞赛，抢答记分器是必要设备。过去在举行的各种竞赛中，经常可以看到有抢答的环节，举办方多数采用让选手通过举答题板的方法判断选手的答题权，这在某种程度上会因为主持人的主观误断造成比赛的不公平性。于是人们开始寻求一种能不依人的主观意愿判断的设备来规范比赛。人们利用各种资源和条件设计出很多的抢答器，从最初的简单抢答按钮，到后来的显示选手号的抢答器，再到现在的数显抢答器，其功能在不断趋于完善，不但可以用来倒计时抢答，还兼具报警、计分、显示等功能，有了这些更准确的仪器，使得竞赛变得更加精彩，也使比赛更公平、更公正。

本单元介绍数码显示四路抢答器电路的组成、设计及功能，该电路主要采用 74 系列常用集成电路进行设计。抢答器除具有基本的抢答功能外，还具有定时、计时和报警功能。主持人通过时间预设开关预设供抢答的时间，系统将完成自动倒计时。若在规定的时间内有人抢答，则计时将自动停止；若在规定的时间内无人抢答，则系统中的蜂鸣器将发响，提示主持人本轮抢答无效，实现报警功能，若超过抢答时间则抢答无效。通过对抢答器电路的学习，便于掌握触发器、计数器、编码器、译码器的应用以及相关电路的调试。

3.1 器件学习

3.1.1 编码器

用文字、符号或者数字表示特定对象的过程叫作编码。由于文字、符号和十进制数字用电路难以实现，所以在数字电路中使用二进制数进行编码，相应的二进制数称为二进制代码。

用 n 位二进制代码来表示 $N=2^n$ 个信号的电路称为二进制编码器。二进制编码器输入有 $N=2^n$ 个信号，输出为 n 位二进制代码。根据编码器输出代码的位数，二进制编码器可分为 3 位二进制编码器和 4 位二进制编码器等。

1．3 位二进制编码器

3 位二进制编码器是把 8 个输入信号 I_0 ~ I_7，编成对应的 3 位二进制代码输出。因为输入有 8 个信号，要求有 8 种状态，所以输出的是 3 位（$2^n=8$，$n=3$）二进制代码。这种编码器通常称为 8/3 线编码器。

用 3 位二进制编码器表示 8 个信号的方案很多，现分别用 000 ~ 111 表示 I_0 ~ I_7。由于编码器在任何时刻都只能对一个输入信号进行编码，即不允许有两个和两个以上输入信号同时存在的情况出现，也就是说 I_0 ~ I_7 是一组互相排斥的变量，因此真值表可以采用简化形式，见表 3—1。

表 3—1　　3 位二进制编码器的编码表

输入	输出		
	Y_2	Y_1	Y_0
I_0	0	0	0
I_1	0	0	1
I_2	0	1	0
I_3	0	1	1
I_4	1	0	0
I_5	1	0	1
I_6	1	1	0
I_7	1	1	1

由于 I_0 ~ I_7 互相排斥，所以只需要将使函数值为 1 的变量加起来，便可以得到相应输出信号的最简与或表达式，即：

$$Y_2=I_4+I_5+I_6+I_7$$

$$Y_1=I_2+I_3+I_6+I_7$$

$$Y_0=I_1+I_3+I_5+I_7$$

为此，上述 8/3 线编码器可用 3 个或门来构成。若要用与非门来构成，则应将这些逻辑表达式转换为与非表达式，即：

$$Y_2=\overline{\overline{I_4+I_5+I_6+I_7}}=\overline{\bar{I}_4\bar{I}_5\bar{I}_6\bar{I}_7}$$

$$Y_1=\overline{\overline{I_2+I_3+I_6+I_7}}=\overline{\bar{I}_2\bar{I}_3\bar{I}_6\bar{I}_7}$$

$$Y_0=\overline{\overline{I_1+I_3+I_5+I_7}}=\overline{\bar{I}_1\bar{I}_3\bar{I}_5\bar{I}_7}$$

根据上面的逻辑表达式，3 位二进制编码器逻辑图如图 3—1 所示。输入信号一般不允许出现两个或两个以上同时输入。例如，当 I_1=1，其余为 0 时，则输入为 001；当 I_6=1，其余为 0 时，则输入为 110。二进制代码 001 和 110 分别表示输入信号 I_1 和 I_6。图 3—1 中 I_6 的编码是隐含着的，即当 I_0 ~ I_7 均为 0 时，编码器输出就是 I_6 的编码 000。

2．3 位二进制优先编码器

前面介绍的编码器，输入信号都是互相排斥的。在优先编码器中则不同，允许几个信号同时输入，但是电路只对其中优先级别最高的进行编码，不理睬级别低的信号，或者说级别低的信号不起作用，这样的电路叫作优先编码器。也就是说，在优先编码器中是优先级别高

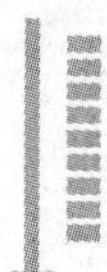

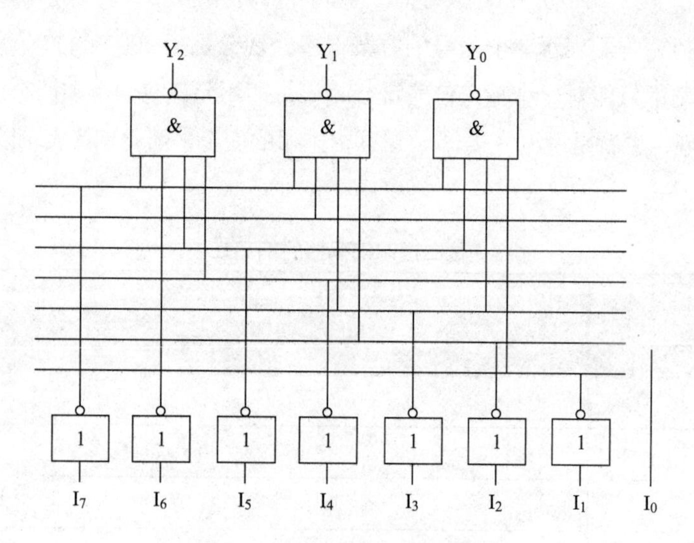

图 3—1 3 位二进制编码器逻辑图

的信号排斥级别低的，即具有单方面排斥的特性。至于优先级别的高低，则完全是由设计者根据各个输入信号轻重缓急情况决定的。

3 位二进制优先编码器的输入是 8 个要进行优先编码的信号 I_0 ~ I_7，设 I_7 的优先级别最高，I_6 次之，依次类推，I_0 最低，并分别用 000 ~ 111 表示 I_0 ~ I_7。根据优先级别高的信号排斥级别低的特点，即可列出优先编码器的简化真值表，即优先编码表，见表 3—2。

表 3—2　　3 位二进制优先编码表

$\overline{I}_7$	$\overline{I}_6$	$\overline{I}_5$	$\overline{I}_4$	$\overline{I}_3$	$\overline{I}_2$	$\overline{I}_1$	$\overline{I}_0$	$\overline{Y}_2$	$\overline{Y}_1$	$\overline{Y}_0$
1	*	*	*	*	*	*	*	1	1	1
0	1	*	*	*	*	*	*	1	1	0
0	0	1	*	*	*	*	*	1	0	1
0	0	0	1	*	*	*	*	1	0	0
0	0	0	0	1	*	*	*	0	1	1
0	0	0	0	0	1	*	*	0	1	0
0	0	0	0	0	0	1	*	0	0	1
0	0	0	0	0	0	0	1	0	0	0

由表 3—2 直接可得：

$$Y_2=I_7+\overline{I}_7I_6+\overline{I}_7\overline{I}_6I_5+\overline{I}_7\overline{I}_6\overline{I}_5I_4=I_7+I_6+I_5+I_4$$

$$Y_1=I_7+\overline{I}_7I_6+\overline{I}_7\overline{I}_6\overline{I}_5\overline{I}_4I_3+\overline{I}_7\overline{I}_6\overline{I}_5\overline{I}_4\overline{I}_3I_2=I_7+I_6+\overline{I}_5\overline{I}_4I_3+\overline{I}_5\overline{I}_4I_2$$

$$Y_0=I_7+\overline{I}_7\overline{I}_6I_5+\overline{I}_7\overline{I}_6\overline{I}_5\overline{I}_4I_3+\overline{I}_7\overline{I}_6\overline{I}_5\overline{I}_4\overline{I}_3\overline{I}_2I_1=I_7+\overline{I}_6I_5+\overline{I}_6\overline{I}_4I_3+\overline{I}_6\overline{I}_4I_2I_1$$

根据上述表达式即可画出 3 位二进制优先编码器逻辑图，如图 3—2 所示。

在图 3—2 中，I_0 的编码也是隐含的，当 I_0 ~ I_7 均为 0 时，电路的输出就是 I_0 的编码。

因为 3 位二进制优先编码器有 8 根输入编码信号线，3 根输出编码信号线，所以又叫作 8/3 线优先编码器。

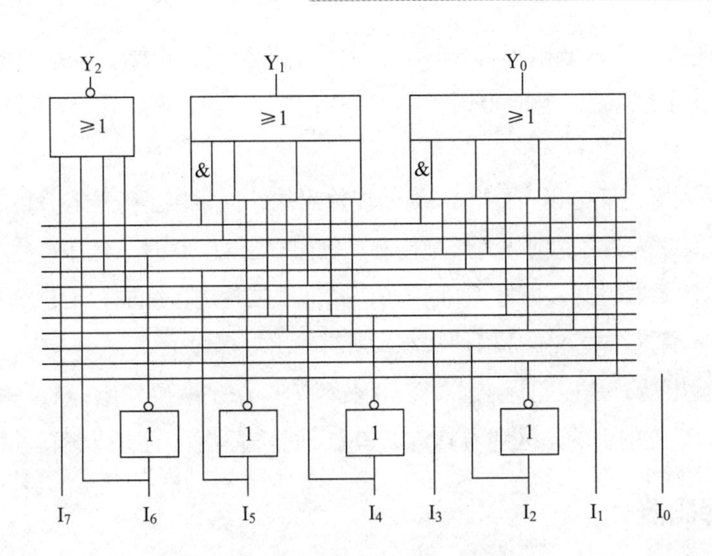

图 3—2　3 位二进制优先编码器逻辑图

如果要求输出、输入均为反变量，则只要在图 3—2 中的每一个输出端和输入端都加上反相器即可。

如图 3—3 所示是 TTL 集成 8/3 线优先编码器 74LS148 的引脚排列图和逻辑功能示意图，其真值表见表 3—3，表中符号“*”表示为任意电平。

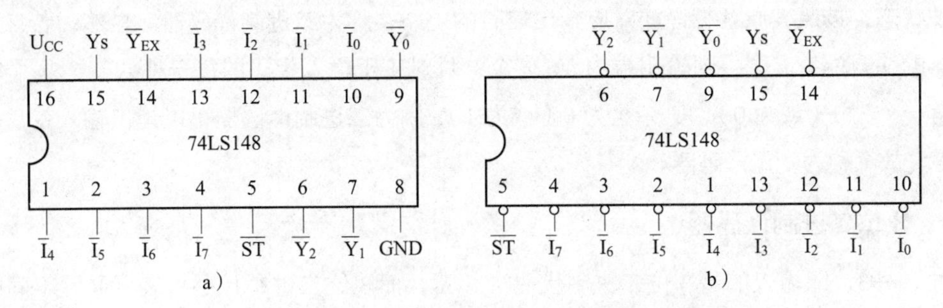

图 3—3　74LS148 的引脚排列图和逻辑功能示意图

a）引脚排列图　b）逻辑功能示意图

表 3—3　　集成 8/3 线优先编码器 74LS148 的真值表

$\overline{ST}$	$\overline{I_7}$	$\overline{I_6}$	$\overline{I_5}$	$\overline{I_4}$	$\overline{I_3}$	$\overline{I_2}$	$\overline{I_1}$	$\overline{I_0}$	$\overline{Y_2}$	$\overline{Y_1}$	$\overline{Y_0}$	$\overline{Y_{EX}}$	$\overline{Y_S}$
1	*	*	*	*	*	*	*	*	1	1	1	1	1
0	1	1	1	1	1	1	1	1	1	1	1	1	0
0	0	*	*	*	*	*	*	*	0	0	0	0	1
0	1	0	*	*	*	*	*	*	0	0	1	0	1
0	1	1	0	*	*	*	*	*	0	1	0	0	1
0	1	1	1	0	*	*	*	*	0	1	1	0	1
0	1	1	1	1	0	*	*	*	1	0	0	0	1
0	1	1	1	1	1	0	*	*	1	0	1	0	1
0	1	1	1	1	1	1	0	*	1	1	0	0	1
0	1	1	1	1	1	1	1	0	1	1	1	0	1

$\overline{I_0}$ ~ $\overline{I_7}$是编码输入端，低电平有效。$\overline{Y_2}$、$\overline{Y_1}$、$\overline{Y_0}$为编码输出端，也是低电平有效。编码的优先级别是从$\overline{I_7}$至$\overline{I_0}$递减，当$\overline{I_7}$ =0 时，不管$\overline{I_0}$ ~ $\overline{I_6}$处于何种状态，输出代码$\overline{Y_2}$、$\overline{Y_1}$、$\overline{Y_0}$都等于 0。

$\overline{ST}$为使能输入端，低电平有效。Ys 为使能输出端，通常接至低位芯片的$\overline{ST}$端。Ys 和$\overline{ST}$配合可以实现多级编码器之间的优先级别控制。例如，当$\overline{ST}$ =0 时，允许本片对输入信号进行编码输出，若本片无编码输入信号，则 Ys=0，允许低位片进行编码；当$\overline{ST}$ =1 时，禁止本片编码输出，这时不管 8 个输入端为何种状态，所有输出端都为 1。

$\overline{Y_{EX}}$为扩展输出端，是控制标志。$\overline{Y_{EX}}$ =0 表示$\overline{Y_2}\overline{Y_1}\overline{Y_0}$是编码输出；$\overline{Y_{EX}}$ =1 表示$\overline{Y_2}\overline{Y_1}\overline{Y_0}$不是编码输出。$\overline{Y_{EX}}$设立的目的是区别当$\overline{Y_2}\overline{Y_1}\overline{Y_0}$ =111 时是编码输出还是非编码输出。

3.1.2　译码器

译码是编码的逆过程。在编码时，每一种二进制代码都被赋予了特定的含义，即都表示了一个确定的信号或者对象。把代码的特定含义翻译出来的过程称为译码，实现译码操作的电路称为译码器。或者说译码器是将输入二进制代码翻译成输出信号，以表示其原来含义的电路。实际上，译码器就是把一种代码转换为另一种代码的电路。

译码器的种类有很多，但各种译码器的工作原理类似，设计方法也相同。把二进制代码的各种状态，按照其原意翻译成对应输出信号的电路，称为二进制译码器。显然，若二进制译码器的输入端为 n 个，则输出端为 $N=2n$ 个，且对应于输入代码的每一种状态，$2n$ 个输出中只有一个为 1（或为 0），其余全为 0（或为 1）。因为二进制译码器可以译出输入变量的全部状态，故又称为变量译码器。

1．3 位二进制译码器

由于 n=3，即输入的是 3 位二进制代码 $A_2A_1A_0$，而 3 位二进制代码可表示 8 种不同的状态，所以输出的必须是 8 个译码信号，设 8 个输出信号分别为 Y_0 ~ Y_7，根据二进制译码器的功能，可列出 3 位二进制译码器的真值表见表 3—4。

表 3—4　　3 位二进制译码器的真值表

A_2	A_1	A_0	Y_0	Y_1	Y_2	Y_3	Y_4	Y_5	Y_6	Y_7
0	0	0	1	0	0	0	0	0	0	0
0	0	1	0	1	0	0	0	0	0	0
0	1	0	0	0	1	0	0	0	0	0
0	1	1	0	0	0	1	0	0	0	0
1	0	0	0	0	0	0	1	0	0	0
1	0	1	0	0	0	0	0	1	0	0
1	1	0	0	0	0	0	0	0	1	0
1	1	1	0	0	0	0	0	0	0	1

由真值表可知，对应于一组变量输入，在 8 个输出中只有 1 个为 1，其余 7 个为 0。因为输入端 3 个，输出端 8 个，故称为 3/8 线译码器，也称为 3 变量译码器。

由真值表可直接写出各信号的逻辑表达式为：

$$Y_0=\overline{A}_2\overline{A}_1\overline{A}_0$$

$$Y_1=\overline{A}_2\overline{A}_1A_0$$

$$Y_2=\overline{A}_2A_1\overline{A}_0$$

$$Y_3=\overline{A}_2A_1A_0$$

$$Y_4=A_2\overline{A}_1\overline{A}_0$$

$$Y_5=A_2\overline{A}_1A_0$$

$$Y_6=A_2A_1\overline{A}_0$$

$$Y_7=A_2A_1A_0$$

根据这些逻辑表达式画出的逻辑图如图 3—4 所示。由于译码器各个输出信号表达式的基本形式是有关输入信号的与运算，所以它的逻辑图是由与门组成的阵列，这也是译码器基本电路结构的一个显著特点。

如果把图 3—4 所示电路的与门换成与非门，那么所得到的就是由与非门构成的输出为反变量（低电平有效）的 3 位二进制译码器。

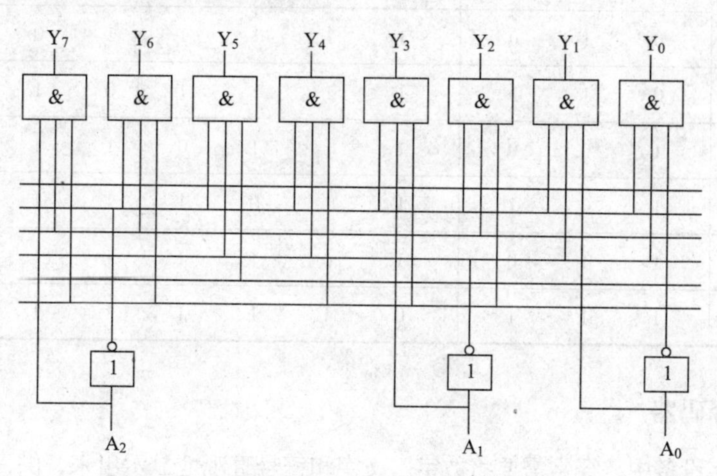

图 3—4　3 位二进制译码器逻辑图

2．集成 3/8 线译码器

常用的中规模集成二进制译码器有双 2/4 线译码器、3/8 线译码器、4/16 位译码器等。为了便于扩展译码器的输入变量，集成译码器常常带有若干个选通控制端（也叫使能端或允许端）。

如图 3—5 所示是带选通控制端的集成 3/8 线译码器 74LS138 的引脚排列图和逻辑功能示意图，其中 A_2、A_1、A_0 为二进制译码输入端，$\overline{Y}_7$ ~ $\overline{Y}_0$ 为译码输出端（低电平有效），G_1、$\overline{G}_{2A}$、$\overline{G}_{2B}$ 为选通控制端。当 $G_1=1$、$\overline{G}_2=\overline{G}_{2A}+\overline{G}_{2B}=0$ 时，译码器处于工作状态；当 $G_1=0$、$\overline{G}_2=\overline{G}_{2A}+\overline{G}_{2B}=1$ 时，译码器处于禁止状态。74LS138 的真值表见表 3—5。

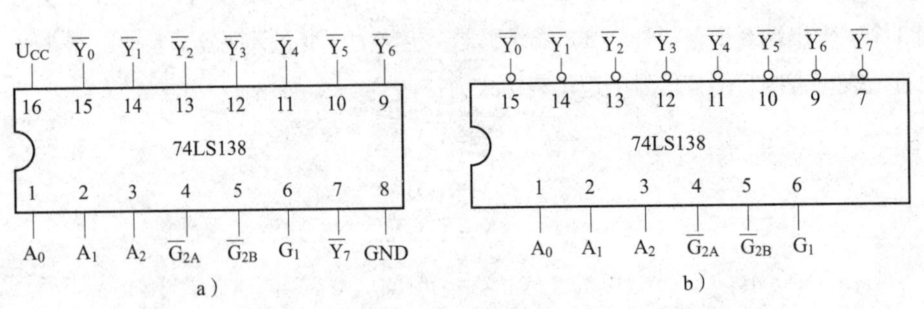

图 3—5　集成 3/8 线译码器 74LS138 的引脚排列图和逻辑功能示意图

a）引脚排列图　b）逻辑功能示意图

表 3—5　　集成 3/8 线译码器 74LS138 的真值表

G_1	$\overline{G_2}$	A_2	A_1	A_0	$\overline{Y_7}$	$\overline{Y_6}$	$\overline{Y_5}$	$\overline{Y_4}$	$\overline{Y_3}$	$\overline{Y_2}$	$\overline{Y_1}$	$\overline{Y_0}$
*	1	*	*	*	1	1	1	1	1	1	1	1
0	*	*	*	*	1	1	1	1	1	1	1	1
1	0	0	0	0	1	1	1	1	1	1	1	0
1	0	0	0	1	1	1	1	1	1	1	0	1
1	0	0	1	0	1	1	1	1	1	0	1	1
1	0	0	1	1	1	1	1	1	0	1	1	1
1	0	1	0	0	1	1	1	0	1	1	1	1
1	0	1	0	1	1	1	0	1	1	1	1	1
1	0	1	1	0	1	0	1	1	1	1	1	1
1	0	1	1	1	0	1	1	1	1	1	1	1

3．显示译码器

在各种数字设备中，经常需要将数字、文字和符号直观地显示出来，供人们直接读取结果，或用以监视数字系统的工作情况。因此，显示电路是许多数字设备中必不可少的部分，用来驱动各种显示器件，从而将用二进制代码表示的数字、文字、符号翻译成人们习惯的形式，直观地显示出电路，称为显示译码器。

（1）数码显示器

显示器件的种类有很多，在数字电路中最常用的显示器是半导体显示器（又称为发光二极管显示器、LED）和液晶显示器（LCD）。LED 主要用于显示数字和字母。LCD 可以显示数字、字母、文字和图形等。

7 段 LED 数码显示器俗称数码管，其工作原理是将要显示的十进制数码管分为 7 段，每段为一只发光二极管，利用不同发光组合来显示不同的数字。如图 3—6a 所示为数码管的外形结构。

数码管中的7只发光二极管有共阴极和共阳极两种接法，如图3—6b、图3—6c所示，图3—6中的发光二极管a～g用于显示十进制的10个数字0～9，h用于显示小数点。由图3—6中可以看出，对于共阴极的显示器，某一段接高电平时发光，对于共阳极的显示器，某一段接低电平时发光。使用时每只发光二极管要串联一个约100 Ω的限流电阻。

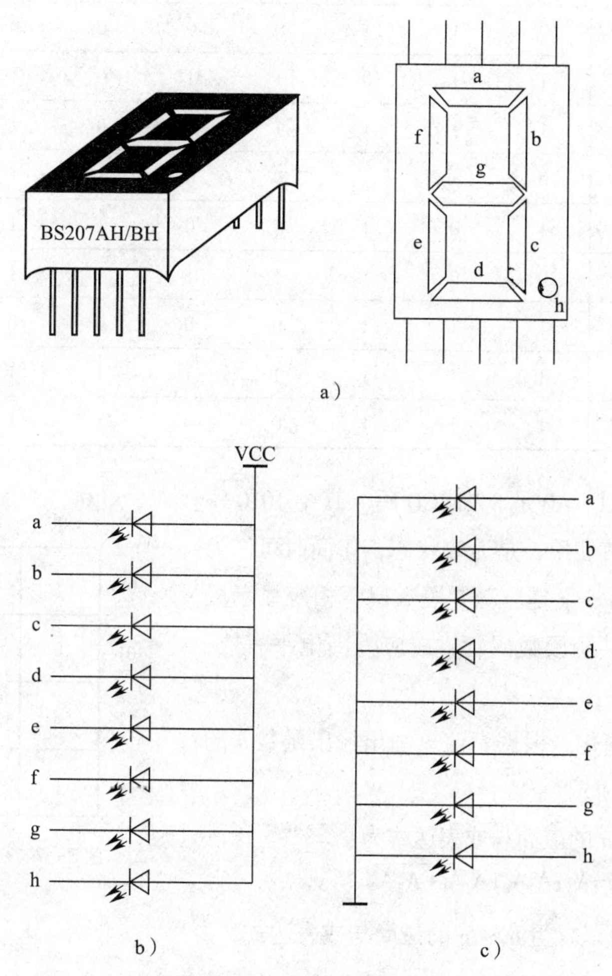

图3—6 LED7段数码显示器的外形图及二极管的连接方式

a）外形图 b）共阳极接线图 c）共阴极接线图

前已述及，7段数码管是利用不同发光段组合来显示不同的数字。以共阴极显示器为例，若a、b、c、d、g各段接高电平，则对应的各段发光，显示出十进制数字3；若b、c、f、g各段接高电平，则显示十进制数字4。

LED显示器的特点是清晰悦目、工作电压低（1.5～3 V）、体积小、寿命长（大于1 000 h）、响应速度快（1～100 ms）、颜色丰富（有红、绿、黄等色）、工作可靠。

（2）显示译码器

设计显示译码器首先要考虑显示器的字形，现以驱动共阴极的7段发光二极管的二—十进制译码器为例，具体说明显示译码器的设计过程。

设输入信号为 8421BCD 码，根据数码管的显示原理，可列出驱动共阴极数码管的 7 段显示译码器的真值表见表 3—6。

表 3—6　　　　　　7 段显示译码器的真值表

A_3	A_2	A_1	A_0	a	b	c	d	e	f	g	显示字符
0	0	0	0	1	1	1	1	1	1	0	0
0	0	0	1	0	1	1	0	0	0	0	1
0	0	1	0	1	1	0	1	1	0	1	2
0	0	1	1	1	1	1	1	0	0	1	3
0	1	0	0	0	1	1	0	0	1	1	4
0	1	0	1	1	0	1	1	0	1	1	5
0	1	1	0	0	0	1	1	1	1	1	6
0	1	1	1	1	1	1	0	0	0	0	7
1	0	0	0	1	1	1	1	1	1	1	8
1	0	0	1	1	1	1	0	0	1	1	9

输入 A3、A2、A1、A0 是 8421BCD 码，其中 1010 ~ 1111 这 6 种状态没有使用，是无效状态，化简时可作为随意项处理。输出 a ~ g 是驱动 7 段数码管相应显示段的信号，由于驱动共阴极数码管，故应为高电平有效，即高电平时显示段亮。

用卡诺图进行简化。根据真值表画出输出函数 a 的卡诺图，如图 3—7 所示。

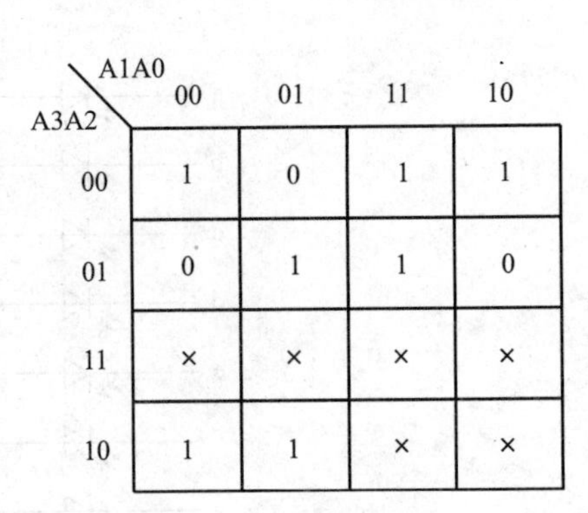

A1A0
A3A2
00
01
11
10
00　1　0　1　1
01　0　1　1　0
11　×　×　×　×
10　1　1　×　×

图 3—7　函数 a 卡诺图表达

由图 3—7 可得 a 的最简与或表达式为：

$$a=A_3+A_2A_0+A_1A_0+\overline{A_2}\,\overline{A_0}$$

用同样的方法可以求得 b ~ g 的最简与或表达式，为：

$$b=\overline{A_2}+\overline{A_1}\,\overline{A_0}+A_1A_0$$

$$c=A_2+\overline{A_1}+A_0$$

$$d=\overline{A_2}\,\overline{A_0}+A_1\overline{A_0}+\overline{A_2}A_1+A_2\overline{A_1}A_0$$

$$d=\overline{A_2}\,\overline{A_0}+A_1\overline{A_0}$$

$$f=A_3+\overline{A_1}\,\overline{A_0}+A_2\overline{A_1}+A_2\overline{A_0}$$

$$g=A_3+A_1\overline{A_0}+\overline{A_2}A_1+A_2\overline{A_1}$$

用与非门实现上述函数，并考虑共用部分，逻辑图如图 3—8 所示。

（3）集成显示译码器

常用的集成 7 段译码器驱动器属 TTL 型的有 74LS47、74LS48 等，CMOS 型的有 CD4055 液晶显示器驱动器等。74LS47 为低电平有效，用于驱动共阳极的 LED 显示器，因为 74LS47

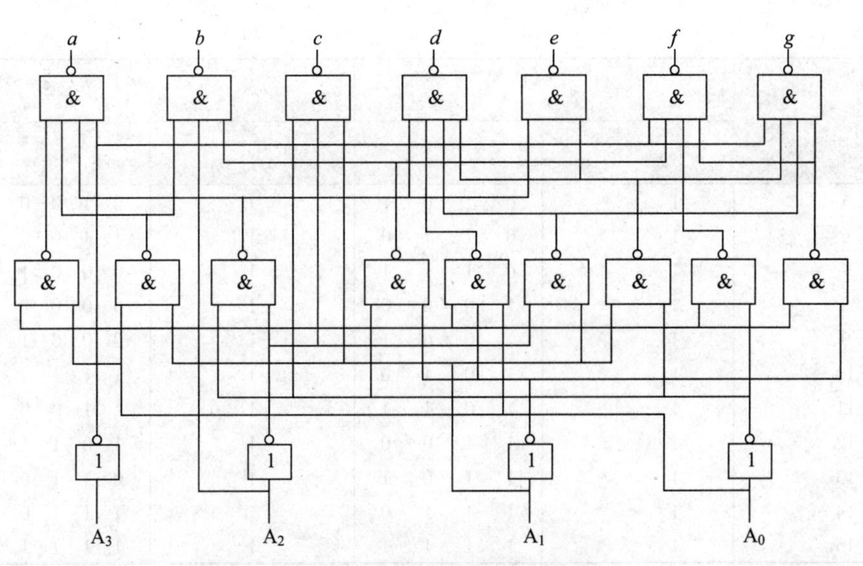

图 3—8　7 段显示译码器与非门逻辑图

为集电极开路（OC）输出结构，工作时必须外接集电极电阻。74LS48 为高电平有效，用于驱动共阴极的 LED 显示器，其内部电路的输出级有集电极电阻，使用时可直接接显示器。

74LS47 是 BCD–7 段数码管译码器 / 驱动器，引脚排列如图 3—9 所示，其真值表见表 3—7。

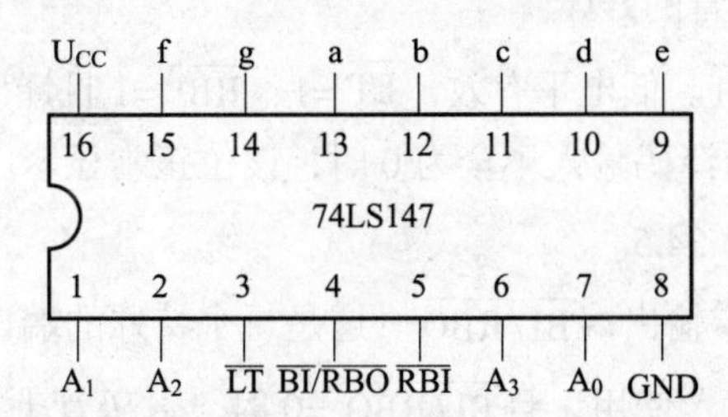

图 3—9　集成 7 段显示译码驱动器 74LS47 的引脚排列图

表 3—7　　　　集成 7 段显示译码驱动器 74LS47 的真值表

功能或十进制数	输入						输出							
	$\overline{LT}$	$\overline{RBI}$	A_3	A_2	A_1	A_0	$\overline{BI}$ / $\overline{RBO}$	a	b	c	d	e	f	g
$\overline{BI}$/$\overline{RBO}$（灭灯）	*	*	*	*	*	*	0（输入）	1	1	1	1	1	1	1
$\overline{LT}$（试灯）	0	*	*	*	*	*	1	0	0	0	0	0	0	0
$\overline{RBI}$（动态灭零）	1	0	0	0	0	0	0	1	1	1	1	1	1	1
0	1	*	0	0	0	0	1	0	0	0	0	0	0	1
1	1	*	0	0	0	1	1	1	0	0	1	1	1	1
2	1	*	0	0	1	0	1	0	0	1	0	0	1	0
3	1	*	0	0	1	1	1	0	0	0	0	1	1	0
4	1	*	0	1	0	0	1	1	0	0	1	1	0	0

续表

功能或十进制数	输入						输出							
	$\overline{LT}$	$\overline{RBI}$	A_3	A_2	A_1	A_0	$\overline{BI}/\overline{RBO}$	a	b	c	d	e	f	g
5	1	*	0	1	0	1	1	0	1	0	0	1	0	0
6	1	*	0	1	1	0	1	1	1	0	0	0	0	0
7	1	*	0	1	1	1	1	0	0	0	1	1	1	1
8	1	*	1	0	0	0	1	0	0	0	0	0	0	0
9	1	*	1	0	0	1	1	0	0	0	1	1	0	0
10	1	*	1	0	1	0	1	1	1	1	0	0	1	0
11	1	*	1	0	1	1	1	1	1	0	0	1	1	0
12	1	*	1	1	0	0	1	1	0	1	1	1	0	0
13	1	*	1	1	0	1	1	0	1	1	0	1	0	0
14	1	*	1	1	1	0	1	1	1	1	0	0	0	0
15	1	*	1	1	1	1	1	1	1	1	1	1	1	1

由真值表可以看出，为了增强器件的功能，在 74LS47 中还设置了一些辅助端。这些辅助端的功能如下：

1）试灯输入端$\overline{LT}$。低电平有效，$\overline{LT}$=0 时，数码管的七段应全亮，与输入的译码信号无关。本输入端用于测试数码管的好坏。

2）动态灭零输入端$\overline{RBI}$。低电平有效，$\overline{LT}$=1、$\overline{RBI}$=1 且译码输入全为 0 时，该位输入不显示，即 0 字被熄灭；当译码输入不全为 0 时，该位正常显示。本输入端用于消隐无效的 0。如数据 0034.50 可显示为 34.5。

3）灭灯输入 / 动态灭零输出端$\overline{BI}/\overline{RBO}$。这是一个特殊的端口，有时用作输入，有时用作输出。当$\overline{BI}/\overline{RBO}$作为输入使用，且$\overline{BI}/\overline{RBO}$=0 时，数码管七段全灭，与译码输入无关。当$\overline{BI}/\overline{RBO}$作为输出使用时，受控于$\overline{LT}$和$\overline{RBI}$。当$\overline{LT}$=1 且$\overline{RBI}$=0 时，$\overline{BI}/\overline{RBO}$=0。其他情况$\overline{BI}/\overline{RBO}$=1。本端口主要用于显示多位数字时，多个译码器之间的连接。

由 74LS47 的真值表还可以看出，对于输入代码 0000，译码的条件是$\overline{LT}$和$\overline{RBI}$同时为 1，而对其他输入代码，则仅要求$\overline{LT}$=1。

3.1.3 触发器

触发器是数字系统中广泛应用的能够记忆一位二进制信号的基本逻辑单元电路。触发器具有两个能自行保持的稳定状态，用来表示逻辑 1 和 0（或二进制数的 1 和 0），所以又叫双稳态电路。在不同输入信号的作用下，触发器的输出可以置成 1 态或 0 态，且当输入信号消失后，触发器获得的新状态能保持下来。

触发器的逻辑功能，常用逻辑图（即逻辑符号）、真值表（又称特性表或功能表）、卡诺图、特性方程（即逻辑表达式）、状态图和波形图（即时序图）等方法描述。这些表示方法在本质上是相同的，可以互相转换。所谓特性方程，是指触发器的次态与当前输入信号及现态之间的逻辑关系式。触发器的现态是指触发器接收信号之前的状态，也就是触发器原来的稳定状态，用 Q^n 表示。触发器的次态是指触发器接收输入信号之后所处的新稳定状态，用 Q^{n+1} 表示。

触发器按结构可分为基本触发器、同步触发器、主从触发器和边沿触发器。按逻辑功能可分为 RS 触发器、JK 触发器、D 触发器、T 触发器和 T' 触发器。触发器按使用的开关元件可分为 TTL 触发器和 CMOS 触发器。

从触发器的逻辑功能要求出发，无论哪一种触发器都必须具备以下条件：

一是具有两个稳定状态（0 状态和 1 状态）。这表示触发器能反映数字电路的两个逻辑状态或二进制的 0 和 1。

二是在输入信号作用下，触发器可以从一个稳态转换到另一个稳态，触发器的这种状态转换过程称为翻转。这表示触发器能够接收信息。

三是输入信号撤除后，触发器可以保持接收到的信息。这表示触发器具有记忆功能。

1. 基本 RS 触发器

如图 3—10a 所示是用两个与非门交叉连接起来构成的基本 RS 触发器的逻辑图。图中 $\overline{R}$、$\overline{S}$ 是信号输入端，低电平有效，即 $\overline{R}$、$\overline{S}$ 端口为低电平时表示有信号，为高电平时表示无信号。Q、$\overline{Q}$ 既表示触发器的状态，又是两个互补的信号输出端。Q=0、$\overline{Q}$=1 的状态称为 0 状态，Q=1、$\overline{Q}$=0 的状态称为 1 状态。图 3—10b 是基本 RS 触发器的符号，方框下面输入端处的小圆圈表示低电平有效。方框上面的两个输出端，无小圆圈的为 Q 端，有小圆圈的为 $\overline{Q}$。正常工作情况下，Q 和 $\overline{Q}$ 的状态是互补的，即一个为高电平时另一个为低电平，反之亦然。

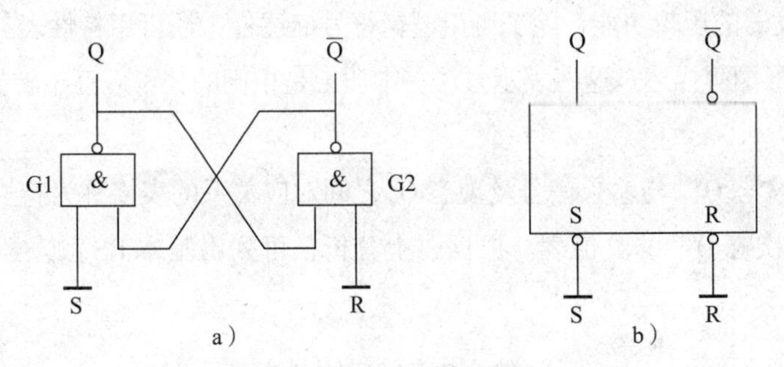

图 3—10　基本 RS 触发器的逻辑图和符号

a）逻辑图　b）符号

下面分 4 种情况分析基本 RS 触发器输出与输入之间的逻辑关系。

（1）$\overline{R}$=0、$\overline{S}$=1

由于 $\overline{R}$=0，无论 Q 为 0 还是 1，都有 $\overline{Q}$=1；再由 $\overline{S}$=1、$\overline{Q}$=1 可得 Q=0，即不论触发器原来处于什么状态都将变成 0 状态，这种情况称将触发器置 0 或复位。由于是在 $\overline{R}$ 端加入信号（负脉冲）将触发器置 0，所以把 $\overline{R}$ 端称为触发器的置 0 端或复位端。

（2）$\overline{R}$=1、$\overline{S}$=0

由于 $\overline{S}$=0，不论 $\overline{Q}$ 为 0 还是 1，都有 Q=1；再由 $\overline{R}$=1、Q=1 可得 $\overline{Q}$=0，即不论触发器原来

处于什么状态都将变成 1 状态，这种情况称将触发器置 1 或置位。由于是在$\overline{S}$端加入输入信号（负脉冲）将触发器置 1，所以把$\overline{S}$端称为触发器的置 1 端或置位端。

（3）$\overline{R}=1$、$\overline{S}=1$

若触发器的初始状态为 0，即 Q=0，$\overline{Q}=1$，则由$\overline{R}=1$、Q=0 可得$\overline{Q}=1$，再由$\overline{S}=1$、$\overline{Q}=1$可得 Q=0，即触发器保持 0 状态不变。若触发器的初始状态为 1，即 Q=1，$\overline{Q}=0$，则由$\overline{R}=1$、Q=1 可得$\overline{Q}=0$，再由$\overline{S}=1$、$\overline{Q}=0$可得 Q=1，即触发器保持 1 状态不变。可见，当$\overline{R}=\overline{S}=1$时，触发器保持原有状态不变，即原来的状态被触发器存储起来，这体现了触发器具有记忆能力。

（4）$\overline{R}=0$、$\overline{S}=0$

显然，这种情况下两个与非门的输出端 Q 和$\overline{Q}$全为 1，不符合触发器的逻辑关系。并且由于与非门延迟时间不可能完全相等，在两输入端的 0 信号同时撤除后，将不能确定触发器是处于 1 状态还是 0 状态。所以触发器不允许出现这种情况，这就是基本 RS 触发器的约束条件。

综上所述，基本 RS 触发器具有如下特点：

1）触发器的次状态不仅与输入信号状态有关，而且与触发器的现态有关。

2）电路具有两个稳定状态，无外来触发信号作用时，电路保持原状态不变。

3）在外加触发信号有效时，电路可以触发翻转，实现置 0 或置 1。

4）在稳定状态下两个输出端的状态 Q 和$\overline{Q}$必须是互补关系，即有约束条件。

在数字电路中，凡根据输入信号 R、S 情况的不同，具有置 0、置 1 和保持功能的电路，都称为 RS 触发器。

2．基本 RS 触发器的逻辑功能描述

基本 RS 触发器的逻辑功能，除了可用逻辑符号描述外，还可用特性表、卡诺图、特性方程、状态图和波形图等描述。这些表示方法在本质上是相同的，可以互相转换。

（1）特性表

反映触发器次态 Q^{n+1} 与输入信号及现态 Q^n 之间对应关系的表格称为特性表。实际上，特性表就是触发器次态 Q^{n+1} 的真值表。根据以上分析，可列出基本 RS 触发器的特性表，见表 3—8。

表 3—8　　基本 RS 触发器特性表

$\overline{R}$	$\overline{S}$	Q^n	Q^{n+1}	功能
0	0	0	禁用	禁止
0	0	1		
0	1	0	0	置零
0	1	1		
1	0	0	1	置位
1	0	1		
1	1	0	0	保持
1	1	1	1	

由表 3—8 可以看出：$\overline{R}$=0、$\overline{S}$=1 时，触发器置 0，即 Q^{n+1}=0；$\overline{R}$=1、$\overline{S}$=0 时，触发器置 1，即 Q^{n+1}=1；$\overline{R}=\overline{S}$=1 时，触发器保持原来的状态，即 $Q^{n+1}=Q^n$；而$\overline{R}=\overline{S}$=0 是不允许的，属于禁用情况。

（2）卡诺图和特性方程

由表 3—8 可画出基本 RS 触发器次态 Q^{n+1} 的卡诺图，如图 3—11 所示。

触发器次态 Q^{n+1} 与输入信号及现态 Q^n 之间的逻辑关系式称为特性方程。由图 3—11 可得基本 RS 触发器的特性方程为：

$$\begin{cases} Q^{n+1}=(\overline{\overline{S}})+\overline{R}Q^n \\ \overline{R}+\overline{S}=1 \end{cases} \text{约束条件}$$

（3）状态图和波形图

描述触发器的状态转换关系及转换条件的图形称为状态图。在状态图中，用填有数字或符号的圆圈代表触发器的状态，用有向箭头表示状态转换方向，并且在箭头线旁边斜线左上方用数字标注出输入信号的值（“×”表示输入信号的值任意），也就是状态的转换条件。根据特性表或卡诺图可以直接画出状态图。

如图 3—12 所示是基本 RS 触发器的状态图，由图可以直观地看出，当触发器处于 0 状态，即 Q^n=0 时，若输入信号$\overline{RS}$=01 或 11，触发器仍为 0 状态；若$\overline{RS}$=10，触发器就会翻转成为 1 状态。当触发器处于 1 状态时，若输入信号$\overline{RS}$=10 或 11，触发器仍为 1 状态；若$\overline{RS}$=01，触发器就会翻转成为 0 状态。

$\overline{R}$ \ $\overline{S}Q^n$	00	01	11	10
0	×	×	0	0
1	1	1	1	0

图 3—11　基本 RS 触发器次态的卡诺图

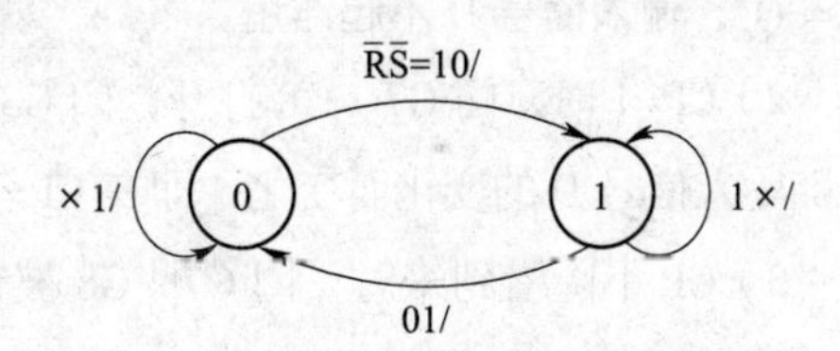

图 3—12　基本 RS 触发器的状态图

反映触发器输入信号取值和状态之间对应关系的图形称为波形图。根据特性表或卡诺图或状态图可以直接画出波形图。根据给出的$\overline{R}$和$\overline{S}$的波形，可画出基本 RS 触发器的输出 Q 和$\overline{Q}$的波形（忽略门电路的传输时间），如图 3—13 所示，不能预先确定状态的情况在图中用虚线表示。

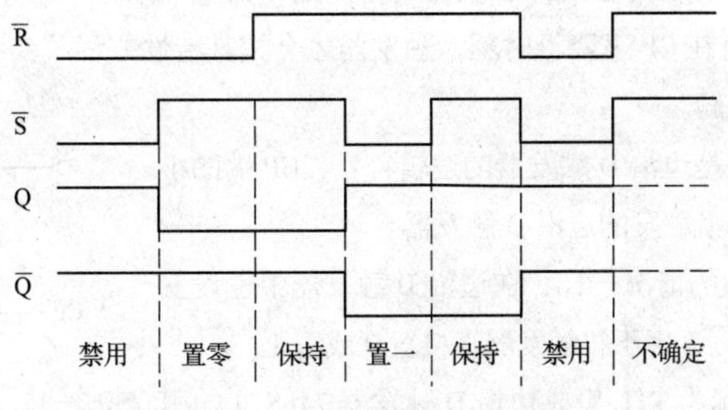

图 3—13　基本 RS 触发器的波形图

3．边沿触发器

边沿触发器是为了解决主从JK触发器的一次变化问题而设计出来的。边沿触发器的具体电路结构形式较多，但边沿触发或控制的特点却是相同的。

（1）边沿D触发器

如图3—14所示是用两个同步D触发器级联起来构成的边沿D触发器的逻辑图，它虽然具有主从结构形式，但却是边沿控制的电路。

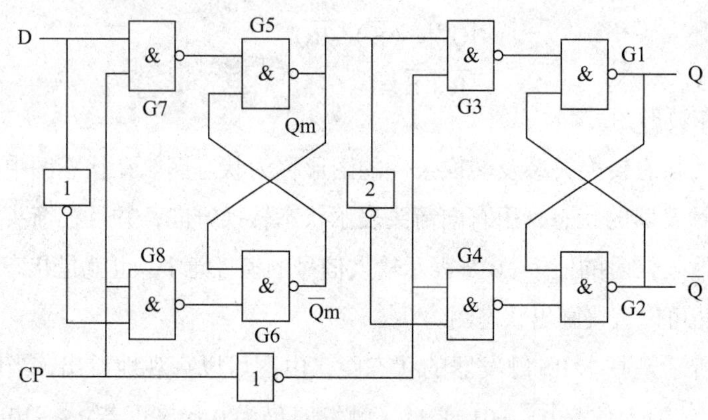

图3—14　边沿D触发器的逻辑图

电路的工作原理如下：

1）CP=0时，门G7、G8封锁，门G3、G4打开，从触发器的状态取决于主触发器，$Q=Q_m$、$\overline{Q}=\overline{Q}_m$，输入信号D不起作用。

2）CP=1时，门G7、G8打开，门G3、G4被封锁，从触发器状态不变，主触发器的状态跟随输入信号D的变化而变化，即在CP=1期间始终都有Q_m=D。

3）CP下降沿到来时，门G7、G8被封锁，门G3、G4打开，主触发器锁存CP下降时刻D的值，即Q_m=D，随后将该值送入从触发器，使得Q=D，$\overline{Q}=\overline{D}$。

4）CP下降沿过后，主触发器锁存的CP下降沿时刻的D值被保存下来，而从触发器的状态也保持不变。

综上所述，边沿D触发器的特性方程为：

$$Q^{n+1}=D \quad \text{CP下降沿有效}$$

可见如图3—14所示的边沿D触发器的特点是：在CP=0、上升沿、CP=1期间，输入信号都不起作用，只有在CP下降沿时刻，触发器才会按其特性方程改变状态，因此边沿D触发器没有一次变化问题。

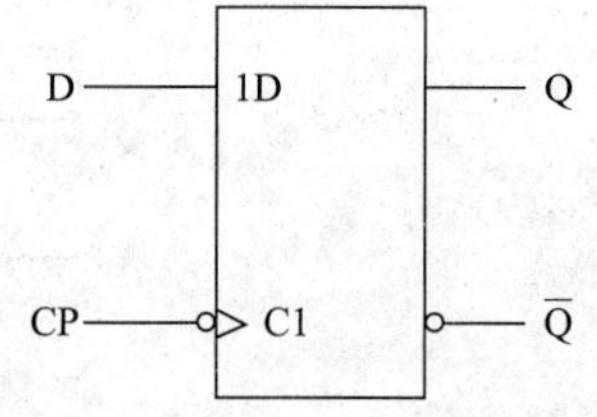

图3—15　边沿D触发器的逻辑符号

如图3—15所示是边沿D触发器的逻辑符号，CP端的小圆圈表示电路是下降沿触发的边沿D触发器。

与主从触发器中的情况一样，在边沿D触发器中也设置有异步输入端$\overline{R_D}$、$\overline{S_D}$，用于将触发器直接置0或置1。

如图3—16a所示为TTL集成边沿D触发器74LS74的引

脚排列图。

74LS74 内部包含两个带有清零端$\overline{R_D}$、和置位端$\overline{S_D}$的触发器，它们都是 CP 上升沿触发的边沿 D 触发器，异步输入端$\overline{R_D}$和$\overline{S_D}$为低电平有效，其特性表见表 3—9，表中符号“↑”表示上升沿有效。

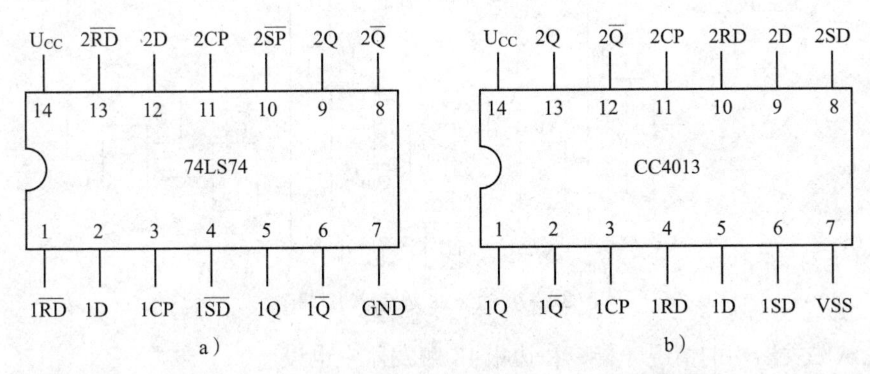

图 3—16　集成触发器 74LS74 和 CC4013 的引脚排列图

a）74LS74 的引脚排列图　b）CC4013 的引脚排列图

CC4013 内部也包含两个带有清零端 R_D 和置位端 S_D 的触发器，它们都是 CP 上升沿触发的边沿 D 触发器，值得注意的是 CC4013 的异步输入端 R_D 和 S_D 为高电平有效。

表 3—9　　TTL 集成边沿 D 触发器 74LS74 的特性表

RD	SD	CP	D	Q^{n+1}	功能
1	1	*	*	禁用	禁止
1	0	*	*	1	置位
0	1	*	*	0	置零
1	1	↑	0	0	置零
1	1	↑	1	1	置位
1	1	↓	*	Qn	无效

（2）边沿 JK 触发器

如图 3—17 所示是在边沿 D 触发器的基础上增加 3 个门电路而构成的边沿 JK 触发器的逻辑图。由图 3—17 可知，代入边沿 D 触发器的特性方程，可以得到：

$$Q^{n+1=D}=J\overline{Q^n}+\overline{K}Q^n \quad \text{CP 下降沿有效}$$

显然，上式准确地表达了图 3—17 所示电路次态 Q^{n+1} 与现态 Q^n 及输入 J、K 之间的逻辑关系。

根据上面的分析可知，边沿 JK 触发器具有边沿 D 触发器的特点，即在 CP=0、上升沿、CP=1 期间，输入信号都不起作用，只有在 CP 下降沿时刻，触发器才会按其特性方程改变状态，因此边沿 JK 触发器没有一次变化问题。

如图 3—18 所示是边沿 JK 触发器的逻辑符号，CP 端的小圆圈表示电路是下降沿触发的边沿 JK 触发器。

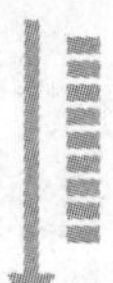

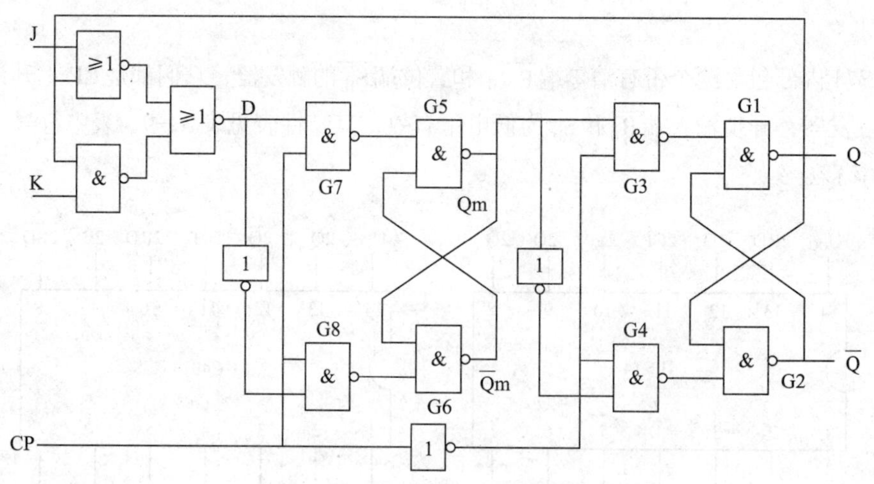

图 3—17　边沿 JK 触发器的逻辑图

与主从触发器中的情况一样，在边沿 JK 触发器中也设置有异步输入端$\overline{R_D}$、$\overline{S_D}$，用于将触发器直接置 0 或置 1。

集成边沿 JK 触发器属于 TTL 电路的有 74LS112，属于 CMOS 电路的有 CC4027，它们的引脚排列如图 3—19 所示。

74LS112 内部集成了两个带有清零端$\overline{R_D}$和预置位端$\overline{S_D}$的边沿触发器，它们都是 CP 下降沿触发，异步输入端$\overline{R_D}$和$\overline{S_D}$为低电平有效，其特性表见表 3—10，表中的符号“↓”表示下降沿。

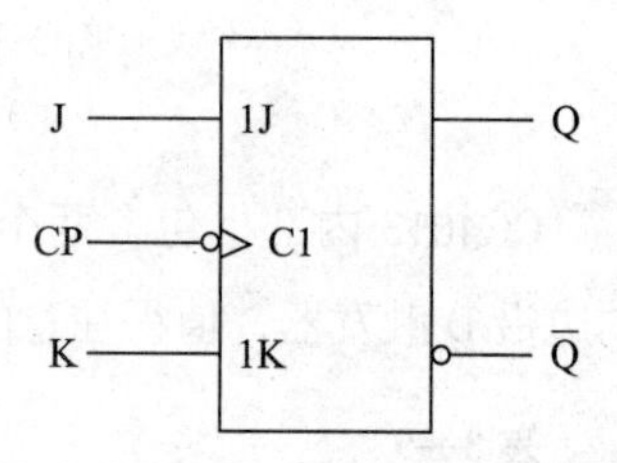

图 3—18　边沿 JK 触发器的逻辑符号

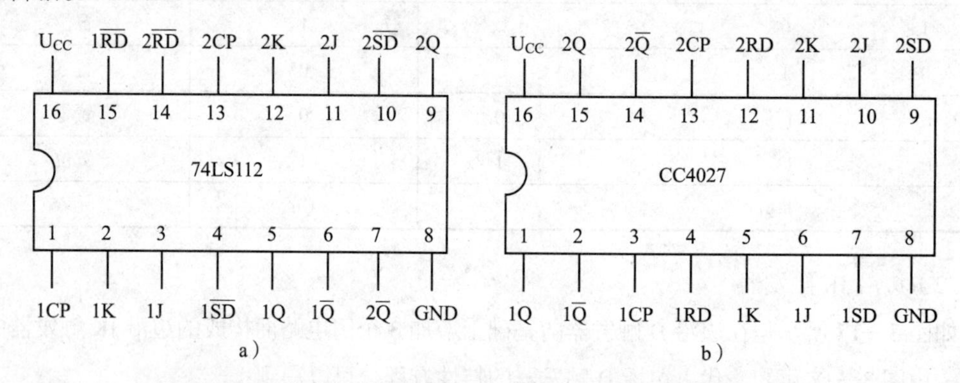

图 3—19　集成边沿 JK 触发器 74LS112 和 CC4027 的引脚排列图

a）74LS112 的引脚排列图　b）CC4027 的引脚排列图

CC4027 内部也包含两个带有清零端 R_D 和预置位端 S_D 的边沿 JK 触发器，它们都是 CP 上升沿触发，值得注意的是 CC4027 的异步输入端 R_D 和 S_D 为高电平有效。

表 3—10　　集成边沿 JK 触发器 74LS112 的特性表

$\overline{RD}$	$\overline{SD}$	CP	J	K	Q^{n+1}	功能
0	0	*	*	*	禁用	禁止
0	1	*	*	*	0	置零
1	0	*	*	*	1	置位

续表

$\overline{RD}$	$\overline{SD}$	CP	J	K	Q^{n+1}	功能
1	1	↓	0	0	Q^n	保持
1	1	↓	0	1	0	置零
1	1	↓	1	0	1	置位
1	1	↓	1	1	/Qn	翻转
1	1	↑	*	*	Qn	无效

3.1.4　计数器

在数字电路中，能够记忆输入脉冲个数的电路称为计数器。计数器是一种应用十分广泛的时序逻辑电路，除用于计数、分频外，还广泛用于数字测量、运算和控制，从小型数字仪表，到大型数字电子计算机，几乎是无所不在，是任何现代数字系统中不可缺少的组成部分。

按照计数器中各个触发器状态的更新是否同步，可将计数器分为同步计数器和异步计数器两大类。同步计数器中各个触发器都受同一个时钟脉冲控制，当输入计数脉冲到来时，要更新状态的触发器同时翻转。异步计数器中各个触发器没有统一的时钟脉冲控制，有的触发器直接受输入计数脉冲控制，有的触发器则是把其他触发器的输出用作时钟脉冲，当输入计数脉冲到来时，更新状态的触发器会有的先翻转，有的后翻转。

按照计数器的计数长度，可将计数器分为二进制计数器、十进制计数器和 N 进制计数器。计数器能够记忆输入脉冲的数目，也就是有效循环中的状态的个数，称为计数器的计数长度，或称为计数器的计数容量，又叫作计数器的模。二进制计数器按照二进制数规律进行计数，如果用 n 表示二进制代码的位数，用 N 表示有效状态数，则在二进制计数器中 $N=2^n$。十进制计数器按照十进制数规律进行计数，$N=10$。N 进制计数器是除了二进制计数器和十进制计数器以外的其他进制的计数器，如 $N=12$ 时的 12 进制计数器，$N=60$ 时的 60 进制计数器等。

按照计数时计数器中数值的增、减情况，可将计数器分为加法计数器、减法计数器和可逆计数器。加法计数器在输入时钟脉冲到来时进行递增计数，即每输入一个时钟脉冲，计数器中数值就加 1；减法计数器在输入时钟脉冲到来时进行递减计数，即每输入一个时钟脉冲，计数器中数值就减 1；而可逆计数器在加减信号的控制下，既可递增计数，也可进行递减计数。

1．二进制计数器

按照二进制数规律对时钟脉冲信号进行递增计算的同步时序逻辑电路，称为同步二进制加法计数器。

二进制只有 0 和 1 两个数码，二进制加法规则是逢二进一，即当本位是 1，再加 1 时本位便变为 0，同时向高位进 1。由于触发器只有 0 和 1 两个状态，所以一个触发器只能表示一位二进制数。如果要表示 n 位二进制数，就得用 n 个触发器。

如图 3—20 所示为 4 位同步二进制加法计数器的逻辑图。

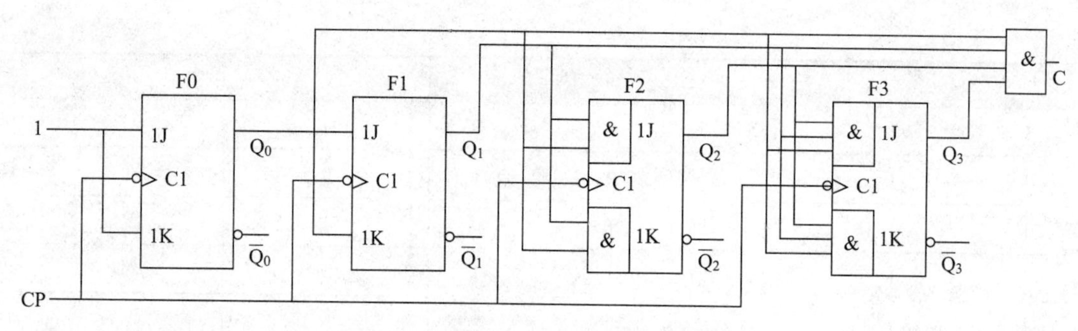

图 3—20　4 位同步二进制加法计数器的逻辑图

由图 3—20 可知，组成该计数器的是 4 个下降沿触发的 JK 触发器。由于各个触发器的时钟脉冲信号都连接在 CP 上，所以这是一个同步计数器。

输出方程为：

$$C=Q_3^nQ_2^nQ_1^nQ_0^n$$

驱动方程为：

$$J_0=K_0=1$$

$$J_1=K_1=Q_0^n$$

$$J_2=K_2=Q_1^nQ_0^n$$

$$J_3=K_3=Q_2^nQ_1^nQ_0^n$$

将各个触发器的驱动方程代入 JK 触发器的特性方程 $Q^{n+1}=J\overline{Q^n}+\overline{K}Q^n$中，得到电路的状态方程为：

$$Q_3^{n+1}=Q_2^nQ_1^nQ_0^n\overline{Q_3^n}+\overline{Q_2^nQ_1^nQ_0^n}Q_3^n=（Q_2^nQ_1^nQ_0^n）\oplus Q_3^n$$

$$Q_2^{n+1}=Q_1^nQ_0^n\overline{Q_2^n}+\overline{Q_1^nQ_0^n}Q_2^n=（Q_1^nQ_0^n）\oplus Q_2^n$$

$$Q_1^{n+1}=Q_0^n\overline{Q_1^n}+\overline{Q_0^n}Q_1^n=Q_0^n\oplus Q_1^n$$

$$Q_0^{n+1}=1\cdot\overline{Q_0^n}+\overline{1}\cdot Q_0^n=\overline{Q_0^n}$$

根据以上状态方程计算，列出该计数器的状态表，见表 3—11。

表 3—11　　4 位同步二进制加法计数器的状态表

Q_3^n	Q_2^n	Q_1^n	Q_0^n	Q_3^{n+1}	Q_2^{n+1}	Q_1^{n+1}	Q_0^{n+1}	C
0	0	0	0	0	0	0	1	0
0	0	0	1	0	0	1	0	0
0	0	1	0	0	0	1	1	0
0	0	1	1	0	1	0	0	0
0	1	0	0	0	1	0	1	0
0	1	0	1	0	1	1	0	0
0	1	1	0	0	1	1	1	0
0	1	1	1	1	0	0	0	0
1	0	0	0	1	0	0	1	0

续表

Q_3^n	Q_2^n	Q_1^n	Q_0^n	Q_3^{n+1}	Q_2^{n+1}	Q_1^{n+1}	Q_0^{n+1}	C
1	0	0	1	1	0	1	0	0
1	0	1	0	1	0	1	1	0
1	0	1	1	1	1	0	0	0
1	1	0	0	1	1	0	1	0
1	1	0	1	1	1	1	0	0
1	1	1	0	1	1	1	1	0
1	1	1	1	0	0	0	0	1

根据上面的状态表可以画出该计数器的状态图，如图 3—21 所示。

由如图 3—21 所示的状态图可以看出，从任意一个状态开始，经过输入 16 个有效的 CP 脉冲（下降沿）后，计数器返回到原来的状态，说明该计数器的计数长度为 N=16，所以作为整体，该电路也可称为十六进制计数器，或称为模 16 计数器。如果初始状态为 0000，则在第 15 个 CP 下降沿到来后，输出 C 变为 1，在第 16 个 CP 下降沿到来后，输出 C 由 1 变为 0。可以利用 C 的这一下降沿作为向高位计数器的进位信号。

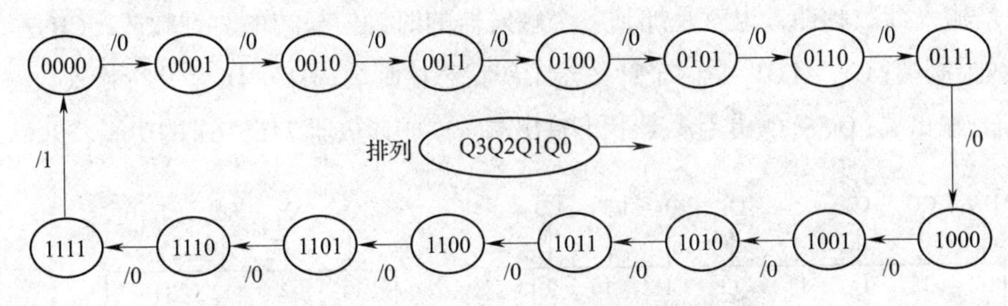

图 3—21　4 位同步二进制加法计数器的状态图

如图 3—22 所示为图 3—20 所示的 4 为同步二进制加法计数器的时序图。

仔细观察图 3—22 中 CP、Q_0、Q_1、Q_2 和 Q_3 波形的频率，不难发现，每出现 CP，Q_0 输出一个脉冲，即频率减半，称为对计数脉冲 CP 二分频。同理，Q_1 为 4 分频，Q_2 为 8 分频，Q_3 为 16 分频。因此，在许多场合，计数器也可以作为分频器使用，以得到不同频率的脉冲。

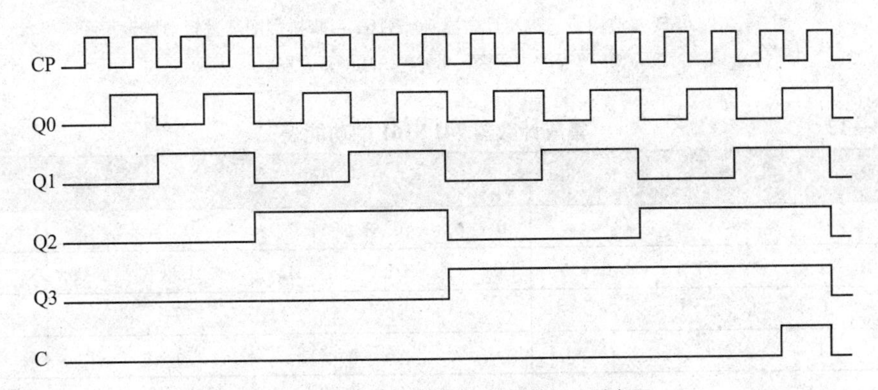

图 3—22　4 位同步二进制加法计数器的时序图

仔细观察如图 3—20 所示的 4 位同步二进制加法计数器的逻辑图，可以发现图中的 JK 触发器都已转换成 T 触发器。其实，从该电路的驱动方程也完全可以得出这一结论。

如图 3—20 所示的 4 位同步二进制加法计数器中各个触发器的连接方式，可以推广到 n 位同步二进制加法计数器。选用 JK 触发器时，n 位同步二进制加法计数器的驱动方程为：

$$J_0=K_0=1$$

$$J_1=K_1=Q_0^n$$

$$J_2=K_2=Q_1^nQ_0^n$$

……

$$J_{n-1}=K_{n-1}=Q_{n-2}^nQ_{n-3}^n\cdots Q_1^nQ_0^n$$

输出方程为：

$$C=Q_{n-1}^nQ_{n-2}^n\cdots Q_1^nQ_0^n$$

2．集成计数器

常用的集成同步二进制计数器有加法计数器和可逆计数器两种，为了使用和扩展功能方便，集成同步二进制计数器还增加了一些辅助功能。

如图 3—23 所示为集成 4 位同步二进制计数器 74LS161 的引脚排列图和逻辑功能示意图。图中 CP 是输入计数脉冲，也就是加到各个触发器的时钟信号端的时钟脉冲；$\overline{CR}$是清零端；$\overline{LD}$是置数控制端；CT_P 和 CT_T 是两个计数器工作状态控制端；D_0 ~ D_3 是并行输入数据端；CO 是进位信号输出端；Q_0 ~ Q_3 是计数器状态输出端。集成计数器 74LS161 的功能表见表 3—12。

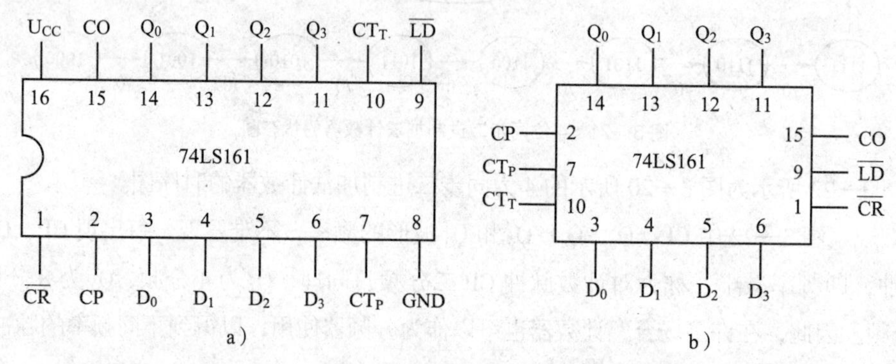

图 3—23　集成 4 位同步二进制计数器 74LS161 引脚排列图及逻辑功能示意图
a）引脚排列图　b）逻辑功能示意图

表 3—12　　集成计数器 74LS161 的功能表

CR	LD	CTT	CTP	CP	Q_0^{n+1}	Q_1^{n+1}	Q_2^{n+1}	Q_3^{n+1}	CO
0	*	*	*	*	0	0	0	0（异步清零）	0
1	0	*	*	↑	D0	D1	D2	D3（同步置数）	
1	1	1	1	↑		计		数	
1	1	0	*	*		保		持	
1	1	*	0	*		保		持	0

由表 3—12 可以看出，集成 4 位同步二进制加法计数器 74LS161 具有下列功能：

（1）异步清零

当$\overline{CR}$ =0 时，不管其他输入信号为何状态，计数器清零。

（2）同步并行置数

当$\overline{CR}$ =1、$\overline{LD}$ =0 时，在 CP 上升沿到达时，不管其他输入信号为何状态，并行输入数据 D_0 ~ D_3 进入计数器，使$Q_3^{n+1}Q_2^{n+1}Q_1^{n+1}Q_0^{n+1}=D_3D_2D_1D_0$，即完成了并行置数功能。而如果没有 CP 上升沿到达，尽管$\overline{LD}$ =0，也不能使预置数据进入计数器。

（3）同步二进制加法计数器

当$\overline{CR}=\overline{LD}$ =1 时，若 $CT_T=CT_P=1$，计数器对 CP 信号按照自然二进制码循环计数。当计数状态达到 1111 时，CO=0，产生进位信号。

（4）保持

当$\overline{CR}=\overline{LD}$ =1 时，若 $CT_T\cdot CT_P=0$；则计数器将保持原来状态不变。进位输出信号有两种情况：若 $CT_T=0$，则 CO=0；若 $CT_T=1$，则 $CO=Q_3^nQ_2^nQ_1^nQ_0^n$。

3.2 识读原理图

3.2.1 基本要求

抢答器的种类虽然很多，功能也不相同，但是基本工作原理是一致的，主要由编码电路、译码电路、控制电路、计时电路等组成，通过控制电路实现不同的功能。系统原理框图如图 3—24 所示。

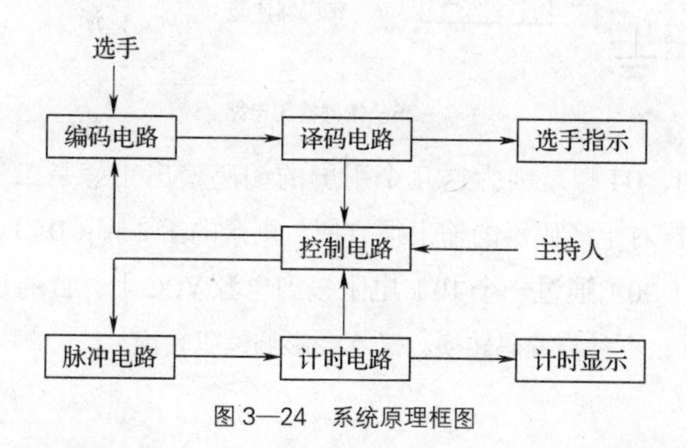

图 3—24 系统原理框图

本单元介绍的抢答器要求如下：

1. 抢答器同时供 4 名选手或 4 支代表队比赛，分别用 4 个按钮 S1 ~ S4 表示。

2. 抢答器设置了一个系统清除和抢答控制开关 S6，该开关由主持人控制。

3. 抢答器具有锁存与显示功能。即选手按动按钮，锁存相应的编号，抢答显示灯会指示哪位选手抢答成功，并有抢答计时功能。

3.2.2 基本电路

每一个功能模块都由一个基本电路来实现其功能，各个基本电路独立运行又相互配合，在控制电路的驱动下实现最终的功能。

1. 编码电路

8 位优先编码器 74LS148 可以将输入的电平信号转化为相应的二进制编码，如图 3—25 所示的按键检测电路，在本电路中将编码器 74LS148 的第 1 脚（D4）、第 11 脚（D1）、第 12 脚（D2）、第 13 脚（D3）分别接一个 10k 的上拉电阻到供电电源 VCC，同时分别接一个轻触按钮到零电位点 GND，这四个轻触按键就是四位选手的抢答按键，当有抢答按键按下时，D1、D2、D3、D4 引脚电平就会各自变成低电平，当没有按下时，全都被 VCC 拉高为高电平，从而实现编码电平的高低电平输入。

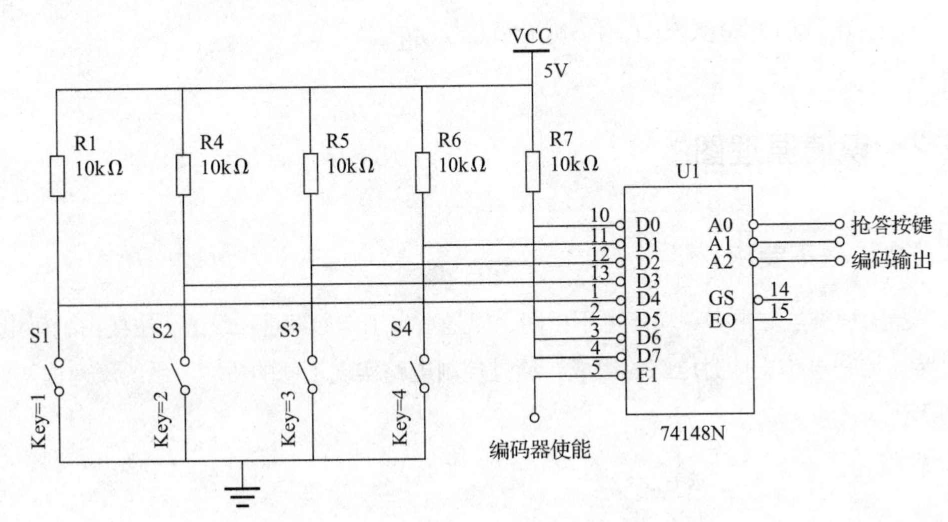

图 3—25 按键检测电路

选择 D1、D2、D3、D4 脚是因为这几个引脚的编码输出正好是二进制数“001”“010”“011”和“100”，这样对于译码器的输出很方便。剩余的第 2 脚（D5）、第 3 脚（D6）、第 4 脚（D7）、第 10 脚（D0）通过一个 10 k 电阻接到电源 VCC 上，目的是使编码输入端 D0、D5、D6、D7 为高电平，不参与编码转换，又不会影响编码转换。

2. 译码电路

8 位译码器 74LS138 可以将输入的二进制编码转化为相应的输出电平，其转换原理在前文中已经讲过，此处不再赘述。

按键显示电路如图 3—26 所示，在本电路中，将按键编码输入接到 A、B、C 端口，用于编码信号输入，由于在之前 74LS148 编码电路中只用到了 D1、D2、D3、D4 四个输入端口，编码输出中只可能会出现“001”“010”“011”和“100”四种二进制编码值，所以，译码输出中，只需要接 Y1、Y2、Y3 和 Y4 四个输出端即可。

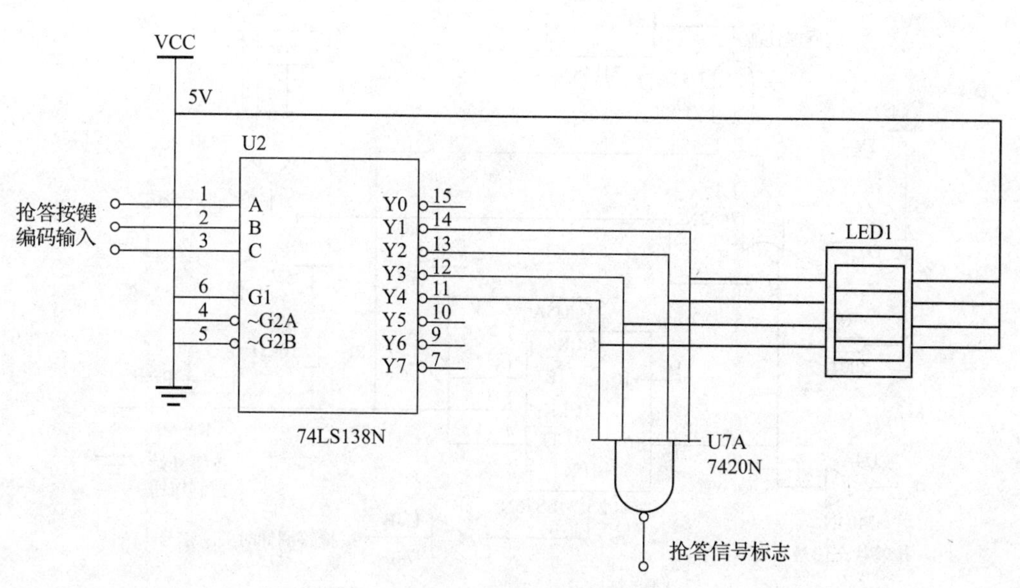

图 3—26　按键显示电路

输出端一方面接到四只发光二极管上，用作选手抢答显示，每一只发光二极管分别指示某个选手是否按下抢答按键，另一方面，为了能够保证当其中一名选手按下抢答键时，其他选手则禁止再次重复按下，需要在这个地方设计抢答优先权电路，将四个输出端连接到一个4输入与非门上，当没有选手按下时，四个输出端具为高电平，抢答信号标志为低电平“0”，而当某位选手按下抢答按键时，其中某个输出端将会变成低电平，通过与非门的作用，可以使抢答信号标志变成高电平“1”，以此信号来标识是否有选手按下按键，然后使用该信号去控制其他使能与否，就可以在某一位选手按下按键后，其他选手禁止再次重复按下而产生错误操作。

3．抢答器控制电路

抢答器控制电路是抢答器电路中最重要最核心的电路，抢答器主要功能的实现就是由该部分电路控制的。该电路由触发器和一些门电路共同构成，其原理在前文中已经讲过，此处不再赘述。抢答状态控制电路如图 3—27 所示。

如图 3—27 所示，在本电路中，门电路的作用主要是将各部分信号进行逻辑转换，配合触发器完成对电路的控制，触发器的作用主要是控制抢答状态的开始和停止。

在采用纯数字电路芯片设计抢答器电路中，设计上最为复杂的有以下几部分功能：第一个是主持人按键权限最大，需要控制抢答过程的开始和结束，并且在开始抢答后时间计数器开始工作，而停止后时间计数器停止工作。第二个是抢答时间限制，在一定时间之内抢答是成功的，超出时间之后，抢答按键就会无效。第三个是抢答不具有重复性，当某一位选手按下抢答按键后，其他选手禁止再次重复按下。

针对以上这几个功能，控制电路在设计上由以下电路构成，其中 JK 触发器 74LS76 在当 J、K 两端都接为高电平时，输出端 Q 在时钟端边沿时会发生反转，由此改变抢答状态，这样

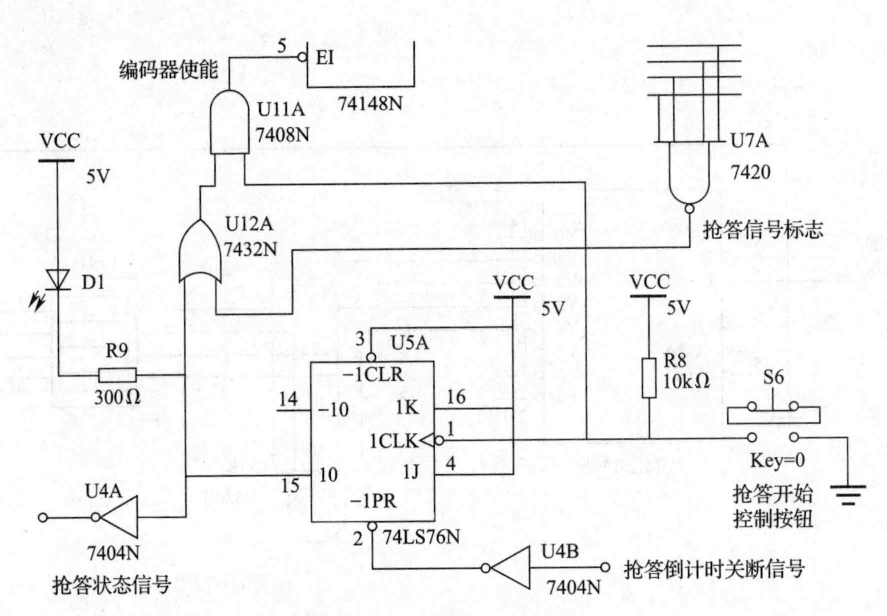

图 3—27　抢答状态控制电路

可以由 S6 来控制触发器的输出状态，即主持人通过 S6 按键来控制抢答的开始和结束，而触发器的输出端除去实现工作状态后又会控制计时电路的工作状态，解决第一个问题。

74LS76 的第 2 脚是触发器置位端，如果加低电平可以使触发器输出端置位，采用计数器的输出端溢出信号来控制该端口，可以实现当计数器计数值达到最大时，输出高电平，再采用反相器反相后，变成低电平，使得触发器的输出端置位变成高电平，停止抢答，这样就实现了当时间计数达到预定时间时，可以自动的停止抢答，满足第二个功能。

抢答按键是否允许按下取决于几个因素：抢答开始时没有任何选手按下，所以将抢答状态信号和抢答信号标志这两个信号通过几个门电路去控制编码器 74LS148 的使能端，当抢答状态被禁止或者已经有选手按下抢答按键时，选手就不能再次按下按键，而此时只能由主持人通过 S6 按键来控制抢答状态开启或继续，满足第三个功能。

由以上电路的设计，完成抢答器最核心的控制电路的设计。

4．定时电路

定时电路是抢答器电路中用来完成计时功能的。抢答器的抢答过程是有时间限制的，时间的长短需要由某部分电路进行控制。定时计数电路如图 3—28 所示。

为此，采用最简单的数码管显示时间的长短，通过 555 定时器构成多谐振荡器，由第 3 脚产生计时器秒脉冲信号，将秒脉冲信号输入到 10 进制计数器 74LS160，计数器计数后会输出相应的四位二进制编码，从 0000 ~ 1001。将此二进制编码输入到数码管译码器 74LS47 后，由该芯片译成数码管可以识别的二进制码，送到数码管中加以显示。其中抢答状态信号所加反相器 74LS04 用作控制 555 电路使能，决定是否产生秒脉冲，由前述电路控制，可以看得出来，该信号是由主持人按键控制，即可以由主持人控制秒脉冲的产生，控制时间计数器的工作以及抢答开始。

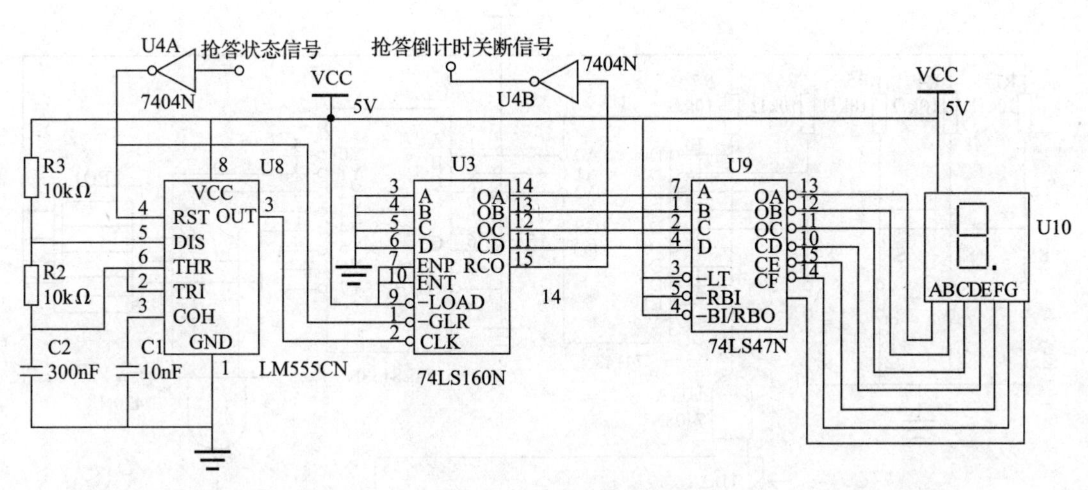

图 3—28　定时计数电路

计数器电路 74LS160 中的第 3、4、5、6 引脚接为低电平，说明四个初始值设置为 0000，即没有初始值，计数从 0 开始。第 15 脚为溢出输出，当计数器输出从 0000 到 1001 时，再加 1 就会变成 0000 这种状态，称为溢出，这时，输出端 RCO 会自动清零表示溢出发生，在本电路中溢出表示一次抢答时间结束，采用这个信号去控制前述触发器 74LS76 的置位端，引发抢答状态的结束。

3.3　实例解析

本单元介绍的抢答器各部分功能如下：LED1 用来显示 4 位抢答选手的抢答指示，当某位选手抢答成功后，某只指示灯会发光，指示选手抢答成功；四个按键 S1 ~ S4 为抢答按键，选手通过按下此按键抢答；发光二极管用于指示当前工作状态，当发光二极管发光时，表示允许抢答，选手可以按键抢答，当熄灭时，禁止抢答；U10 数码管用来显示抢答时间计时，抢答开始后，数码管显示从 0 ~ 9 十个数字，当在 0 ~ 9 显示时，允许抢答，当数字从 9 变到 0 后，则禁止抢答。系统总电路图如图 3—29 所示。

工作开始时，先由主持人按下按键 S6，此时抢答状态信号发光二极管发光，表示允许抢答，同时，计时数码管开始从 0 计时，每隔 1 s 数码管加一，如果没有选手抢答，数码管加到 9，再加一后清零，抢答结束；如果有选手抢答，相应的抢答选手指示灯会亮起，表示某名选手抢答成功，计时时间会停止计数等待答题，而其他选手再按下抢答按钮，都会被禁止，直到主持人再次允许，如果抢答选手答题错误，则主持人可以按下按键 S6 重新启动抢答，让其他选手抢答，但是计时时间将会接着刚才第一次抢答选手停止的时间计时，不会重新计时，直到时间停止或由下一名选手抢答成功。以上描述为一次抢答的全过程。出于简化电路考虑，该电路中不包含选手计分电路。

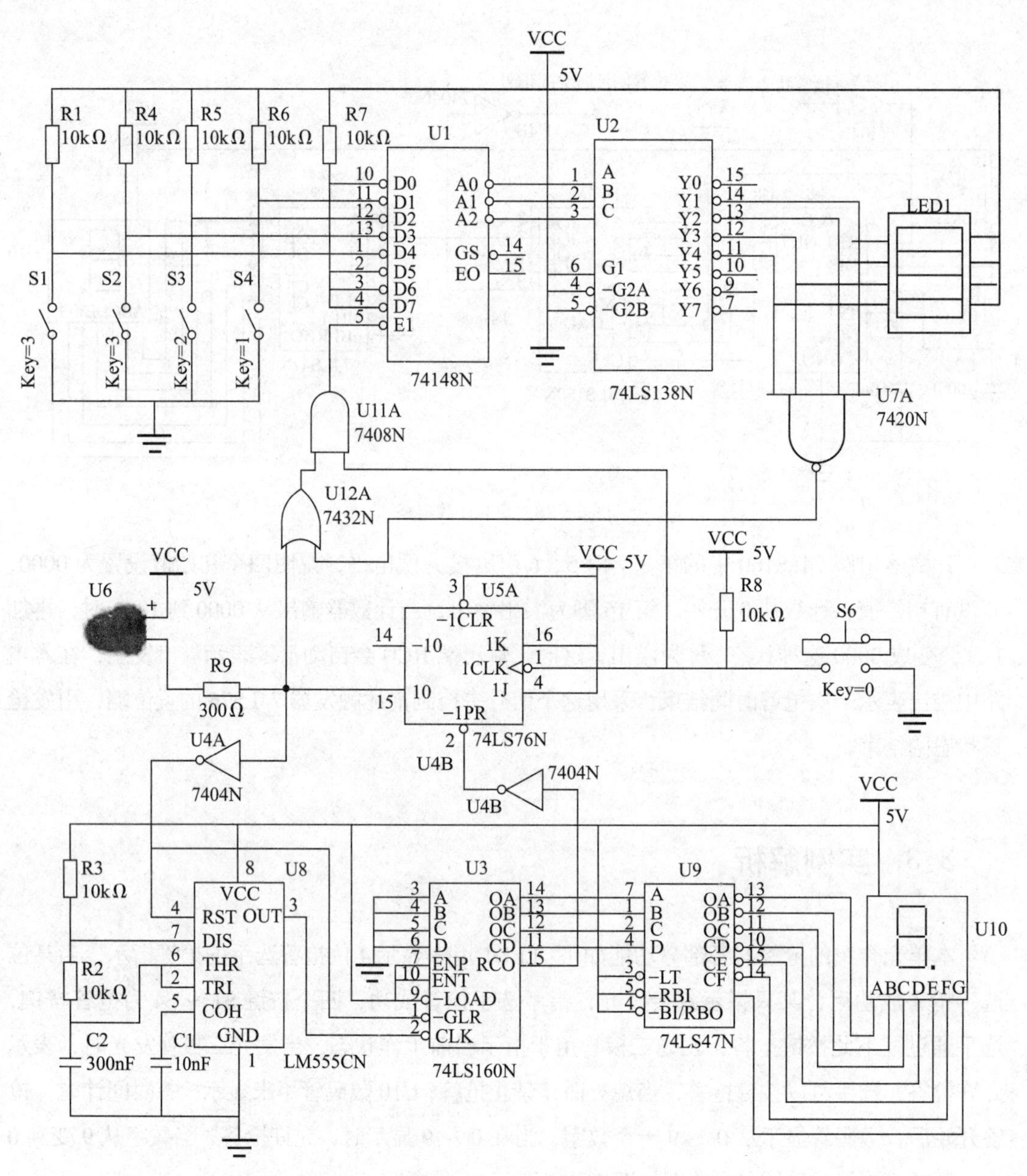

图 3—29　系统总电路图

3.4　电路制作

3.4.1　焊接的基本要求

通过实验原理图进行实物焊接，焊接时能深刻体会到焊接工艺的重要性。各个芯片的引脚功能不能混淆，必须了解各个芯片的使用方法，内部结构以及使用时的注意事项，该接电源的一定要接电源，该接地的一定要接地，且不能有悬空。同时在电路板上要预先确定电源的正负端，便于区分及焊接。正确焊接各芯片各个管脚的连接，必须查阅相关资料并记录，

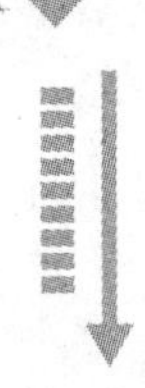

以确保在焊接过程和调试过程中芯片不被烧坏，同时确保整个电路的正确性。在焊接完后，每块芯片都需要用万用表检测，看是否有短接等，同时在焊接时要尽量使布线规范，清晰明了，这样才有利于在调试过程中检查电路。

3.4.2　调试中出现的问题及解决方法

电路调试过程中虽然出现的问题现象比较多，如不显示、不计时、逻辑错误等，但是故障原因一般来说有虚焊、漏焊、错焊、线路连接错误（短路、断路）、器件本身故障等。检查的方法还是要依据故障现象，进行原理分析，划分故障范围，逐点排查。当线路本身无故障时，应考虑器件本身出现故障，可以用一个新器件替代，查看故障是否排除，以此判断器件本身是否出现故障。下面介绍几个故障实例。

1．显示电路不稳定问题

在完成电路的焊接，进入调试阶段时，发现抢答器数码管显示选手编号不稳定，主要表现在当选手按下抢答键后数码管显示的不是选手当前号码。因此着手对电路进行检查，首先检查数码管，看是否是管脚焊接错误，后又检查电路各个芯片管脚是否接错，均未发现问题，最后发现当触动某按键连线时显示正常，由此判断可能是因为出现了虚焊，遂将电路各焊点又仔细焊接了一遍，此时电路显示正常。

2．控制开关无法控制电路

在调试时发现当按下主持人开关时电路断电，当松开后数码管显示始终为 7，用万用表对电路进行逐个检查后，发现是开关触点焊接错误，通过改正焊接后电路能正常工作。

3．数码管不能正常倒计时

在进入定时电路调试时，发现数码管不能正常倒计时，出现乱码。依次检查芯片是否完好，电路接线是否正确，均未发现问题，最后发现有些地方的焊线出现部分短接，将焊线重新理清后，数码管即能正常工作。

总之，抢答器电路的焊接、调试过程并不复杂，但需要熟悉编码电路、译码电路、数码显示管、显示驱动电路、计数电路等电路及其集成电路芯片，掌握正确的焊接方法，仔细调试即可成功完成抢答器电路的制作。

第4单元　多泵切换恒压供水系统的调试与维修

引入案例：某居民高层建筑小区，为解决居民正常用水问题，小区的供水系统采用的是多泵切换恒压供水系统，在使用一段时间后，操作人员发现变频恒压供水设备压力传感器显示压力变化，而触摸屏面板显示压力却不变。现要求维修人员按照国家作业规范标准，在一日内修复供水设备。

4.1　控制系统介绍

随着人们对供水质量和饮用水水质要求的不断提高，变频恒压供水方式应运而生，它不仅很好地解决了老式屋顶水箱供水方式带来的水质二次污染问题，而且对水泵、电动机也起到了很好的保护作用，并有效地节约了电能的消耗，同时其具备的软启停功能和根据负载变化自动调节电动机水泵转速或增加 / 减少投入运行的台数，从而避免了电动机启动过程中对电网和机械设备造成的冲击以及人工操作的繁杂性。变频恒压供水系统如今正被广泛地应用到城市自来水管网系统、住宅小区生活消防水系统、楼宇中央空调冷却循环水系统、工业设备冲洗系统等众多领域。

4.1.1　多泵切换恒压供水系统控制要求

恒压供水的基本控制策略：采用可编程序控制器（PLC）与变频调速装置构成控制系统，进行优化控制泵组的调速运行，并自动调整泵组的运行台数，完成供水压力的闭环控制，即根据实际设定水压自动调节水泵电动机的转速和水泵的数量，自动补偿用水量的变化，以保证供水管网的压力保持在设定值，既可以满足生产供水要求，也可节约电能，使系统处于可靠工作状态，实现恒压供水。

本单元以四台同容量水泵供水的恒压供水系统为例进行介绍，系统的具体控制要求如下：

1. 在用水量少时由变频器驱动一套电动机泵组，且根据用水量自动调节泵速，另外三套电动机泵组停车。

2. 当此泵速达到最高仍不能满足用水需求时，则启动第二套电动机泵组并由变频器供电，而第一套自动切换由工频电网直接供电。

3. 两套电动机泵组供水时，若第二套泵速最低时仍大于用水需求，则自动切除第一套泵组；若第二套泵速最高时仍小于用水需求，则自动启动第三套电动机泵组并由变频器供电，而第二套自动切换由工频电网直接供电，第一套仍由工频电网直接供电。

4. 三套电动机泵组供水时，若第三套泵速最低时仍大于用水需求，则自动切除第一套泵组，第二套仍由工频电网直接供电。同理，依次减之。

5. 四套电动机泵组供水时，若第四套泵速最低时仍大于用水需求，则自动切除第一套泵组，第二套仍由工频电网直接供电。同理，依次减之。之后周而复始，实现自动循环切换，因此各台泵的平均使用寿命得到提高。

由变频器向电动机供电，由电动机拖动水泵，通过压力传感器把在出口水压检测点测得的压力（反映用水量大小）反馈信号与压力给定信号经比较送入可编程序控制器，再将可编程序控制器的输出信号作为变频器的频率给定信号，由此来根据用水需求量自动调节供水量的大小。

4.1.2　控制系统的组成

1. 控制系统组成概况

变频恒压供水系统主要由 PLC、变频器、压力传感器、低压电气设备、动力控制线路以及 4 台电动机水泵等组成，控制系统组成框图如图 4—1 所示。

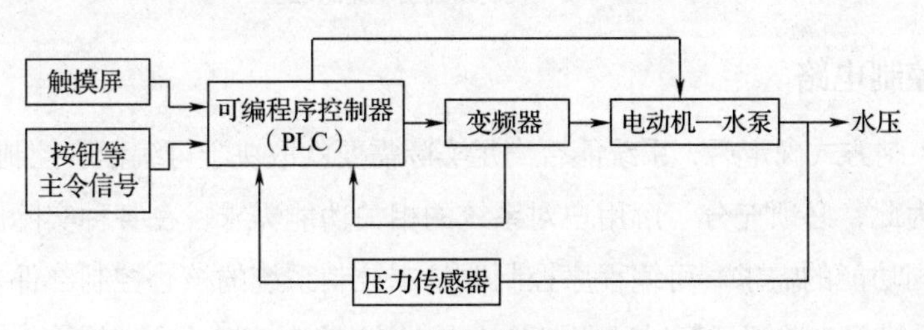

图 4—1　控制系统组成框图

其中，变频器的作用是为电动机提供可变频率的电源，实现电动机的无级调速，从而使管网水压连续变化，同时变频器还可作为电动机软启动装置，限制电动机的启动电流。压力传感器的作用是检测管网水压，触摸屏的应用可使系统操作和监控更加便捷，用户可以通过触摸屏界面来进行需求压力值的设定和上下限压力值的设定，也可以进行系统运行状态和故障的监控。变频器和 PLC 的应用为水泵转速的平滑性连续调节提供了方便。水泵电动机实现变频软启动，消除了对电网、电气设备和机械设备的冲击，延长机电设备的使用寿命。

2. 控制系统主电路

控制系统主电路主要由变频器、接触器、电动机等器件组成，控制系统主电路原理图如图 4—2 所示。

图 4—2 中的四台电动机既可以变频运行，又可以工频运行。当接触器 KM1、KM3、KM5 和 KM7 线圈得电工作时，分别对应控制的电动机 1M、2M、3M 和 4M 处于工频运行状态；而当接触器 KM2、KM4、KM6 和 KM8 线圈得电工作时，分别对应控制的电动机 1M、2M、3M

和4M处于变频运行状态。但系统运行中始终只有一台变频电动机水泵运行，其他电动机水泵根据实际需要来决定是否工频运行。

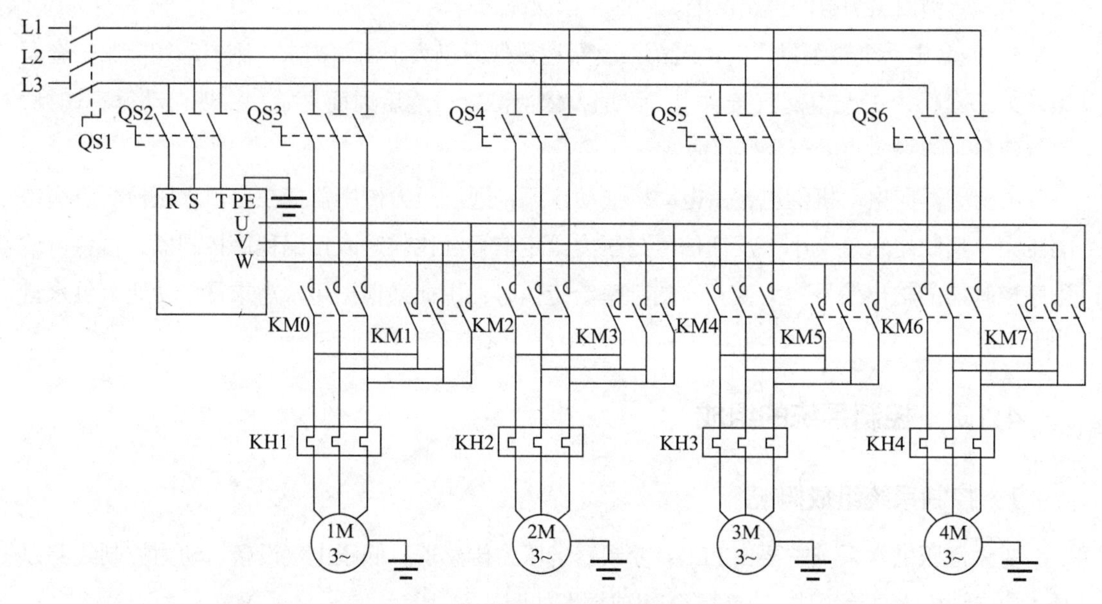

图4—2 控制系统主电路原理图

3．系统控制电路

在主回路控制方式确定后，系统能否满足实际需要就取决于可编程序控制器（PLC）控制回路的功能，为此，必须充分了解用户对系统的相关功能需求，在各种实际应用场合用户会有其他各种不同功能的需求。可编程序控制器是本控制系统的核心控制部件，系统通过可编程序控制器和触摸屏来监视运行过程的相关状态，并进行控制动作的判断输出。

本系统的控制电路主要由可编程序控制器、触摸屏、压力传感器、接触器以及按钮等主令电器组成。

4.2 变频器的原理与使用

4.2.1 变频器原理

1．变频器的分类

通过对变频调速控制方式的分析可知，实现异步电动机的变频调速，需要一个具有电压、频率均可调的变频装置。变频器就是将直流电或工频交流电变换成频率可调的交流电，供给需要变频的负载。

（1）按供电电压分类

低压变频器（110 V、220 V、380 V）、中压变频器（500 V、660 V、1 140 V）和高压变

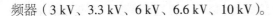

频器（3 kV、3.3 kV、6 kV、6.6 kV、10 kV）。

（2）按供电电源的相数分类

单相输入变频器和三相输入变频器。

（3）按变频过程分类

交—交变频器，即将工频交流直接变换成频率、电压可调的交流，又称直接式变频器。由于直接式变频器输出的最高频率较低，所以使用于频率低、容量大的交流供电系统；交—直—交变频器，则是先把工频交流通过整流器变成直流，然后再把直流变换成频率和电压可调的交流，又称间接式变频器，是目前广泛应用的通用型变频器。

（4）通用变频器分类

1）按变频器直流电源的性质分为电流型变频器和电压型变频器。电流型变频器的特点是中间直流环节采用大电感作为储能环节，缓冲无功功率，即扼制电流的变化，使电压接近正弦波，由于该直流内阻较大，故称电流源型（电流型）变频器。电流型变频器能够扼制负载电流频繁而急剧的变化，常用于负载电流变化较大的场合。

电压型变频器的特点是中间直流环节的储能元件采用大电容，负载的无功功率将由它来缓冲，直流电压比较平稳，直流电源内阻较小，相当于电压源，故称电压型变频器，常适用于负载电压变化较大的场合。

2）按变频器输出电压调节方式分为 PAM 输出电压调节方式变频器和 PWM 输出电压调节方式变频器。

3）按变频器中逆变器的换流方式分为负载谐振换流和强迫换流。

4）按变频器控制方式分为 U/f 控制方式、转差频率控制方式和矢量控制方式。

5）按变频器中使用的电力电子器件分为普通晶闸管和自关断功率器件。

6）按变频器的性能分为普通型、多功能型和高性能型。

2．变频器工作原理

（1）变频器的组成

变频器是把工频电源（50 Hz 或 60 Hz）变换成各种频率的交流电源，以实现电动机变速运行的设备，一般由整流电路、中间电路、逆变电路和控制电路组成，如图 4—3 所示，通常变频器主电路（IGBT、BJT 或 GTR 作逆变元件）给异步电动机提供调压调频电源。此电源输出的电压或电流及频率，由控制回路的控制指令进行控制。而控制指令则根据外部的运转指令进行运算获得。对于需要更精密速度或快速响应的场合，运算还应包含由变频器主电路和传动系统检测出来的信号和保护电路信号，即防止因变频器主电路的过电压、过电流引起的损失外，还应保护异步电动机及传动系统等。

（2）变频器工作原理

1）主电路。给异步电动机提供调压调频电源的电力变换部分，称为主电路。如图 4—4 所示是典型的电压型逆变器的例子，其主电路由三部分构成，将工频电源变换为直流功率的整流器，吸引在整流和逆变时产生电压脉动的平波回路以及将直流功率变换为交流功率的逆变器。另外，异步电动机需要制动时，有时要附加制动回路。

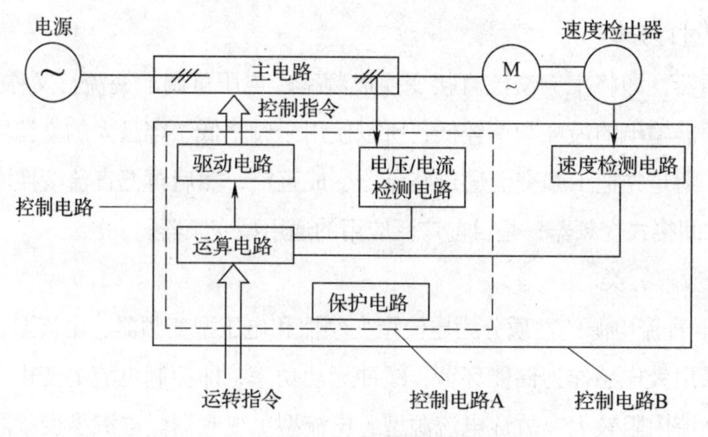

图 4—3　变频器组成

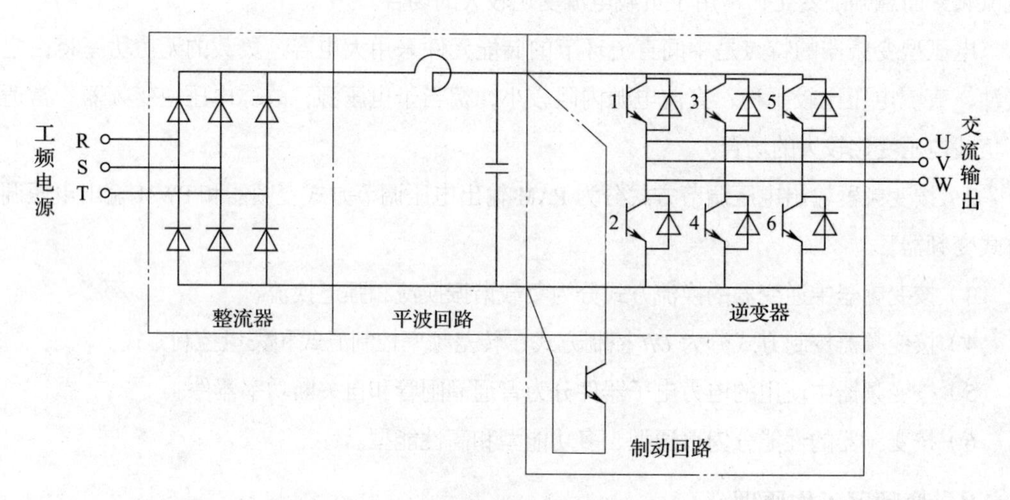

图 4—4　典型的电压型逆变器

①整流器。最近大量使用的是二极管整流器，如图 4—4 所示，它把工频电源变换为直流电源。可用两组晶体管交流器构成可逆变流器，由于其功率方向可逆，可以进行再生运转。

②平波回路。在整流器整流后的直流电压中，含有电源 6 倍频率的脉动电压，此外逆变器产生的脉动电流也使直流电压波动。为了抑制电压波动，采用电感和电压吸收脉动电压（电流）。装置容量小时，如果电源和主电路的构成器件有余量，可以省去电感，采用简单的平波回路。

③逆变器。与整流器相反，逆变器的作用是将直流功率变换为所需要频率的交流功率，根据 PWM 控制信号使 6 个开关器件导通、关断，就可以得到三相频率可变的交流输出。本例中所用的逆变元件为电力晶体管 GTR。

GTR 的结构和工作原理与普通晶体管相似。它们都是由三层半导体、两个 PN 结构成的三端器件，同样也分为PNP型和NPN型两种形式，但NPN型性能较优越，所以GTR多用NPN型。GTR的结构、电气符号和基本工作原理如图4—5所示。

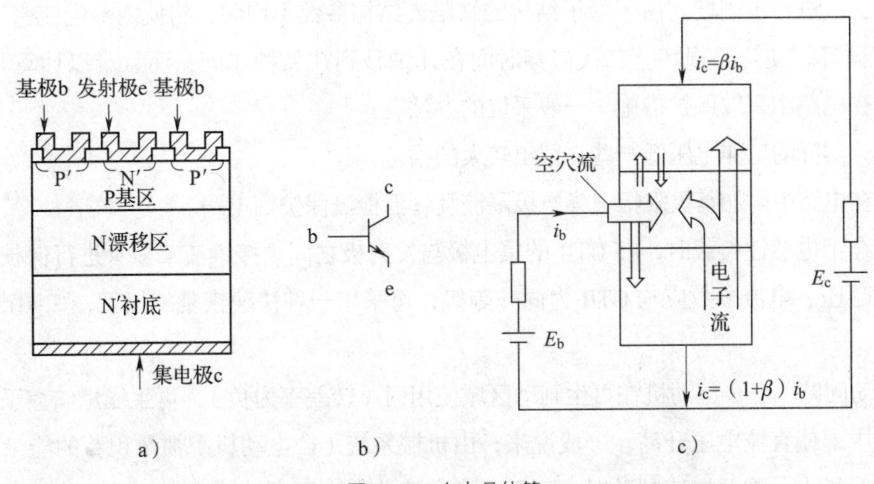

图4—5　电力晶体管

a）电力晶体管内部结构　b）图形符号　c）正向导通电路图

在应用中GTR一般采用如图4—5c所示的共发射极接法。集电极电流i_C与基极电流i_b应满足$i_C=\beta i_b$的关系，其中β为GTR的电流放大倍数，它反映了基极电流对集电极电流的控制能力。单管GTR的电流放大倍数较小，一般为10左右。

目前常用的GTR类型有单管、达林顿和模块三种。

单管GTR。NPN三重扩散台面型结构是单管GTR的典型结构，这种结构可靠性高，能改善器件的二次击穿特性，易于提高耐压能力，并易于散出内部热量。

达林顿GTR。达林顿结构的GTR是由2只或多只晶体管复合而成，可以是PNP型也可以是NPN型，其性质取决于驱动管，它与普通复合三极管相似。达林顿结构的GTR电流放大倍数很大，可以达到几十至几千倍。虽然达林顿结构大大提高了电流放大倍数，但其饱和管压降却增加了，增大了导通损耗，同时降低了管子的工作速度。

GTR模块。目前GTR模块一般作为大功率的开关使用，它是将GTR管芯及为了改善性能的一个元件组装成一个单元，然后根据不同的用途将几个单元电路构成模块，集成在同一硅片上。这样，大大提高了器件的集成度、工作的可靠性和性价比，同时也实现了小型轻量化。目前生产的GTR模块，可将多达六个相互绝缘的单元电路集成在同一个模块内，便于组成三相桥电路。

GTR的特点及使用注意事项：

第一，由于GTR为电流驱动，所以其工作频率不高，一般不超过5 kHz，并且在其驱动电路中应使GTR在导通时采用过驱动方式，导通后则减小基极电流，使管子保持最小临界饱和状态，以提高GTR的开关速度。

第二，GTR存在二次击穿的问题。GTR即使工作在最大耗散功率范围之内，仍有可能突然损坏，其原因一般是由二次击穿引起的。二次击穿是影响其安全可靠工作的一个重要因素。

二次击穿是由于集电极电压升高到一定值（尚未达到反向击穿极限值）时发生雪崩效应造成的。一般来说，只要功率不超过极限，GTR应该可以安全工作，但是在实际应用中，会出现负阻效应，I_C进一步剧增。由于管子结构的缺陷，结构参数不均匀，将使内部电流密度剧增，形成恶性循环，使管子损坏。二次击穿时间在几纳秒到几微秒之间，而且难以计算和预测，因此必须在电路中采取保护措施。一般采取的办法有：

一是让实际的工作电压低一些，留出较大的裕量。

二是在电路中附加基极限幅、集电极限流及管温检测保护等电路。

三是在带电感性负载时，在GTR的集电极与发射极之间须接续流二极管进行保护。续流二极管的耐压、电流参数应与GTR为同一等级，可采用一种快速恢复二极管，如国产ZK系列等。

④制动回路。异步电动机在再生制动区域使用时（转差率为负），再生能量储存于平波回路电容器中，使直流电压升高。一般说来，由机械系统（含电动机）惯量积蓄的能量比电容能储存的能量大，需要快速制动时，可用由逆变流器向电源反馈或设置制动回路（开关和电阻）把再生功率消耗掉，以免导致直流电路电压上升。

2）控制电路。给异步电动机供电（电压、频率可调）的主电路提供控制信号的回路，称为控制电路。控制电路由以下电路组成：频率、电压的运算电路，主电路的电压/电流检测电路，电动机的速度检测电路，将运算电路的控制信号进行放大的驱动电路，以及逆变器和电动机的保护电路。

如图4—4所示的点划线内，仅以控制电路构成控制回路时，无速度检测电路，为开环控制。在控制电路中增加速度检测电路，即增加了速度指令，可以对异步电动机的速度进行更精确的闭环控制。

控制电路主要包括：

①运算电路。将外部的速度、转矩等指令同检测电路的电流、电压信号进行比较运算，决定逆变器的输出电压、功率。

②电压/电流检测电路。与主电路电位隔离，检测电压、电流等。

③驱动电路。为驱动主电路器件的电路。它使主电路器件导通、关断。

④速度检测电路。以装在异步电动机轴上的速度检测器（TG、PLG等）的信号为速度信号送入运算回路，根据指令和运算可使电动机按指令速度运转。

⑤保护电路。检测主电路的电压、电流等，当发生过载或过压等异常时，为了防止逆变器和异步电动机损坏，使逆变器停止工作或抑制电压、电流值。

3）保护回路。保护回路主要包括逆变器保护、异步电动机保护、超频（超速）保护、防止失速过电流和防止失速再生过电压保护等。

①逆变器保护

瞬时过电压保护。由于逆变器负载侧短路等，流过逆变器器件的电流达到异常值（超过容许值）时，瞬时停止逆变器运转，切断电流。交流器的输出电流达到异常值，也同样停止逆变器运转。

过载保护。逆变器输出电流超过额定值，且持续流通达规定的时间以上，为了防止逆变器器件、线路等损坏，要停止运转。恰当的保护需要反时限特性，采用热继电器或者电子热保护（使用电子电路）。过负载是由于负载的 GD^2（惯性）过大或因负载过大使电动机堵转而产生的。

再生过电压保护。采用逆变器使电动机快速减速时，由于再生功率直流电路电压将升高，有时超过容许值。可以采取停止逆变器运转或停止快速减速的办法，防止过电压。

瞬时停电保护。对于数毫秒以内的瞬时停电，控制电路工作正常。但瞬时停电时间在 10 ms 以上时，通常会使控制电路误动作，主电路也不能供电，所以检出后使逆变器停止运转。

接地过电流保护。逆变器负载侧接地时，为了保护逆变器，有时要有接地过电流保护功能。但为了确保人身安全，需要装设漏电断路器。

冷却风机异常保护。有冷却风机的装置，但风机异常时装置内温度将上升，因此采用风机热继电器或器件散热片温度传感器，检出异常后停止逆变器工作。

②异步电动机的过载保护。过载检出装置与逆变器保护共用，但考虑低速运装的过热时，在异步电动机内埋入温度传感器，或者利用装在逆变器内的电子热保护来检出过热。动作频繁时可以考虑减轻电动机负载、增加电动机及逆变器容量等。

③超频（超速）保护。逆变器的输出频率或者异步电动机的速度超过规定值时，停止逆变器运转。

④防止失速过电流保护。需要急加速时，如果异步电动机跟踪迟缓，则过电流保护电路动作，就不能继续运转（失速）。所以，在负载电流减小之前要进行控制，抑制频率上升或使频率下降。对于恒速运转中的过电流，也进行同样的控制。

⑤防止失速再生过电压保护。减速时产生的再生能量使主电路直流电压上升，为了防止再生过电压保护电路动作，在直流电压下降之前要进行控制，抑制频率下降，防止失速再生过电压。

3. 变频器的控制方式

低压通用变频输出电压为 380 ~ 650 V，输出功率为 0.75 K ~ 400 kW，工作频率为 0 ~ 400 Hz，它的主电路都采用交—直—交电路。其控制方式经历了以下四代。

（1）$U/f=C$ 的正弦脉宽调制（SPWM）控制方式

其特点是控制电路结构简单、成本较低，机械特性硬度也较好，能够满足一般传动的平滑调速要求，已在产业的各个领域得到广泛应用。但是，这种控制方式在低频时，由于输出电压较低，转矩受定子电阻压降的影响比较显著，使输出最大转矩减小。另外，其机械特性终究没有直流电动机硬，动态转矩能力和静态调速性能都还不尽如人意，且系统性能不高、控制曲线会随负载的变化而变化，转矩响应慢、电动机转矩利用率不高，低速时因定子电阻

和逆变器死区效应的存在而性能下降，稳定性变差等。因此人们又研究出矢量控制变频调速。

（2）电压空间矢量（SVPWM）控制方式

它是以三相波形整体生成效果为前提，以逼近电动机气隙的理想圆形旋转磁场轨迹为目的，一次生成三相调制波形，以内切多边形逼近圆的方式进行控制的。经实践使用后又有所改进，即引入频率补偿，能消除速度控制的误差；通过反馈估算磁链幅值，消除低速时定子电阻的影响；将输出电压、电流闭环，以提高动态的精度和稳定度。但控制电路环节较多，且没有引入转矩的调节，所以系统性能没有得到根本改善。

（3）矢量控制（VC）方式

矢量控制变频调速的做法是将异步电动机在三相坐标系下的定子电流 I_a、I_b、I_c 通过三相—二相变换，等效成两相静止坐标系下的交流电流 I_{a1}、I_{b1}，再通过按转子磁场定向旋转变换，等效成同步旋转坐标系下的直流电流 I_{m1}、I_{t1}（I_{m1} 相当于直流电动机的励磁电流；I_{t1} 相当于与转矩成正比的电枢电流），然后模仿直流电动机的控制方法，求得直流电动机的控制量，经过相应的坐标反变换，实现对异步电动机的控制。其实质是将交流电动机等效为直流电动机，分别对速度和磁场两个分量进行独立控制。通过控制转子磁链，然后分解定子电流而获得转矩和磁场两个分量，经坐标变换，实现正交或解耦控制。矢量控制方法的提出具有划时代的意义。然而在实际应用中，由于转子磁链难以准确观测，系统特性受电动机参数的影响较大，且在等效直流电动机控制过程中所用矢量旋转变换较复杂，使得实际的控制效果难以达到理想分析的结果。

（4）直接转矩控制（DTC）方式

1985 年，德国鲁尔大学的 DePenbrock 教授首次提出了直接转矩控制变频技术。该技术在很大程度上解决了上述矢量控制的不足，并以新颖的控制思想、简洁明了的系统结构、优良的动静态性能得到了迅速发展。目前，该技术已成功地应用在电力机车牵引的大功率交流传动上。

直接转矩控制直接在定子坐标系下分析交流电动机的数学模型，控制电动机的磁链和转矩。它不需要将交流电动机等效为直流电动机，因而省去了矢量旋转变换中的许多复杂计算；它不需要模仿直流电动机的控制，也不需要为解耦而简化交流电动机的数学模型。

（5）矩阵式交—交控制方式

VVVF 变频、矢量控制变频、直接转矩控制变频都是交—直—交变频中的一种。其共同缺点是输入功率因数低，谐波电流大，直流电路需要大的储能电容，再生能量又不能反馈回电网，即不能进行四象限运行。为此，矩阵式交—交变频应运而生。由于矩阵式交—交变频省去了中间直流环节，从而省去了体积大、价格贵的电解电容。它能实现的功率因数为 1，输入电流为正弦且能四象限运行，系统的功率密度大。该技术目前虽尚未成熟，但仍吸引着众多的学者深入研究。其实质不是间接的控制电流、磁链等量，而是把转矩直接作为被控制量来实现的。具体方法如下：

1）控制定子磁链引入定子磁链观测器，实现无速度传感器方式。

2）自动识别（ID）依靠精确的电动机数学模型，对电动机参数自动识别。

3）算出实际值对应的定子阻抗、互感、磁饱和因素、惯量等，算出实际的转矩、定子磁链、转子速度，进行实时控制。

4）实现 Band—Band 控制，按磁链和转矩的 Band—Band 控制产生 PWM 信号，对逆变器开关状态进行控制。

矩阵式交—交变频具有快速的转矩响应（<2 ms），很高的速度精度（±2%，无 PG 反馈），高转矩精度（<+3%）；同时还具有较高的启动转矩及高转矩精度，尤其在低速时（包括 0 速度时），可输出 150% ~ 200%转矩。

4.2.2 变频器的选择

变频器选择时应充分考虑被控对象的类型、启动转矩的大小和调速的范围以及静态速度的精度等内容，在能满足工艺要求和生产要求的情况下还要考虑其经济性。

1．变频器选择与被控制电动机的关系

（1）与电动机极数的关系

一般情况下电动机极数不多于 4 极，如少于 4 极则需增加变频器的容量。

（2）与临界、工作和加速等转矩的转矩特性的关系

在同等功率的情况下，如果是高过载转矩模式，那么选择变频器规格时可以降格处理。

（3）电动机与变频器距离的关系

考虑主电源干扰因素，如果电动机与变频器距离过大，则应在中间电路、变频器输入电路中加装电抗器，或者在变频器电源侧安装前置隔离变压器。如果电动机与变频器之间的距离超过 50 m，则应在电动机和变频器之间接入电抗、滤波器或者使用屏蔽防护电缆。

2．变频器箱体结构的选择

变频器箱体结构的选择需要考虑湿度、温度、酸碱度、粉尘和腐蚀性气体等相关因素。

（1）敞开型箱体结构 IP00

这种结构本身并没有机箱，所以可以方便地安装在电气室内的屏、盘、架或电气控制箱内，此方式最适合在多台变频器的集中使用情况下使用，但这种方式对环境条件有较高的要求。

（2）封闭型箱体结构 IP20

这种箱体结构形式适合在有少量粉尘、少许湿度或温度的场合使用。

（3）密封型箱体结构 IP45

这种箱体结构形式适合在较差环境条件的工业现场使用。

（4）密闭型箱体结构 IP65

这种箱体结构形式适合在有灰尘、水及一定腐蚀性气体的环境条件下使用。

3．变频器功率的选择

变频器负载率β=50%时，效率η=94%；变频器负载率β=100%时，效率η=96%。显然随着变频器负载率β的增加，效率η也会随之提高。然而整个系统的效率同时受电动机效率和变频器效率的影响，其数值等于电动机效率与变频器效率的乘积。所以为实现高效率控制，在选择变频器的输出功率时，要注意以下几点：

（1）系统高效率的前提条件是变频器功率与电动机功率大致相同。

（2）当电动机与变频器的功率分级不一致时，选择的变频器功率也应该尽可能和电动机功率接近，并且要略大于电动机功率。

（3）当电动机的工作状态是频繁启动或制动时，为达到变频器可以长期、安全使用的目的，可以选择较电动机功率大一个等级的变频器。

（4）当所用电动机的实际功率小于电动机额定功率时，可以选择功率小于电动机额定功率的变频器，但要注意瞬时冲击电流引起变频器过电流保护的问题。

（5）当出现变频器功率和电动机功率不匹配时，应对变频器的参数进行相应的调节，以利于实现高效节能。

4．确定变频器容量的方法

常用来确定变频器容量的方法有电动机实际功率确定法、公式法和电动机额定电流法三种。

（1）电动机实际功率确定法

依据电动机的实际输出功率，进行变频器容量的选择。

（2）公式法

变频器容量P_b的计算公式为：

$$P_b=C\frac{P_m}{h_m}\times\cos\phi$$

上式中　C——安全系数；

P_m——电动机负载，kW；

h_m——电动机功率，kW。

通过公式计算出变频器容量P_b后，与变频器的产品目录进行对照，选择变频器的具体规格。

如出现用一台变频器同时驱动两台及以上电动机的情况，为防止出现过流保护，在选择变频器时应至少考虑其中一台电动机启动电流的影响。

（3）电动机额定电流法

电动机额定电流法是最安全、最常见的一种变频器选择方法。在使用该方法时变频器的电流一般按照1.1I_n（I_n为电动机额定电流）来选取，也可按厂家在产品说明书中标明和变频器输出功率的额定值相匹配的电动机功率最大值来进行选择。

5．变频器的抗干扰措施

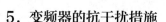

在变频器的使用过程中会出现负载匹配、噪声与振动、高次谐波和发热等问题，这些问题的产生往往都与干扰相关。变频器的整流输入电路和逆变输出电路中都存在开关元件，而所用的这些开关元件往往都是非线性元件。这些元件的工作过程就是开关过程，而开关过程中则不可避免地会产生高次谐波，高次谐波的产生会导致输入电压、输出电压和电流波形发生畸变。针对谐波的抗干扰措施有：

（1）断开干扰传播途径

1）将动力线与控制线接地进行分接的方法可以有效的解决共地干扰问题。

2）使用布线分离方法可减弱信号线来自干扰源的干扰。分开仪表电缆、计算机电缆和控制电缆、动力电缆、高压电缆等的布线是实际工程中经常使用的抗干扰措施之一。在进行变频器的布线时也应将控制线与主回路线路以垂直的方式敷设。

（2）抑制高次谐波

1）使用变频器进线处安装线路电抗器的方法，可以起到抑制电源侧过电压、减小变频器产生的电流畸变等目的，降低主电源受到干扰的程度。

2）使用变频器进线处加装 LC 无源滤波器的方法，可以将高次谐波滤除（通常对 5 次和 7 次谐波效果明显），但这种方法的效果完全取决于电源和负载的情况。

3）使用专用滤波器对变频器的相位进行检测，同时产生一个可以有效吸收谐波的电流信号，这个信号的幅值与谐波电流相同，但相位相反。

4）使用抗射频干扰滤波器，减少在电磁干扰环境中工作的主电源的传导发射，同时还要针对电动机电缆采取屏蔽措施。

5）使用在电动机与变频器之间安装电抗器的方法，可有效防止由于电动机与变频器距离远（大于 50 m）时，产生的启动过压和电动机噪声，达到保护电动机的目的。

6）使用高内阻抗的电源为变频器供电的方法。该方法是利用电源设备内阻抗对变频器整流环节滤波电容所消耗的无功功率进行缓冲，供电电源内阻抗越大产生的谐波越小，因此应尽可能选择短路阻抗大的变压器作为变频器的供电电源。

7）使用变压器多相运行的方法。该方法利用变压器多相运行，如△-△、Y-△等联结形式，使一次侧和二次侧相位角互差 30°，从而达到有效降低低次谐波电流的目的。

6．F540 系列变频接线说明

根据系统的要求选用 F540 系列变频器比较适合，F540 系列变频器接线说明图如图 4—6 所示。

变频器与 PLC 的接线图如图 4—7 所示。管脚 STF 接 PLC 的 Y7 管脚，控制电动机的正转。X2 接变频器的 FU 接口，X3 接变频器的 OL 接口。频率检测的上 / 下限信号分别通过 OL 和 FU 输出至 PLC 的 X2 与 X3 输入端，作为 PLC 增泵减泵控制信号。

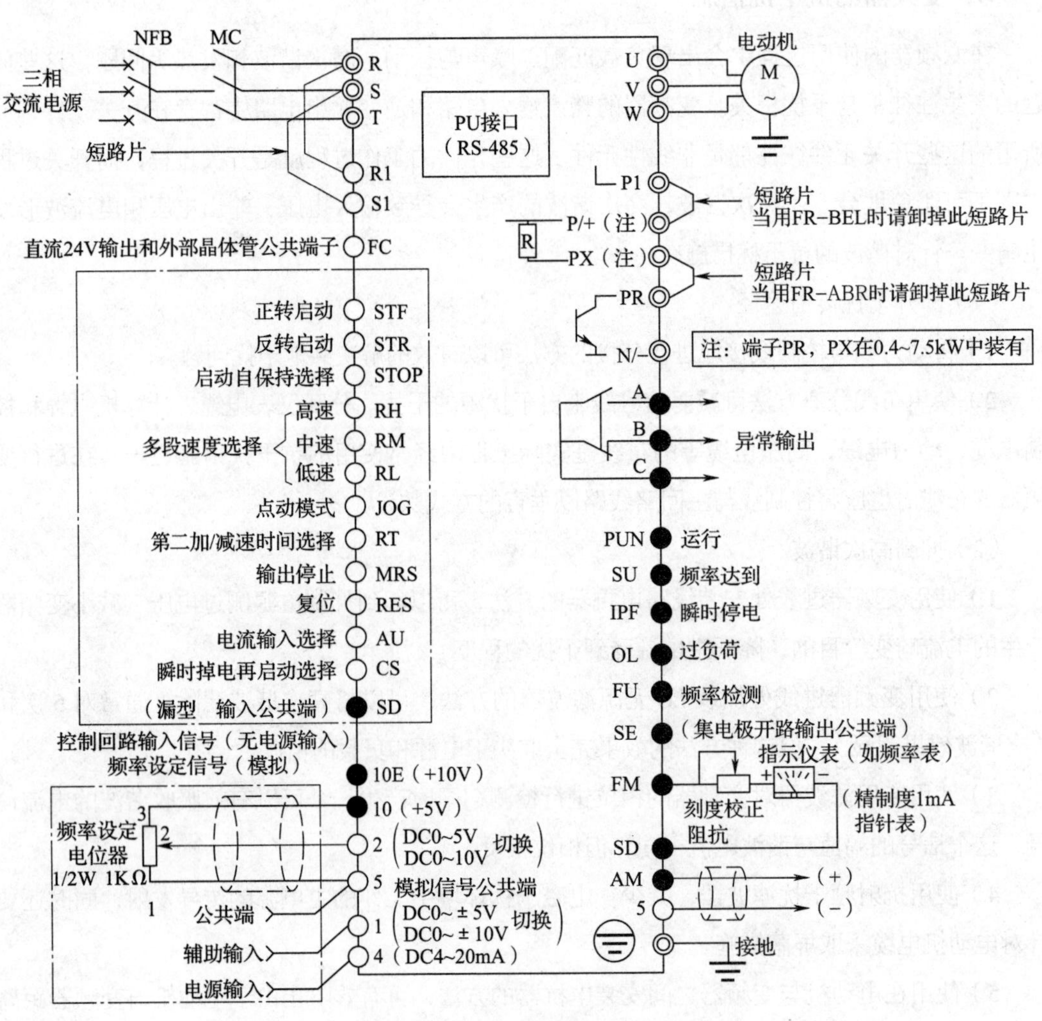

图 4—6　F540 系列变频器接线说明图

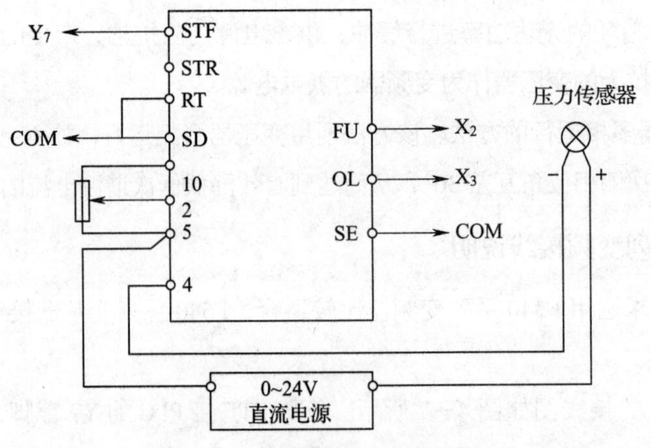

图 4—7　变频器与 PLC 的接线图

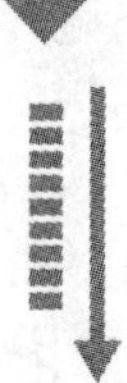

4.2.3　变频器参数设定

变频器的设定参数较多，每个参数均有一定的选择范围，使用中常常遇到因个别参数设置不当，导致变频器不能正常工作的现象，因此，必须对相关的参数进行正确的设定。

1．常用参数介绍

（1）控制方式

即速度控制、转矩控制、PID 控制或其他方式。采取控制方式后，一般要根据控制精度进行静态或动态辨识。

（2）最低运行频率

即电动机运行的最小转速。电动机在低转速下运行时，其散热性能很差，长时间运行在低转速下，会导致电动机烧毁。而且低速时，其电缆中的电流也会增大，也会导致电缆发热。

（3）最高运行频率

一般的变频器最大频率到 60 Hz，有的甚至到 400 Hz，高频率将使电动机高速运转，这对普通电动机来说，其轴承不能长时间的超额定转速运行，电动机的转子也无法承受这样的离心力。

（4）载波频率

载波频率设置得越高，其高次谐波分量越大，这和电缆的长度、电动机发热、电缆发热、变频器发热等因素是密切相关的。

（5）电动机参数

变频器在参数中设定电动机的功率、电流、电压、转速、最大频率，这些参数可以从电动机铭牌中直接得到。

（6）跳频

在某个频率点上，有可能会发生共振现象，特别在整个装置比较高时。在控制压缩机时，要避免压缩机的喘振点。

（7）加减速时间

加速时间就是输出频率从 0 上升到最大频率所需时间，减速时间是指从最大频率下降到 0 所需时间。通常用频率设定信号上升、下降来确定加减速时间。在电动机加速时须限制频率设定的上升率，以防止过电流，减速时则限制下降率，以防止过电压。

加速时间设定要求是将加速电流限制在变频器过电流容量以下，不使过流失速而引起变频器跳闸；减速时间设定要求是防止平滑电路电压过大，不使再生过压失速而使变频器跳闸。加减速时间可根据负载计算出来，但在调试中常采取按负载和经验先设定较长加减速时间，通过启、停电动机，观察有无过电流、过电压报警；然后将加减速设定时间逐渐缩短，以运转中不发生报警为原则，重复操作几次，便可确定出最佳加减速时间。

（8）转矩提升

又叫转矩补偿，是为补偿因电动机定子绕组电阻所引起的低速时转矩降低，而把低频率

范围 *U*/*f* 增大的方法。设定为自动时，可使加速时的电压自动提升以补偿启动转矩，使电动机加速顺利进行。如采用手动补偿时，根据负载特性，尤其是负载的启动特性，通过试验可选出较佳曲线。对于变转矩负载，如选择不当会出现低速时的输出电压过高而浪费电能的现象，甚至还会出现电动机带负载启动时电流大，而转速上不去的现象。

2．参数设定

变频器的种类很多，阐述设定方法也各有不同，现以三菱 FR F540 型通用变频器为例介绍参数设定的方法。

FR F540 型变频器的操作面板。FR F540 型变频器的操作面板如图 4—8 所示。FR F540 型变频器的操作面板上各按键名称和作用见表 4—1，各显示信号的说明见表 4—2。

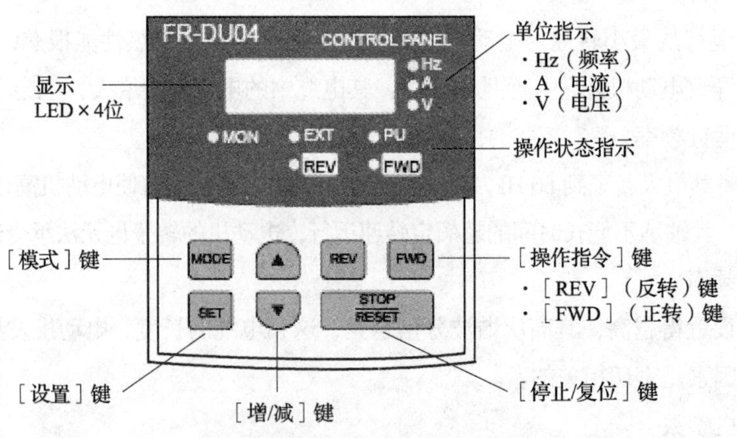

图 4—8　FR F540 型变频器的操作面板

表 4—1　**FR F540 型变频器的操作面板上各按键名称和作用**

按键	说明
MODE	用于选择操作模式或设定模式
SET	用于确定频率和参数设定
UP/DOWN	用于连续增加 / 降低运行频率，按下这个键可改变频率或设定参数
FWD	用于输出正转指令
REV	用于输出反转指令
STOP/RESET	用于停止运行或保护功能动作输出停止时复位变频器

表 4—2　**显示信号的说明**

显示	说明	显示	说明
Hz	显示频率时点亮	PU	PU 操作时点亮
A	显示电流时点亮	EXT	外部操作模式时点亮
V	显示电压时点亮	FWD	正转时闪烁
MON	监视显示模式时点亮	REV	反转时闪烁

在设定参数时首先按下模式 mode 键使显示屏显示 Pr000，此时按增减键，直到显示所需设定的参数编号为止。按下设置 SET 键后用增减键改变参数数值，达到要求后长按设置 SET 键 3 s 以上完成参数设定。其他设定方法可参考变频器手册，这里不再赘述。

4.3　PLC 的选择与控制程序的编写

4.3.1　PLC 与特殊模块的选择

1．PLC 机型的选择

（1）PLC 选择的原则

PLC 机型选择的基本原则是在满足功能要求及保证可靠、维护方便的前提下，力争最佳的性能价格比。选择时有以下几点需要考虑：

1）合理的结构形式。PLC 主要有整体式和模块式两种结构形式。整体式 PLC 的每一个 I/O 点的平均价格比模块式的便宜，且体积相对比较小，一般用于系统工艺过程较为固定的小型控制系统中；而模块式 PLC 的功能扩展相比而言更加方便灵活，易于扩展，在 I/O 点数、输入点数与输出点数的比例、I/O 模块的种类等方面选择余地较大，且维护方便，一般用于较复杂的控制系统。

2）安装方式的选择。PLC 系统的安装方式分为集中式、远程 I/O 式以及多台 PLC 联网的分布式。集中式不需要设置远程驱动 I/O 硬件，系统反应快、成本低；远程 I/O 式适用于大型系统，系统的装置分配范围广，远程 I/O 可以分散安装在现场装置附近，连线短，但需要增加驱动器以及远程 I/O 电源；多台 PLC 联网的分布式适用于多台设备分别独立控制，又要相互联系的场合，可以选用小型 PLC，但是必须要附加通信模块。

3）相应的功能要求。一般小型（低档）PLC 具有逻辑运算、定时、计数等功能，对于只需要开关量控制的设备都可满足。对于以开关量为主，带少量模拟量的控制系统，可选用能带 A/D 和 D/A 转换单元，具有加减算术运算、数据传送功能的增强型低档 PLC。对于控制较复杂，要求实现 PID 运算、闭环控制、通信联网等功能，可视控制规模大小以及复杂程度，选用中档或高档 PLC。但是中、高档 PLC 价格较贵，一般用于大规模过程控制和集散控制系统等场合。

4）响应速度要求。PLC 是为工业自动化设计的通用控制器，不同档次的 PLC 的响应速度一般都能满足其应用范围内的需要，如果要跨范围使用 PLC，或者某些功能或信号有速度要求时，则应慎重考虑 PLC 的响应速度，可选用具有高速 I/O 处理功能的 PLC，或选用具有快速响应模块和中断输入模块的 PLC 等。

5）系统可靠性的要求。对于一般系统 PLC 可靠性均可以满足，对于可靠性要求很高的系统，应考虑是否采用冗余系统或热备份系统。

6）机型尽量统一。一家企业，应该尽量做到 PLC 的机型统一。主要考虑到以下三方面问题：

①机型统一，其模块可以互为备用，便于备品备件的采购和管理。

②机型统一，其功能和使用方法类似，有利于技术力量的培训和技术水平的提高。

③机型统一，其外部设备通用，资源可共享，易于联网通信，配上位机后易形成一个多级分布式控制系统。

（2）PLC 功能的选择

在工艺过程比较固定、环境条件较好（维修量较小）的场合，建议选用整体式结构的 PLC；其他情况则最好选用模块式结构的 PLC。

对于开关量控制以及以开关量控制为主、带少量模拟量控制的工程项目中，一般其控制速度无须考虑，因此，选用带 A/D 转换、D/A 转换、加减运算、数据传送功能的低档机就能满足要求。而在控制比较复杂，控制功能要求比较高的工程项目中，如要实现 PID 运算、闭环控制、通信联网等，可视控制规模及复杂程度来选用中档或高档机。其中高档机主要用于大规模过程控制、全 PLC 的分布式控制系统以及整个工厂的自动化等。根据不同的应用对象，表 4—3 列出了 PLC 的几种功能及应用场合。

表 4—3　　PLC 的功能及应用场合

序号	应用对象	功能要求	应用场合
1	替代继电器	继电器触点输入/输出、逻辑线圈、定时器、计数器	替代传统使用的继电器，完成条件控制和时序控制功能
2	数学运算	四则数学运算、开方、对数、函数计算、双倍精度的数学运算	设定值控制、流量计算；PID 调节、定位控制和工程量单位换算
3	数据传送	寄存器与数据表的相互传送等	数据库的生成、信息管理、BATCH（批量）控制、诊断和材料处理等
4	矩阵功能	逻辑与、逻辑或、异或、比较、置位（位修改）、移位和变反等	这些功能通常按位操作，一般用于设备诊断、状态监控、分类和报警处理等
5	高级功能	表与块间的传送、校验和双倍精度运算、对数和反对数、平方根、PID 调节等	通信速度和方式、与上位计算机的联网功能、调制解调器等
6	诊断功能	PLC 的诊断功能有内诊断和外诊断两种。内诊断是 PLC 内部各部件性能和功能的诊断，外诊断是中央处理机与 I/O 模块信息交换的诊断	—
7	串行接口（RS–232C）	一般中型以上的 PLC 都提供一个或一个以上标准串行接口（RS–232C），以连接打印机、CRT、上位计算机或另一台 PLC	—
8	通信功能	现在的 PLC 能够支持多种通信协议。比如现在比较流行的工业以太网等	对通信有特殊要求的用户

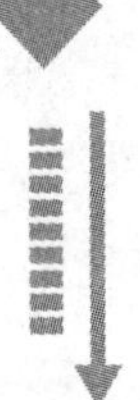

2．PLC 容量选择

PLC 的容量包括 I/O 点数和用户存储容量两个方面。

（1）I/O 点数的选择

PLC 平均的 I/O 点价格还比较高，因此应该合理的选用 PLC 的 I/O 点的数量，在满足控制要求的前提下力争使用的 I/O 点数最少，但必须有一定的裕量。通常 I/O 点数是根据被控对象的输入、输出信号的实际需要，再加上 10% ~ 15% 的裕量来确定。

（2）用户存储容量的选择

用户程序所需要的存储容量大小不仅与 PLC 系统的功能相关，而且还与功能实现的方法、编程水平有关。一个有经验的程序员和一个初学者，在完成同一复杂功能时，其程序量可能相差 25% 之多，所以对于初学者应该在存储容量估算时多留裕量。PLC I/O 点数的多少，在很大程度上反映了 PLC 系统的功能要求，因此可在 I/O 点数确定的基础上，按下式估算存储容量以后，再加 20% ~ 30 的裕量。

存储容量的估算方法为：

存储容量（字节）= 开关量 I/O 点数 ×10+ 模拟量 I/O 通道数 ×100

另外，在存储容量选择的同时，注意对存储器的类型的选择。

3．PLC 的 I/O 模块的选择

一般 I/O 模块的价格占 PLC 价格的一半以上。PLC 的 I/O 模块有开关量 I/O 模块、模拟量 I/O 模块以及各种特殊功能模块等。不同的 I/O 模块，其电路及功能也不同，直接影响 PLC 的应用范围和价格，应当根据实际需要加以选择。

（1）开关量 I/O 模块的选择

1）开关量输入模块的选择。开关量输入模块是用来接收现场输入设备的开关信号。将信号转换成 PLC 内部能接收的低电压信号，并实现 PLC 内外信号的电气隔离。选择时主要应该考虑以下几个方面：

①输入信号的类型及电压等级。开关量输入模块有直流输入、交流输入和交流 / 直流输入三种类型。选择时主要根据现场输入信号和周围环境因素等。直流输入模块的延迟时间较短，还可以直接与接近开关、光电开关等电子输入设备连接；交流输入模块可靠性好，适合在有油雾、粉尘的恶劣环境下使用。

开关量输入模块的输入信号的电压等级有直流 5 V、12 V、24 V、48 V、60 V 等；交流 110 V、220 V 等。选择时主要根据现场输入设备与输入模块之间的距离来考虑。一般 5 V、12 V、24 V 用于传输距离较近的场合，如 5 V 输入模块最远不得超过 10 m。距离较远的应该选用输入电压等级较高的模块。

②输入接线方式。开关量输入模块主要有汇点式和分组式两种接线方式，如图 4—9 所示。

汇点式的开关量输入模块所有的输入点共用一个公共端（COM）；而分组式的开关量输入

模块是将输入点分为若干组，每一组（几个输入点）有一个公共端，各组之间是分隔的，因此，汇点式只能应用于所有输入器件电源种类相同的场合，而分组式可用于输入器件电源种类不同的场合，但分组式的开关量输入模块价格较汇点式的高，如果输入信号不需要分隔，一般选用汇点式。

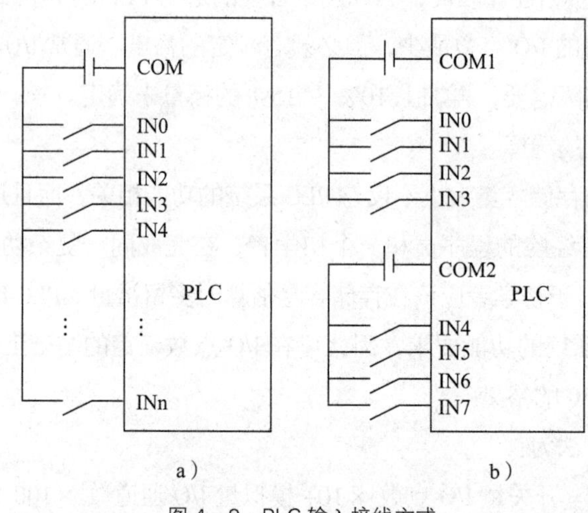

图 4—9　PLC 输入接线方式

a）汇点式　b）分组式

③同时接通的输入点数量。对于选用高密度的输入模块（如 32 点、48 点等），应考虑该模块同时接通的点数一般不要超过总点数的 60%。

④输入门槛电平。为了提高系统的可靠性，必须考虑输入门槛电平的大小。门槛电平越高，抗干扰的能力就越强，传输的距离也就越远，具体可参阅 PLC 说明书。

2）开关量输出模块的选择。开关量输出模块是将 PLC 内部的低电压转换成驱动外部输出设备的开关信号，并实现 PLC 内外信号的电气隔离。选择时主要考虑以下几个方面：

①输出方式。开关量输出模块有继电器输出、晶体管输出、晶闸管输出三种方式。继电器输出的价格便宜，既可以用于驱动交流负载又可以用于驱动直流负载，而且适用的电压大小范围较宽、导通压降小，同时承受瞬时过电压和过电流的能力强，但其属于有触点元件，动作速度较慢（驱动感性负载时，触点动作频率不得超过 1 Hz）、寿命较短、可靠性较差，只能适用于不频繁通断的场合。对于频繁通断的负载，应该选用晶体管或者是晶闸管输出，这些属于无触点元件。但晶闸管输出只能用于交流负载，而晶体管输出只能用于直流负载。

②输出接线方式。开关量输出模块主要有分组式和分隔式两种接线方式，如图 4—10 所示。

分组式输出是几个输出点为一组，一组共用一个公共端，各组之间是分隔的，可分别用于驱动不同电源的外部输出设备；分隔式输出是每一个输出点就有一个公共端，各输出点之间相互隔离。选择时主要根据 PLC 输出设备的电源类型和电压等级而定。一般整体式 PLC 既有分组式输出也有分隔式输出。

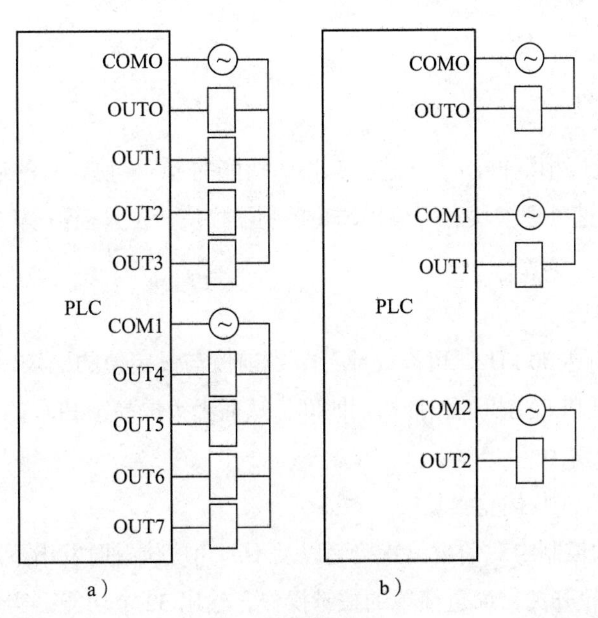

图 4—10　输出接线方式

a）分组式　b）分隔式

③驱动能力。开关量输出模块的输出电流（驱动能力）必须大于 PLC 外部输出设备的额定电流。用户应根据实际输出设备的电流大小来选择输出模块的输出电流。如果实际输出设备的电流较大，输出模块无法直接驱动，可增加中间放大环节。

④同时接通的输出点数量。选择开关量输出模块时，还应考虑能同时接通的输出点数量。同时接通输出设备的累计电流值必须小于公共端所允许通过的电流值，如一个 220 V/2 A 的 8 点输出模块，每个输出点可承受 2 A 电流，但输出公共端运行通过的电流不是 16 A（8×2 A），通常情况下要比此值小很多。一般来说，同时接通的点数不要超过同一公共端输出点数的 60%。

⑤输出的最大电流与负载类型、环境温度等因素有关。开关量输出模块的技术指标，与不同的负载类型密切相关，特别是输出的最大电流。另外，晶闸管的最大输出电流随温度的升高会降低，在实际使用的时候应该注意。

（2）模拟量 I/O 模块选择

模拟量 I/O 模块的主要功能是数据转换，并与 PLC 内部总线相连，同时为了安全也有电气隔离功能。模拟量输入（A/D）模块是将现场由传感器检测而产生的连续模拟量信号转换成 PLC 内部可接收的数字量；模拟量输出（D/A）模块是将 PLC 内部的数字量转换成模拟量信号输出。

典型的模拟量 I/O 模块的量程为 −10 ~ +10 V、0 ~ +10 V、4 ~ 20 mA 等，可根据实际选用，同时还应考虑其分辨率和转换精度等因素。一些 PLC 制造厂还提供特殊模拟量输入模块，可直接接收低电平信号（如 RTD、热电偶）。

在选择模拟量输入模块时所需考虑的因素包括输入通道个数、电压和电流输入信号大小、分辨率、采样速率等，在选择模拟量输出模块时需要考虑的因素有输出通道个数、电压和电流输出信号大小等。

4．特殊功能模块

目前，PLC 制造厂相继推出了一些具有特殊功能的 I/O 模块，有的还推出了自带 CPU 的智能 I/O 模块，如高速处理模块、可编程凸轮控制器模块、位置控制模块、PID 控制模块、通信模块等。

（1）高速处理模块

计数频率可以高达 50 kHz，可以完成计数当前值与设定值的比较以及比较结果的输出，在工作过程中不占用 PLC 主机的扫描周期时间，从而大大提高了 PLC 的计数处理速度以及计数、定时的精度和分辨力。

（2）可编程凸轮控制器模块

可用于机械传动控制中对角度位置检测以及不同角度位置时发出不同开关信号的控制场合，可替代 32 个凸轮开关，通过简单的按键操作，输出 32 个功能，实现角度位置控制。该模块的主要特点是：

1）可在高速旋转中准确检测角度信号。

2）角度信号由模拟量上的数字键进行监控。

3）程序存储在 EEPROM 卡盒中，程序变换只需要更换卡盒。

4）角度信号具有掉电保护功能。

5）传感器连接电缆长度可以达到 10 m。

5．PLC 电源模块的选择

电源模块选择仅对于模块式结构的 PLC 而言，对于整体式 PLC 不存在电源的选择。电源模块的选择主要考虑电源输出额定电流和电源输入电压。电源模块的输出额定电流必须大于 CPU 模块、I/O 模块和其他特殊模块等消耗电流的总和，同时还应考虑今后 I/O 模块的扩展因素，电源输入电压一般根据现场的实际需要而定。

6．系统分析和 PLC 型号的确定

（1）输入输出的确定

1）输入的确定，根据系统要求确定输入分配，见表 4—4。

表 4—4　　PLC 输入地址分配

序号	输入设备名称	PLC 地址
1	启动按钮 SB1	X0
2	停止按钮 SB2	X1
3	压力过大	X2
4	压力过小	X3

续表

序号	输入设备名称	PLC 地址
5	过载	X4
6	M1 工频	X5
7	M2 工频	X6
8	M3 工频	X7
9	M4 工频	X10
10	M1 变频	X11
11	M2 变频	X12
12	M3 变频	X13
13	M4 变频	X14
14	手动 / 自动切换	X15

2）输出的确定，根据系统要求确定输出分配，见表 4—5。

表 4—5　　　　PLC 输出地址分配

序号	输出设备名称	PLC 地址
1	KM1	Y0
2	KM2	Y1
3	KM3	Y2
4	KM4	Y3
5	KM5	Y4
6	KM6	Y5
7	KM7	Y6
8	KM8	Y7
9	报警灯	Y10

3）模拟量的确定。本系统需要模拟量输入、输出各一个。

（2）PLC 型号的确定

根据系统的要求，最终确定 PLC 型号为具有 16 个输入点和 16 个继电器输出点的 FX2N-32MR-D。PLC 接线原理图如图 4—11 所示。

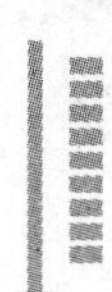

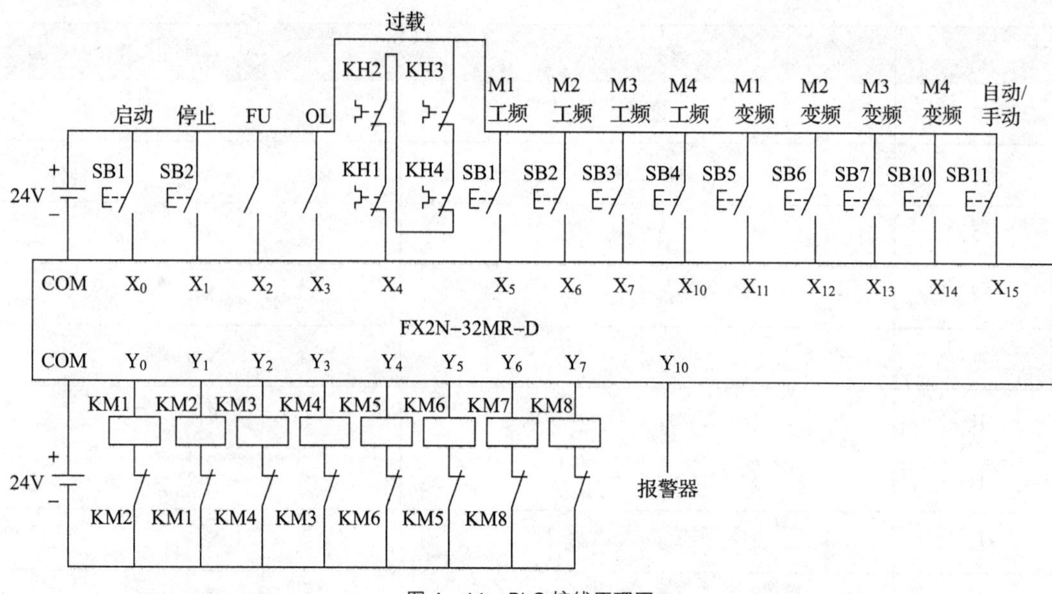

图 4—11 PLC 接线原理图

4.3.2 程序编写

1．PLC 的应用设计步骤

PLC 控制系统是以程序形式来体现其控制功能的，大量的工作时间将用在软件设计，也就是程序设计上。程序设计对于初学者通常采用继电器系统设计方法中的逐渐探索法，以步为核心，一步一步设计下去，一步一步修改调试，直到完成整个程序的设计。由于 PLC 内部继电器数量大，其接点在内存允许的情况下可重复使用，具有存储数量大、执行快等特点，故对于初学者采用此法设计可缩短设计周期。PLC 程序设计可遵循以下六步进行：

（1）确定被控系统必须完成的动作及完成这些动作的顺序。

（2）分配输入输出设备，即确定哪些外围设备是送信号到 PLC，哪些外围设备是接收来自 PLC 的信号。并将 PLC 的输入、输出口与之对应进行分配。

（3）设计 PLC 程序，画出梯形图。梯形图体现了按照正确的顺序所要求的全部功能及其相互关系。

（4）实现用计算机对 PLC 的梯形图直接编程。

（5）对程序进行调试（模拟和现场）。

（6）保存已调试成功的程序。

显然，在建立一个 PLC 控制系统时，必须首先把系统需要的输入、输出数量确定下来。然后按需要确定各种控制动作的顺序和各个控制装置彼此之间的相互关系。确定控制上的相互关系之后，就可进行编程的第二步，分配输入输出设备，在分配了 PLC 的输入输出点、内部辅助继电器、定时器、计数器之后，就可以设计 PLC 程序画出梯形图。在画梯形图时要注意每个从左边母线开始的逻辑行必须终止于一个继电器线圈或定时器、计数器，与实际的电

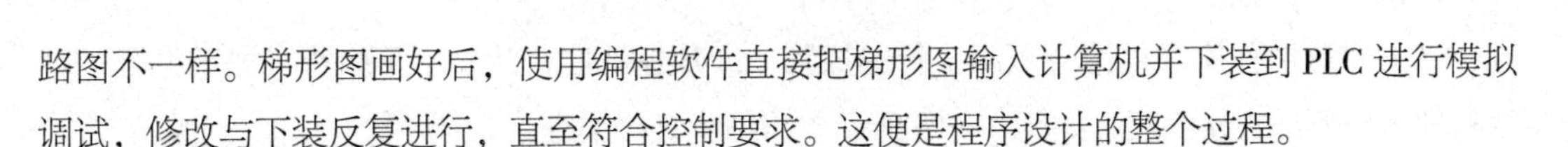

路图不一样。梯形图画好后，使用编程软件直接把梯形图输入计算机并下装到 PLC 进行模拟调试，修改与下装反复进行，直至符合控制要求。这便是程序设计的整个过程。

2. PLC 编程的基本规则

（1）外部输入 / 输出继电器、内部继电器、定时器、计数器等软元件的触点可重复使用，没有必要特意采用复杂程序结构来减少触点的使用次数。

（2）梯形图每一行都是从左母线开始，线圈接在最右边。在继电器控制原理图中，继电器的触点可以放在线圈的右边，但在梯形图中触点不允许放在线圈的右边，如图 4—12 所示。

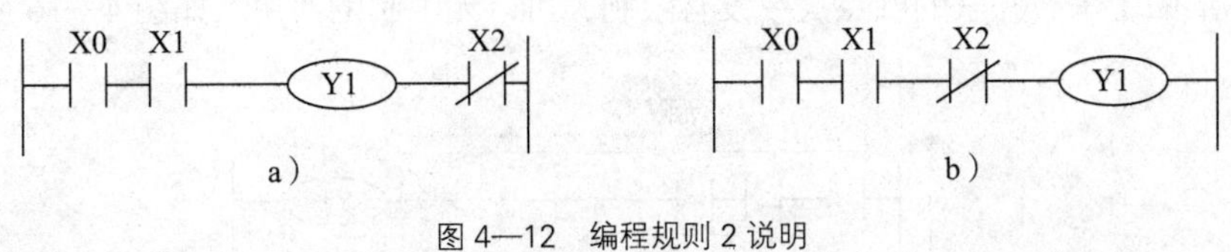

图 4—12　编程规则 2 说明

a）不正确电路　b）正确电路

（3）线圈不能直接与左母线相连，也就是说线圈输出作为逻辑结果必须有条件。必要时可以使用一个内部继电器的动断触点或内部特殊继电器来实现，如图 4—13 所示。

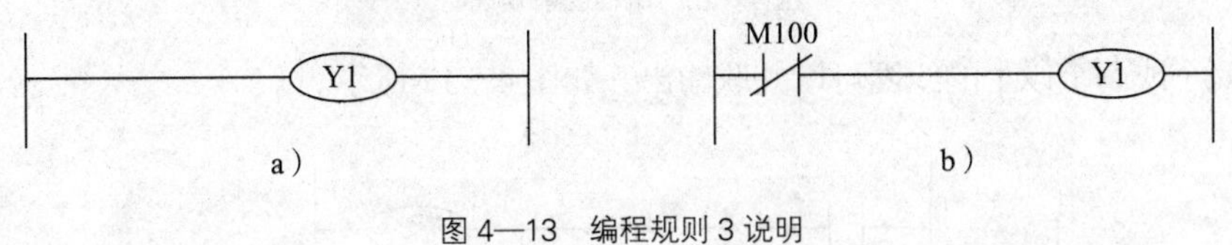

图 4—13　编程规则 3 说明

a）不正确电路　b）正确电路

（4）同一编号的线圈在一个程序中使用两次以上，称为双线圈输出。双线圈输出容易引起误操作，这时前面的输出无效，只有最后的输出才有效。但该输出线圈对应触点的动作，要根据该逻辑运算之前的输出状态来判断。如图 4—14 所示，由于 M1 双线圈输出，所以，M1 输出随最后一个 M1 输出变化，Y1 随第一个 M1 线圈变化，而 Y2 随第二个 M1 输出变化。所以，一般情况下，应尽可能避免双线圈输出。

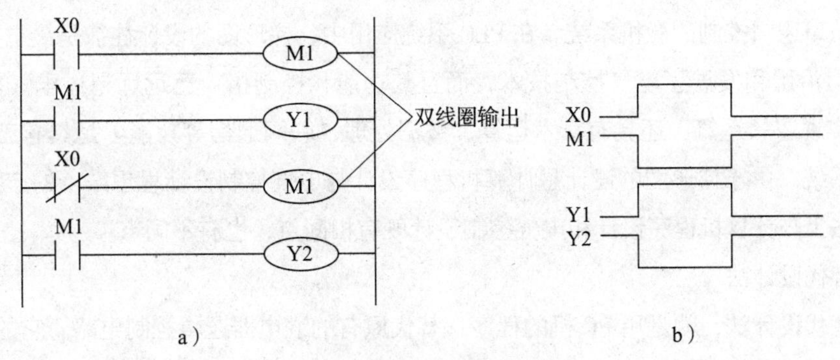

图 4—14　双继电器输出说明

a）梯形图　b）时序图

（5）梯形图程序必须符合顺序执行的原则，即从左到右，从上到下执行，如不符合顺序执行的电路不能直接编程，如图 4—15 所示电路不能直接编程。

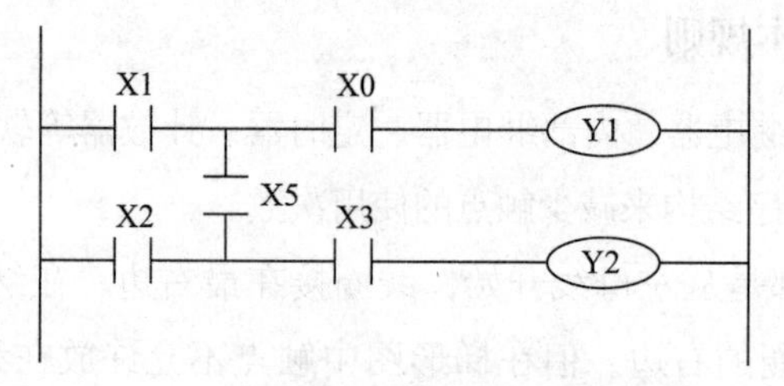

图 4—15 桥式电路

（6）梯形图中串、并联的触点次数没有限制，可以无限制的使用，如图 4—16 所示。

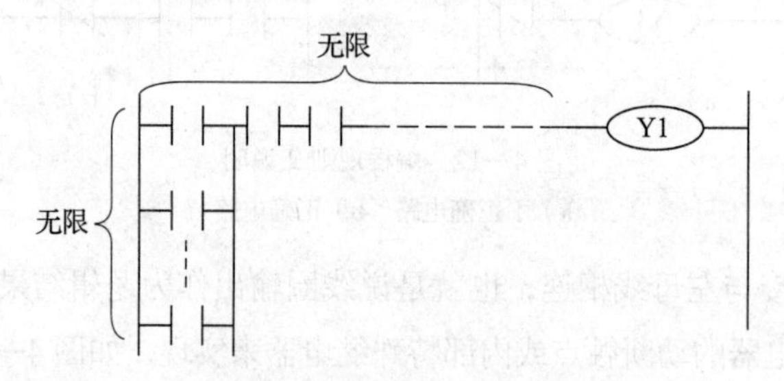

图 4—16 编程规则 6 说明

（7）两个或两个以上的线圈可以并联输出，如图 4—17 所示。

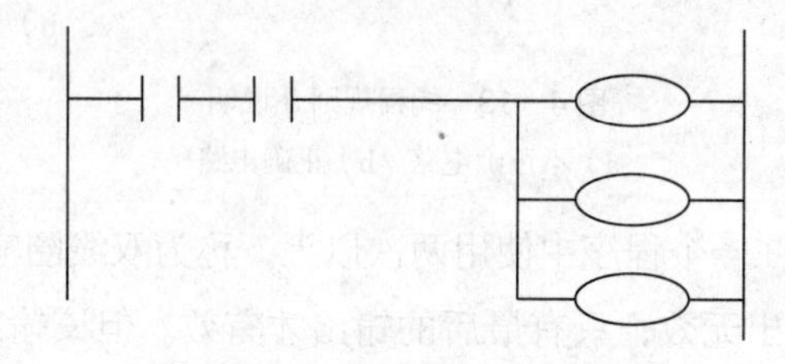

图 4—17 编程规则 7 说明

3．编程方法

可编程控制器是将继电器控制的概念和设计思想与计算机技术及微电子技术相结合而形成的专门从事逻辑控制的微机系统。在 PLC 系统应用中，梯形图的设计往往是最主要的问题。梯形图不但沿用和发展了电气控制技术，而且其功能和控制指令已远远超过电气控制范畴。它不仅可实现逻辑运算，还具有算术运算、数据处理、联网通信等功能，是具有工业控制指令的微机系统。由于梯形图的设计是计算机程序设计与电气控制设计思想结合的产物，因此，在设计方法上与计算机程序设计和电气控制设计既有相同点，也有不同点。

（1）替代设计法

所谓替代设计法，就是用 PC 机的程序，替代原有的继电器逻辑控制电路。它的基本思想是将原有电气控制系统输入信号及输出信号作为 PLC 的 I/O 点，原来由继电器—接触器硬件完成的逻辑控制功能由 PLC 的软件—梯形图及程序替代完成。其优点是程序设计方法简单，有现成的电气控制线路作为依据，设计周期短。一般在旧设备电气控制系统改造中，对于不太复杂的控制系统常采用。

（2）逻辑代数设计法

由于电气控制线路与逻辑代数有一一对应的关系，因此对开关量的控制过程可用逻辑代数式表示、分析和设计。基本设计步骤如下：

1）根据控制要求列出逻辑代数表达式。

2）对逻辑代数式进行化简。

3）根据化简后的逻辑代数表达式画梯形图。

（3）程序流程图设计法

PLC 采用计算机控制技术，其程序设计同样可遵循软件工程设计方法，程序工作过程可用流程图表示。由于 PLC 的程序执行为循环扫描工作方式，因而与计算机程序框图不同点是 PLC 程序框图在进行输出刷新后，再重新开始输入扫描，循环执行。

（4）功能模块设计法

根据模块化设计思想，可对系统按控制功能进行模块划分，依次对各控制的功能模块设计梯形图。

例如，在 PC 电梯控制系统中，对电梯控制按功能可分为厅门开关控制模块，选层控制模块，电梯运行控制模块，呼梯显示控制模块等。按电梯功能进行梯形图设计，可使电梯相同功能的程序集中在一起，程序结构清晰，便于调试，还可以根据需要灵活增加其他控制功能。

当然，在设计中要注意模块之间的互相影响和时序关系，以及联锁指令的使用条件。同一种控制功能可有不同的软件实现方法，应根据具体情况采用简单实用的方案，并应充分利用不同机型所提供的编程指令，使程序尽量简洁。

在系统设计中对不同的环节，可根据具体情况，采用不同的设计方法。通常在全局上采用程序框图及功能模块方法设计；在旧设备改造中，采用替代法设计；在局部或具体功能的程序设计上，采用逻辑代数法和经验法设计。

4．恒压供水系统程序编写

PLC 在系统中的作用是控制交流接触器组进行工频—变频的切换和水泵工作数量的调整。工作流程如图 4—18 所示。

系统启动之后，检测是自动运行模式还是手动运行模式。如果是手动运行模式则进行手动操作，人们根据自己的需要操作相应的按钮，系统根据按钮执行相应操作。如果是自动运行模式，则系统根据程序及相关的输入信号执行相应的操作。

手动模式主要是解决系统出错或器件出错的问题。

在自动运行模式中，如果 PLC 接到频率上限信号，则执行增泵程序，增加水泵的工作数量。如果 PLC 接到频率下限信号，则执行减泵程序，减少水泵的工作数量。没接到信号就保持现有的运行状态。

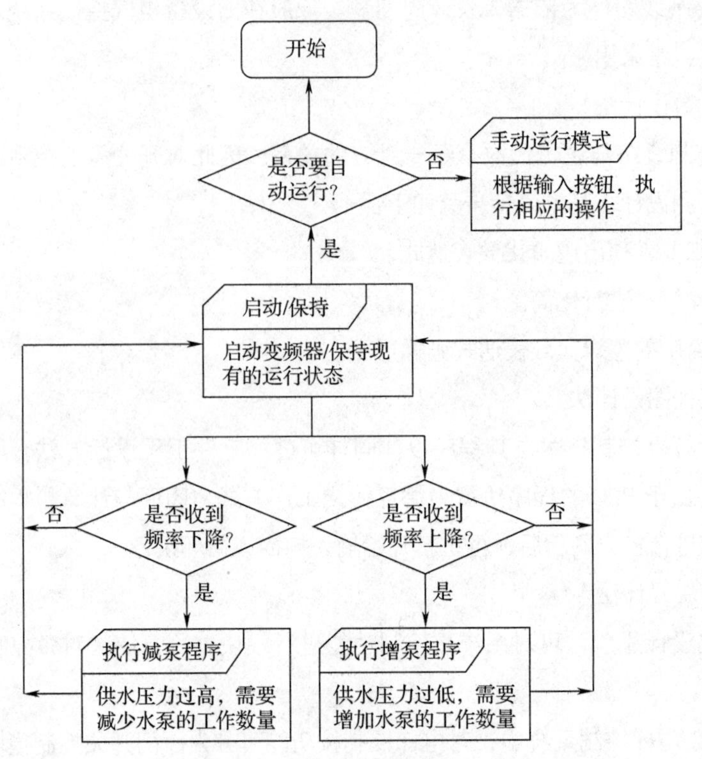

图 4—18　PLC 工作流程图

（1）手动运行

当按下 SB7 按钮，运行手动方式。按下 SB10 手动启动变频器。当系统压力不够需要增加泵时，按下 SBn（n=1，3，5）按钮，此时切断电动机变频，同时启动电动机工频运行，再启动下一台电动机。为了变频向工频切换时保护变频器免于受到工频电压的反向冲击，在切换时，用时间继电器进行时间延迟，当压力过大时，可以手动按下 SBn（n=2，4，6）按钮，切断工频运行的电动机，同时启动电动机变频运行。可根据需要，停按不同电动机对应的启停按钮，可以依次实现手动启动和手动停止三台水泵，该方式仅供自动故障时使用。

（2）自动运行

由 PLC 分别控制某台电动机工频和变频继电器，在条件成立时，进行增泵升压和减泵降压控制。

升压控制：系统工作时，每台水泵处于三种状态之一，即工频电网拖动状态、变频器拖动调速状态和停止状态。系统开始工作时，供水管道内水压力为零，在控制系统作用下，变频器开始运行，第一台水泵 M1 启动且转速逐渐升高，当输出压力达到设定值，其供水量与用水量相平衡时，转速才稳定到某一定值，这期间 M1 处在调速运行状态。当用水量增加，水压减小时，通过压力闭环调节水泵按设定速率加速到另一个稳定转速；反之用水量减少，水压增加时，水泵按设定的速率减速到新的稳定转速。当用水量继续增加，变频器输出频率增加至工频时，水压仍低于设定值，由 PLC 控制切换至工频电网后恒速运行；同时，使第二台水泵 M2 投入变频器并变速运行，系统恢复对水压的闭环调节，直到水压达到设定值为止。如果用水量继续增加，每当加速运行的变频器输出频率达到工频时，将继续发生如上转换，并有新的水泵投入并联运行。当最后一台水泵 M3 投入运行，变频器输出频率达到工频，压力仍未达到设定值时，控制系统就会发出故障报警。

降压控制：当用水量下降，水压升高，变频器输出频率降至启动频率时，水压仍高于设定值，系统将工频运行时间最长的一台水泵关掉，恢复对水压的闭环调节，使压力重新达到设定值。当用水量继续下降，每当减速运行的变频器输出频率降至启动频率时，将继续发生如上转换，直到剩下最后一台变频泵运行为止。

（3）总程序的顺序功能图

系统分为自动运行和手动运行两部分，总程序的顺序功能图如图 4—19 所示。

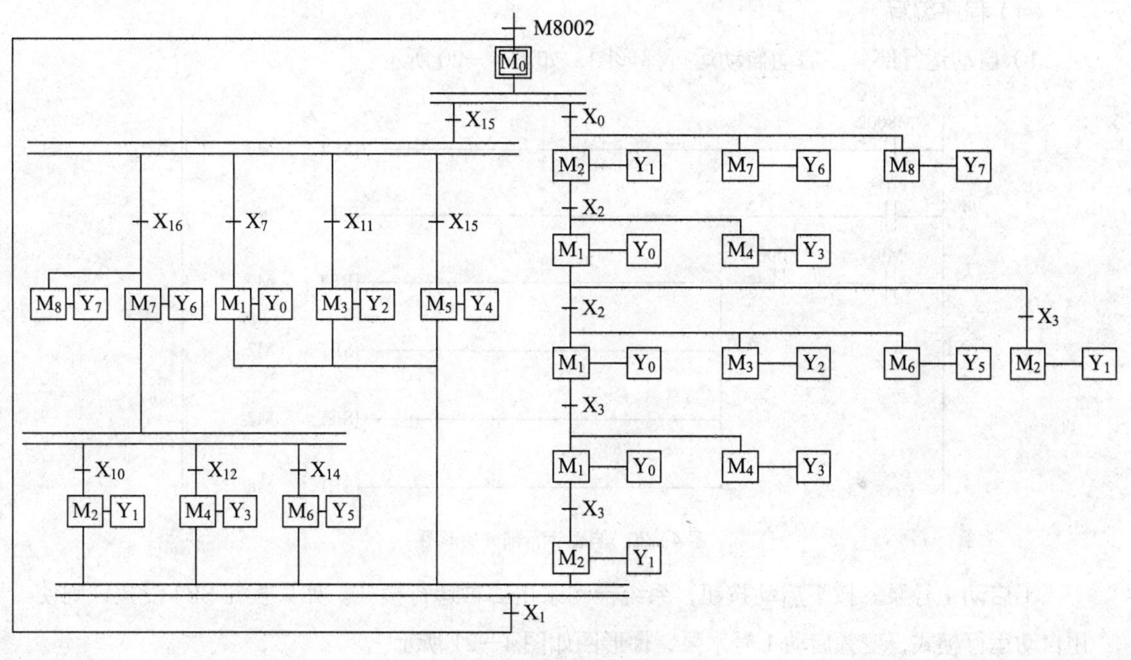

图 4—19　总程序的顺序功能图

1）自动运行顺序功能图。按下 SB8 按钮，系统进入自动运行模式。Y0 接 KM0，控制 M1 的变频运行，Y1 接 KM1，控制 M1 的工频运行；Y2 接 KM2，控制 M2 的变频运行，Y3 接 KM3，控制 M2 的工频运行；Y4 接 KM4，控制 M3 的变频运行，Y5 接 KM5，控制 M3 的工频运行。

系统启动时，KM1 闭合，1 号泵以变频方式运行。当变频器的运行频率超出一个上限信号后，PLC 通过这个上限信号后将 1 号水泵由变频运行转为工频运行，KM1 断开 KM0 吸合，同时 KM3 吸合变频启动第 2 号水泵。

如果再次接收到变频器上限信号，则 KM3 断开 KM2 吸合，第 2 号水泵由变频转为工频运行，3 号水泵变频启动。

如果变频器频率偏低，即压力过高，输出的下限信号使 PLC 关闭 KM5、KM2，开启 KM3，

2 号水泵变频启动。

再次接到下限信号就关闭 KM3、KM0，吸合 KM1，只剩 1 号水泵变频运行。

为了防止出现某台电动机既接工频电又接变频电，设计了电气互锁。在同是控制 M1 电动机的两个接触器 KM1、KM0 线圈中，分别串入了对方的常闭触头形成电气互锁。

2）手动模式顺序功能图。当按下 SB9 按钮，系统进入手动运行模式。系统的每步动作都必须有相应的操作。按下按钮 SB9 之后，启动了变频器，系统进入手动运行模式。当用户按下 SBn（n=1，3，5），三台电动机分别处于工频运行，当用户按下 SBn（n=2，4，6），三台电动机分别处于变频运行。可以多台电动机于不同的频率工作，但一台电动机只能以一种频率下工作（如 1 号电动机，如果控制它工作的 SB1、SB2 按钮被同时按下，则发出警报且电动机无法启动）。

（4）程序编写

1）自动运行部分。启动自动运行梯形图，如图 4—20 所示。

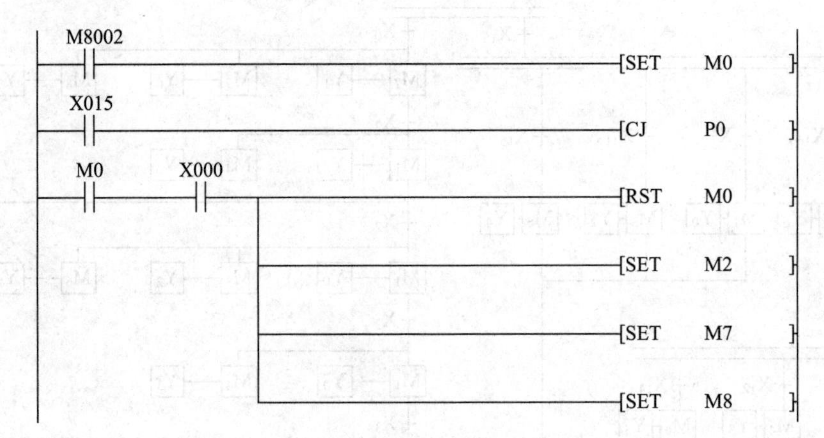

图 4—20 自动运行部分梯形图

①启动 1 号泵。按下启动按钮，系统检测采用哪种运行模式。如果按钮 SB7 没按，则使用自动运行模式，变频启动 1 号水泵，梯形图如图 4—21 所示。

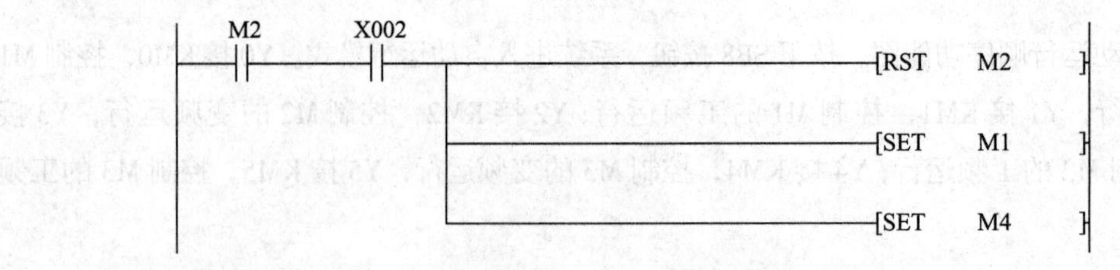

图 4—21 启动 1 号泵梯形图

②启动 1 号、2 号泵。接收到变频器上限信号，PLC 通过这个上限信号将 1 号水泵由变频运行转为工频运行，KM1 断开 KM0 吸合，同时 KM3 吸合变频启动第 2 号水泵，梯形图如图 4—22 所示。

③启动 1 号、2 号、3 号泵。再次接收到变频器上限信号，则 KM3 断开 KM2 吸合，第 2 号水泵由变频转为工频运行，3 号水泵变频启动，梯形图如图 4—23 所示。

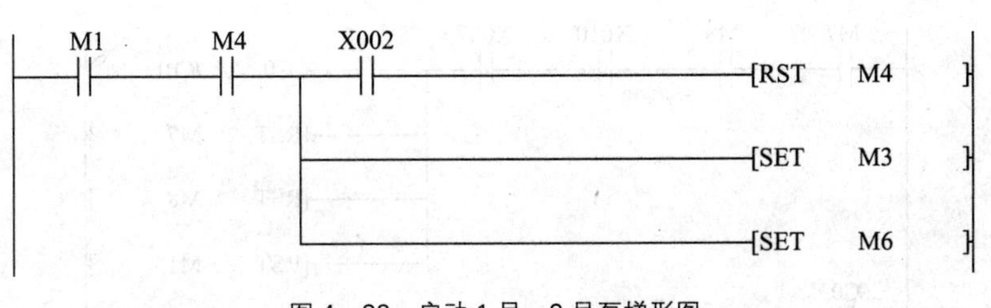

图 4—22　启动 1 号、2 号泵梯形图

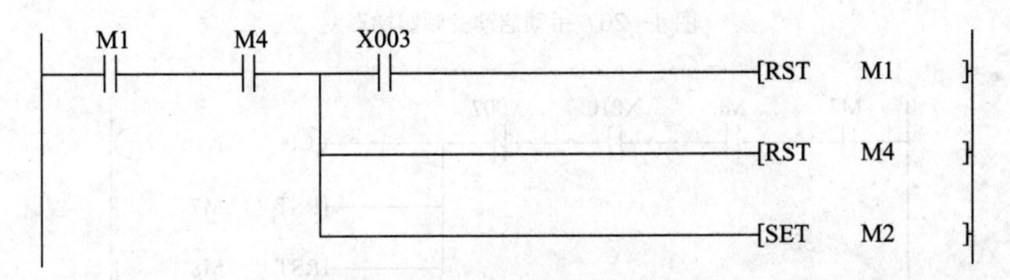

图 4—23　启动 1 号、2 号、3 号泵梯形图

④启动 1 号、2 号、3 号、4 号泵。再次接收到变频器上限信号，则 KM5 断开 KM4 吸合，第 3 号水泵由变频转为工频运行，4 号水泵变频启动，梯形图如图 4—24 所示。

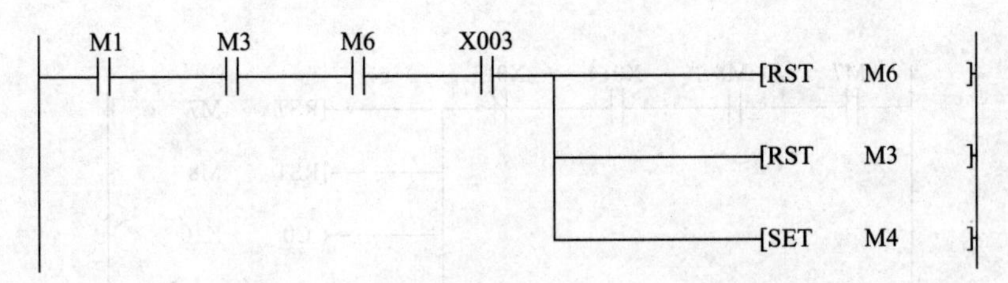

图 4—24　启动 1 号、2 号、3 号、4 号泵梯形图

2）手动运行部分

①手动运行部分梯形图如图 4—25 所示。

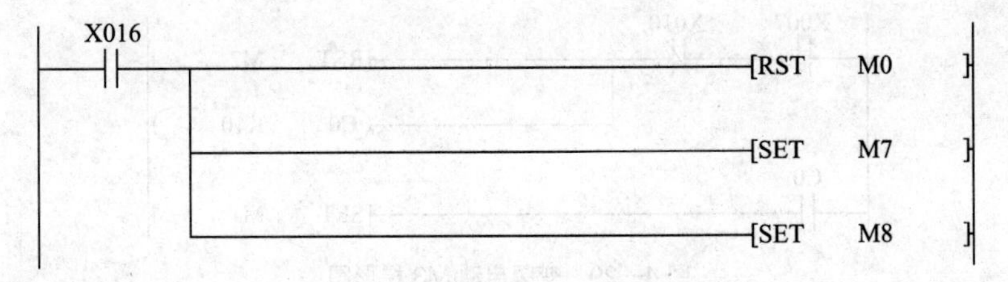

图 4—25　手动运行部分梯形图

②按下手动启动按钮 SB10，手动启动变频器，梯形图如图 4—26 所示。

③按下 SB2，断开 KM0，在 10 个计数脉冲后启动 M1，在变频电源下运行梯形图如图 4—27 所示。

④按下 SB4，断开 KM2，在 10 个计数脉冲后启动 M2 在变频电源下运行，梯形图如图 4—28 所示。

⑤按下 SB6，断开 KM4，在 10 个计数脉冲后启动 M3 在变频电源下运行，梯形图如图 4—29 所示。

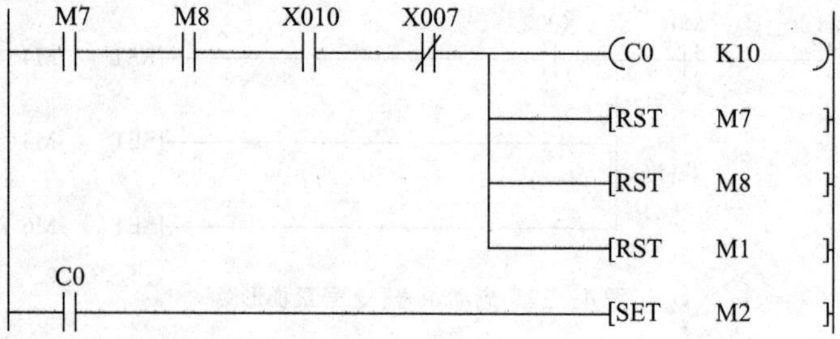

图 4—26　手动启动变频器梯形图

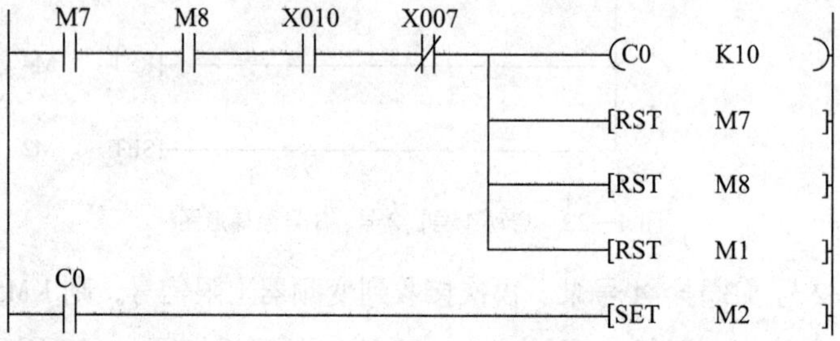

图 4—27　变频启动 M1 梯形图

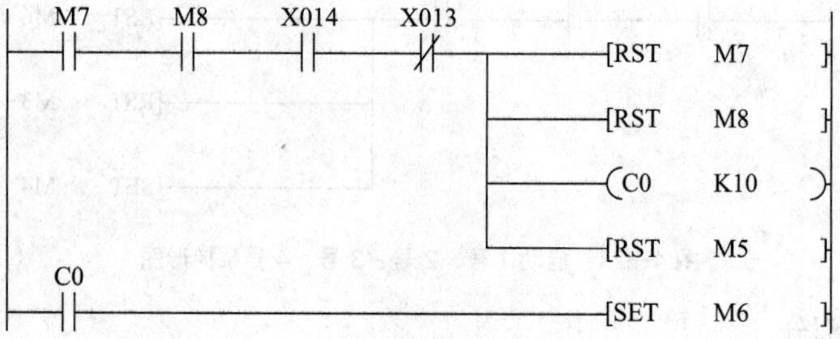

图 4—28　变频启动 M2 梯形图

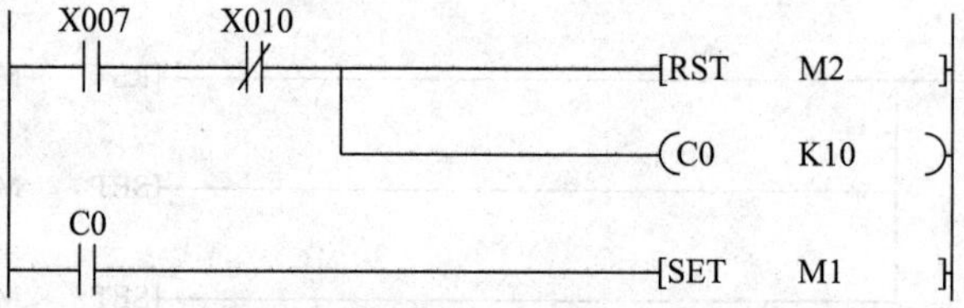

图 4—29　变频启动 M3 梯形图

⑥按下 SB1，断开 KM1，在 10 个计数脉冲后启动 M1 在工频电源下运行，梯形图如图 4—30 所示。

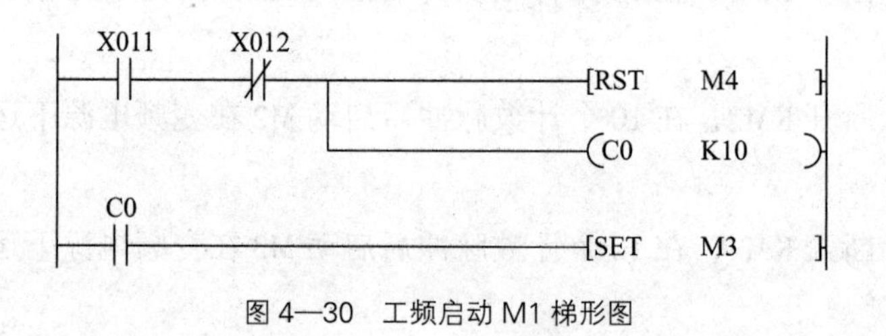

图 4—30　工频启动 M1 梯形图

⑦按下 SB3，断开 KM3，在 10 个计数脉冲后启动 M2 在工频电源下运行，梯形图如图 4—31 所示。

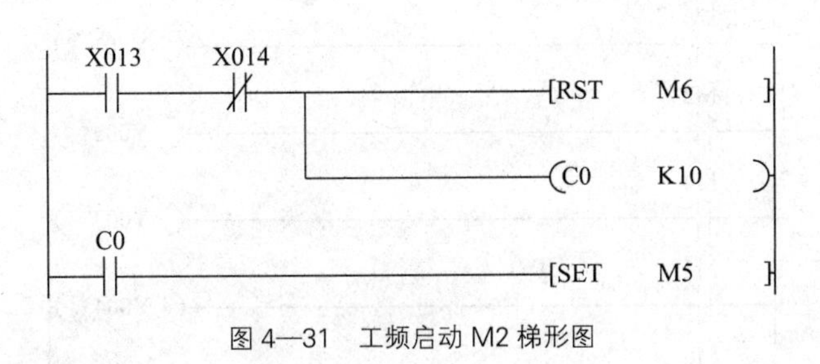

图 4—31 工频启动 M2 梯形图

3）公用部分

①公用部分梯形图如图 4—32 所示。

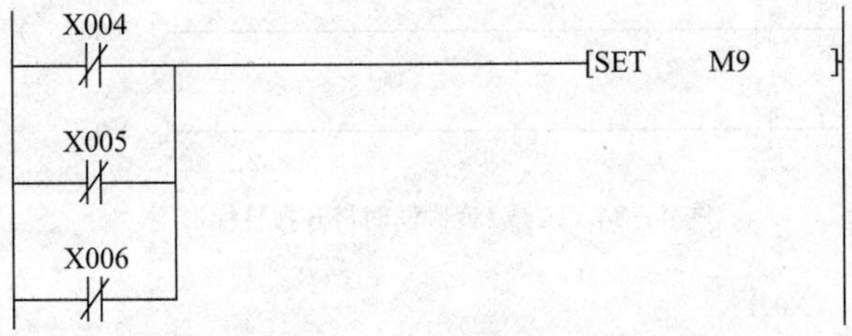

X004
X005
X006
[SET M9]

图 4—32 公用部分梯形图

②当热继电器断开系统报警，梯形图如图 4—33 所示。

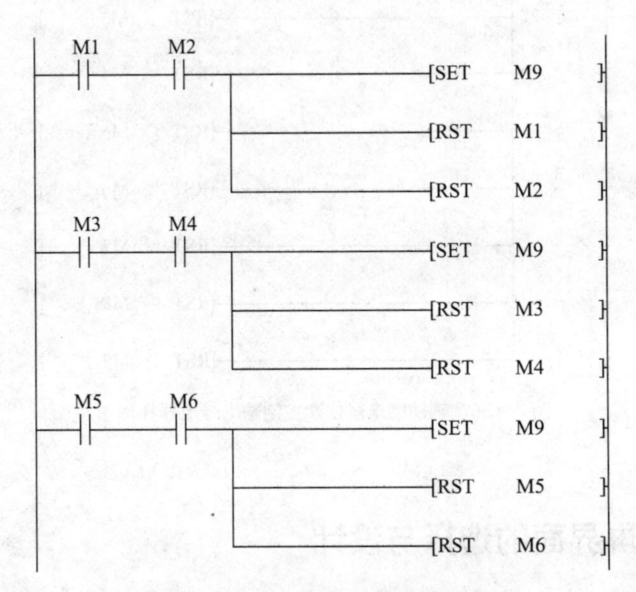

图 4—33 热继电器断开系统报警梯形图

③电动机只能在一种频率下运行，当电动机工频 / 变频同时打开时，将发出警报且电动机停止运行，梯形图如图 4—34 所示。

④辅助继电器 M1，M2，M3，…M9 依次控制输出继电器 Y0，Y1，Y2，…Y10，梯形图如图 4—35 所示。

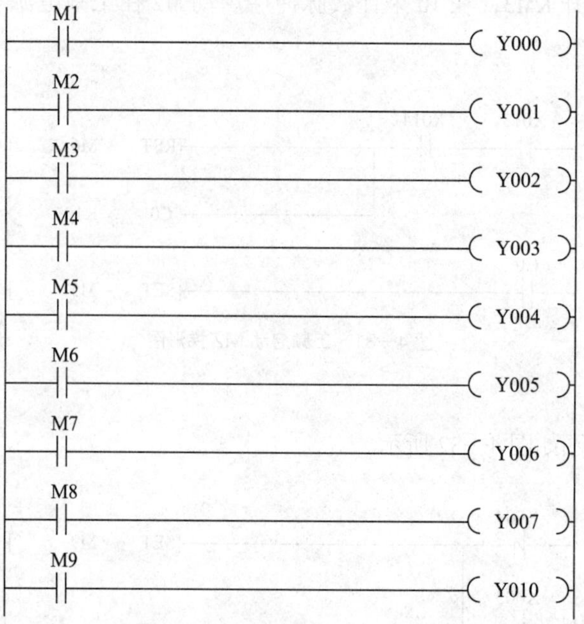

M1 —(Y000)
M2 —(Y001)
M3 —(Y002)
M4 —(Y003)
M5 —(Y004)
M6 —(Y005)
M7 —(Y006)
M8 —(Y007)
M9 —(Y010)

图 4—34　工频 / 变频同时打开报警梯形图

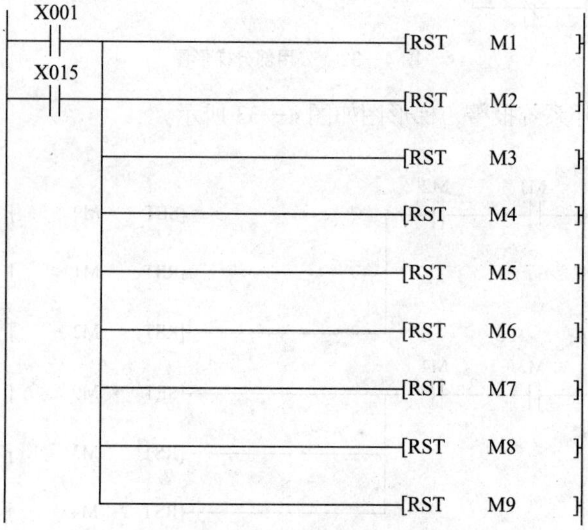

X001
X015
[RST　M1]
[RST　M2]
[RST　M3]
[RST　M4]
[RST　M5]
[RST　M6]
[RST　M7]
[RST　M8]
[RST　M9]

图 4—35　辅助继电器依次控制输出继电器梯形图

4.4　触摸屏界面的选择与设计

4.4.1　触摸屏基础知识

为了操作上的方便，人们用触摸屏来代替鼠标或键盘。工作时，首先用手指或其他物体触摸安装在显示器前端的触摸屏，然后系统根据手指触摸的图标或菜单位置来定位选择信息输入。触摸屏由触摸检测部件和触摸屏控制器组成；触摸检测部件安装在显示器屏幕前面，

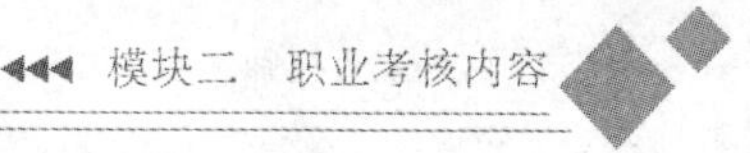

用于检测用户触摸位置，接收后送触摸屏控制器；而触摸屏控制器的主要作用是从触摸点检测装置上接收触摸信息，并将它转换成触点坐标，再送给 CPU，同时能接收 CPU 发来的命令并加以执行。

1. 触摸屏的种类和特点

触摸屏的常见种类有表面声波屏、电阻式触摸屏、电容式触摸屏、红外线触摸屏四种。

(1) 表面声波屏不受温度、湿度等环境因素影响，分辨率极高，有极好的防刮性，寿命长（5 000 万次无故障）；透光率高（92%），能保持清晰透亮的图像质量；没有漂移，只需安装时一次校正的优点。但不便应用于超过 30 寸的荧幕尺寸，由于该技术无法加以封装，容易受到表面脏物及水分的破坏，因此不适用于许多工业及商业应用产品。表面脏物会导致屏幕上产生暗点，需要定期清洁感应器及不定期进行调校。

(2) 电阻式触摸屏具有防尘、防水、防油污的优点和触碰力耐受能力差的缺点。

(3) 电容式触摸屏具有分辨率高、适用范围广的优点和容易误动作、不动作的缺点。

(4) 红外线触摸屏具有分辨率 100%、视觉效果好的优点和易受光线影响的缺点。

2. 各种类型产品的工作原理

(1) 表面声波屏

声波屏的三个角分别粘贴着 X，Y 方向的发射和接收声波的换能器（换能器：由特殊陶瓷材料制成的，分为发射换能器和接收换能器。是把控制器通过触摸屏电缆送来的电信号转化为声波能和把由反射条纹汇聚成的表面声波能变为电信号），四个边刻着反射表面超声波的反射条纹。当手指或软性物体触摸屏幕，部分声波能量被吸收，于是改变了接收信号，经过控制器的处理，得到触摸的 X，Y 坐标。

(2) 四线电阻式触摸屏

四线电阻式触摸屏在表面保护涂层和基层之间覆着两层透明电导层 ITO（ITO：氧化铟，弱导电体，特性是当厚度降到 1 800 Å（埃 =10^{-10} m）以下时会突然变得透明，再薄下去透光率反而下降，到 300 Å厚度时透光率又上升，是所有电阻屏及电容屏的主要材料），两层分别对应 X，Y 轴，之间用细微透明绝缘颗粒绝缘，当触摸时产生的压力使两个导电层接通，由于电阻值的变化而得到触摸的 X，Y 坐标。

(3) 五线电阻式触摸屏

五线电阻式触摸屏的基层上覆有把 X，Y 两方向的电压场加在同一层的透明电导层 ITO，最外层镍金导电层（镍金导电层）只用来做纯导体，当触摸时，用分时检测接触点 X 轴和 Y 轴电压值的方法测得触摸点的位置。内层 ITO 需四条引线，外层一条引线，共五根引线。

(4) 电容式触摸屏

电容式触摸屏表面涂有透明电导层 ITO，电压连接到四角，微小直流电散布在屏表面，形成均匀的电场，用手触屏时，人体作为耦合电容的一极，电流从屏四角汇集形成耦合电容另一极，通过控制器计算电流传到碰触位置的相对距离得到触摸的坐标。

(5) 红外线触摸屏

红外线触摸屏的工作原理是在触摸屏的四周布满红外接收管和红外发射管，这些红外管在触摸屏表面呈一一对应的排列关系，形成一张由红外线布成的光网，当有物体（手指、戴手套或任何触摸物体）进入红外线光网，阻挡住某处红外线的发射接收时，此点横竖两个方向的接收管收到的红外线的强弱就会发生变化，控制器通过了解红外线的接收情况的变化就能知道何处进行了触摸。

4.4.2 触摸屏画面的设计方法

本节以三菱 F940GOT 触摸屏为例进行介绍。F940GOT 触摸屏是一种操作触摸面板，可以一边观看画面中对可编程控制器的各软元件的监视以及数据的变化，一边进行显示。F940-GOT 通过画面可以设定开关、指示灯、数据、采集信号、图形的显示功能，实现对 PLC 的程序、参数检查、监视和修改，同时触摸屏具有多个画面，通过连接可以相互翻页，与计算机、变频器、PLC 之间进行通信。显示画面包括用户设计画面和系统画面，见表 4—6。

表 4—6　　用户画面和系统画面功能一览表

状态	功能	功能概要
画面状态	显示用户制作的画面	文字显示： 英文、数字、假名、汉字、外文等 日语、中文（简体）、英文、韩语等
		绘图：直线、圆、四边形等
		监视功能： 利用数值、条形图、圆、折线图等监视 PLC 的字元件（D、T、C、V、Z）设定值和监视值 可通过为元件（X、Y、M、T、C、S）的 ON/OFF 颠倒指定范围的画面显示色
		数据变更功能：改变数值、折线图、仪表形式的（D、C、T、Z、V）现在值和设定值
		开关功能：用瞬间控制和间歇控制设置和复位形式控制位元件（X、Y、M、C、T）ON/OFF
		画面切换：显示画面的切换，可用 PLC 或触摸键切换
		接收功能（数据文件传送）：向 PLC 传送保存在 GOT 中的文件
		安全功能（画面保护功能）：只显示与密码一致的画面
HPP 状态	程序（清单）	可在 GOT 中显示 PLC 的程序、输入程序、修改程序监视
	参数	可用读出 / 写入程序容量、存储器锁定范围等参数
	BMF 监视	可对 FX_{2N}、FX_{2NC} 系列特殊功能模块的后备存储器（BMF）进行监视，也可以变更其设定值
	软元件监视	可用元素序号或注释监视位元件的 ON/OFF 及字元件的现在值及设定值
	变更现在值和设定值	可用位元素或注释变更字元件的现在值和设定值

续表

状态	功能	功能概要
HPP状态	强制 ON/OFF	可强制 ON/OFF 位元件（X、Y、M、S、T、C）
	状态监视	自动显示、监视处于 ON 动作的状态（S）序号
	PLC 诊断	读出并显示 PLC 的错误信息
采样状态	条件设定	设定所采样的字元件（最多 4 点）及采样开始 / 终结时间等条件
	结果显示	用清单或图标形式显示采样结果
	数据清除	清除采样数据
报警状态	状态显示	按顺序一览显示报警
	记录	按顺序将报警与时间存储到记录
	总计	存储每个报警信息的发生次数
	记录清除	清除报警记录
检测状态	画面清单	按序号显示用户制作的画面
	数据文件	变更接收功能中使用的数据
	测试动作	可确认是否正确完成了用户制作画面显示时的按键操作和画面切换
其他状态	时间开关	使指定位元件在指定时间置 ON
	个人计算机传送	可在 GOT 与画面制作软件之间传送画面数据、采样结果和报警记录
	打印机输出	用打印机打印采样结果、报警记录
	关键字	可登录用于保护 PLC 的关键字 可进行系统语言、连接的 PLC、连续传送、标题画面、菜单画面呼出、现在时间等初期设定

1．F940GOT 触摸屏（GOT）介绍

（1）GOT 的通信端子

GOT 的通信端子有两个：RS-232C 和 RS-422。RS-232C 和计算机相连，将计算机设计的画面传输到 GOT，也可以将计算机编写的程序通过此端口传输到 PLC。RS-422 和 PLC 相连接，实现对 PLC 的控制和监视。GOT 的通信端子如图 4—36 所示。GOT 需要 24 V 直流电，因此 GOT 需要连接到 24 V 直流电源或者 PLC 的 24 V 直流电源输出上。

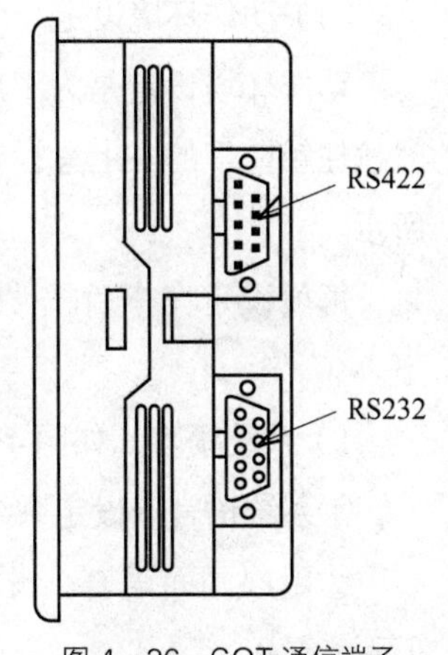

图 4—36　GOT 通信端子

（2）GOT 的启动

GOT 的启动顺序如图 4—37 所示，从图中可以看出：

1）GOT 上电后都要显示“标题画面”一段时间，确切的时间由“动作环境”中的“标题画面”设定。

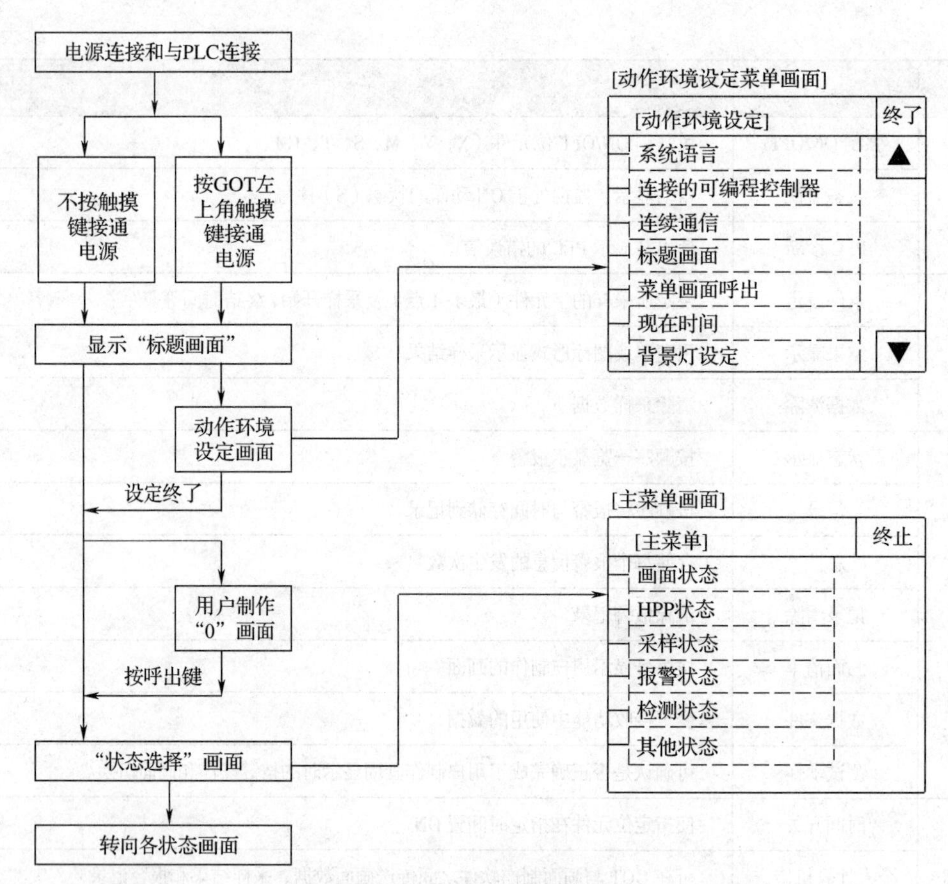

图 4—37 GOT 的启动顺序

2）若按 GOT 左上角触摸键通电将显示“动作环境设定”菜单，进行相关设定。

3）若不按 GOT 左上角触摸键则显示 0 号画面；按住由“动作环境”中“菜单画面呼出”设定的“菜单呼出键”，呼出“状态选择画面”。

4）若没有 0 号画面则显示“状态选择画面”，进行各功能是设置。

5）“动作环境”和“主菜单”设定完毕后按“菜单框”右上角的“终止”键退出设定，回到主菜单或 0 号画面。

（3）动作环境设定

动作环境设定是为了启动 GOT 而进行的重要初期设定功能。呼出办法有两种：一是启动时按住触摸屏的左上角；二是从主菜单的“其他状态”中选择。动作环境设定菜单如图 4—38 所示。

每项设定完毕后按“终了”返回“动作环境设定菜单画面”。部分菜单的作用与设定如下。

1）系统语言，如图 4—39 所示。

①系统语言。设定系统画面错误信息所使用的语言，可选英语、汉语。

②用户画面语言。设定用户制作的显示画面中使用的语言。可选汉语、日语、韩语等，但不能混用。

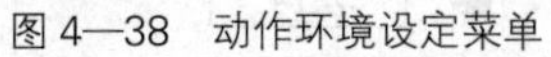

图 4—38 动作环境设定菜单

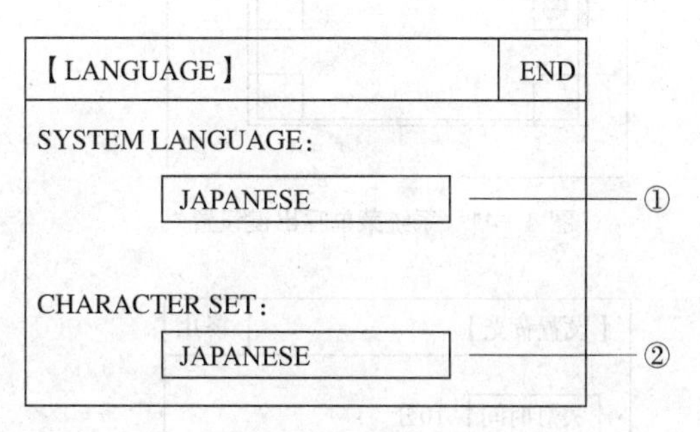

图 4—39 GOT 系统语言设定

2）选用 PLC 的设定，如图 4—40 所示。

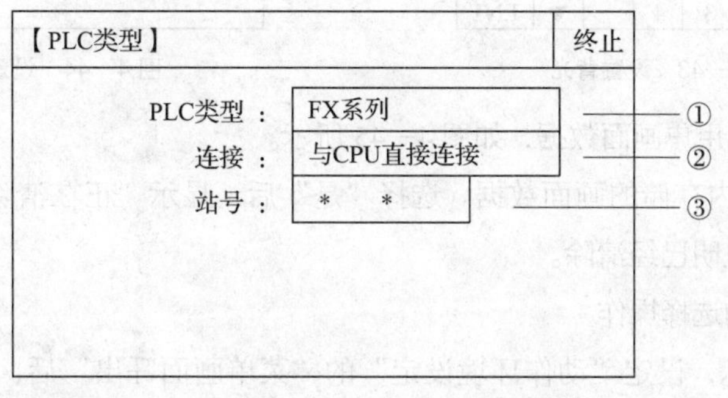

图 4—40 选用 PLC 的设定

① PLC 选型。可选择 FX 系列、A 系列、C 系列（欧姆龙公司）、N 系列（富士电动机公司）、通用通信。

②连接。设定①所设定的 PLC 的连接状态。与 CPU 直接连接是直接与 PLC 连接，可选 FX 系列、A 系列；通信连接（RS–422）是借助通信单元，通过 RS–422 通信与 GOT 的信息交换，可选 A 系列、C 系列、N 系列；通信连接（RS–232）是借助通信单元，通过 RS–232 通信进行与 DU 的信息交换，可选 A 系列、C 系列、N 系列。

③站号。选择通信连接时，设定连接 GOT 的通信单元都有站号。

3）系统菜单呼出键设置，如图 4—41 所示。

①用于在用户画面状态下切换为系统画面菜单。

②如果不选择四个角，则只能使用画面状态，不能切换为系统画面菜单。

③在触摸屏的四个角选择其中一个或两个，如果其他触摸键置于其上，则呼出键失灵。

4）设置时钟，如图 4—42 所示。设定在时间开关、采样状态或报警状态中使用的时间。

5）背光设置，如图 4—43 所示。

设定显示画面的背景灯的熄灭时间。

为使本功能有效，请将控制单元的 b2 设置为 ON。

6）蜂鸣器设置，如图 4—44 所示。设定按键时或出错时蜂鸣器是否发声。

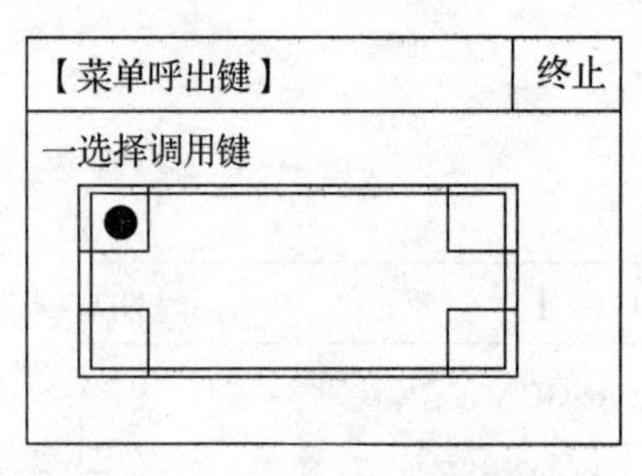

图 4—41　系统菜单呼出键设置

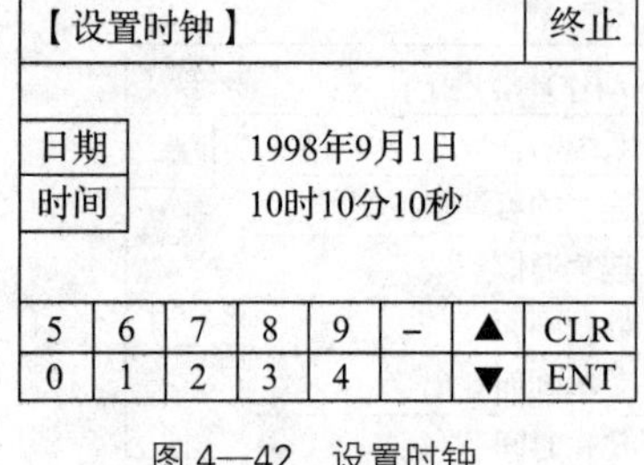

图 4—42　设置时钟

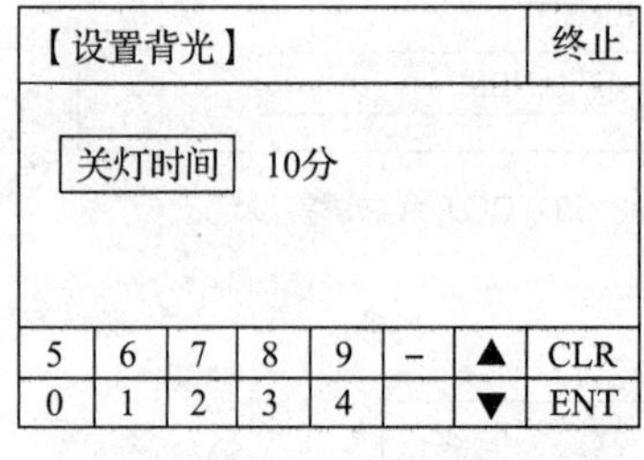

图 4—43　设置背光

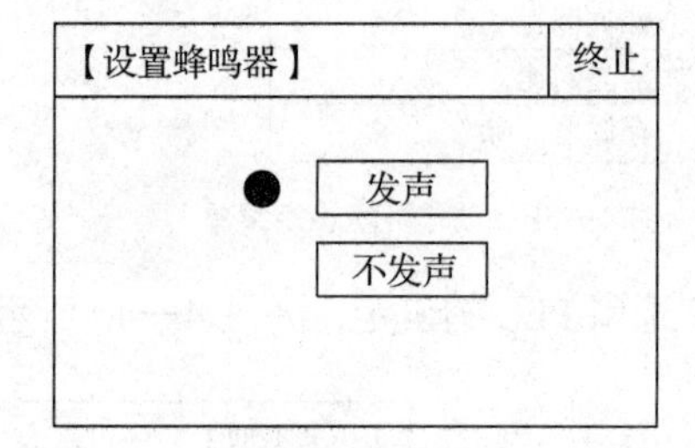

图 4—44　设置蜂鸣器

7）清除 GOT 中用户画面数据，如图 4—45 所示。

用于清除 GOT 内存储的画面数据。选择“是”后，显示“正在清除”，期间键入无效。显示“完成”后，说明已经清除。

（4）各种模式的选择操作

如图 4—46 所示，设定“动作环境设定”的“菜单画面呼出”后，一按指定的触摸键，便会显示左图的“模式选择菜单画面”。

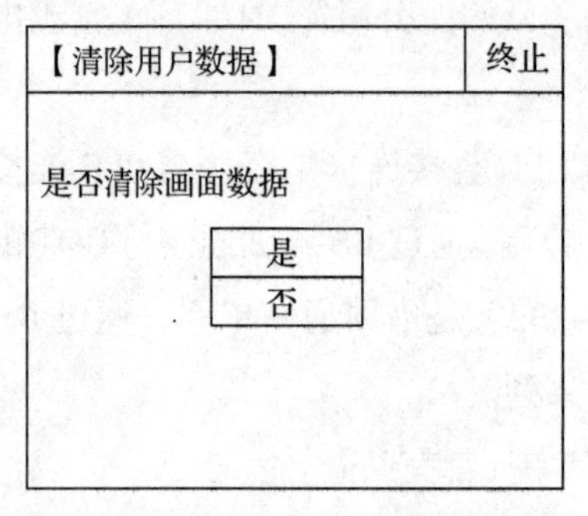

图 4—45　清除 GOT 中用户画面数据

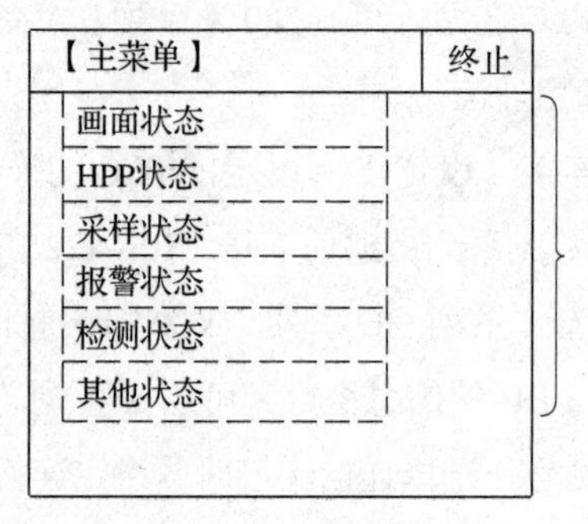

图 4—46　各种模式选择操作

各模式的意义有：

1）画面状态显示用户制作的画面。

2）HPP 状态

可用清单程序进行读出 / 写入 / 监视，还可以监视 PLC 的位元件和字元件，也可以变更 T、C、D 的设定值。

①删除所有程序。将 PLC 的所有程序删除。

②读出。通过步号或命令读出软元件。

③写入。进行程序写入。

④插入。插入程序。

⑤删除。一个命令一个命令地将程序删除。

3）采样状态。按指定周期或触动条件收集指定数据的现在值。对数据采样进行采样条件设定，显示、打印对机械运转、生产状况的数据管理。在特定周期或触动条件下对指定的 4 点数据寄存器（16 位）进行采样，可以收集 2 000 个数据。

4）报警状态。将位元件作为报警元素进行监视，元件一旦置 ON，即显示其对应的信息。

可用 GOT 监视所指定的 256 点（连续序号）的预先指定的 PLC 位元件（X、Y、M、S、T、C）作为报警元件进行监视。如位元件置 ON，显示画面上将显示用户制作的报警信息或切换为指定地点画面。

画面状态中的报警功能：

报警元素 ON 后，画面状态有以下动作。

①显示报警信息。显示用户制作画面时报警元素置 ON，与之对应的报警信息将重叠显示。报警元素的分配和报警信息的编写由用户制作画面完成。

②向指定画面切换。显示用户制作画面时若报警元素置 ON，将切换到对应能够通信的指定画面。

③打印机打印。报警时打印机打印发生时间和报警信息。应注意报警信息设置为半角文字。

2．画面的制作

（1）部件介绍

在画面制作软件中将画面的构成元素称为部件。部件分为显示部件、数据显示部件、数据转换部件、画面切换部件等。

1）显示部件，见表 4—7。

表 4—7　显示部件

部件名	内容
字串	显示英文、数字、片假名、平假名、汉字等文字
直线	显示直线指定的两点直线
四边形	在画面显示四边形
四边形（涂色）	在画面上对四边形涂色后显示
圆	在画面上显示圆
圆（涂色）	在画面上对圆涂色后显示
图形	在指定位置上显示图形库中存储的图形
日期	显示年、月、日、星期，也可通过设定用英语显示
时间	显示时、分、秒，也可通过设定用英语显示

2）数据显示部件，显示 PLC 控制软元件内容，见表 4—8。

表 4—8　　数据显示部件

部件名	内容
字串（间接）	显示字库存储的字串。字串的指定由字元件进行
数值	在指定位置监视、显示字元件（定时器、计数器的设定值、现在值及 D、V、Z）
条形图	在指定位置以条形图的形式监视字元件
圆形图	在指定位置以圆形图的形式监视字元件
统计图（条形）	在指定位置以条形图的形式对最多 8 个字元件进行统计显示
统计图（圆形）	在指定位置以圆形图的形式对最多 8 个字元件进行统计显示
仪表盘	以仪表盘形式显示 1 个字元件
灯	通过位元件的 ON/OFF 控制，颠倒显示画面的指定区域
灯（标签）	指定位元件 ON 后，显示指定文字
灯（字串）	位元件 ON 或 OFF 时转换显示两种图形，所显示的图形指定为存储在库内的字串
灯（图形）	位元件 ON 或 OFF 时转换显示两种图形，所显示的图形指定为存储在库内的图形
灯（间接）	显示图形库中的图形，用字元件指定图形
折线图（采样）	用折线图显示隔一定时间采样的字元件，最多显示 4 个数据
折线图（一并）	用折线图显示指定的字元件的现在值
文字码	从 PLC 的文字码中指定文字

3）数据转换部件，通过按键来传送数据，见表 4—9。

表 4—9　　数据转换部件

部件名	内容	使用示例
开关	用触摸键对位元件进行 ON/OFF	
触摸键	将画面的指定区域当作按键使用。可与开关、数据变更等组合使用	
数据文件传送	可存储相当于数据寄存器 4 000 点的数据，输入指定内容后向数据寄存器读写数据	
常数写入	输入指定的触摸键后，向字元件写入设定的数据	
数据变更	变更指定的字元件，按键后画面上显示数字键，使用这些数字键变更数据	
数据 +1	指定的字元件的内容 +1	
数据 -1	指定的字元件的内容 -1	
键盘	显示用于变更数据的键盘	
蜂鸣器发声	位元件处于 ON 状态时，GOT 蜂鸣器鸣叫	

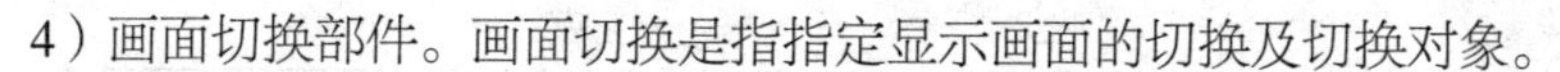

4）画面切换部件。画面切换是指指定显示画面的切换及切换对象。

（2）画面的切换

画面的切换就是指从正在显示的画面切换到需要的画面。画面的切换可用 GOT 或 PLC 自由指定。画面的切换方式由触摸键中的画面切换部件设定。画面切换是设定当指定条件（除触摸键与 PLC）成立时，将显示的画面切换到哪个画面的重要部件。

1）画面切换。设定的内容有 3 个，如图 4—47 所示。

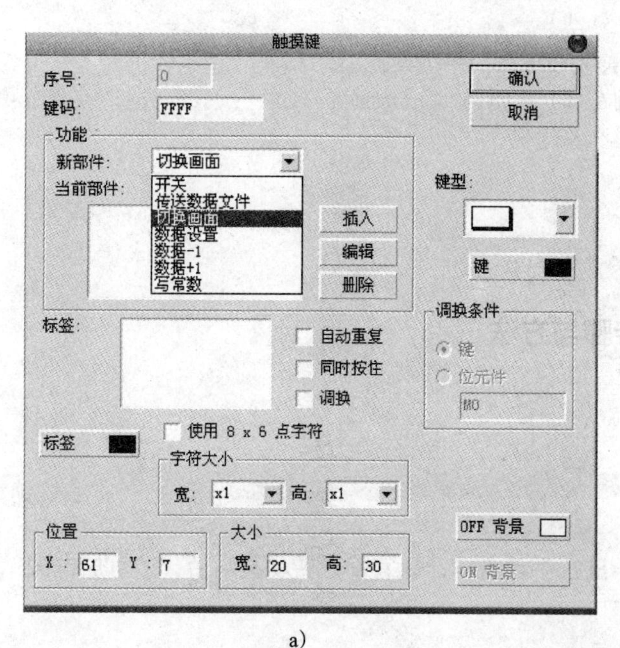

a）

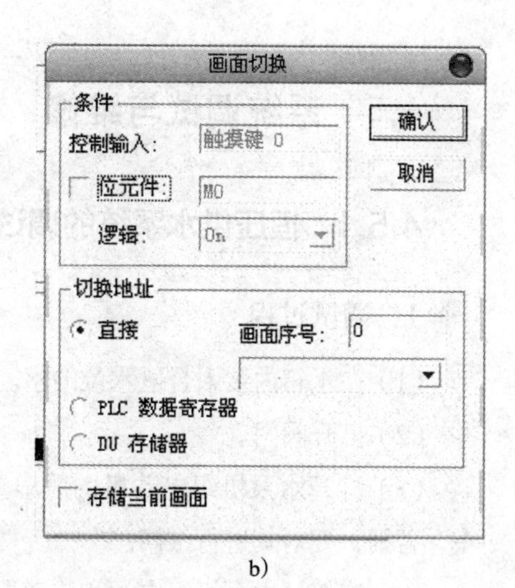

b）

图 4—47 画面切换对话框

a）画面切换触摸键设定 b）画面切换模式设定

①切换条件。设定画面切换的条件。

②切换对象。切换条件成立后向哪个画面切换。

③存储。切换前存储现在的画面序号，便于返回时又回到现在这个画面。

从画面切换对话框中可以看出，进行切换必须具备控制元素、切换条件和切换画面。控制元素可为多选项，切换方式是单选项，包括是否存储当前画面。当选择控制元素有效时，只有控制元素成立才能进行切换。

2）切换对象

①画面序号直接指定，包括用户画面和系统画面。

② PC 即 PLC 的控制元素（D+0 ~ D+2）指定，包括用户画面和系统画面。

③存储即切换至 GOT 内部存储器存储画面。画面存储设定是否存储当前画面序号。此设定中存储的画面序号为用切换对象指定的画面序号。

3. 多泵切换

恒压供水触摸屏画面包括运行方式选择画面、手动画面和自动画面，如图 4—48 所示。

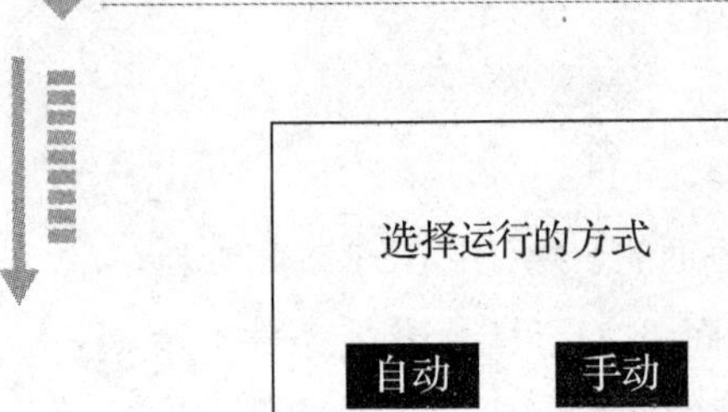

图 4—48　多泵切换恒压供水触摸屏画面

a）运行方式选择画面　b）手动画面　c）自动画面

4.5　系统调试与维修

4.5.1　恒压供水系统的调试步骤与方法

1. 调试过程

（1）在水箱内装入合适水位的水。

（2）打开阀门。

（3）打开水泵机组电动机的风扇罩，进行手动盘车，只有确认转动灵活后，才可加电试车。否则，要对其进行维修。

（4）连接好水泵机组电源和传感器。

（5）接通三相 380 V 交流电源，该装置使用的电源制式为三相四线制。

（6）首先接通总电源开关，使装置处于待机状态，打开装置的总电源，此时可听到电源接触器吸合的声音。

（7）按动总开关的漏电试验按钮，保证总开关可跳闸。

（8）按动急停按钮，可切断装置的总电源。

（9）接通控制回路电源。

（10）主回路联锁实验。分别以手动方式启动三台水泵的电动机，此时，当电动机未得电时可能未运行，这时，工频回路的交流接触器会吸合，同时，工频指示灯会点亮。用螺丝刀等绝缘物体，按相应水泵的变频回路，如工频接触器不脱落，表明联锁性能可靠。否则，应对其回路进行检查。

（11）工频运行。接通工频回路电源，使用万用表的交流电压挡进行测试，以确保无缺相等电源故障。在手动运行模式下，按动相应的启动按钮启动水泵，这时，应在启动后马上停止，观察水泵电动机的转向，以确保转向的正确。当出现电动机与水泵转向相反时，可在电源切断后，对调电动机接线中的任意两条即可。

（12）变频运行。对变频器进行调整，按照使用的要求对变频器的相应参数进行调整，具

体调整方法可以按照变频器的手册进行；接通变频器的电源和相应的水泵电动机的接触器，使变频器从 0 Hz 开始运行，并检查水泵电动机的转向，并进行调整，使转向符合要求。

（13）连接各种传感器和变送器。

（14）设置与上位机通信的测试，这种调试有两种方式，不论哪一种通信成功，就无须进行另外一种测试。

2．系统总装调试及注意问题

（1）总装统调

总装统调是计算机控制系统设计的最后一个步骤。在总装统调前需要进行模拟调试，即离线仿真调试。用装在 PLC 上的模拟开关模拟输入信号的状态，用输出点的指示灯模拟被控对象，检查程序无误后便可将 PLC 连接到系统中，进行总装调试。

（2）总装调试内容

1）手动方式下，能否正常启动和停止各台水泵。

2）自动方式下，给变频器持续欠压信号，系统能否实现水泵 1、2、3 的变频和工频投入，最后全部工作在工频方式；给变频器持续超压信号，能否实现水泵的工频、变频顺序切除。

3）系统自动运行时，是否满足先投先停，先停先投的既定原则。

4）给外部故障信号时，系统能否停止运行。

5）模拟其中一台水泵发生故障，系统能否继续运行，故障处理是否正确。

6）给 PLC 输入变频器故障信号，检查 PLC 能否自动转入全自动工频运行方式。

7）自动方式下，模拟压力输入信号发生微调，系统能否工作在一台变频、若干台工频的基本稳定状态。

3．系统运行

变频恒压供水系统自动投入运行后，可以实时采集上、下水箱的温度、液位以及供水管道的压力。恒压供水系统自动投入运行后，在其专用软件开发平台上得到实际控制曲线，相应接收并分析即可。供水管道压力与系统设定压力基本保持一致。

4.5.2 恒压供水系统的故障检修

恒压供水系统常见故障及检测、排除方法：

1．变频恒压供水设备系统压力不稳容易振荡

系统压力不稳，可能有以下几种原因：

（1）压力传感器采集系统压力的位置不合理，压力采集点选取的离水泵出水口太近，管路压力受出水的流速影响太大。从而反馈给控制器的压力值忽高忽低，造成系统的振荡。

（2）如果系统采用了气压罐的方式，而压力采集点选取在气压罐上，也可能造成系统的

振荡。空气本身有一定的伸缩性，而且气体在水中的溶解度随压力的变化而变化，水泵直接出水的反馈压力和通过气体的反馈压力之间有一定的时间差，从而造成系统振荡。

（3）控制器的加减速时间与水泵电动机功率不相符。一般情况下，功率越大，其加减速时间也就越长。此项参数用户可多选几个数据进行调试。比如，15 kW 一般为 10 ~ 20 s。

（4）控制器和变频器的加减速时间不一致，控制器的加减速时间设定应大于或等于变频器加减速时间。

2．变频恒压供水设备在水泵切换时，变频器输出不为零

故障产生的原因可能有以下几种：

（1）控制器到变频器的控制线松动、脱落。

（2）如果变频器没有滑行停车输入信号，则必须将变频器设定为自由滑行停车的工作模式。如果变频器有此信号输入则确保和控制器接好。

3．变频恒压供水设备模拟输出不正常，变频器运行频率与控制器输出不符

首先，应确定是什么硬件出了问题。使控制器进入手动调试状态，分别用万用表量出控制器输出 0 Hz 及 50 Hz 时所对应的模拟量输出值。如果控制器的模拟量输出值在 0 Hz 时大于 30 mV，或在 50 Hz 时小于控制器参数标定的电压值，则说明控制器输出存在问题。如果随着控制器的频率变化，输出一直保持不变，说明控制器的模拟输出电路损坏；如果模拟输出值也是变化的，但不能达到最大值，可通过调节模拟输出增益解决。其次，如果控制器的输出值正常，当控制器输出达到第 10 项参数标定的电压值时，变频器不能达到 50 Hz，说明变频器的设定值存在问题，可调节变频器的频率增益解决。

4．控制电动机的接触器无动作，电动机不启动

首先查看控制器操作面板上相应水泵的输出状态，假如无动作，但水泵对应的操作面板上查询状态有输出，则先查看一下外部的接触器接线及接触器的继电逻辑是否正确。如果没有问题，再用万用表测量控制器相应的继电器输出，如果继电器没有输出相应的开关信号，说明控制器的继电器输出有问题。

5．在工作时系统压力高于设定值时主机不停

主要原因可能是以下几项：

（1）如果压力传感器反应的压力和面板的压力不相符，只是压力传感器的压力高于设定值，而面板反映的压力并未超出，则应查看压力传感器是否损坏，接线是否有问题。此时控制器主机不停是正常的。

（2）如果上述情况不存在，控制器和传感器的压力相符，均高于设定压力，则应检查附属小泵的设定状态，看小泵是否为开启状态。如果小泵是关闭的，并且主机设定为到达下限频率不停机，主机不停也是正常的。如果小泵是开启的，查看主泵的运行频率，如果运行频率并非设定的下限频率，此时说明系统正处于正常的供水过程之中，等系统将频率调低，系

统的压力自然会下降。

6．变频恒压供水设备面板始终显示 P000

（1）检查控制器的参数设定是否正确。

（2）如果正常，此时面板应显示正常的压力范围。否则控制器已损坏。

7．变频恒压供水设备控制器未能按设定的时间间隔定时换泵

当系统压力稳定时，水泵组工作状态不发生变化的情况下，控制器应当按设定的时间间隔进行换泵动作。在此过程之中，如果发生过水泵切换，或是中途停过机，则水泵的定时换泵时间将重新计时。如果发生未能按设定时间间隔换泵，需连续监测控制器，如果在设定的时间段内，没有发生以上提及的情况，而且也没有定时换泵，说明控制器有故障。

4.6 实例解析

1．故障现象分析

根据故障现象可知，该故障是压力传感器显示正常，而触摸屏显示不正常。因此，故障范围在压力传感器和触摸屏之间。

2．故障检测过程

（1）检查压力传感器和控制器的接线是否有松动或接触不良的现象存在，检查结果接线良好。

（2）用万用表测量控制器模拟输入口的电压值。先测量 SVCC 端及 GND 端之间，如果是 4.9 ~ 5.1 V 之间的电压值，说明提供模拟量输入口的电源正常。

（3）可将一个 1 kΩ 滑动电阻接在控制器的输入口的三个端子，动端接 P1，再测量控制器的 P1 端和 GND 端的电压是否随电阻器的阻值变化而变化。如果 P1 端对 GND 端的电压正常变化，说明控制器的模拟输出口无故障。

3．故障的确定和排除

经过上述测量过程可确定故障位置在压力表损坏，故障排除办法为更换压力表。

第 5 单元　数控机床电气系统的维修

案例引入：某机加工车间使用的 CAK3665sj 数控车床在装配及调试阶段出现刀架不能正常换刀的故障，要求维修小组按照作业规范在一天内对其进行修复，并交付验收使用。

5.1　数控机床电气控制系统的组成与特点

随着大规模集成电路和微型计算机为代表的微电子技术的迅速发展，传统的机械工业已逐渐成为综合运用机械、微电子、自动控制、信息、传感测试、电力电子、接口、信号变换以及软件编程等技术的群体技术。在传统的机械加工设备已经不能满足现代工业制造需求的情况下，数控机床成为目前机械加工的主体，它在提高生产效率和产品质量，减轻操作人员的体力劳动强度等方面起到了极其重要的作用。数控机床集机械、液压、气动、伺服驱动、精密测量、电气自动控制、现代控制、计算机控制和网络通信等技术于一体，是一种高效率、高精度、能保证加工质量、解决工艺难题和具有柔性加工特点的生产设备，它正逐步取代普通机床。

数控（Numerical Control，以下简称 NC）技术是用数字化信息进行控制的自动控制技术。采用数控技术控制的机床，或者说装备了数控系统的机床，称为数控机床。数控机床是机电一体化的典型产品，现代数控系统又称为计算机数字控制（Computer Numerical Control，以下简称 CNC）系统。

电气控制技术对现代机床的发展有着非常重要的作用，从广义上说，现代机床电气控制技术的重要标志是自动调节技术、电子技术、检测技术、计算机技术、综合控制技术应用于机床中。尽管现代机床的种类、功能和加工范围有所不同，但它们都离不开电气控制设备，离不开电气控制技术。电气控制装置的配备情况是现代机床自动化水平的重要标志。

5.1.1　数控机床电气控制系统的组成

数控机床电气控制系统由数控装置、进给伺服系统、主轴伺服系统、数控机床强电控制系统等组成，数控机床电气控制系统组成如图 5—1 所示。

输入的数控加工程序进行处理，将数控加工程序信息按两类控制量分别输出：一类是连续控制量，送往伺服系统；另一类是离散的开关控制量，送往数控机床强电控制系统，从而协调控制数控机床各部分的运动，完成数控机床所有运动的控制。由图 5—1 可知，数控机床

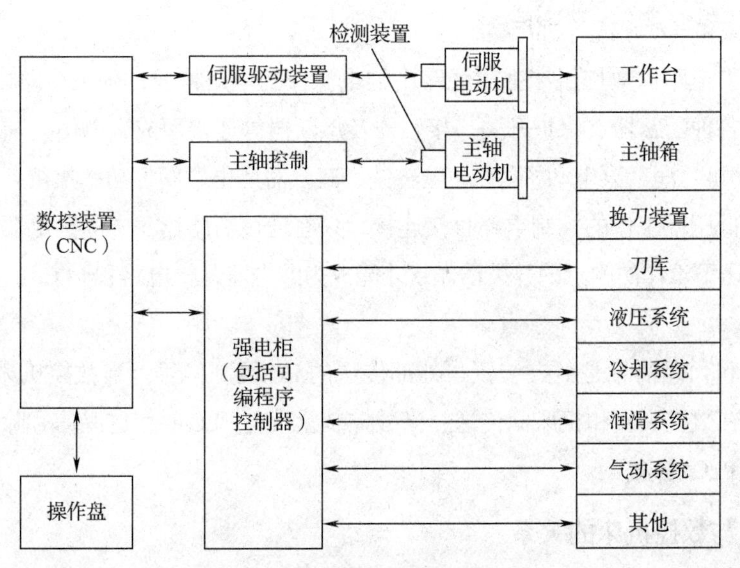

图 5—1 数控机床电气控制系统组成

的控制任务是实现对主轴和进给系统的控制，同时还要完成相关辅助装置的控制；数控机床的电气控制系统就是用电气手段为机床提供动力，并实现上述控制任务的系统。

1．数控机床完成的主要任务

从数控机床最终要完成的任务来看，主要有以下 3 个方面的内容：

（1）主轴运动

主轴运动和普通机床一样，主轴运动主要是完成切削任务，其动力约占整台数控机床动力的 70%～80%，它主要是控制主轴的正转、反转和停止，可自动换挡及调速；对加工中心和切削中心还必须具有定向控制和主轴控制。

（2）进给运动

数控机床区别于普通机床最根本的地方在于它是用电气驱动替代机械驱动，并且数控机床的进给运动是由进给伺服系统完成的，进给伺服系统包括伺服驱动装置、伺服电动机、进给传动链及位置检测装置。

伺服控制的最终目的是实现对数控机床工作台或刀具的位置控制，伺服系统中所采取的一切措施都是为了保证进给运动的位置精度，如对机械传动链进行预紧和间隙调整，采用高精度的位置检测装置，采用高性能的伺服驱动装置和伺服电动机，提高数控系统的运算速度等。

（3）强电控制

数控装置对加工程序处理后输出的控制信号除了对进给运动轨迹进行连续控制外，还对数控机床的各种状态进行控制，包括主轴的调速、主轴的正、反转及停止、冷却和润滑装置的启动和停止、刀具自动交换装置、工件夹紧和放松及分度工作台转位等。例如通过数控机床程序的 M 指令、数控机床操作面板上的控制开关及分布在数控机床各部位的行程开关、接近开关、压力开关等输入元件的检测，由数控装置内的可编程序控制器（PLC）进行逻辑运算，输出控制信号驱动中间继电器、接触器、电磁阀及电磁制动器等输出元件，对冷却泵、润滑泵液压系统和气动系统等进行控制。

电源及保护电路由数控机床强电线路中的电源控制电路构成，强电线路由电源变压器、控制变压器、各种断路器、保护开关、接触器及熔断器等连接而成，以便为辅助交流电动机（如冷却泵电动机、润滑泵电动机等）、电磁铁、离合器及电磁阀等功率执行元件供电。强电线路不能与在低压下工作的控制电路直接连接，只有通过断路器、中间继电器等元件，转换成在直流低电压下工作的触点的开关动作，才能成为继电器逻辑电路和 PLC 可接收的电信号，反之亦然。

开关信号和代码信号是数控装置与外部传送的 I/O 控制信号。当数控机床不带 PLC 时，这些信号直接在数控装置和机床间传送；当数控装置带有 PLC 时，这些信号除极少数的高速信号外均通过 PLC 传送。

2．PLC 与数控机床的关系

数控机床的高度自动化，是由其高度发展的电气控制系统实现的。数控机床的电气控制系统主要由机床用 PLC、外围电气控制系统和执行机构 3 个部分组成。只要理清三者之间的关系，就能够全面地了解数控机床的电气控制系统。在工厂使用的数控机床，都附带资料专门阐述这三者之间的关系。通常情况下，这份资料叫做机床电气手册或者电气说明书。

（1）PLC 和 NC 的关系

PLC 用于通用设备的自动控制，称为可编程控制器。PLC 用于数控机床的外围辅助电气的控制，称为可编程序机床控制器。因此，在很多数控系统中将其称之为 PMC（Programmable Machine Tool Controller）。数控系统有两大部分，一是 NC，二是 PLC，这两者在数控机床作用范围是不相同的。NC 和 PLC 的作用范围分别为：

1）实现刀具相对于工件各坐标轴几何运动规律的数字控制。这项任务是由 NC 来完成。

2）机床辅助设备的控制是由 PLC 来完成。它是在数控机床运行过程中，根据 CNC 内部标志以及机床的各控制开关、检测元件、运行部件的状态，按照程序设定的控制逻辑对诸如刀库运动、换刀机构、冷却液等的运行进行控制。

（2）NC 和 PLC 的接口类型

在数控机床中，这两项控制任务是密不可分的，它们按照上面的原则进行了分工，同时也按照一定的方式进行连接。NC 和 PLC 的接口方式遵循国际标准 ISO 4336—1981（E）《机床数字控制—数控装置和数控机床电气设备之间的接口规范》[ISO 4336—1981（E）] 的规定，接口分为四种类型：

1）与驱动命令有关的连接电路。

2）数控装置与测量系统和测量传感器间的连接电路。

3）电源及保护电路。

4）通断信号及代码信号连接电路。

从接口分类的标准来看，第一类、第二类连接电路传送的是数控装置与伺服单元、伺服电动机、位置检测以及数据检测装置之间的控制信息。第三类是由数控机床强电电路中的电源控制电路构成，通常由电源变压器、控制变压器、各种断路器、保护开关、继电器、接触器等构成，为其他电动机、电磁阀、电磁铁等执行元件供电。这些相对于数控系统来讲，属于强电回路。这些强电回路是不能够和控制系统的弱电回路直接相连接的，只能够通过中间继电器或电子元器件转换成直流低压下工作的开关信号，才能够成为PLC或继电器逻辑控制电路可接收的电信号。反之，PLC或继电器逻辑控制输出的控制信号，也必须经过中间继电器或转换电路变成能连接到强电线路的信号，再由强电回路驱动执行元件工作。第四类信号是数控装置向外部传送的输入输出控制信号。

3．PLC在数控机床中的应用

（1）PLC在数控机床中的应用形式

PLC在数控机床中应用，通常有两种形式：一种称为内装式；一种称为独立式。

1）内装式。内装式PLC也称集成式PLC，采用这种方式的数控系统，在设计之初就将NC和PLC结合起来考虑，NC和PLC之间的信号传递是在内部总线的基础上进行的，因而有较高的交换速度和较宽的信息通道。它们可以共用一个CPU，也可以是单独的CPU。这种结构需要从软硬件整体上考虑，PLC和NC之间没有多余的导线连接，增加了系统的可靠性，而且NC和PLC之间易实现许多高级功能。PLC中的信息也能通过CNC的显示器显示，这种方式对于系统的使用具有较大的优势。高档次的数控系统一般都采用这种形式的PLC。

2）独立式。独立式PLC也称外装式PLC，它是独立于NC装置，具有独立完成控制功能的PLC。在采用这种应用方式时，可根据用户自己的特点，选用不同专业PLC厂商的产品，并且可以更为方便地对控制规模进行调整。

（2）PLC与数控系统及数控机床间的信息交换

相对于PLC，机床和NC就是外部。PLC与机床以及NC之间的信息交换，对于PLC的功能发挥，是非常重要的。PLC与外部的信息交换，通常有四个部分：

1）机床侧至PLC。机床侧的开关量信号通过I/O单元接口输入到PLC中，除极少数信号外，绝大多数信号的含义及所配置的输入地址，均可由PLC程序编制者或者是程序使用者自行定义。数控机床生产厂家可以方便地根据机床的功能和配置，对PLC程序和地址分配进行修改。

2）PLC至机床。PLC的控制信号通过PLC的输出接口送到机床侧，所有输出信号的含义和输出地址也是由PLC程序编制者或者是使用者自行定义。

3）CNC至PLC。CNC送至PLC的信息可由CNC直接送入PLC的寄存器中，所有CNC送至PLC的信号含义和地址（开关量地址或寄存器地址）均由CNC厂家确定，PLC编程者只可使用，不可改变和增删。如数控指令的M、S、T功能，通过CNC译码后直接送入PLC相应的寄存器中。

4）PLC至CNC。PLC送至CNC的信息也由开关量信号或寄存器完成，所有PLC送至

CNC 的信号地址与含义由 CNC 厂家确定，PLC 编程者只可使用，不可改变和增删。

（3）PLC 在数控机床中的工作流程

PLC 在数控机床中的工作流程和通常的 PLC 工作流程基本上是一致的，分为以下几个步骤：

1）输入采样。输入采样，就是 PLC 以顺序扫描的方式读入所有输入端口的信号状态，并将此状态读入到输入映像寄存器中。当然，在程序运行周期中这些信号状态是不会变化的，除非一个新的扫描周期的到来，并且原来端口信号状态已经改变，读到输入映像寄存器的信号状态才会发生变化。

2）程序执行。程序执行阶段系统会对程序进行特定顺序的扫描，并且同时读入输入映像寄存器、输出映像寄存器的相关数据，在进行相关运算后，将运算结果存入输出映像寄存器，供输出和下次运行使用。

3）输出刷新阶段。在所有指令执行完成后，输出映像寄存器的所有输出继电器的状态（接通 / 断开）在输出刷新阶段转存到输出锁存器中，通过特定方式输出，驱动外部负载。

（4）PLC 在数控机床中的控制功能

1）操作面板的控制。操作面板分为系统操作面板和机床操作面板。系统操作面板的控制信号先是进入 NC，然后由 NC 送到 PLC，控制数控机床的运行。机床操作面板控制信号直接进入 PLC，控制机床的运行。

2）机床外部开关输入信号。将机床侧的开关信号输入到 PLC，进行逻辑运算。这些开关信号，包括很多检测元件信号，如行程开关、接近开关、模式选择开关等。

3）输出信号控制。PLC 输出信号经外围控制电路中的继电器、接触器、电磁阀等输出给控制对象。

4）功能实现。系统送出 T 指令给 PLC，经过译码，在数据表内检索，找到 T 代码指定的刀号，并与主轴刀号进行比较。如果不符，发出换刀指令，刀具换刀。换刀完成后，系统发出完成信号。

5）M 功能实现。系统送出 M 指令给 PLC，经过译码，输出控制信号，控制主轴正反转和启动停止等。M 指令完成，系统发出完成信号。

4．PLC 与数控机床外围电路的关系

PLC 在数控机床中用来控制机床的强电回路（通过一些电气元件）。为了更好地了解数控机床的 PLC 的控制功能，就有必要对 PLC 和外围电路的关系进行了解。

（1）PLC 对外围电路的控制

数控机床是通过 PLC 对机床的辅助设备进行控制，PLC 对外围电路的控制来实现对辅助设备的控制的。PLC 接收 NC 的控制信号以及外部反馈信号，经过逻辑运算、处理，将结果以信号的形式输出。输出信号从 PLC 的输出模块输出，有些信号经过中间继电器、控制接触器，然后控制具体的执行机构动作，从而实现对外围辅助机构的控制。有些信号不需要通过中间

环节的处理，直接用于控制外部设施，比如说，有些直接用低压电源驱动的设备（如面板上的指示灯）。也就是说每一个外部设备（使用 PLC 控制的）都是由 PLC 的一路控制信号来控制的，即每一个外部设备（使用 PLC 控制的）都在 PLC 中和一个 PLC 输出地址相对应。

PLC 对外围设备的控制，不仅仅是要输出信号控制设备、设施的动作，还要接收外部反馈信号，以监控这些设备设施的状态。在数控机床中用于检测机床状态的设备或元件主要有温度传感器、振动传感器、行程开关、接近开关等。这些检测信号有些是可以直接输入到 PLC 的端口，有些必须经过一些中间环节才能够输入到 PLC 的输入端口。

无论是输入还是输出，PLC 都必须要通过外围电路才能够控制机床辅助设施的动作。在 PLC 和外围电路的关系中，最重要的一点就是外部信号和 PLC 内部信号处理的对应。这种对应关系就是前面所说的地址分配，就是将每一个 PLC 中地址和外围电路每一路信号相对应。这个工作是在机床生产过程中，编制和该机床相对应的 PLC 程序时，由 PLC 程序编制工程师定义。当然做这样的定义必须遵循必要的规则，以使 PLC 程序符合系统的要求。

（2）PLC 输出信号控制相关的执行元件

在数控机床中，不仅仅是输入信号和外部电路涉及对应关系，输出信号和外围控制电路以及要驱动的设备之间也存在着相应的对应关系。PLC 输出信号既可以直接驱动外部装置（这些装置通常是一些 LED、灯），又可以经过中间继电器控制最终的设备（这些装置通常是一些大功率元件）。

5.1.2　数控机床的特点

数控机床是一种安装有程序控制系统的机床，该系统能逻辑地处理具有使用号码或其他符号编码的规定指令。

1．数控机床的分类

数控机床的种类、规格很多，分类方法也各不相同，常见的分类有以下几种方式。

（1）按被控制对象的运动轨迹进行分类

1）点位控制的数控机床。点位控制数控机床的数控装置只要求能够精确地控制从一个坐标点到另一个坐标点的定位精度，而不管是按什么轨迹运动，在移动过程中都不进行任何加工，如图 5—2 所示。为了精确定位和提高生产率，系统首先高速运行，然后按 1 ~ 3 级减速，使之慢速趋近于定位点，减小定位误差。这类数控机床主要有数控钻床、数控坐标镗床、数控冲床、数控点焊机、数控折弯机等。

2）直线控制的数控机床。直线控制的数控机床一般要在两点间移动的同时进行加工，所以不仅要求有准确的定位功能，还要求从一点到另一点之间按直线规律运动，而且对运动的速度也要进行控制，对于不同的刀具和工件，可以选择不同的进给速度，如图 5—3 所示。这一类机床包括简易数控车床、数控铣床、数控镗床等。一般情况下，这些机床可以有两三个可控轴，但一般同时控制轴数只有两个。

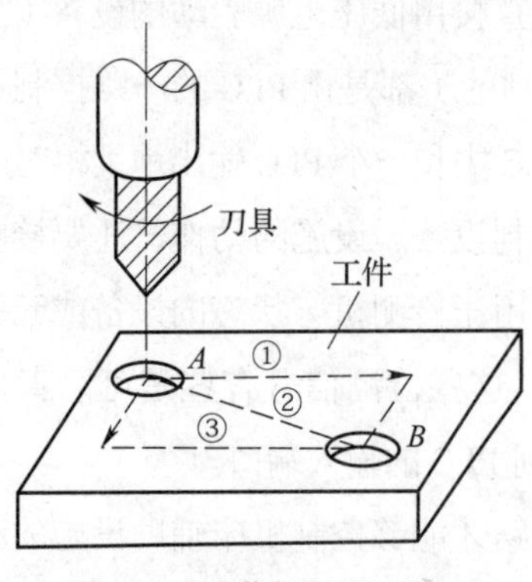

图 5—2　点位控制的切削加工

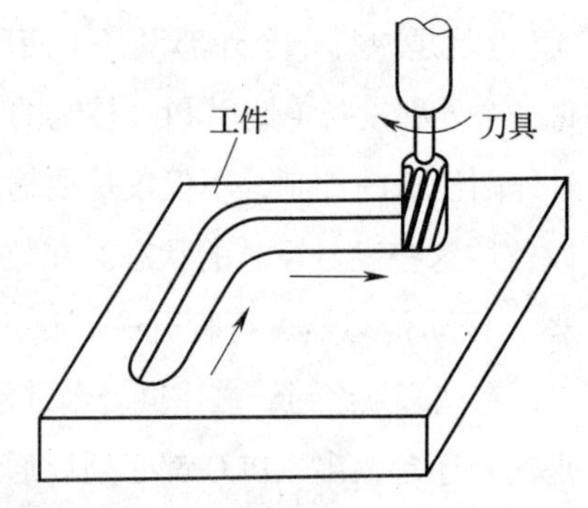

图 5—3　直线控制的切削加工

3）轮廓控制的数控机床。轮廓控制又称连续控制，大多数数控机床都具有轮廓控制功能。其特点是能同时控制两个以上的轴，且具有插补功能。它不仅要控制起点和终点位置，而且要控制加工过程中每一点的位置和速度，从而加工出任意形状的曲线或曲面组成的复杂零件，如图 5—4 所示。轮廓控制的数控机床主要有两坐标及两坐标以上的数控铣床，可以加工回转曲面的数控机床、加工中心等。

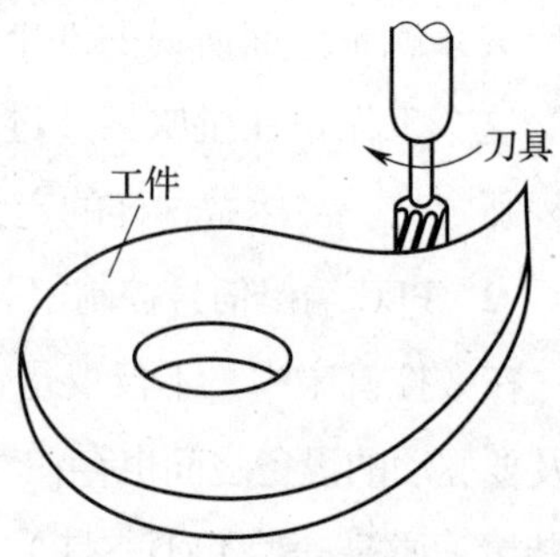

图 5—4　轮廓控制的切削加工

（2）按控制方式分类

1）开环数控系统。这类数控机床没有检测反馈装置，数控装置发出的指令信号流程是单向的，其精度主要决定于驱动元件和伺服电动机的性能。开环数控机床所用的电动机主要是步进电动机，移动部件的速度与位移由输入脉冲的频率和脉冲数决定，位移精度主要决定于该系统各有关零部件的精度。

开环控制具有结构简单、系统稳定、容易调试、成本低廉等优点，但是系统对移动部件的误差没有补偿和校正，所以精度低，位置精度通常为 ±0.01 ~ ±0.02 mm，一般适用于经济型数控机床。如图 5—5 所示为开环数控系统示意图。

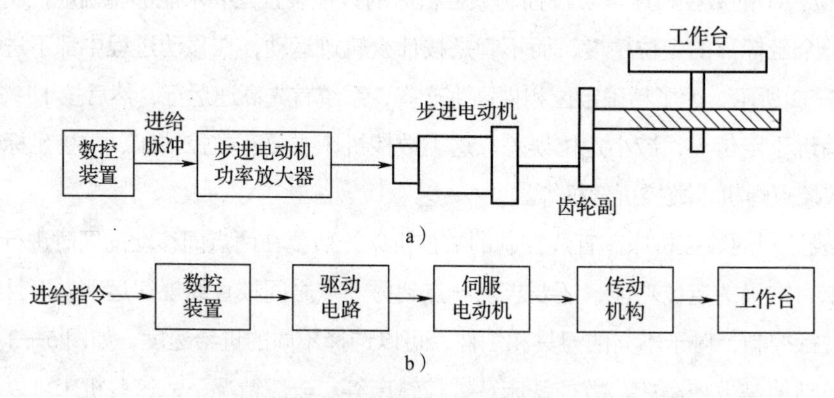

图 5—5　开环数控系统示意图

a）开环控制系统示意图　b）开环控制系统框图

2）闭环控制系统。闭环控制系统是指在机床的运动部件上安装位置测量装置（如光栅、感应同步器和磁栅等），如图5—6所示。加工中，位置测量装置将测量到的实际位置值反馈到数控装置中，与输入的指令位移相比较，用比较的差值控制移动部件，直到差值为零，即实现移动部件的最终精确定位。从理论上讲，闭环控制系统的控制精度主要取决于检测装置的精度，它完全可以消除由于传动部件制造中存在的误差而给工件加工带来的影响，所以，这种控制系统可以得到很高的加工精度。闭环控制系统的设计和调整都有较大的难度，主要用于一些精度要求较高的镗床、铣床、超精车床和加工中心等。

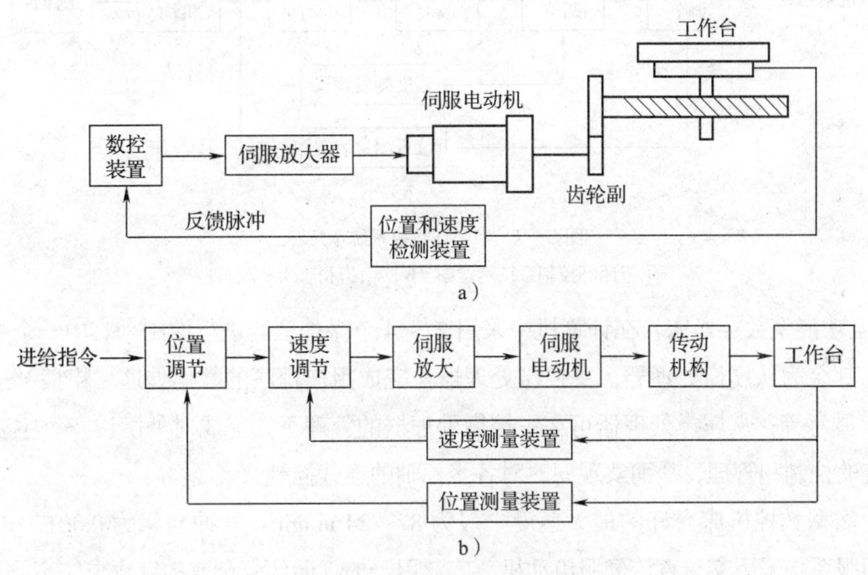

图5—6　闭环数控系统示意图

a）闭环控制系统示意图　b）闭环控制系统框图

3）半闭环控制系统。半闭环控制系统是在开环系统的丝杠上或进给电动机的轴上装有角位移检测装置（如圆光栅、光电编码器及旋转式感应同步器等）。该系统不是直接测量工作台的位移量，而是通过检测丝杠转角间接地测量工作台的位移量，然后反馈给数控装置，如图5—7所示。这种控制系统实际控制的是丝杠的传动，而丝杠螺母副的传动误差无法测量，只能靠制造保证，因而，半闭环控制系统的精度低于闭环系统。但由于角位移检测装置比直线位移检测装置结构简单，安装调试方便，因此，配有精密滚珠丝杠和齿轮的半闭环系统被广泛地采用，目前，已逐步将角位移检测装置和伺服电动机设计成一个部件，使系统变得更加简单，安装、调试更加方便，中档数控机床广泛采用半闭环控制系统。

（3）按功能水平分类

1）经济型数控机床。在计算机中一般用一个微处理器作为主控单元，伺服系统大多使用步进电动机驱动，采用开环控制方式，脉冲当量为0.005 ~ 0.01 mm/脉冲，机床的快速移动速度为5 ~ 8 m/min，精度较低，功能较简单，用数码管或简单的CRT字符显示，基本具备了计算机控制数控机床的主要功能。

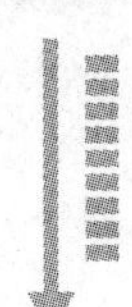

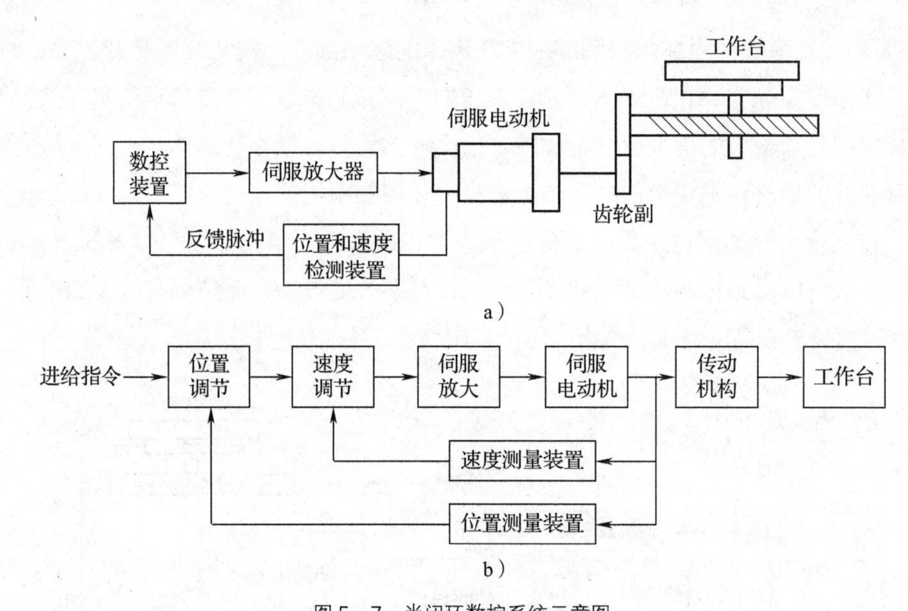

图 5—7　半闭环数控系统示意图

a）半闭环控制系统示意图　b）半闭环控制系统框图

2）全功能型数控机床。在计算机中采用 2 ~ 4 个微处理器进行控制，其中一个是主控微处理器，其余为从属微处理器。主控微处理器可完成用户程序的数据处理、粗插补运算、文本和图形显示等；从属微处理器可在主控微处理器的管理下，完成对外围设备，主要是伺服控制系统的控制和管理，从而实现同时对各坐标轴的连续控制。

全功能型数控机床允许的最大速度一般为 8 ~ 24 m/min，脉冲当量为 0.001 ~ 0.01 mm/脉冲，伺服系统采用交、直流伺服电动机，广泛用于加工形状复杂或精度要求较高的工件。

3）精密型数控机床。精密型数控机床采用闭环控制，它不仅具有全功能型数控机床的全部功能，而且机械系统的动态响应较快。其脉冲当量一般小于 0.001 mm/ 脉冲，适用于精密和超精密加工。

2．数控机床特点

数控机床通常由控制系统、伺服系统、检测系统、机械传动系统及其他辅助系统组成。控制系统用于数控机床的运算、管理和控制，通过输入介质得到数据，对这些数据进行解释和运算并对机床产生作用；伺服系统根据控制系统的指令驱动机床，使刀具和零件执行数控代码规定的运动；检测系统则是用来检测机床执行部件（工作台、转台、滑板等）的位移和速度变化量，并将检测结果反馈到输入端，与输入指令进行比较，根据其差别调整机床运动；机床传动系统是由进给伺服驱动部件至机床执行部件之间的机械进给传动装置；辅助系统种类繁多，如固定循环（能进行各种多次重复加工）、自动换刀（可交换指定刀具、传动间隙补偿机械传动系统产生的间隙误差）等。数控机床的操作和监控全部在数控机床的控制单元中完成，它是数控机床的大脑。与普通机床相比，数控机床有如下特点：

（1）加工精度高

数控机床是按数字形式给出的指令进行加工的。目前数控机床的脉冲当量普遍达到了

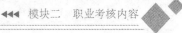

0.001 mm，而且进给传动链的反向间隙与丝杠螺距误差等均可由数控装置进行补偿，因此，数控机床能达到很高的加工精度。对于中、小型数控机床，其定位精度普遍可达 0.03 mm，重复定位精度为 0.01 mm。

（2）对加工对象的适应性强

数控机床上改变加工零件时，只需重新编制程序，输入新的程序就能实现对新零件的加工，这就为复杂结构的单件、小批量生产以及试制新产品提供了极大的便利。对那些普通手工操作的普通机床很难加工或无法加工的精密复杂零件，数控机床也能实现自动加工。

（3）自动化程度高，劳动强度低

数控机床对零件的加工是按事先编好的程序自动完成的，操作者除了安装加工程序或操作键盘、装卸工件、对关键工序的中间检测以及观察机床运行之外，不需要进行复杂的重复性手工操作，劳动强度与紧张程度均可大为减轻，加上数控机床一般有较好的安全防护、自动排屑、自动冷却和自动润滑装置，操作者的劳动条件也大为改善。

（4）生产效率高

零件加工所需的时间主要包括工作时间和辅助时间两部分。数控机床主轴的转速和进给量的变化范围比普通机床大，因此数控机床的每一道工序都可选用最有利的切削用量。由于数控机床的结构刚性好，因此，允许进行大切削量的强力切削，这就提高了切削效率，节省了工作时间。因为数控机床的移动部件的空行程运动速度快，所以工件的装夹时间、辅助时间比一般机床少。

数控机床更换被加工零件时几乎不需要重新调整机床，故节省了零件安装调整时间。数控机床加工质量稳定，一般只做首件检验和工序间关键尺寸的抽样检验，因此节省了停机检验时间。当在加工中心上进行加工时，一台机床可实现多道工序的连续加工，生产效率的提高更为明显。

（5）经济效益良好

数控机床虽然价值昂贵，加工时分到每个零件上的设备折旧费高，但是在单件、小批量生产的情况下：

1）使用数控机床加工，可节省画线工时，减少调整、加工和检验时间，节省了直接生产费用。

2）使用数控机床加工零件一般不需要制作专用夹具，节省了工艺装备费用。

3）数控加工精度稳定，减少了废品率，使生产成本进一步下降。

4）数控机床可实现一机多用，节省厂房面积，节省建厂投资。因此，使用数控机床仍可获得良好的经济效益。

3. 数控系统的发展趋势

数控技术是 20 世纪 40 年代后期为适应复杂外形零件的加工而发展起来的一种自动

化技术，其研究起源于飞机制造业。1949 年美国帕森（Parsons）公司接受美国空军委托，研制一种计算控制装置，用来实现飞机、火箭等复杂零部件的自动化加工。于是，该公司提出了用数字信息来控制机床自动加工外形复杂零件的设想，并与美国麻省理工学院（MIT）伺服机构研究所合作，于 1952 年研制成功了世界上第一台数控机床——三坐标立式数控铣床，可控制铣刀进行连续的空间曲面加工，由此拉开了数控技术研究的序幕。

目前，随着生产技术的发展，对产品的性能要求越来越高，产品改型频繁，采用多品种小批量生产方式的企业越来越多，这就要求数控机床向着高速化、高精度化、复合化、系统化、智能化、环保化方向发展。

（1）高速化和高精度化

目前，数控机床正向着高速化和高精度化方向发展，主轴转速可达 10 000 ~ 40 000 r/min，进给速度可达 30 m/min，快速移动可达 100 m/min，换刀时间可达 1.5 s，加工中心的定位精度约为 ±5 μm，有的可达到 ±1 μm。

日本开发的超精密非球面加工机砂轮轴转速为 40 000 r/min，采用数控系统控制，c 轴分度为 0.000 1 mm，x、y、z 轴控制的分辨率可达 1 nm。

北京机床研究所研制的纳米超精车床，采用气浮主轴轴承，可加工的最大直径为 800 mm，长度为 400 mm，采用纳米级光栅尺全闭环控制，分辨率为 5 nm，加工零件的圆度为 0.1 μm，面形精度为 0.2 μm/Φ50 mm，表面粗糙度为 Ra0.008 μm（铝材、无氧铜）。

达到这样的速度和精度，数控系统、伺服系统必须采取措施使其具有相适应的速度和控制精度。

（2）数控系统智能化、信息化

由于微电子技术、超大规模集成电路等各种技术的发展，使数控系统实现智能化变为可能。智能化的数控系统可以解决数控机床的故障诊断并提出排除的方法，也可以更广泛地深入解决加工中的技术问题。

信息技术（Information Technology，IT）将成为 21 世纪的重要发展潮流，数控机床将会广泛地应用 IT 技术实现控制、监视、诊断、补偿、调整等功能，提高机床无人化、智能化、集成化水平；利用 IT 网络将机床与工段、车间、工厂、外界数据库等进行联系，进一步实现制造、管理、经营、销售、服务等方面之间的网络化，即也向计算机集成制造系统方向发展。

（3）高可靠性

数控系统比较贵重，用户期望发挥投资效益，要求设备可靠。特别是对要用在长时间无人操作环境下运行的数控系统，可靠性成为人们最为关注的问题。提高可靠性通常可采取如下措施：

1）提高线路集成度。采用大规模或超大规模集成电路、专用芯片及混合式集成电路，以减少元器件的数量，精简外部连线和降低功耗。

2）建立由设计、试制到生产的一整套质量保证体系。例如，采取防电源干扰，输入/输出光电隔离；使数控系统模块化、通用化及标准化，以便于组织批量生产及维修；在安装制造时注意严格筛选元器件；对系统可靠性进行全面的检查、考核等，通过这些手段均可保证产品质量。

3）增强故障自诊断功能和保护功能。数控系统可能由于元器件失效、编程及人为操作错误等原因出现故障。数控系统一般具有故障自诊断功能，能够对硬件和软件进行故障诊断，自动显示出故障的部位及类型，以便快速排除故障。新型数控系统具有故障预报和自恢复功能。此外，还要注意增强监控与保护功能，例如，有的系统设有刀具破损检测、行程范围保护和断电保护等功能，以避免损坏机床和报废工件。由于采取了各种有效的可靠性措施，现代数控系统的平均无故障时间（MTBF）可达到 10 000 ～ 36 000 h。

4．伺服系统的发展

伺服系统是数控系统的重要组成部分，伺服系统的静态和动态性能直接影响数控机床的定位精度、加工精度和位移速度。当前，伺服系统的发展趋势如下。

（1）全数字式控制系统

伺服系统传统的位置控制是将位置控制信号反馈至数控系统，与位置指令比较后输出速度控制模拟信号至伺服驱动装置；而全数字式数控系统的位置比较则是在伺服驱动装置中完成的，数控系统仅输出位置指令的数字信号至伺服驱动装置。

另外，直流伺服系统逐渐被交流数字伺服系统所代替。在全数字式控制系统中，位置环、速度环和电流环等参数均实现了数字化，实现了几乎不受负载变化影响的高速响应的伺服系统。

（2）采用高分辨率的位置检测装置

现代数控机床的位置检测大多采用高分辨率的光栅和光电编码器，必要时采用细分电路，以进一步提高分辨率。

（3）软件补偿

现代数控机床利用数控系统的补偿功能，通过参数设置，对伺服系统进行多种补偿，如位置环增益、轴向运动误差补偿、反向间隙补偿及丝杠螺距累积误差补偿等。

（4）前馈控制

传统的伺服系统是将指令位置和实际位置的偏差乘以位置环增益作为速度指令，经伺服驱动装置拖动伺服电动机，这种方式总是存在着位置跟踪滞后误差，使得在加工拐角及圆弧时加工情况恶化。通过前馈控制，使跟踪滞后误差大为减小，从而提高位置控制精度。

（5）机械系统静、动摩擦的非线性控制技术

机床动、静摩擦的非线性会导致爬行现象，除采取降低静摩擦的措施外，新型的伺服系统还具有自动补偿机械系统静、动摩擦非线性的控制功能。

5.2　数控机床主轴驱动系统

5.2.1　概述

1．主传动系统的特点

数控机床的主传动是产生主切削力的传动运动，因此与普通机床相比，除了类似的基本特点和要求外，还具有以下特点和要求：

（1）转速高，高速切削，实现高效率加工。

（2）主轴的变速迅速可靠，能实现自动无级变速，使切削工作始终在最佳状态下进行。

（3）主轴上设有刀具的自动装卸、主轴定向停止（或称为准停装置）和主轴孔内的切屑清除装置。

2．数控机床对主传动系统的要求

数控机床的主轴驱动是指产生主切削运动的传动，它是数控机床的重要组成部分之一。随着数控技术的不断发展，传统的主轴驱动已不能满足要求，现代数控机床对主轴驱动提出了更高的要求：

（1）数控机床主传动要有宽的调速范围及尽可能实现无级变速。

（2）功率大。

（3）动态响应性要好。

（4）精度高。

（5）旋转轴联动功能。

（6）恒线速切削功能。

（7）加工中心上，要求主轴具有高精度的准停控制。

此外，有的数控机床还要求具有角度分度控制功能。为了达到上述有关要求，对主轴调速系统还需加位置控制，比较多地采用光电编码器作为主轴的转角检测。

3．主轴的驱动方式

数控机床的主轴驱动及其控制方式主要有带变速齿轮的主传动、通过带传动的主传动、用两个电动机分别驱动主轴和内装电动机主轴传动结构四种配置方式，如图 5—8 所示。

4．主轴调速方法

数控机床的主轴调速是按照控制指令自动执行的，为了能同时满足对主传动的调速和输出扭矩的要求，数控机床常用机电结合的方法，即同时采用电动机和机械齿轮变速两种方法。其中齿轮减速用以增大输出扭矩，并利用齿轮换挡来扩大调速范围。

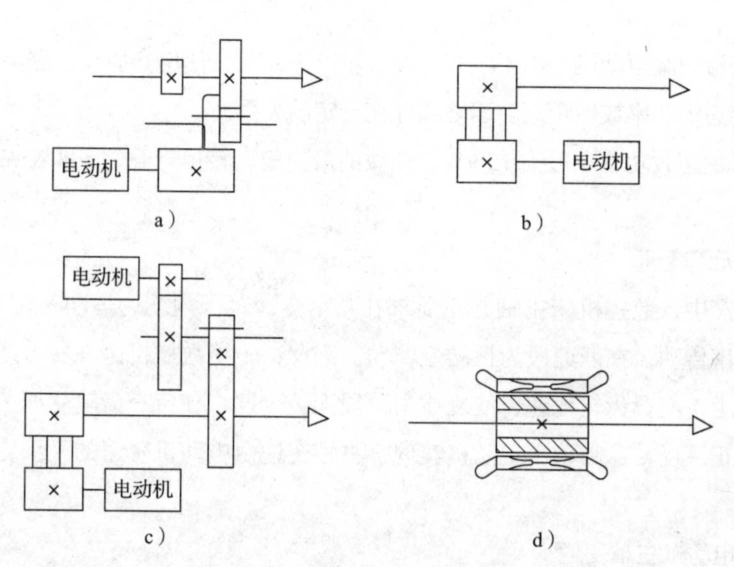

图 5—8 数控机床的主轴驱动方式

a）带变速齿轮的主传动 b）通过带传动的主传动

c）用两个电动机分别驱动主轴 d）内装电动机主轴传动结构

（1）电动机调速

用于主轴驱动的调速电动机主要有直流电动机和交流电动机两大类。

1）直流电动机主轴调速。

2）交流电动机主轴调速。

（2）机械齿轮变速

数控机床常采用 1 ~ 4 挡齿轮变速与无级调速相结合的方式，即所谓分段无级变速。采用机械齿轮减速，增大了输出扭矩，并利用齿轮换挡扩大了调速范围。

数控机床在加工时，主轴是按零件加工程序中主轴速度指令所指定的转速来自动运行。数控系统通过两类主轴速度指令信号来进行控制，即用模拟量或数字量信号（程序中的 S 代码）来控制主轴电动机的驱动调速电路，同时采用开关量信号（程序上用 M41 ~ M44 代码）来控制机械齿轮变速自动换挡的执行机构。自动换挡执行机构是一种电—机转换装置，常用的有液压拨叉和电磁离合器。

1）液压拨叉换挡。液压拨叉是一种用一只或几只液压缸带动齿轮移动的变速机构。最简单的二位液压缸实现双联齿轮变速。对于三联或三联以上的齿轮换挡则必须使用差动液压缸。

2）电磁离合器换挡。在数控机床中常使用无滑环摩擦片式电磁离合器和牙嵌式电磁离合器。

5．主轴调速方式

数控机床主传动系统一般有三种变速方式：无级变速、分段无级变速和内置电动机主轴变速。各种变速形式有以下结构特点：

（1）无级变速

数控机床一般采用直流或交流伺服电动机实现主轴无级变速，无级变速具有以下结构

特点：

1）使用交流伺服电动机，由于没有电刷，不产生火花，使用寿命长，可降低噪声。

2）主轴传递的功率或转矩与转速之间存在一定的关系。

3）电动机的超载功率一般为 15 kW，超载的最大输出转矩一般为 334 N·m，允许超载的时间为 30 min。

（2）分段无级变速

在实际生产中，数控机床主轴并不要求在整个变速范围内均为恒功率，一般要求在中、高速段为恒功率传动，在低速段为恒转矩传动。因此，一些数控机床在交流或直流电动机无级变速的基础上，配置齿轮变速，使之成为分段无级变速。在带有齿轮变速的分段无级变速系统中，轴的正、反转、制动由电动机实现，主轴变速由电动机转速的无级变速和齿轮有级变速配合实现。

（3）内置电动机主轴变速

将电动机与主轴合成一体（电动机转子即为机床主轴），这种变速方式大大简化了主轴箱体与主轴的结构，有效提高了主轴部件的刚度，这种方式一般用于主轴输出转矩要求较小的机床。这种方式的缺点是电动机发热会影响主轴的精度。

6．主传动的机械结构

数控机床的主轴部件一般包括主轴、主轴轴承和传动件等。对于加工中心，主轴部件还包括刀具自动夹紧装置、主轴准停装置和主轴孔的切屑消除装置。

（1）主轴轴承的配置形式

数控机床主轴轴承主要有以下几种配置形式：

1）前支承采用双列短圆柱滚子轴承和 60° 角接触双列向心推力球轴承，后支承采用向心推力球轴承。

2）前支承采用高精度双列向心推力球轴承。

3）前支承采用双列圆锥滚子轴承，后支承采用单列圆锥滚子轴承。

（2）主轴的自动装夹和切屑消除装置

在加工中心上，为了实现刀具在主轴上的自动装卸，其主轴必须设计有自动夹紧机构。

（3）主轴准停装置

加工中心的主轴部件上设有准停装置，其作用是使主轴每次都准确地停在固定不变的轴向位置上，以保证自动换刀时主轴上的端面键能对准刀柄上的键槽，同时使每次装刀时刀柄与主轴的相对位置不变，提高刀具的重复安装精度，从而可提高孔加工时孔径的一致性。另外，一些特殊工艺要求，如在通过前壁小孔镗内壁的同轴大孔，或进行反倒角等加工时，也要求主轴实现准停，使刀尖停在一个固定的方位上，以便主轴偏移一定尺寸后，使大刀刃能通过前壁小孔进入箱体内对大孔进行镗削。目前，主轴准停装置很多，主要分为机械式和电气式两种。

5.2.2　交流主轴电动机及其驱动控制

目前数控机床的主轴传动多采用交流主轴传动系统。交流主轴传动控制方式分为速度控制和位置控制两种。普通加工时为速度控制，主轴电动机轴上装有圆形的磁性传感器，用作速度反馈。位置控制就是控制主轴的转角或转位，用于主轴同步、主轴定向、刚性攻丝、C轴轮廓的控制。系统在轮廓控制时主轴要与其他轴插补，此时需在机床的主轴上装位置编码器，用于转角的测量与反馈。主轴控制单元采用单独的CPU控制，从CPU单元输出的控制指令用一条光缆送到主轴的控制单元，数据为串行传送，因此可靠性比较高。

1．常用交流主轴电动机

常用交流主轴电动机有永磁式同步电动机和笼型异步电动机两种。根据主轴电动机的情况不同，交流主轴电动机多采用笼型异步电动机，这是因为一方面受永磁体的限制，当电动机容量做得很大时，电动机成本会很高，对数控机床来讲无法接受；另一方面数控机床的主轴传动系统采用成本低的异步电动机进行矢量闭环控制，完全可满足数控机床主轴的要求，不必像进给伺服系统那样要求如此高的性能。但对交流主轴电动机性能要求与普通异步电动机又有所不同，要求交流主轴电动机的输出特性曲线（输出功率与转速关系）是在基本速度以下时为恒转矩区域，基本速度以上时为恒功率区域。

2．交流主轴控制系统

交流主轴控制单元有模拟式和数字式两种，现在所见到的国外交流主轴控制单元大多采用数字式的。如图5—9所示为交流主轴控制单元的框图。该主轴控制单元工作过程如下：

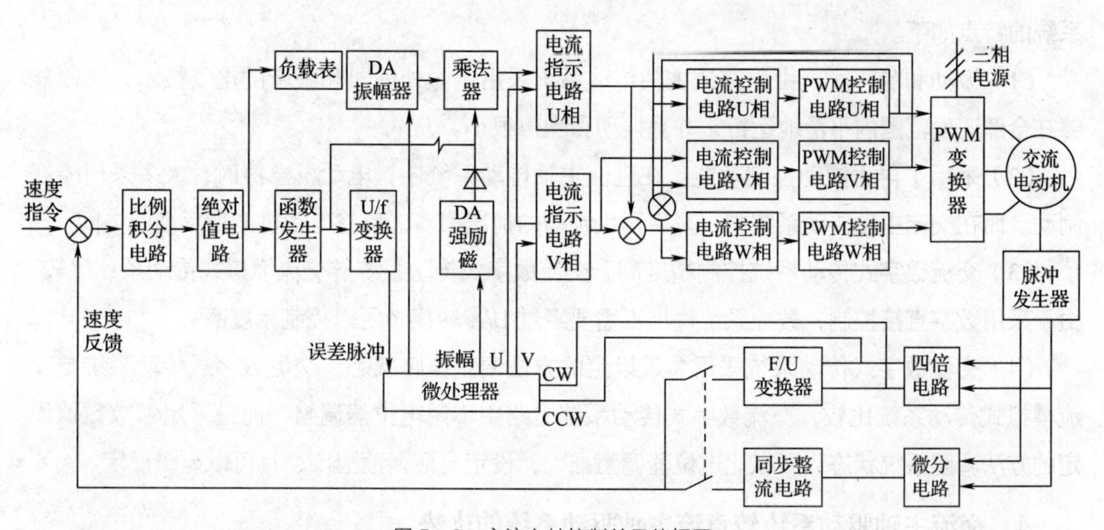

图5—9　交流主轴控制单元的框图

速度指令由数控系统发出（如10 V时相当于6 000 r/min或4 500 r/min），与检测器的信号比较后，经比例积分电路将速度误差信号放大作为转矩指令电压输出，再经绝对值电路使转矩指令电压永远为正。经过函数发生器（它的作用是当电动机低速时提高转矩指令电压），送到 U/F 变换器，转换成误差脉冲（如 10 V 相当于 200 kHz）。该误差脉冲输送到微处理器并与四倍电路送来的速度反馈脉冲进行比较。在此同时，将预先写在微处理器部件 ROM 中的信息读出，分别送出振幅和相位信号，送到 DA 强励磁和 DA 振幅器。DA 强励磁电路的作用是控制增加定子电流的振幅，而 DA 振幅器的作用是用于产生与转矩指令相对应的电动机定子电流的振幅。它们的输出值经乘法器之后形成定子电流的振幅，送给 U 相和 V 相的电流指示电路。从微处理器输出的 U、V 两相的相位也被送到 U 相和 V 相的电流指示电路，它实际上也是一个乘法器，通过它形成了 U 相和 V 相的电流指令。这个指令与电动机电流反馈信号比较后的误差，经放大后送至 PWM 控制回路，转换成频率为 3 kHz 的脉冲信号。I_U、I_V 两信号合成产生 W 相信号。上述脉冲信号经 PWM 变换器控制电动机的三相交流电流。脉冲发生器是一个速度检测器，用来产生每转 256 个脉冲的正、余弦波形，然后经四倍电路变成 1 024 个脉冲。它一方面送到微处理器，另一方面经 F/V 变换器作为速度反馈送到比较器与速度指令进行比较。但在低速时，由于 F/V 变换器的线性度较差，所以此时的速度反馈信号由微分电路和同步整流电路产生。在电动机停止运行时则需速度指令为零，此时交流电动机依靠惯性继续旋转，而 PWM 变换器可将电动机的动能转换为电能回馈给电网，实现再生制动。如果向微处理器输入反转信号时，微处理器输出的 U、V 两个信号位置对调，即 U 相电流指示电路和 V 相指示电路位置对调，从而导致电流控制电路和 PWM 控制电路的 U 相和 V 相位置也发生相应的变化，由于 W 相为 I_U、I_V 两信号合成的，所以不发生变化，使 PWM 变换器输出的三相交流电流相序改变，交流电动机反转，实现可逆运行。

3．交流主轴传动系统的特点

交流主轴传动系统分为模拟式（模拟接口）和数字式（串行接口）两种，交流主轴传动系统的特点如下。

（1）振动和噪声小。由于交流主轴传动系统采用了微处理器和最新的电气技术，所以能够在全部速度范围内平滑地运行，并且振动和噪声很小。

（2）采用了再生制动控制功能。在直流主轴传动系统中，电动机急停时，大多采用能耗制动。而在交流主轴传动系统中，采用再生制动的情况很多，可将电动机能量反馈回电网。

（3）交流数字式传动系统控制精度高。交流数字式传动系统与交流模拟式传动系统比较，由于采用数字直接控制，数控系统输出不需要经过 D/A 转换，所以控制精度高。

（4）交流数字式传动系统采用参数设定的方法调整电路状态。交流数字式传动系统与交流模拟式传动系统比较，交流数字式传动系统电路中不用电位器调整，而是采用参数数值设定的方法调整系统状态，所以比电位器调整准确，设定灵活，范围广，且可以无级设定。

4．交流主轴驱动系统较直流主轴驱动系统的优势

（1）由于驱动系统必须采用微处理器和现代控制理论进行控制，因此其运行平稳、振动和噪声小。

（2）驱动系统一般都具有再生制动功能，在制动时，既可将能量反馈回电网，起到节能

的效果，又可以加快启动、制动速度。

（3）特别是对于全数字式主轴驱动系统，驱动器可直接使用 CNC 的数字量输出信号进行控制，不用经过 A/D 转换，转速控制精度得到了提高。

（4）与数字式交流伺服驱动一样，在数字式主轴驱动系统中，还可采用参数设定方法对系统进行静态调整与动态优化，系统设定灵活、调整准确。

（5）由于交流主轴无换向器，主轴通常不需要进行维修。

（6）主轴转速的提高不受换向器的限制，最高转速通常比直流主轴更高，可达到数万转。

5.2.3　直流主轴电动机及其驱动控制

1．直流主轴电动机

直流主轴电动机结构与普通直流电动机的结构基本相同。它是由定子与转子组成的，其中转子是由转子绕组与换向器组成，定子是由主磁极与换向极组成。有的主轴电动机在定子上除了有主励磁绕组、换向绕组之外，为了改善换向，还加了补偿绕组。

从表面看，直流主轴电动机与普通直流电动机相同，但实际上是不相同的，它主要是能在很宽的范围内调速，又要求过载能力强，所以在结构上应是加强强度的结构。为了提高过载能力，一方面要提高结构的机械强度，另一方面就是采取了尽可能完善的换向措施。尤其是主轴电动机还要经常正反转与立即停车，这些都是非常苛刻的工作条件。主轴电动机为了满足这些方面的要求，在换向器上也采取了相应的加强措施。总之，主轴电动机与普通直流电动机不同，普通直流电动机用在主轴上，寿命是不会太长的。

主轴电动机另一个特点就是加强冷却的措施，采用强迫通风冷却或采用热管冷却技术，防止电动机把热量传到主轴上，引起主轴变形。主轴电动机的外壳一般均采用密封式结构，以适应加工过程中铁屑、油、冷却液的侵蚀。

2．直流主轴控制系统

直流主轴传动系统类似于直流调速系统，多采用晶闸管调速的方式，其控制电路是由速度环和电流环构成的双环调速系统，其内环为电流环，外环为速度环。主轴电动机为他励直流电动机，如图 5—10 所示。

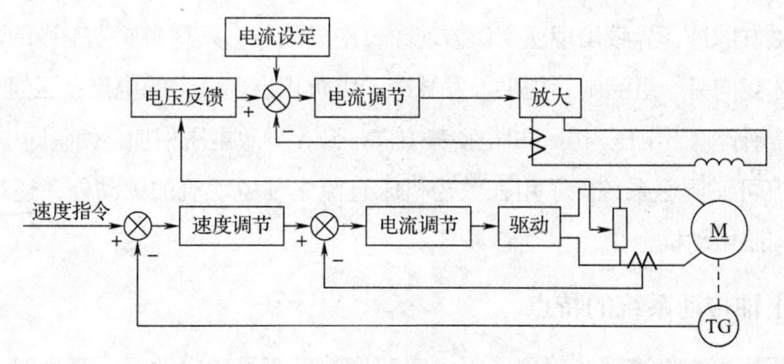

图 5—10　直流主轴电动机驱动控制

在双闭环直流调速系统中，系统可以随时根据速度指令的模拟电压信号与实际转速反馈电压的差值控制电动机的转速。当电压差值大时，电动机转矩大，速度变化快，电动机的转速很快达到给定值。当转速接近给定值时，可以使电动机的转矩自动地减小，避免过大的超调量，保证转速的稳态无静差。当系统受到外来干扰时，电流环能迅速地做出抑制干扰的响应，保证系统具有最佳的加速度和制动时间特性。系统速度环中速度调节器的输出作为电流调节器的给定信号来控制电动机的电流和转矩，所以速度调节器的输出限幅值就限定了电流环中的电流。在电动机启动过程中，电动机转矩和电枢电流急剧增加，电枢电流达到限定值，使电动机以最大转矩加速，转速线性上升，而当电动机的转速达到甚至超过了给定值时，速度反馈电压大于速度给定电压，速度调节器的输出从限幅值降下来，电流调节器的输入给定值也相应减小使电枢电流下降，电动机的转矩也随之下降，开始减速。当电动机的转矩小于负载转矩时，电动机会再次加速直到重新回到速度给定值，因此双闭环直流调速系统对保证主轴的快速启停，保持稳定运行等功能是很重要的。

励磁电流设定电路、电枢电压反馈电路及励磁电流反馈电路组成磁场控制电路，该电路输出信号经比较后控制励磁电流。当电枢电压较低时，电枢反馈电压也较低，磁场控制电路中电枢电压反馈不起作用，只有励磁电流反馈作用，维持励磁电流不变，实现调压调速；当电枢电压较高时，电枢反馈电压也较高，励磁电流反馈不起作用，电枢反馈电压被引入。随着电枢电压的升高，调节器即对磁场电流进行弱磁升速，使转速上升。这样，通过速度指令，电动机转速从最小值到额定值对应电动机电枢的调压调速，实现恒转矩控制，从额定值到最大值对应电动机励磁电流减小的弱磁调速，实现恒功率控制。

直流主轴驱动装置一般具有速度到达、零速检测等辅助信号输出，同时还具有速度反馈消失、速度偏差过大、过载及失磁等多项报警保护措施，以确保系统安全可靠工作。

数控机床直流主轴电动机功率较大，且要求正、反转及快速停止，因此驱动装置的主电路往往采用三相桥式反并联逻辑无环流可逆调速系统，这样在制动时，除了缩短制动时间外，还能将主轴旋转的机械能转换成电能送回电网。逻辑无环流可逆系统是利用逻辑电路，使一组晶闸管在工作时，另一组晶闸管的触发脉冲被封锁，从而切断正、反两组晶闸管之间流通的电流（简称环流）。逻辑电路必须满足系统的需要，即同一时刻只向一组晶闸管提供触发脉冲；只有当工作的那一组晶闸管断流后才能撤销其触发脉冲，以防止晶闸管处于逆变状态时，未断流就撤销触发脉冲，导致出现逆变颠覆现象，造成故障；只有当原先工作的那一组晶闸管完全关断后，才能向另一组晶闸管提供触发脉冲，以防止出现过大的电流；任何一组晶闸管导通时，要防止晶闸管输出电压与电动机电动势方向一致，导致电压相加，使瞬时电流过大。

逻辑无环流可逆调速系统除了用在数控机床直流主轴电动机的驱动外，还可用在功率较大的直流进给伺服电动机上。

3．直流主轴传动系统的特点

（1）简化变速机构。该系统简化了由恒定速度的交流异步电动机、离合器、齿轮等组成的传统主轴多级机械变速装置的结构。在直流主轴传动系统中通常只需设置高、低两级速度的机械变速机构，就能得到全部的主轴变换速度。电动机的速度由主轴传动系统进行控制，变速时间短；通过最佳切削速度的选择，可以提高加工质量和加工效率，进一步提高可靠性。

（2）适合工厂环境的全封闭结构。数控机床采用全封闭结构的直流主轴电动机，所以能在有尘埃和切削液飞溅的工业环境中使用。

（3）主轴电动机采用特殊的热管冷却系统，外形小。在主轴电动机轴上装入了比铜的热传导率大数百倍的热管，能将转子产生的热量立即向外部发散。为了把发热限制在最小限度以内，定子内采用了独特方式的特殊附加磁极，减小了损耗，提高了效率。电动机的外形尺寸小于同等容量的开启式电动机，容易安装在机床上，且噪声很小。

（4）驱动方式性能好。主轴传动系统采用晶闸管三相全波驱动方式，振动小、旋转灵活。

（5）主轴控制功能强，容易与数控系统配合。在与 NC 结合时，主轴传动单元准备了必要的 D/A 转换器、超程输入、速度计数器输出等功能。

（6）纯电式主轴定位控制功能。采用纯电式主轴定位控制，能用纯电式手段控制主轴的定位停止，故无须机械定位装置，可进一步缩短定位时间。

5.3　数控机床进给驱动系统

5.3.1　进给系统的简介

数控机床的进给伺服系统按驱动方式有液压进给伺服系统和电气进给伺服系统两类。由于伺服电动机和进给驱动装置的发展，目前绝大多数数控机床采用电气伺服方式。

1．数控机床进给伺服系统的分类

（1）按数控机床进给伺服系统的结构形式可分为开环、闭环、半闭环和复合闭环。由于半闭环电路中非线性因素少，容易整定，通过补偿来提高位置控制精度比较方便，电气控制部分与执行机械相对独立，系统通用性强，因而得到广泛的应用。

（2）根据机床进给伺服系统发展经历的阶段可分为开环的步进电动机系统阶段、直流伺服系统阶段和交流伺服系统阶段。

2．数控机床对进给伺服系统的要求

数控机床的进给伺服系统一般由速度控制、位置控制、伺服电动机和机械传动部件四个部分组成，如图 5—11 所示，在进行设计和参数的选择时应能满足整个进给驱动的要求。

（1）高精度

能够保证加工质量的稳定性；解决复杂空间曲面零件的加工问题；解决复杂零件的加工精度问题，缩短制造周期；消除操作者的人为误差。

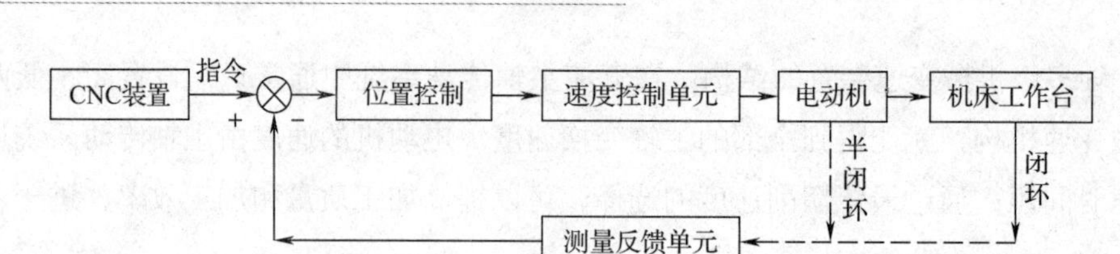

图 5—11　进给伺服系统的结构形式

（2）响应速度快

为了保证轮廓切削形状精度和获得低的加工表面粗糙度，除了要求有较高的定位精度外，还要求跟踪指令信号的响应要快，即要求有良好的快速响应特性。一方面，要求过渡过程时间要短，通常要求从 0 → F_{max}（F_{max} → 0）时间应小于 200 ms，甚至小于几十毫秒；另一方面，为了满足控制超调要求，要使过渡过程的前沿陡，即上升率要大。

（3）调速范围宽

在数控机床中，由于加工用刀具、被加工的材质和零件加工要求的不同，为保证在任何情况下都能得到最佳切削条件，就要求进给驱动必须具有足够宽的调速范围。目前，在进给速度范围内最高控制水平可达到脉冲当量为 1 μm 的情况，进给速度从 0 ~ 240 mm/min 连续可调。对于一般的数控机床而言，进给驱动系统能够在 0 ~ 24 mm/min 进给速度下工作就足够了。

（4）在低速时具有大转矩

机床的加工特点，大多是在低速时进行重切削，即要求在低速时进给驱动具有大的转矩输出。

（5）要求伺服电动机具有高的精度、快的响应、宽的调速和大的输出转矩等特点。

（6）能可逆运行和频繁灵活启停。

（7）系统的可靠性高，维护使用方便，成本低。

综上所述：对伺服系统的要求包括静态和动态特性两方面；对于高精度的数控机床，其动态性能的要求更严。

3．进给伺服系统对伺服电动机的要求

为了使数控机床的性能得到保证，对进给伺服系统使用的伺服电动机提出了很高的要求。

（1）在调速范围内电动机能够平滑地运转，转矩波动要小，特别在低速时应仍有平稳的速度而无爬行现象。

（2）为了满足低转速、大转矩的要求，电动机应具有一定的过载能力。

（3）为了满足快速响应的要求，电动机必须具有较小的转动惯量、较大的堵转转矩、小的电动机时间常数和启动电压。

（4）电动机应能承受频繁的启动、制动和反转。

5.3.2　步进电动机及其驱动系统

1．步进电动机工作原理及分类

步进电动机是将电脉冲信号转变为角位移或线位移的开环控制元件。在非超载的情况下，

电动机的转速、停止的位置只取决于脉冲信号的频率和脉冲数，而不受负载变化的影响，即给电动机加一个脉冲信号，电动机则转过一个步距角。这一线性关系的存在，加上步进电动机只有周期性的误差而无累积误差等特点，使得在速度、位置等控制领域用步进电动机来控制变得非常简单。

（1）步进电动机分类

1）步进电动机按其输出转矩的大小可分为快速步进电动机和功率步进电动机。

2）步进电动机按其励磁相数可分为三相、四相、五相、六相甚至八相。

3）步进电动机按其工作原理主要可分为感应子式和反应式两大类。

（2）步进电动机工作原理

1）反应式步进电动机原理

①结构。电动机转子均匀分布着很多小齿，定子齿有三个励磁绕组，其几何轴线依次分别与转子齿轴线错开 0、1/3 T、2/3 T（相邻两转子齿轴线间的距离为齿距，以 T 表示），即 A 与齿 1 相对齐，B 与齿 2 向右错开 1/3T，C 与齿 3 向右错开 2/3T，A′ 与齿 5 相对齐（A′ 就是 A，齿 5 就是齿 1），如图 5—12 所示为定转子的展开图。

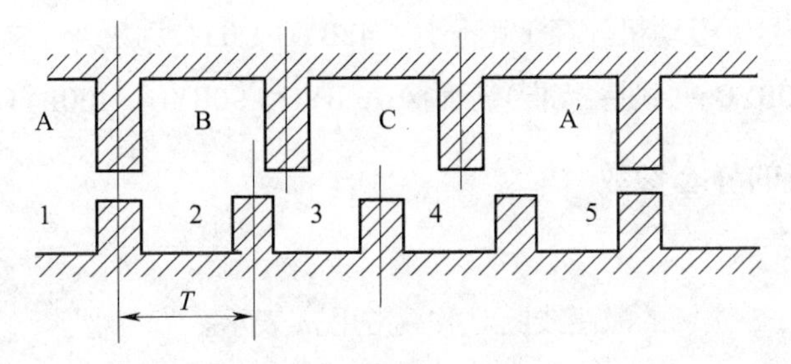

图 5—12　定转子的展开图

②旋转。如 A 相通电，B、C 相不通电时，由于磁场作用，齿 1 与 A 对齐，（转子不受任何力以下均同）。如 B 相通电，A、C 相不通电时，齿 2 应与 B 对齐，此时转子向右移过 1/3T，齿 3 与 C 偏移为 1/3T，齿 4 与 A 偏移（T–1/3T）=2/3T。如 C 相通电，A、B 相不通电，齿 3 应与 C 对齐，此时转子又向右移过 1/3T，此时齿 4 与 A 偏移为 1/3T 对齐。如 A 相通电，B、C 相不通电，齿 4 与 A 对齐，转子又向右移过 1/3T，这样经过 A、B、C、A 分别通电状态，齿 4（即齿 1 前一齿）移到 A 相，电动机转子向右转过一个齿距，如果不断地按 A、B、C、A……通电，电动机就每步（每脉冲）以 1/3T 向右旋转。如按 A、C、B、A……通电，电动机就反转。

由此可见，电动机的位置和速度由导电次数（脉冲数）和频率成一一对应关系。而方向由导电顺序决定，但出于对力矩、平稳、噪声及减少角度等方面考虑，往往采用 A–AB–B–BC—C–CA–A 这种导电状态，这样将原来每步 1/3T 改变为 1/6T。甚至通过两相电流不同的组合，使其 1/3T 变为 1/12T、1/24T，这就是电动机细分驱动的基本理论依据。

由此可见，当电动机定子上有 m 相励磁绕组，其轴线分别与转子齿轴线偏移 1/m，2/m，……，（m–1）/m，1。并且导电按一定的相序，电动机就能正反转被控制——这是步进电动机旋转的物理条件。只要符合这一条件，理论上可以制造任何相的步进电动机，但出于成本等多方面考虑，市场上一般以二、三、四、五相为多。

2）感应子式步进电动机

①特点。感应子式步进电动机与传统的反应式步进电动机相比，结构上转子加有永磁体，以提供软磁材料的工作点，而定子激磁只需提供变化的磁场而不必提供磁材料工作点的耗能，因此该电动机效率高，电流小，发热低。因永磁体的存在，该电动机具有较强的反电势，其自身阻尼作用比较好，使其在运转过程中比较平稳、噪声低、低频振动小。

感应子式步进电动机某种程度上可以看作低速同步电动机。一个四相电动机可以作四相运行，也可以作二相运行（必须采用双极电压驱动），而反应式电动机则不能如此。例如四相，八相运行（A-AB-B-BC-C-CD-D-DA-A）完全可以采用二相八拍运行方式。一个二相电动机的内部绕组与四相电动机完全一致，小功率电动机一般直接接为二相，而功率大一点的电动机，为了方便使用，灵活改变电动机的动态特点，往往将其外部接线为八根引线（四相），这样在使用时，既可以作四相电动机使用，也可以作二相电动机绕组串联或并联使用。

②分类。感应子式步进电动机以相数可分为二相电动机、三相电动机、四相电动机、五相电动机等。以机座号（电动机外径）可分为：42BYG（BYG 为感应子式步进电动机代号）、57BYG、86BYG、110BYG、（国际标准），而像 70 BYG、90BYG、130BYG 等均为国内标准。

2．步进电动机的静态参数

（1）相数

产生不同对极 N、S 磁场的激磁线圈对数，常用 m 表示。

（2）拍数

完成一个磁场周期性变化所需脉冲数或导电状态，用 n 表示，或指电动机转过一个齿距角所需脉冲数，以四相电动机为例，有四相四拍运行方式，即 AB-BC-CD-DA-AB，四相八拍运行方式，即 A-AB-B-BC-C-CD-D-DA-A。

（3）步距角

对应一个脉冲信号，电动机转子转过的角位移，用 θ 表示。θ=360°/（转子齿数 $J\times$ 运行拍数），以常规二、四相，转子齿为 50 齿电动机为例，四拍运行时步距角为 θ=360°/（50*4）=1.8°（俗称整步），八拍运行时步距角为 θ=360°/（50×8）=0.9°（俗称半步）。

（4）定位转矩

电动机在不通电状态下，电动机转子自身的锁定力矩（由磁场齿形的谐波以及机械误差造成的）。

（5）静转矩

电动机在额定静态电作用下，不做旋转运动时，电动机转轴的锁定力矩。此力矩是衡量电动机体积（几何尺寸）的标准，与驱动电压及驱动电源等无关。虽然静转矩与电磁激磁安匝数成正比，与定齿转子间的气隙有关，但过度采用减小气隙，增加激磁安匝来提高静力矩

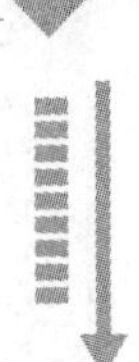

是不可取的，这样会造成电动机的发热及机械噪声。

3. 步进电动机动态参数

（1）步距角精度

步进电动机每转过一个步距角的实际值与理论值的误差。用百分比表示为：误差/步距角 × 100%。不同运行拍数其值不同，四拍运行时应在 5% 之内，八拍运行时应在 15% 以内。

（2）失步

电动机运转时，运转的步数不等于理论上的步数，称之为失步。

（3）失调角

转子齿轴线偏移定子齿轴线的角度，电动机运转必存在失调角，由失调角产生的误差，采用细分驱动是不能解决的。

（4）最大空载的启动频率

电动机在某种驱动形式、电压及额定电流下，在不加负载的情况下，能够直接启动的最大频率。

（5）最大空载的运行频率

电动机在某种驱动形式、电压及额定电流下，电动机不带负载的最高转速频率。

（6）运行矩频特性

电动机在某种测试条件下测得运行中输出力矩与频率关系的曲线称为运行矩频特性，这是电动机诸多动态曲线中最重要的，也是电动机选择的根本依据。电动机一旦选定，静态力矩确定，而动态力矩却不然，电动机的动态力矩取决于电动机运行时的平均电流（而非静态电流），平均电流越大，电动机输出力矩越大，即电动机的频率特性越硬。

（7）电动机的共振点

步进电动机均有固定的共振区域，二、四相感应子式步进电动机的共振区一般为 180 ~ 250 pps（步距角为 1.8°）或在 400 pps 左右（步距角为 0.9°），电动机驱动电压越高，电流越大，负载越轻，体积越小，则共振区向上偏移，反之亦然，为使电动机输出力矩大，不失步和整个系统的噪声降低，一般工作点均应偏移共振区较多。

（8）电动机正反转控制

当电动机绕组通电时序为 AB–BC–CD–DA 时为正转，通电时序为 DA–CD–BC–AB 时为反转。

4. 开环步进电动机进给伺服系统

开环步进电动机进给伺服系统，由步进电动机驱动线路和步进电动机组成。每输入一个脉冲信号，步进电动机就会转过一定的角度，通过滚珠丝杠推动工作台移动一定的距离。这种伺服机构比较简单，工作稳定，容易掌握使用，但精度和速度的提高受到限制。

使用、控制步进电动机必须由环形脉冲、功率放大等组成的控制系统，其方框图如图 5—13 所示。

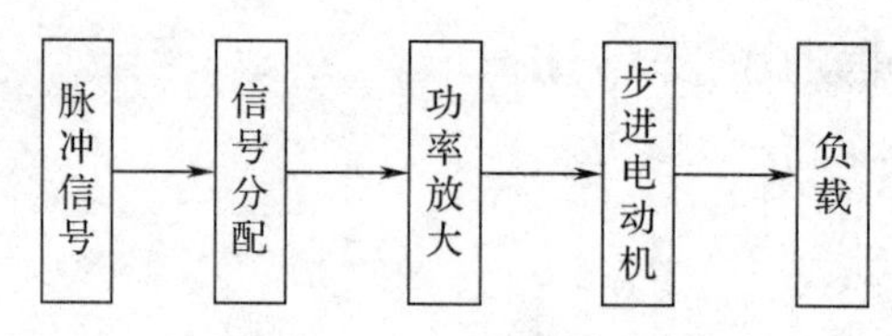

图 5—13　控制系统组成框图

（1）脉冲信号的产生

脉冲信号一般由单片机或 CPU 产生，一般脉冲信号的占空比为 0.3 ~ 0.4，电动机转速越高，占空比则越大。

（2）信号分配

以二、四相为主的感应子式步进电动机中，二相电动机工作方式有二相四拍和二相八拍两种，具体分配如下：二相四拍步距角为 1.8°；二相八拍步距角为 0.9°。四相电动机工作方式也有两种，四相四拍为 AB–BC–CD–DA–AB，步距角为 1.8°；四相八拍为 AB–B–BC–C–CD–D–AB，步距角为 0.9°。

（3）功率放大

功率放大是驱动系统最为重要的部分。步进电动机在一定转速下的转矩取决于它的动态平均电流，而非静态电流（而样本上的电流均为静态电流）。平均电流越大，电动机力矩越大，要达到平均电流大，就需要驱动系统尽量克服电动机的反电势。因而不同的场合采取不同的驱动方式，到目前为止，驱动方式一般有以下几种：恒压、恒压串电阻、高低压驱动、恒流、细分数。

（4）细分驱动器

在步进电动机步距角不能满足使用的条件下，可采用细分驱动器来驱动步进电动机，细分驱动器的原理是通过改变相邻 A，B 相电流的大小，以改变合成磁场的夹角来控制步进电动机运转的。

5.3.3　伺服电动机及驱动系统

1．直流进给伺服系统的工作原理和特点

在直流伺服系统中，常用的伺服电动机有小惯量直流伺服电动机和永磁直流伺服电动机（也称为大惯量宽调速直流伺服电动机）。小惯量伺服电动机可以最大限度地减少电枢的转动惯量，所以能够获得最好的快速性，在早期的数控机床上应用较多，现在也有应用。由于小惯量伺服电动机具有高的额定转速和低的惯量，所以应用时，要经过中间机械传动与丝杠相连接。

自 20 世纪 70 年代以来，永磁直流伺服电动机在许多数控机床上得到广泛的应用，但缺点是有电刷，限制了转速的提高，一般额定转速为 1 000 ~ 1 500 r/min，而且结构复杂，价格较贵。

（1）SCR 双环控制方式

SCR 方式多采用三相全控桥式整流电路作为直流速度控制单元的主电路。SCR 双环调速

系统控制框图如图 5—14 所示。它是在具有速度反馈的闭环控制方案中增加了电流反馈环节的双闭环调速系统，保证了较宽的调速范围，改善了低速特性。双环调速系统主要由比较放大环节、PI 速度调节器、电流调节器、移相触发器、换向和可逆调速环节及各种保护环节（如过载保护、过流保护及失控保护等）组成。

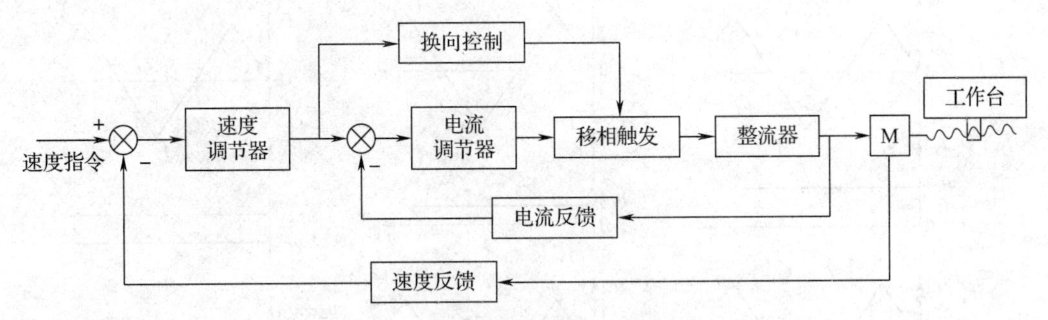

图 5—14　SCR 双环调速系统控制框图

SCR 双环调速控制方式的工作过程如下：数控系统发出的速度指令与速度反馈信号比较后，经速度调节器调节后的输出信号分两路作用于电路。一路作为换向控制电路的输入，另一路与电流反馈信号比较后，为电流调节器提供输入信号。速度调节器与电流调节器的作用与直流主轴控制系统中的速度调节器与电流调节器的作用相同。电流调节器的输出控制移相触发电路输出脉冲的相位，触发脉冲相位的变化即可改变整流器的输出电压，从而改变直流伺服电动机的转速。

（2）PWM 脉宽调速控制方式

转速、电流双闭环 PWM 控制电路如图 5—15 所示。

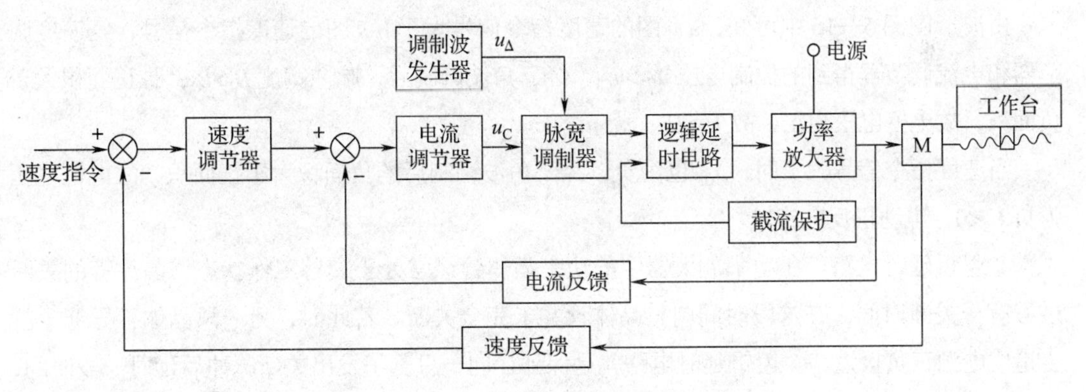

图 5—15　转速、电流双闭环 PWM 控制电路

1）PWM 脉宽调速控制系统工作原理

PWM 脉宽调速控制系统工作原理是利用脉宽调制器对大功率晶体管开关放大器的开关时间进行控制，将直流电压转换成某一频率的方波电压，加到直流电动机的两端，通过对方波脉冲宽度的控制，改变电枢两端的平均电压，达到调节电动机转速的要求。

在电路中，速度调节器和电流调节器的作用与直流主轴控制系统中的相同。截流保护的目的是防止电动机过载时流过功率晶体管或电枢的电流过大。

①脉宽调制器。为了对功率晶体管基极提供一个宽度可由速度给定信号调节且与之成比例的脉宽电压，需要一种电压——脉宽变换装置，称为脉宽调制器。脉宽调制器的调制信号通常有锯齿波和三角波，它们由调制波发生器产生。脉宽调制波形如图 5—16 所示。

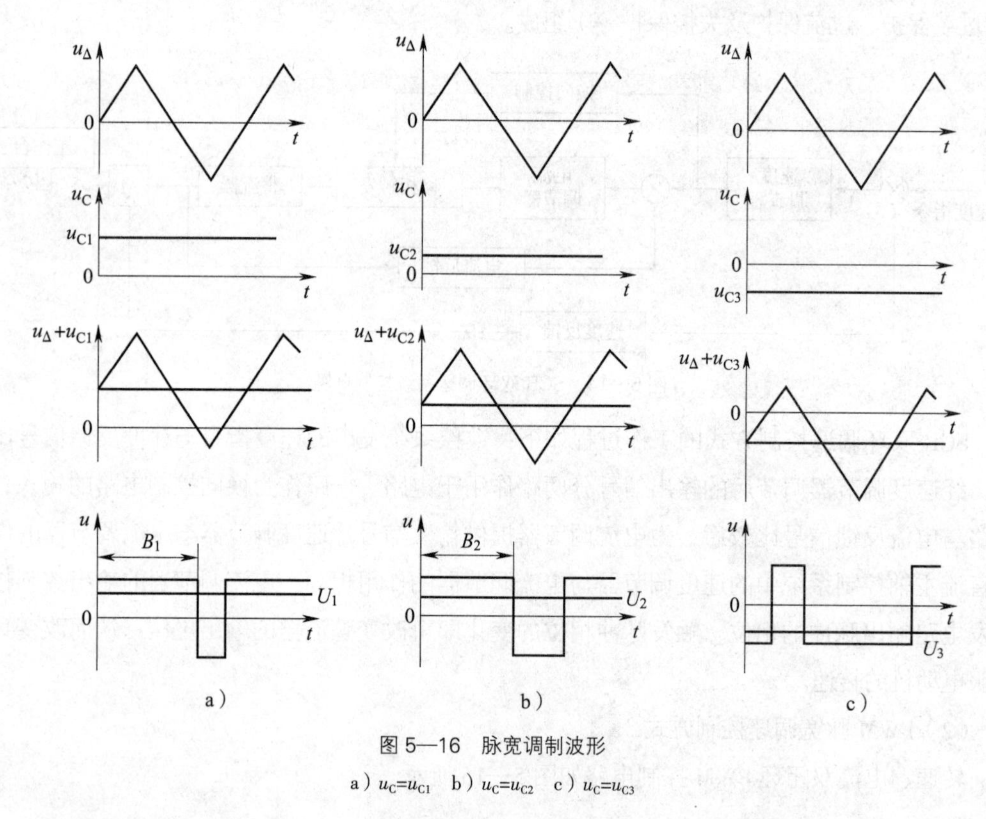

图 5—16　脉宽调制波形

a）$u_C=u_{C1}$　b）$u_C=u_{C2}$　c）$u_C=u_{C3}$

由波形图图 5—16 中可知，a）图的速度指令信号大于 b）图的速度指令信号，经速度调节器和电流调节器得到的控制电压 $u_{C1}>u_{C2}$，经三角波调制后，脉冲宽度 $B_1>B_2$，且正面积大于负面积，故电枢电压为正，故 $U_1>U_2$，$n_1>n_2$。

当速度指令信号为负时，u_{C3} 也为负，经三角波调制后的负面积大于正面积，故电枢电压为负 $U_2<0$，电动机反向旋转。

②逻辑延时电路。在功率放大器中的功率晶体管经常处于交替工作状态，晶体管的关断过程有一关断时间，在这段时间内，晶体管并未完全关断。若此时，另一只晶体管导通，就会造成电源正负极短路。逻辑延时电路就是保证在向一只管子发出关断脉冲后延时一段时间，再向另一只管子发出触发脉冲。

SCR 方式是晶闸管控制调速方式，PWM 方式是晶体管脉宽调制控制方式。SCR 方式是早期大电流模块型功率晶体管在工艺上还不成熟，未达到商品化阶段时，只好采用晶闸管对直流电动机进行速度控制的单元。随着大功率晶体管工艺上的进步及高反压大电流的模块型功率晶体管的商品化，PWM 方式才受到普遍重视，并得到迅猛发展而广为应用。

2）PWM 方式的优点

①由于 PWM 方式中晶体管工作频率在 2 kHz 左右，远比转子跟随频率高，因此不会产生

机械共振。

②由于 PWM 方式开关频率选的很高，电枢电流连续，使机械在低速时工作平稳，因此调速范围比较大。而 SCR 方式则由于电压整流后波形差，使低压轻负载时电枢电流不连续而产生低速脉动，限制了调速范围。

③ PWM 方式的电流波形系数较小，因此电动机发热与损耗较小，对机床精度影响也较小。

④ PWM 方式功率损耗小，且无论输出电压最高或最低时，功耗皆相同，这样就很好地改善了输出级晶体管在低速下的工作条件。

⑤ PWM 方式与较小惯量的电动机配套使用时，由于频带宽，可以充分发挥系统的性能，特别适合在启、停频繁的条件下应用。

⑥ PWM 具有很好的动态硬度，而且伺服频带越宽，系统的动态硬度越高，使机床运行平稳，降低加工零件表面粗糙度并延长了刀具寿命。

⑦ PWM 方式具有四象限的运行能力，响应很快，对负载的驱动与制动均能快速响应。

PWM 方式虽有上述优点，但与晶闸管相比，仍有不能承受高峰值电流的弱点。同时大功率晶体管性能不稳定，价格也较高。

（3）FANUC 直流进给伺服系统的连接

FANUC PWM 直流进给伺服驱动装置与数控装置的连接如图 5—17 所示。

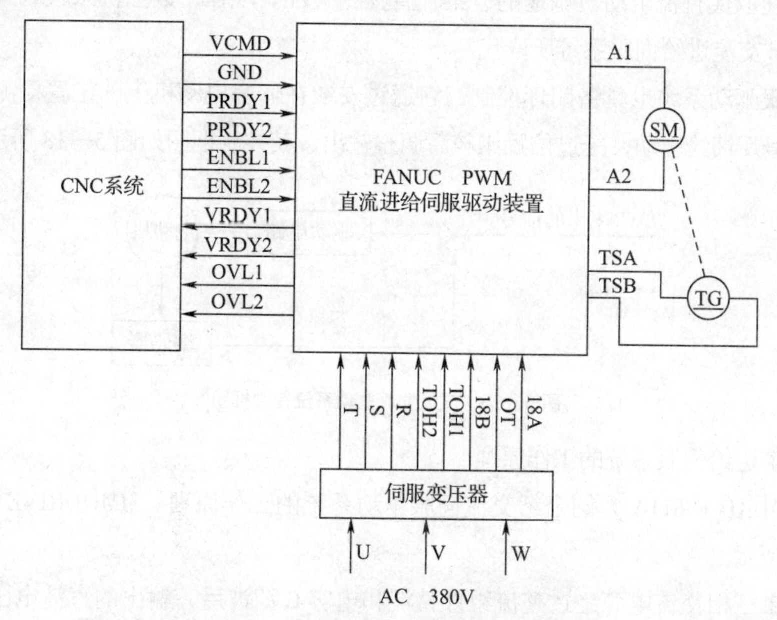

图 5—17　FANUC PWM 直流进给伺服驱动装置与数控装置连接图

图 5—17 中 18 A、0T、18 B 为带中心抽头的 18 V 交流电源，用于提供驱动装置中控制电路的 ±15 V 直流电压。R、S、T 为交流 120 V 电源，是提供给主回路的电源。TOH1、TOH2 为装在变压器内部的常闭热控开关，当变压器过热时，热控开关断开。A1、A2 为驱动装置输出的伺服电动机电枢电压。TSA、TSB 为装在电动机轴上测速发电机输出的电压信号。

CNC 与驱动装置的连接信号有五组；VCMD、GND 为 CNC 系统输出给驱动装置的速度给定电压信号，通常在 -10 V ～+10 V；PRDYl、PRDY2 为准备好控制信号，当 PRDY1 与 PRDY2 短接时，驱动装置主回路通电；ENBL1、ENBL2 为使能控制信号，当 ENBLl、ENBL2 短接时，驱动装置开始正常工作，并接收速度给定电压信号的控制；VRDYl 与 VRDY2 为驱动装置通知 CNC 系统其正常工作的触点信号，当伺服单元出现报警时，VRDYl 与 VRDY2 立即断开；OVL1 与 OVL2 为常闭触点信号，当驱动装置中热继电器动作或变压器内热控开关动作时，该触点立即断开，通过 CNC 系统产生过热报警。为了保证驱动装置能安全可靠地工作，驱动装置具有多种自动保护线路，其报警保护措施有：

1）一般过载保护。通过在主回路中串联热继电器及在电动机、伺服变压器、散热片内埋入能对温度检测的热控开关来进行过载保护。

2）过流保护。当电枢瞬时电流 $I_a>I_{am}$，或电枢电流的平均值大于 I_{am} 时产生报警。通常一旦发生报警，驱动装置立即封锁其输出电压，使电动机进行能耗制动，并通过 VRDYl、VRDY2 信号通知 CNC 系统。

2．交流进给伺服系统的工作原理和特点

虽然直流电动机调速系统在数控机床中占主导地位，但直流电动机维护工作量大且制造困难，最高转速受限制，而且与交流伺服电动机相比，同体积条件下输出功率小。因此用交流电动机调速取代直流电动机调速的方案一直受到关注。现在，数控机床领域直流进给伺服系统已逐渐被交流进给伺服系统所取代。

交流伺服驱动系统也具备闭环控制，它通过安装在伺服电动机上的位置检测装置将实际位置检测信号反馈给驱动，经过位置比较后调整输出，其控制框图如图 5—18 所示。

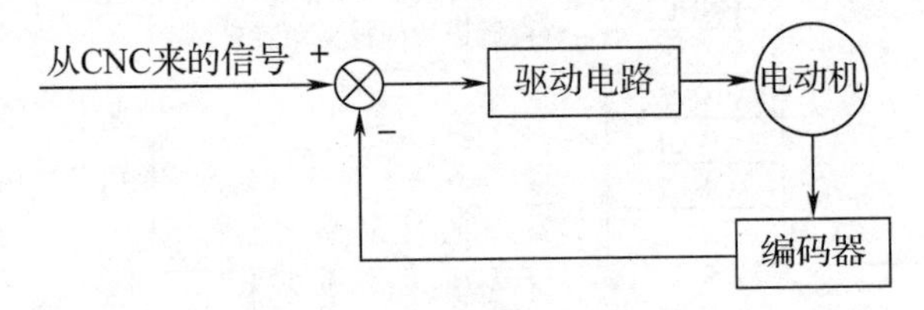

图 5—18　交流伺服驱动系统控制框图

（1）交流进给伺服系统的工作原理

以 SIMODRIVE 611A 为例介绍交流伺服驱动系统的工作原理。SIMODRIVE 611A 原理图如图 5—19 所示。

R、S、T 三相交流电源经过整流组件整流和电容 C 滤波后，输出的直流电压由电源组件进行监控和限幅为逆变器提供电源，逆变器的输出为三相同步伺服电动机提供频率可调的电源。调节组件的作用是对逆变器输出电压的频率进行控制，调节组件包括速度调节器、电流调节器、位置控制电路和脉冲分配电路。来自 CNC 装置的速度给定电压与速度反馈信号（该信号由测速发电机提供）比较后，经过速度调节器调节后的输出电压与电流反馈信号（该信号由电流检测器提供）比较后，为电流调节器提供输入信号。经电流调节器调节后输出的电

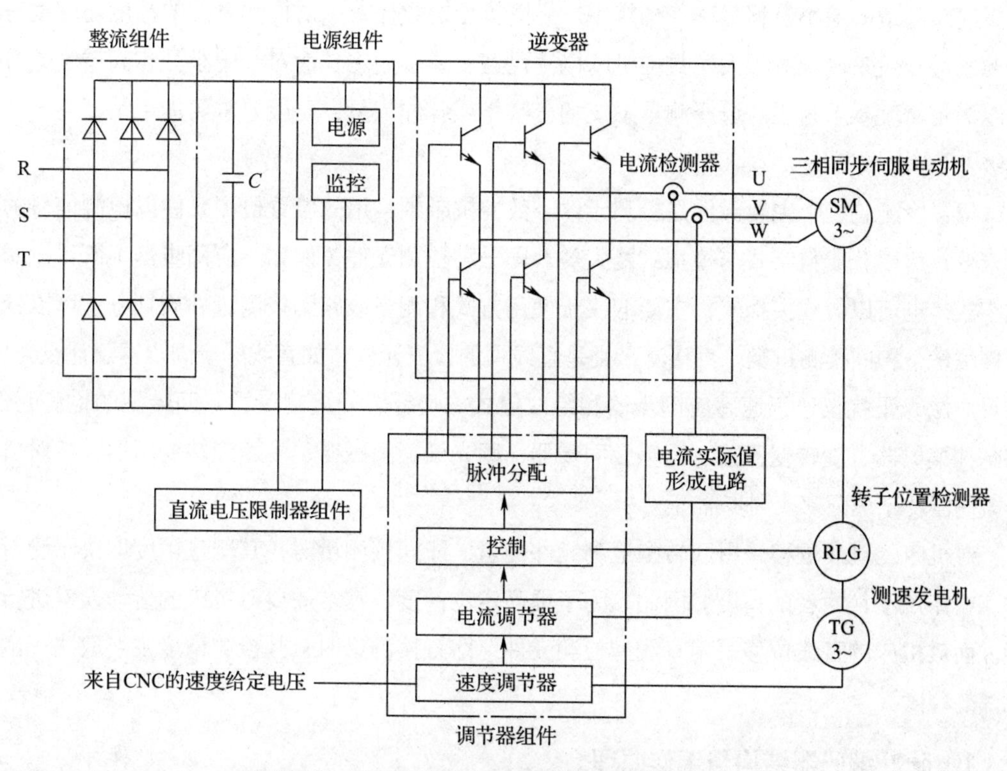

图 5—19　SIMODRIVE　611A 交流伺服驱动系统原理图

压与位置反馈信号比较，比较结果经位置控制电路后控制脉冲分配电路，脉冲分配电路的输出可以控制逆变器的工作情况，从而可以控制逆变器输出电压的频率。位置反馈信号由位置检测器提供，常用的位置检测器包括脉冲编码器、旋转变压器和感应同步器等。

交流电动机调速的种类很多，分类方法也很多。应用最多的是变频调速，也是最有发展前途的一种交流调速方式。

（2）交流伺服系统的特点

1）系统在极低速度时仍能平滑地运转，而且具有快的响应。

2）高速区有极好的转矩特性，即特性硬。

3）能将电动机的噪声和振动抑制到最低的限度。

4）有很高的转矩 / 惯量比，所以能很快的启动和制动。

5）由于采用了高精度的脉冲编码器进行数字控制，所以具有高加工精度。

6）由于采用了大规模的专用集成电路，使零部件减少，因此整个系统显得结构紧凑，体积小而可靠性高。

5.3.4　位置检测元件

位置检测装置是数控机床伺服系统的重要组成部分。它的作用是检测位移和速度，发送反馈信号，构成闭环控制。数控机床要求位置检测装置具有高的可靠性和抗干扰性、能够满足精度与速度的要求、成本低且便于维修。加工精度主要由检测装置的精度决定。位移检测装置能够测量的最小位移量称作分辨率。不同类型的数控机床对检测系统的精度与速度有不同要求。一般来说，对于大型数控机床以满足速度要求为主，而对于中小型和高精度数控机床以满足精度要求为主。选择测量系统的分辨率或脉冲当量，一般要求比加工精度高一个数量级。

位置检测装置中主要部件是检测元件。数控机床中常用的位置检测元件以检测信号的类型来分，可以分成数字式与模拟式两大类。同一种检测元件（例如感应同步器）既可以做成数字式，也可以做成模拟式，主要取决于使用方式和测量线路。按测量性质划分，可以分为直接测量类和间接测量类。直接测量类是直线型的检测元件，如直线感应同步器、计量光栅、磁尺、激光干扰仪、三速感应同步器和绝对值式磁尺等。间接测量类是回转型的检测元件，如脉冲编码器、旋转变压器、圆感应同步器、圆光栅、圆磁栅、多速旋转变压器、绝对值脉冲编码器及三速圆感应同步器等。

对机床的直线位移采用回转型检测元件测量，即间接测量时，其测量精度取决于测量元件和机床传动链两者的精度。因此，为了提高定位精度，常常需要对机床的传动误差进行补偿。而对机床的直线位移采用直线型检测元件，即直接测量时，其检测精度主要取决于测量元件的精度。

1．脉冲编码器结构与工作原理

旋转编码器通常安装在被测轴上，与被测轴一起转动，并可将被测轴的角位移转换成增量脉冲形式或绝对式的代码形式，所以有增量式和绝对式两种类型。

（1）绝对式旋转编码器

绝对式旋转编码器可以将被测角直接用数字代码表示出来，并且每一个角度位置均有对应的测量代码，因此这种测量方式即使断电也能读出被测轴的角度位置，即具有断电记忆功能。

1）接触式码盘。如图 5—20 所示为接触式码盘示意图。如图 5—20b 所示为 4 位 BCD 码盘。它在一个不导电基体上做成许多金属区使其导电，其中涂黑部分为导电区，用“1”表示，其他部分为绝缘区，用“0”表示。这样，在每一个径向上，都有由“1”和“0”组成的二进制代码。最里一圈是公用的，它和各码道所有导电部分连在一起，经电刷和电阻接电源正极。除公用圈以外，4 位 BCD 码盘的 4 圈码道上也都装有电刷，电刷经电阻接地，电刷布置如图 5—20a 所示。由于码盘是与被测转轴连在一起的，而电刷位置是固定的，当码盘随被测轴一起转动时，电刷和码盘的位置发生相对变化，若电刷接触的是导电区域，则经电刷、码盘、电阻和电源形成回路，该回路中的电阻上有电流流过，为“1”；反之，若电刷接触的是绝缘区域，则不能形成回路，电阻上无电流流过，为“0”。由此可根据电刷的位置得到由“1”和“0”组成的 4 位 BCD 码。通过图 5—20 可看出电刷位置与输出代码的对应关系。码道的圈数就是二进制的位数，且高位在内，低位在外。由此可以推断出，若是 n 位二进制码盘，就有 n 圈码道，且圆周均为 2^n 等份，即共有 2^n 个数据来分别表示其不同位置，所能

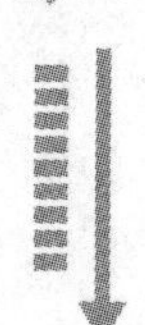

分辨的角度为 $\alpha=360°/2^n$。

如图 5—20c 所示为 4 位格雷码盘，其特点是任何两个相邻数码间只有一位是变化的，从而消除非单值性误差。

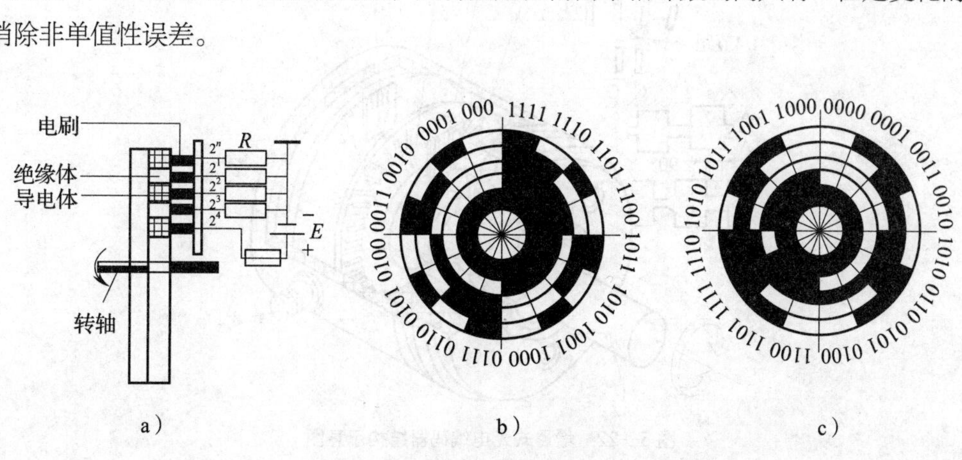

图 5—20　接触式码盘

a）结构简图　b）4 位 BCD 码盘　c）4 位格雷码盘

2）绝对式光电码盘。绝对式光电码盘如图 5—21 所示，绝对式光电码盘与接触式码盘结构相似，只是其中的黑白区域不表示导电区和绝缘区，而是表示透光区或不透光区。其中黑的区域指不透光区，用“0”表示；白的区域指透光区，用“1”表示。如此，在任意角度都有由“1”“0”组成的二进制代码。另外，在每一码道上都有一组光电元件，这样，不论码盘转到哪一角度位置，与之对应的各光电元件受光的输出为“1”电平，不受光的输出为“0”电平，由此组成 n 位二进制编码。

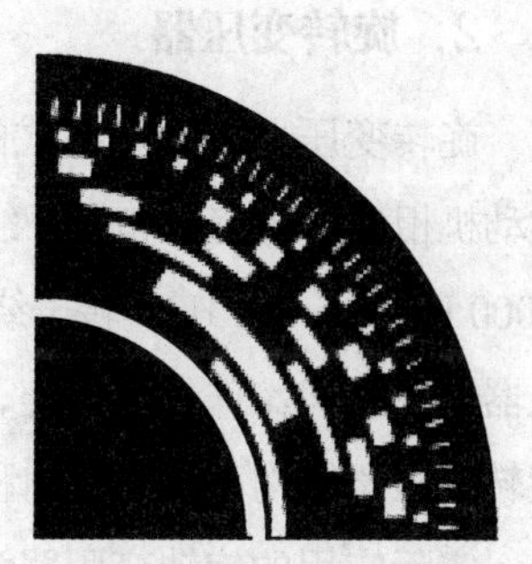

图 5—21　绝对式光电码盘

（2）增量式旋转编码器

常用的增量式旋转编码器为增量式光电编码器，如图 5—22 所示。光电编码器由 LED（带聚光镜的发光二极管）、光栏板、光敏码盘、光敏元件及信号处理电路（印制电路板）组成。其中，光电码盘是在一块玻璃圆盘上镀上一层不透光的金属薄膜，然后在上面制成圆周等距的透光与不透光相间的条纹，光栏板上具有和光电码盘上相同的透光条纹。码盘也可由不锈钢薄片制成。当光电码盘旋转时，光线通过光栏板和光电码盘产生明暗相间的变化，由光敏元件接收。光敏元件将光信号转换成电脉冲信号。光电编码器的测量精度取决于它所能分辨的最小角度，而这与码盘圆周的条纹数有关，即分辨角 α=360°/条纹。

实际应用光电编码器的光栏板上有两组条纹 A、$\overline{A}$和 B、$\overline{B}$，A 组与 B 组的条纹彼此错开 1/4 节距，两组条纹相对应的光敏元件所产生的信号彼此相差 90°相位，用于辨向。当光电码盘正转时，A 信号超前 B 信号 90°，当光电码盘反转时，B 信号超前 A 信号 90°，数控系统正是利用这一相位关系来判断方向的。

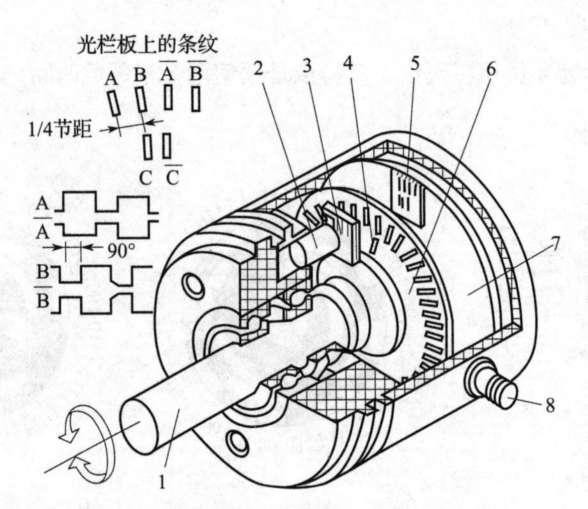

图 5—22　增量式光电编码器结构示意图

1—转轴　2—LED　3—光栏板　4—零标志槽　5—光敏元件
6—码盘　7—印制电路板　8—电源及信号线连接座

2. 旋转变压器

旋转变压器属于电磁式的位置检测传感器，可用于角位移测量。在结构上与绕线式异步电动机相似，由定子和转子组成，励磁电压接到定子绕组上，励磁频率通常为 400 Hz、500 Hz、1 000 Hz 及 5 000 Hz，转子绕组输出感应电压，输出电压随被测角位移的变化而变化。旋转变压器可单独和滚珠丝杠相连，也可与伺服电动机组成一体。从转子感应电压的输出方式来看，旋转变压器结构可分为有刷和无刷两种类型。

实际应用的旋转变压器为正、余弦旋转变压器，其定子和转子各有互相垂直的两个绕组，如图 5—23 所示为正、余弦旋转变压器原理图。

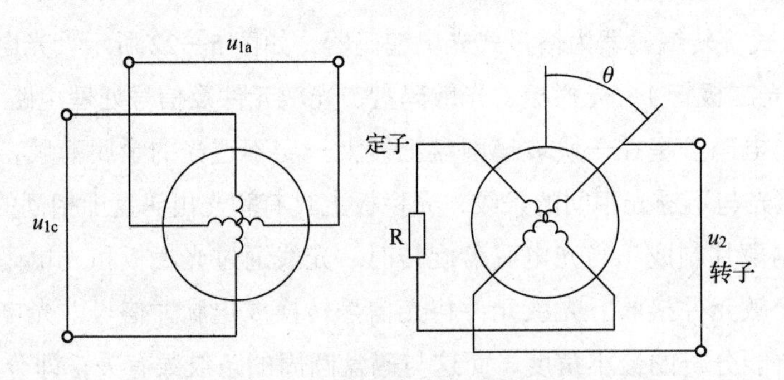

图 5—23　正、余弦旋转变压器原理图

其中，定子上的两个绕组分别为正弦绕组和余弦绕组，励磁电压用 u_{1S} 和 u_{1C} 表示，转子绕组中一个绕组为输出电压 u_2，另一个绕组接高阻抗作为补偿；θ 为转子偏转角。定子绕组通入不同的励磁电压，可得到两种工作方式。

（1）相位工作方式

给定子的正、余弦绕组分别通以同幅、同频，但相位差 $\pi/2$ 的交流励磁电压，即：

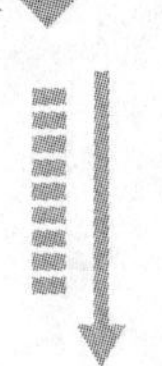

$$u_{1S}=U_m\sin\omega t$$

$$u_{1C}=U_m\sin(\omega t+\pi/2)=U_m\cos\omega t$$

当转子正转时，这两个励磁电压在转子绕组中产生的感应电压经叠加，在转子中的感应电压 u_2 为：

$$u_2=kU_m\cos(\omega t-\theta)$$

式中　U_m——励磁电压幅值；

k——电磁耦合系数，$k<1$；

θ——相位角（转子偏转角）。

同理，当转子反转时，可得：$u_2=kU_m\cos(\omega t+\theta)$。

通过以上分析可以看出，转子输出电压的相位角和转子的偏转角之间有严格的对应关系，只要检测出转子输出电压的相位角，就可知道转子的偏转角。由于旋转变压器的转子是和被测轴连接在一起的，从而获得被测轴的角位移。

（2）幅值工作方式

给定子的正、余弦绕组分别通以同频率、同相位，但幅值不同的交流励磁电压，即：

$$u_{1S}=U_{sm}\sin\omega t$$

$$u_{1C}=U_{cm}\sin\omega t$$

当转子正转时，u_{1S}、u_{1C} 经叠加，在转子上的感应电压 u_2 为：

$$u_2=kU_m\cos(\alpha-\theta)\sin\omega t$$

式中　α——给定电气角。

同理，转子反转时，可得：

$$u_2=kU_m\cos(\alpha+\theta)\sin\omega t$$

通过上述分析可以看出，转子感应电压的幅值随转子偏转角而变化，测量出幅值即可求得偏转角，从而获得被测轴的角位移。

3．光栅尺

光栅尺简称光栅，是一种高精度的直线位移传感器。数控机床中用于直线位移检测的光栅有透射光栅和反射光栅两类，如图 5—24 所示。

透射光栅是在透明的光学玻璃板上刻制平行且等距的密集线纹，利用光的透射现象形成光栅；反射光栅一般用不透明的金属材料，如不锈钢板或铝板上刻制平行等距的密集线纹，利用光的全反射或漫反射形成光栅。以下以透射光栅为例介绍其工作特点与原理。光栅通常由一长一短两块光栅尺配套使用，其中长的一块称为主光栅或标尺光栅 G_1，要求与行程等长，短的一块称为指示光栅 G_2，指示光栅和光源、透镜、光电元件装在扫描头中。

光栅尺上相邻两条光栅线纹间的距离称为栅距或节距 ω，每毫米长度上的线纹数称为线密度 K，栅距与线密度互为倒数，即 $\omega=1/K$。常见的直线光栅线密度为 50 条 /mm、100 条 /mm、

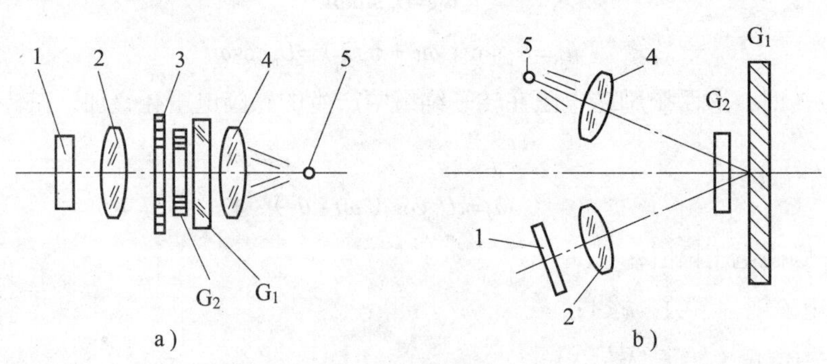

图 5—24　光栅种类

a）透射光栅　b）反射光栅

1—光电元件　2、4—透镜　3—窄缝　5—光源

200 条 /mm。安装时，标尺光栅与指示光栅相距 0.05 ~ 0.1 mm 间隙，并且其线纹相互偏斜一个很小的角度 θ，两光栅线纹相交，在相交处出现黑色条纹，称为莫尔条纹。莫尔条纹的方向与光栅线纹方向大致垂直。两条莫尔条纹间的距离称为纹距 W，如果栅距为 ω，则有近似公式 $W=\omega/\theta$，当工作台正向或反向移动一个栅距时，莫尔条纹向上或向下移动一个纹距，莫尔条纹经狭缝和透镜由光电元件接收，从而产生电信号。

4．感应同步器

如图 5—25 所示为感应同步器结构示意图，感应同步器是一种电磁式的位置检测传感器，用于直线位移的测量，主要部件包括定尺和滑尺。

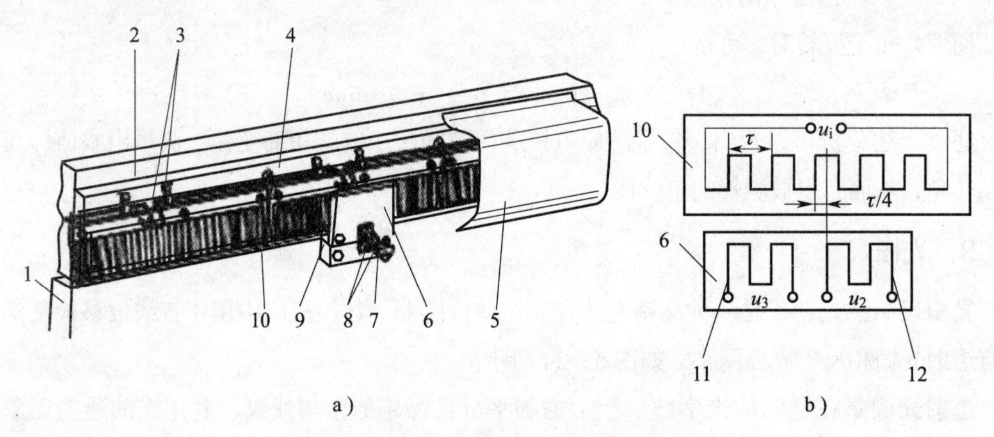

图 5—25　感应同步器结构示意图

a）外观及安装形式　b）绕组

1—床身　2—工作台　3—定尺绕组引线　4—定尺座　5—防护罩　6—滑尺

7—滑尺座　8—滑尺绕组引线　9—调整垫　10—定尺　11—正弦励磁绕组　12—余弦励磁绕组

定尺与滑尺分别安装在机床床身和移动部件上，定尺或滑尺随工作台一起移动，两者平行放置，保持 0.2 ~ 0.3 mm 间隙。标准的感应同步器定尺为 250 mm，尺上是单向、均匀、连续的感应绕组；滑尺长 100 mm，尺上有两组励磁绕组，一组为正弦励磁绕组 u_s，另一组为余弦励磁绕组 u_c。绕组的节距与定尺绕组节距相同，均为 2 mm，用 τ 表示。当正弦励磁绕组

与定尺绕组对齐时，余弦励磁绕组与定尺绕组相差 1/4 节距。由于定尺绕组是均匀的，故滑尺上的两个绕组在空间位置上相差 1/4 节距，即 $\pi/2$ 相位角。

定尺和滑尺的基板采用与机床床身的热膨胀系数相近的材料，上面有用光学腐蚀方法制成铜箔锯齿形的印制电路绕组，铜箔与基板之间有一层极薄的绝缘层。在定尺的铜绕组上面涂一层耐腐蚀的绝缘层，以保护尺面。在滑尺的绕组上面用绝缘黏结剂粘贴一层铝箔，以防静电感应。

感应同步器可以采用多块定尺接长，相邻定尺间隔通过调整，使总长度上的累积误差不大于单块定尺的最大偏差。行程为几米到几十米的中型或大型机床中，工作台位移的直线测量大多数采用感应同步器来实现。感应同步器的工作原理与旋转变压器相似。当励磁绕组与感应绕组间发生相对位移时，由于电磁耦合的变化，使感应绕组中的感应电压随位移的变化而变化，感应同步器和旋转变压器就是利用这个特性进行测量的。所不同的是，旋转变压器是定子、转子间的角位移，而感应同步器是滑尺和定尺间的直线位移。

和旋转变压器一样，根据励磁绕组中励磁方式的不同，感应同步器也有相位工作方式和幅值工作方式。

5．磁栅尺

磁栅尺简称磁栅，一般由磁性标尺、磁头和检测电路组成，按其结构可分为直线型磁栅和圆型磁栅，分别用于直线位移和角位移的测量。磁栅安装调整方便，对使用环境的条件要求较低，对周围电磁场的抗干扰能力较强，在油污、粉尘较多的场合下使用有较好的稳定性。

磁性标尺常采用不导磁材料做基体，在上面镀上一层 10 ~ 30 μm 厚的高导磁性材料，形成均匀磁膜。再用录磁磁头在尺上记录相等节距的周期性磁化信号，用以作为测量基准，信号为正弦波、方波等。节距通常为 0.05 mm、0.1 mm、0.2 mm，最后在磁尺表面还要涂上一层 1 ~ 2 μm 厚的保护层，以防磁头与磁尺频繁接触而引起的磁膜磨损。磁性标尺按基体形状分有带状磁尺、线状磁尺和圆形磁尺。

拾磁磁头是一种磁电转换器，用来把磁尺上的磁化信号检测出来变成电信号送给测量电路。根据数控机床的要求，为了在低速运动和静止时也能够进行位置检测，必须采用磁通响应型磁头。它由铁芯、两个串联的激磁绕组和两个串联的拾磁绕组组成，如图 5—26 所示为磁通响应性磁头及双磁头辨向示意图。

工作原理：将高频励磁电流通入励磁绕组时，在磁头上产生磁通，当磁头靠近磁尺时，磁尺上的磁信号产生的磁通通过磁头铁芯，并被高频励磁电流产生的磁通所调制，从而在拾磁绕组中产生感应电压。根据检测方法的不同，磁栅检测也可分为鉴相测量和鉴幅测量，以鉴相式应用较多。由于输出电压随磁头相对于磁尺的位移量的变化而变化，因而根据输出电压的相位变化，可以测得磁栅的位移量。

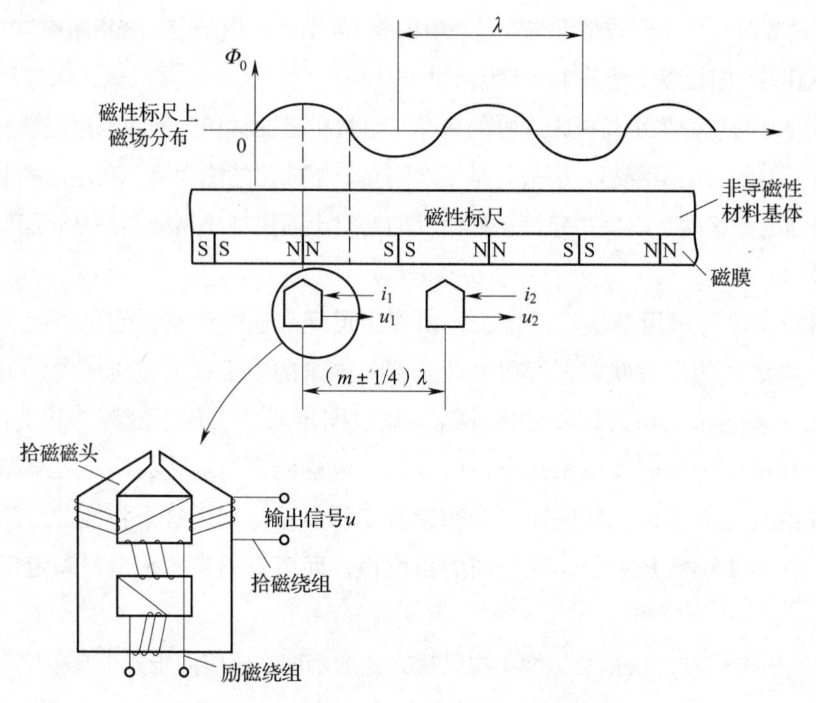

图 5—26　磁通响应性磁头及双磁头辨向示意图

5.4　数控机床电气故障的诊断与检修

5.4.1　故障的类型与特点

1. 数控机床电气故障的类型

数控机床的电气故障可按故障的性质、表象、原因或后果等分类。

（1）按故障发生的部位划分

按故障发生的部位可分为硬件故障和软件故障。硬件故障是指电子元器件、电气元件、印制电路板、电线电缆、接插件等不正常状态甚至损坏，这是需要修理或更换才能排除的故障。而软件故障一般是指 PLC 逻辑控制程序中产生的故障，需要输入或修改某些数据甚至修改 PLC 程序方可排除的故障。零件加工程序故障也属于软件故障。最严重的软件故障是数控系统软件的缺损或丢失。

（2）按是否有故障指示划分

按是否有故障指示可分为有诊断指示故障和无诊断指示故障。当今的数控系统都设计有完美的自诊断程序，实时监控整个系统的软、硬件性能，一旦发现故障则会立即报警或者有简要文字说明在屏幕上显示出来，结合系统配备的诊断手册，不仅可以找到故障发生的原因、部位，而且还有排除的方法提示。机床制造者也会针对具体机床设计有相关的故障指示及诊断说明书。上述这两部分有诊断指示的故障加上各电气装置上的各类指示灯，使得

绝大多数电气故障的排除较为容易。无诊断指示的故障一部分是上述两种诊断程序的不完整性所致（如开关不闭合、接插件松动等），这类故障则要依靠对产生故障前的工作过程和故障现象及后果进行分析，并依靠维修人员对机床的熟悉程度和技术水平加以分析、排除。

（3）按故障出现时有无破坏性划分

按故障出现时有无破坏性可分为破坏性故障和非破坏性故障。对于破坏性故障，因其损坏工件甚至机床的故障，维修时不允许重演，这时只能根据产生故障时的现象进行相应的检查、分析来排除，技术难度较高且有一定风险。如果可能会损坏工件，则可卸下工件，试着重现故障过程，但应十分小心。

（4）按故障出现的偶然性划分

按故障出现的偶然性可分为系统性故障和随机性故障。系统性故障是指只要满足一定的条件则一定会产生的确定故障；而随机性故障是指在相同的条件下偶尔发生的故障，这类故障的分析较为困难，通常多与机床机械结构的局部松动错位、部分电气元件特性漂移或可靠性降低、电气装置内部温度过高有关。此类故障的分析需经反复试验、综合判断才可能排除。

（5）按机床的运动品质划分

按机床的运动品质划分，即是否属于机床运动特性下降的引起的故障。在这种情况下，机床虽能正常运转却加工不出合格的工件。例如机床定位精度超差、反向死区过大、坐标运行不平稳等。这类故障必须使用检测仪器确诊产生误差的机、电环节，然后通过对机械传动系统、数控系统和伺服系统的最佳化调整来排除。

2. 数控机床故障特点

数控机床故障发生的概率与机床使用时间有密切的关系，其关系曲线如图 5—27 所示。

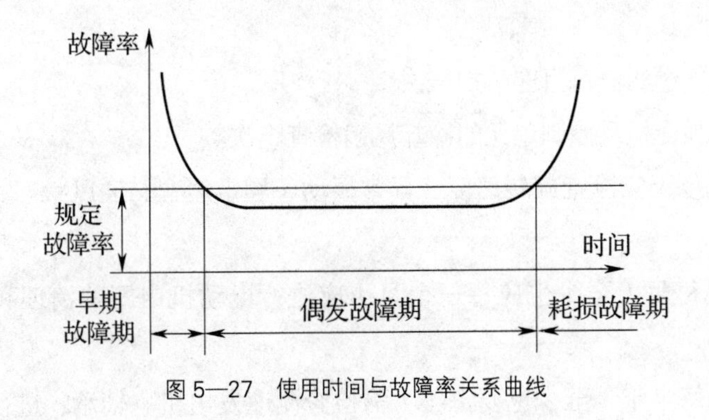

图 5—27　使用时间与故障率关系曲线

（1）早期故障期

使用初期（开始运行的半年到一年），处于磨合期，故障频率较高。机械故障有接合面几何形状偏差；电力电子器件故障有器件老化、开关瞬间大电流浪涌对器件的冲击；参数设置

的非最佳状态。

（2）偶发故障期

偶发运行期，该时期机床经过了磨合和冲击考验，器件性故障大幅度减少。

（3）损耗故障期

损耗故障期，又称寿命终了期，该时期机械零件加速磨损、密封件老化、限位开关接触不良、电子元器件品质下降，故障率增加。

5.4.2　故障的诊断

1．数控机床主轴传动系统电气故障的分析与检修

（1）主轴传动系统日常维护

1）使用检查及日常维护

①传动系统启动前应按下述步骤进行检查：

第一步：检查控制单元和电动机的信号线、动力线等的连接是否正确、是否松动以及绝缘是否良好。

第二步：强电柜和电动机是否可靠接地，电动机电刷的安装是否牢靠，电动机安装螺栓是否完全拧紧。

②使用时的检查注意事项如下：

第一步：强电柜门关闭后才能运行。

第二步：检查速度指令值与电动机转速是否一致，负载转矩指示（或电动机电流指示）是否正常。

第三步：电动机是否有异常声音和异常振动。

第四步：轴承温度是否有急剧上升的不正常现象。

第五步：在电刷上是否有显著的火花发生痕迹。

2）日常维护项目

①强电柜的空气过滤器每月应清扫一次。

②每年应该对强电柜及控制单元的冷却风扇检查一次。

③主轴电动机每天应检查旋转速度、异常振动、异常声音、通风状态、轴承温度、机壳温度和异常臭味。

④主轴电动机每月（至少也应每三个月）应进行电动机电刷的清理和检查、换向器检查。

⑤主轴电动机每半年（至少也要每年）需检查测速发电机、轴承，进行热管冷却部分的清理和绝缘电阻的测量。

（2）交流主轴传动系统的故障及排除

1）主轴不能转动，且无任何报警显示。产生此故障的可能原因及排除方法见表5—1。

表 5—1　　主轴不能转动且无任何报警显示故障原因及排除方法

可能原因	检查步骤	排除措施
机械负载过大		尽量减轻机械负载
主轴与电动机连接皮带过松	在停机的状态下，查看皮带的松紧程度	调整皮带
主轴中的拉杆未拉紧夹持刀具的拉钉（在车床上就是卡盘未夹紧工件）	有的机床会设置敏感元件的反馈信号，检查此反馈信号是否到位	重新装夹好刀具或工件
系统处在急停状态	检查主轴单元的主交流接触器是否吸合	根据实际情况，松开急停
机械准备好信号断路		排查机械准备好信号电路
主轴动力线断线	用万用表测量动力线电压	确保电源输入正常
电源缺相		
正反转信号同时输入	利用 PLC 监视功能查看相应信号	
无正反转信号	通过 PLC 监视画面，观察正反转指示信号是否发出	一般为数控装置的输出有问题，排查系统的主轴信号输出端子
使能信号没有接通	通过 CRT 观察 I/O 状态，分析机床 PLC 梯形图（或流程图），以确定主轴的启动条件，如润滑、冷却等是否满足	检查外部启动的条件是否满足
主轴驱动装置故障	有条件的话，利用交换法，确定是否有故障	更换主轴驱动装置
主轴电动机故障		更换电动机

2）主轴速度指令无效，转速仅有 1 ~ 2 r/min。可能的原因见表 5—2。

表 5—2　　主轴速度指令无效故障原因及排除方法

可能原因	检查步骤	排除措施
动力线接线错误	检查主轴伺服与电动机之间的 UVW 连线	确保连线对应
CNC 模拟量输出（D/A）转换电路故障	用交换法判断是否有故障	更换相应电路板
CNC 速度输出模拟量与驱动器连接不良或断线	测量相应信号，是否有输出且是否正常	更换指令发送口或更换数控装置
主轴驱动器参数设定不当	查看驱动器参数是否正确	依照说明书正确设置参数
反馈线连接不正常	查看反馈连线	确保反馈连线正常
反馈信号不正常	检查反馈信号的波形	调整波形至正确或更换编码器

3）速度偏差过大。主轴电动机的实际速度与指令速度的误差值超过允许值，引起此故障的原因见表 5—3。

表 5—3　　速度偏差过大故障原因及排除方法

可能原因	检查步骤	排除措施
反馈连线不良	不启动主轴，用手盘动主轴使主轴电动机以较快速度转起来，估计电动机的实际速度，监视反馈的实际转速	确保反馈连线正确
反馈装置故障		更换反馈装置
动力线连接不正常	用万用表或兆欧表检查电动机或动力线是否正常（包括相序不正常）	确保动力线连接正常
动力电压不正常		确保动力线电压正常
机床切削负荷太重，切削条件恶劣		重新考虑负载条件，减轻负载，调整切削参数
机械传动系统不良		改善机械传动系统条件
制动器未松开	查明制动器未松开的原因	确保制动电路正常
驱动器故障	利用交换法，判断是否有故障	更换出错单元
电动机故障		
反馈信号不正常	检查反馈信号的波形	调整波形至正确或更换编码器

4）过载报警。切削用量过大，频繁正、反转等均可引起过载报警。具体表现为主轴过热、主轴驱动装置显示过电流报警等造成此故障，引起此故障的原因见表 5—4。

表 5—4　　过载报警故障原因及排除方法

	可能原因	检查步骤	排除措施
长时间开机后再出现此故障	负载太大	检查机械负载	调整切削参数，改善切削条件，减轻负载
	频繁正、反转		减少频繁正、反转次数
开机后即出现此报警	热控开关坏了	用万用表测量相应管脚	更换热控开关
	控制板有故障	用交换法判断是否有故障	如有故障，更换控制板

5）主轴振动或噪声过大。首先要区别异常噪声及振动发生在主轴机械部分还是在电气驱动部分。造成主轴振动或噪声过大故障的电气故障原因及排除见表 5—5。检查方法如下：

①若在减速过程中发生，一般是由驱动装置造成的，如交流驱动中的再生回路故障。

②若在恒转速时产生，可通过观察主轴在停车过程中是否有噪声和振动来区别，如存在则主轴机械部分有问题。

③检查振动周期是否与转速有关，如无关一般是主轴驱动装置未调整好；如有关系，应

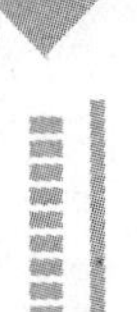

检查主轴机械部分是否良好，测速装置是否不良。

表 5—5　　　　主轴振动或噪声过大电气故障原因及排除方法

可能原因	检查步骤	排除措施
系统电源缺相、相序不正确或电压不正常	测量输入的系统电源	确保电源正确
反馈不正确	测量反馈信号	确保接线正确，且反馈装置正常
驱动器异常，如：增益调整电路或振动调整电路的调整不当		根据参数说明书，设置好相关参数
三相输入的相序不对	用万用表测量输入电源	确保电源正确

（3）直流主轴传动系统的故障及排除

直流主轴传动系统常见故障现象和故障原因见表 5—6。

表 5—6　　　　直流主轴传动系统常见故障现象和故障原因

序号	直流主轴传动系统故障现象	发生故障的可能原因
1	主轴电动机不转	1）印制电路板过脏 2）触发脉冲电路故障，没有脉冲产生 3）主轴电动机动力线断线或与主轴控制单元连接不良 4）高 / 低挡齿轮切换用的离合器切换不好 5）机床负载太大 6）机床未给出主轴旋转信号
2	电动机转速异常或转速不稳定	1）D/A 变换器故障 2）测速发电机断线 3）速度指令错误 4）电动机有故障 5）过载 6）印制电路板故障 7）励磁环节故障
3	主轴电动机振动或噪声太大	1）电源缺相或电源电压不正常 2）伺服单元上的增益电路和振动电路调整不好 3）电流反馈回路未调整好 4）三相输入的相序不对 5）电动机轴承故障 6）主轴齿轮啮合不好或主轴负载太大
4	发生过流报警	1）电流极限设定错误 2）同步脉冲紊乱 3）主轴电动机电枢线圈内部短路
5	给定转速与实际转速偏差过大	负载太大
6	熔丝熔断	1）印制电路板故障 2）电动机故障 3）测速发电机故障 4）输入电源缺相

续表

序号	直流主轴传动系统故障现象	发生故障的可能原因
7	热继电器跳闸	过载
8	电动机过热	过载
9	过电压吸收器烧坏	干扰或外加电压过高
10	运转停止	电源电压过低或控制电源混乱
11	速度达不到最高转速	1）励磁电流太大 2）励磁控制回路不工作
12	主轴在加/减速时工作不正常	1）减速极限电路调节不准确 2）加/减速回路时间常数设定和负载转动惯量不匹配 3）传动链连接不良
13	电动机电刷磨损严重，或电刷上有火花痕迹，或电刷滑动面上有深沟	1）过载 2）换向器表面有伤痕或过脏 3）电刷上粘有大量的切削液 4）驱动回路给定不正确

2．数控机床进给系统故障

（1）开环步进电动机进给伺服系统常见故障及其维修

1）电动机过热报警，可能原因及故障排除见表5—7。

表5—7　　电动机过热报警故障原因及排除方法

故障现象	可能原因	排除措施
有些系统会报警，显示电动机过热。用手摸电动机，会明显感觉温度不正常，甚至烫手	工作环境过于恶劣，环境温度过高	重新考虑机床应用条件，改善工作环境
	参数选择不当，如电流过大，超过相电流	根据参数说明书，重新设置参数
	电压过高	建立稳压电源

2）工作中发出尖叫随后电动机停止旋转，可能原因及故障排除见表5—8。

表5—8　　工作中发出尖叫随后电动机停止旋转故障原因及排除方法

故障现象	可能原因	排除措施
驱动器或步进电动机发出刺耳的尖叫声，然后电动机停止不转	输入脉冲频率太高，引起堵转	降低输入脉冲频率
	输入脉冲的突调频率太高	降低输入脉冲的突调频率
	输入脉冲的升速曲线不够理想引起堵转	调整输入脉冲的升速曲线

3）工作过程中停车。在工作正常的状况下，发生突然停车的故障，可能原因及故障排除见表5—9。

表 5—9　　　　　　　　　　**工作过程中停车故障原因及排除方法**

可能原因	检查步骤	排除措施
驱动电源故障	用万用表测量驱动电源的输出	更换驱动器
驱动电路故障		
电动机故障		更换电动机
电动机线圈匝间短路或接地	用万用表测量线圈间是否短路	
杂物卡住	可目测	消除外界的干扰因素

4）无力或者是出力降低，即在工作过程中，某轴有可能突然停止，俗称“闷车”，可能原因及故障排除见表 5—10。

表 5—10　　　　　　　　　　**“闷车”故障原因及排除方法**

故障部位	可能原因	排除措施
驱动器端故障	电压没有从驱动器输出来	检查驱动器，确保有输出
	驱动器故障	更换驱动器
	电动机绕组内部发生错误	
电动机端故障	电动机绕组碰到机壳，发生相间短路或者线头脱落	更换电动机
	电动机轴断	
	电动机定子与转子之间的气隙过大	专业电动机维修人员调整好气隙或更换电动机
外部故障	电压不稳	建立稳压电源
	负载过大或切削条件恶劣	重新考虑负载和切削条件

5）电动机不转，可能原因及故障排除见表 5—11。

表 5—11　　　　　　　　　　**电动机不转故障原因及排除方法**

故障部位	可能原因	排除措施
步进驱动器	驱动器与电动机连线断线	确定连线正常
	熔丝是否熔断	更换熔丝
	当动力线断线时，二线式步进电动机是不能转动的，但三相五线制电动机仍可转动，但力矩不足	确保动力线的连接正常
	驱动器报警（过电压、欠电压、过电流、过热）	按相关报警方法解除
	驱动器使能信号被封锁	通过 PLC 观察使能信号是否正常
	驱动器电路故障	最好用交换法确定是否是驱动器电路故障，更换驱动器电路板或驱动器
	接口信号线接触不良	重新连接好信号线
	系统参数设置不当，如工作方式不对	依照参数说明书，重新设置相关参数

续表

故障部位	可能原因	排除措施
步进电动机	电动机卡死	主要是机械故障，排除卡死的故障原因，经验证确保电动机正常后，方可继续使用
	长期在潮湿场所存放，造成电动机部分生锈	更换步进电动机
	电动机故障	
	指令脉冲太窄、频率过高、脉冲电平太低	会出现尖叫后不转的现象，按尖叫后不转的故障处理

6）步进电动机失步或多步，此故障引起的可能现象是工作过程中，配置步进驱动系统的某轴突然停顿，而后又继续走动，可能原因及故障排除方法见表5—12。

表5—12　　步进电动机失步或多步的故障原因及排除方法

可能原因	检查步骤	排除措施
负载过大，超过电动机的承载能力		重新调整加工程序切削参数
负载忽大忽小	是否是毛坯余量分配不均匀等	调整加工条件
负载的转动惯量过大，启动时失步、停车时过冲	可在不正式加工的条件下进行试运行，判断是否有此现象发生	重新考虑负载的转动惯量
传动间隙大小不均	进行机械传动精度的检验	进行螺距误差补偿
传动间隙的零件有弹性变形		重新考虑这种材料的工件的加工方案
电动机工作在振荡失步区	分析电动机速度及频率	调整加工切削参数
干扰		处理好接地，做好屏蔽处理
电动机故障，如定子、转子相擦	有的严重的情况听声音强度可以感觉出来	更换电动机

7）电动机定位不准。反映在加工中的故障就是加工工件尺寸有问题，可能原因及故障排除见表5—13。

表5—13　　电动机定位不准的故障原因及排除方法

可能原因	检查步骤	排除措施
加减速时间太短		根据参数说明书，重新设置好参数
指令信号存在干扰噪声	利用示波器，检查指令信号是否正常	如果示波器显示信号只是受到干扰发生小幅度的变化，可加注磁环或抗干扰的元器件，同时处理好接地，做好屏蔽处理
系统屏蔽不良		

8）步进电动机常见故障及维修。常见故障及排除方法见表 5—14。

表 5—14　　步进电动机常见故障原因及排除方法

故障现象	可能原因	排除措施
电动机尖叫	CNC 中与伺服驱动有关的参数设定、调整不当引起的	正确设置参数
电动机不能旋转	熔丝是否熔断	更换熔丝
	动力线断线	确保动力线连接良好
	参数设置不当	依照参数说明书，重新设置相关参数
	电动机卡死	主要是机械故障，排除卡死的故障原因，经验证确保电动机正常后，方可继续使用
电动机发热异常	生锈或故障	更换步进电动机
	动力线 R、S、T 连线不搭配	正确连接 R、S、T 线

（2）直流进给伺服系统的故障及其排除

1）直流伺服电动机的检查步骤

①在数控系统处于断电状态且电动机已经完全冷却的情况下进行检查。

②取下橡胶刷帽，用螺钉旋具拧下刷盖取出电刷。

③测量电刷长度，如 FANUC 直流伺服电动机的电刷由 10 mm 磨损到小于 5 mm 时，必须更换同型号的新电刷。

④仔细检查电刷的弧形接触面是否有深沟或裂痕，以及电刷弹簧上有无打火痕迹。如有上述现象，则要考虑电动机的工作条件是否过分恶劣或电动机本身是否有问题。

⑤用不含金属粉末及水分的压缩空气导入装电刷的刷握孔，吹净粘在刷握孔壁上的电刷粉末。如果难以吹净，可用螺钉旋具尖轻轻清理，直至孔壁全部干净为止，但要注意不要碰到换向器表面。

⑥重新装上电刷，拧紧刷盖。如果更换了新电刷，应使电动机空载运行一段时间，以使电刷表面和换向器表面相吻合。

2）直流伺服电动机的日常维护

①机床运行每天定时的维护检查。在电动机运转过程中要注意观察电动机的旋转速度；是否有异常的振动和噪声；是否有异常臭味；检查电动机的机壳和轴承温度。

②直流伺服电动机的定期检查。直流伺服电动机带有数对电刷，电动机旋转时，电刷与换向器摩擦而逐渐磨损。电刷异常或过度磨损，会影响电动机工作性能，所以对直流伺服电动机进行定期检查是必要的。数控车床、铣床和加工中心中的直流伺服电动机应每年检查一次，频繁加、减速的机床（如冲床等）中的直流伺服电动机应每两个月检查一次，对电动机电刷进行清理和检查。电动机电刷的允许使用长度是：00M 型电动机为 5 mm，其他类型的电

动机为 10 mm。上述定期检查的时间最长也不能超过 3 个月。

③每半年（最少也要每年）的定期检查。包括测速发电机的检查，电枢绝缘电阻的检查等。

3）直流伺服电动机存放要求。不要将直流伺服电动机长期存放在室外，也要避免存放在湿度高、温度有急剧变化和多尘的地方，如需存放一年以上，应将电刷从电动机上取下来，否则易腐蚀换向器，损坏电动机。

4）机床长期不运行时的保养。机床长达几个月不开动的情况下，要对全部电刷进行检查，并要认真检查换向器表面是否生锈。如有锈，要用特别缓慢的速度充分、均匀地运转。经过 1 ~ 2 h 后再行检查，直至处于正常状态，方可使用机床。

5）直流伺服电动机的故障诊断及维修

①直流伺服电动机不转。当机床开机后，CNC 工作正常，按下方向键后系统显示转动（坐标轴位置值在变化），但实际伺服电动机不转，其故障原因及排除方法见表 5—15。

表 5—15　　直流伺服电动机不转故障原因及排除方法

可能原因	检查步骤	排除措施
动力线断线或接触不良	依次用万用表测量动力线 R、S、T 端子	正确连接动力线
使能信号（ENABLE）没有送到速度控制单元	如果没有使能信号，通常驱动器上的 PRDY 指示灯不亮	确保使能的条件，正常使能
速度指令电压（VCMD）为零	测量数控装置的速度指令电压输出端口是否有输出	确保数控装置由指令电压输出
	如果数控装置端口有输出，测量速度指令线的驱动器端是否有电压	确保指令输出电压传输到位
永磁体脱落		更换永磁体或电动机
制动器未松开	检查制动器，依次排查制动电路	确保制动器能工作正常
制动器断开		更换制动器
整流桥或驱动器损坏	用交换法判断是否有故障	更换驱动器
电动机故障		更换电动机

②直流伺服电动机过热，其故障原因及排除方法见表 5—16。

表 5—16　　直流伺服电动机过热故障原因及排除方法

可能原因	检查步骤	排除措施
负载过大	校核工作负载是否过大	改善切削条件，重新考虑切削负载
换向器绝缘不正常或内部短路		做好电动机的密封处理，定期清理电刷积灰
磁钢去磁		更换磁钢或电动机

续表

可能原因	检查步骤	排除措施
制动器不释放		更换制动器或调整制动摩擦片的间隙
		依次排查制动电路，确保正常
温度检测开关不良	一般用手摸能感觉到温度	更换温控开关

③旋转时有大的冲击。若机床开机伺服即有冲击，通常是由于电枢或测速发电机极性相反引起的。若冲击现象发生在运动过程中，其故障原因及排除方法见表5—17。

表5—17　　旋转时有大的冲击的故障原因及排除方法

可能原因	检查步骤	排除措施
负载不均匀	可目测和分析	改善切削条件
测速发电机输出电压突变	在不损坏机床的情况下，重现故障，测量反馈电压	更换测速发电机
输出给电动机电压的波纹太大	外界的电压是否变化异常	采用稳压电源
		更换驱动器
电枢绕组不良	采用交换法，确认电动机电枢是否有故障	更换电动机
电枢绕组内部短路	测量电枢的接线端子	排除短路点
电枢绕组对地短路	测量电枢绕组的对地电阻	处理好屏蔽与接地
脉冲编码器不良	测量编码器输出信号	更换编码器

④电动机运行噪声大，其故障原因及排除方法见表5—18。

表5—18　　电动机运行噪声大的故障原因及排除方法

可能原因	检查步骤	排除措施
换向器接触面的粗糙	可拆卸下来后，目测检验	更换换向器
换向器损坏		
轴向间隙过大		在数控装置端进行机床的螺距误差补偿与反向间隙补偿
换向器的局部短路（如切削液等进入电刷槽中）	测量其接线端子，判断是否短路	更换换向器

⑤在运转、停车或变速时有振动现象。造成直流伺服电动机转动不稳、振动的故障原因及排除方法见表5—19。

表 5—19　　电动机在运转、停车或变速时有振动现象的故障原因及排除方法

可能原因	检查步骤	排除措施
脉冲编码器不良	测量脉冲编码器的反馈信号	更换脉冲编码器
绕组内部短路	测量电枢的接线端子	排除短路点
绕组对地短路	测量电枢绕组的对地电阻	处理好屏蔽与接地
电动机接触不良		重新调整、安装电动机
电动机故障	用交换法判断	更换电动机

6）晶闸管速度控制系统故障及其原因

①印制电路板上指示灯指示故障的诊断。速度控制单元熔断器熔断，引起熔断器熔断的原因有机械故障造成的负载过大；接线错误；选用电动机不合理。

伺服变压器过热。可用手触摸变压器的铁芯或线圈。如果用手摸能承受得住它的温度，说明变压器没有过热，是其热动开关失效。如果用手摸承受不了几秒钟，说明变压器过热。这时需要断电半个小时以上，待其冷却后再试。如仍过热，则其原因或是负载过大，或是变压器不良（如变压器线圈短路，绝缘损坏等）。

电源电压异常。如 +24 V、+15 V、−15 V 电源不合要求。

接触不良。速度控制单元和位置控制器之间的连接不好。

②速度过高。引起速度过高的原因有测速部件成正反馈；柔性联轴器损坏；位置控制板发生故障。

③在启动、运动过程中或在加 / 减速时机床运动轴发生爬行故障。引起上述故障的原因有柔性联轴器损坏；脉冲编码器或测速发电机不良；电动机电枢线圈内部短路；速度控制单元不良；外来噪声干扰；伺服系统不稳定。

④超调。伺服系统增益不够是造成系统超调的原因之一。主要解决措施是提高速度控制单元印制电路板上可调电位器的值，也可适当减小位置环增益。另外，改善电动机和机械进给轴之间的刚性，也可解决系统超调的问题。

⑤单脉冲进给时加工精度太差。产生这种现象的可能原因有两种：一是机械松动，如果电动机轴能准确定位，而机械最终定位精度较差，则应重新调整机械；另一种原因是伺服系统增益不够，这时需要增加可调电位器的值。

⑥低速波动。造成低速波动的原因可能是伺服系统不稳定，也可能是机械方面惯性过大。

⑦圆弧切削时加工表面出现波纹。出现波纹的原因有伺服系统增益不足和机械松动。

（3）交流伺服电动机的维护

进给驱动的交流伺服电动机多采用交流永磁同步电动机，采用全封闭结构形式，根据不同的规格要求，其永磁材料分别采用铁氧体、铝镍和稀土材料。电动机的特点有以下两点：

1）采用独特的转子结构，使其气隙磁通密度按正弦分布，从而达到最小的转矩波动。定子采用无机壳结构，冷却效果好，并能减小体积和质量，以及拥有高的加 / 减速能力。

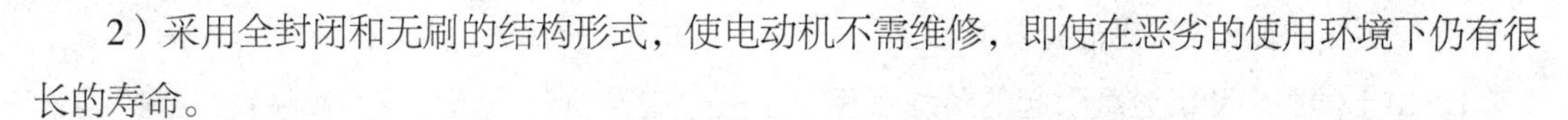

2）采用全封闭和无刷的结构形式，使电动机不需维修，即使在恶劣的使用环境下仍有很长的寿命。

（4）交流伺服电动机的故障诊断与维修

交流永磁同步电动机结构特点是磁极是转子，定子绕组与三相交流电动机定子绕组一样，但它由三相逆变器供电，通过电动机转子位置检测器产生的信号去控制定子绕组的开关器件，使其有序轮流导通，实现换流作用，从而使转子连续不断地旋转。转子位置检测器与电动机转子同轴安装，用于转子的位置检测，检测装置一般为霍尔开关或具有相位检测的光电脉冲编码器。

1）交流伺服电动机常见的故障

①接线故障。由于接线不当，在使用一段时间后就可能出现一些故障，主要为插座脱焊、端子接线松开引起的接触不良。

②转子位置检测装置故障。当霍尔开关或光电脉冲编码器发生故障时，会引起电动机失控，进给有振动。

③电磁制动故障。带电磁制动的伺服电动机，当电磁制动器出现故障时，会出现得电不松开、失电不制动的现象。

2）交流伺服电动机故障判断的方法。用万用表或电桥测量电枢绕组的直流电阻，检查是否断路，并用兆欧表检查绝缘是否良好。将电枢与机械装置分离，用手转动转子，正常情况下应感觉有阻力，转一个角度后手放开，转子有返回现象；如果用手转动转子时能连续转几圈并自由停下，则已损坏；如果用手转不动或转动后无返回，机械部分可能有故障。如交流伺服的脉冲编码器不良，就应更换脉冲编码器。更换编码器应按规定步骤进行（各型号机床存在差异，请参照相应安装说明书进行工作）。注意，原连接部分无定位标记的，编码器不能随便拆离，否则会使相位错位；对采用霍尔元件换向的应注意开关的出线顺序。平时，不应敲击安装位置检测装置的部位。另外，伺服系统一般在定子中埋设热敏电阻，当出现过热报警时，应检查热敏电阻是否正常。

（5）进给伺服系统安全操作规范

1）通电前用手扣住急停开关钮，操作者要处于能观察到机床一切变化的位置再接通电源。

2）在确认动作时，手不应离开急停按钮，以便发生异常时立即按下急停。

3）在机床动作时，尤其是大型机床，要确认机床的另一侧或机床的下面是否有人，动作之前要打招呼。

4）机床运动时，要先用手轮方式或手动连续进给方式低速移动，然后再用快速移动。

5）凡是控制不需要运动轴的熔丝和断路器，应预先取下或切断，以保证即使万一操作不当或连接不当，也不会引起异常动作。

6）很多故障是由于连接处接触不良引起的，所以不要随意怀疑印制电路板有问题而轻易更换；即使要更换，也不应两块以上同时更换，应该更换一块，确认一块。

（6）交流伺服系统常见故障及其原因

1）由于伺服电动机过载引起的系统报警

①电动机负载过大。

②速度控制单元的热继电器设定错误，如热继电器设定值小于电动机额定电流。

③伺服变压器热敏开关不良。

④再生反馈能量过大。

⑤速度控制单元印制电路板上设定错误。

2）由移动误差过大引起的系统报警

①数控系统位置偏差量设定错误。

②伺服系统超调。

③电源电压过低。

④位置控制或速度控制单元不良。

⑤电动机输出功率太小或负载太大。

3．数控机床位置检测系统的故障及其排除

（1）数控机床位置检测系统的故障形式

当位置控制发生故障时，在 CRT 上往往会显示报警号及报警信息。一般情况下，如果正在运动的轴实际位置误差超过机床所允许的偏差值，将会产生轮廓误差监视报警；如果机床坐标轴定位时的实际位置与给定位置之差超过机床参数设定的允许偏差值，则产生静态误差监视报警；若位置测量硬件有故障，则产生测量装置监控报警等。

（2）数控机床位置检测元件的维护

1）光栅

①防污。由于光栅尺直接安装于工作台和机床床身上，所以，很容易受到切削液的污染，造成信号丢失，影响位置控制精度。切削液在使用过程中会产生轻微结晶，这种结晶在扫描头上形成一层透光性差的薄膜，清除困难，故在选用切削液时要慎重。

②防水雾。加工过程中，应控制切削液的压力和流量不要过大，以防形成大量的水雾进入光栅。

③最好将 10^5 Pa 左右的低压压缩空气通入光栅，以防在扫描头运动时形成的负压将污物吸入光栅。所使用的压缩空气必须净化，滤芯应保持清洁并定期更换。

④清洁。光栅上的污物可以用脱脂棉蘸无水酒精轻轻擦除。

⑤防振。光栅拆装时不能用硬物敲击，以防造成光学元件的损坏。

2）光电脉冲编码器

①防振和防污。由于编码器是精密测量元件，其使用环境和拆装时要与光栅一样注意防振和防污的问题。污染容易造成信号丢失，振动容易造成编码器内的紧固件松动脱落，导致内部电源短路。

②防止连接松动。脉冲编码器用于位置检测时有两种安装形式，一种是与伺服电动机同轴安装，称为内装式编码器，另一种是编码器安装于传动链末端，称为外装式编码器。当传动链较长时，这种安装方式可以减小传动链累积误差对位置检测精度的影响。不管是哪种安装方式，都要注意编码器连接松动的问题。由于连接松动，往往会影响位置控制精度。另外，在有些交流伺服电动机中，内装式编码器除了位置检测外，同时还具有测速和交流伺服电动机转子位置检测的作用，所以编码器连接松动还会引起进给运动的不稳定，影响交流伺服电动机的换向控制，从而引起机床的振动。

3）感应同步器

①在安装时，必须保持定尺和滑尺相对平行，且定尺固定螺栓不得超过尺面，调整间隙在 0.09 ~ 0.15 mm 为宜。

②定尺表面耐切削液涂层和滑尺表面带绝缘层的铝箔不能损坏，否则会导致厚度较小的电解铜箔被腐蚀。

③接线时要分清滑尺的正弦绕组和余弦绕组，其阻值基本相同，这两个绕组必须分别接入励磁电压。

4）旋转变压器

①在接线时，定子上的励磁绕组和补偿绕组匝数相等，转子上的正弦绕组和余弦绕组匝数也相等，但转子和定子的绕组阻值却不同。一般定子电阻阻值稍大，有时补偿绕组自行短接或接入一个阻抗。

②由于结构上与绕线转子异步电动机相似，因此，电刷磨损到一定程度后要更换。

5）磁栅尺

①不能将磁性膜刮坏，防止铁屑和油污落在磁性标尺和磁头上，要用脱脂棉蘸酒精轻轻地擦拭其表面。

②不能用力拆装和撞击磁性标尺和磁头，否则会使磁性减弱或使磁场紊乱。

③接线时要分清磁头上激磁绕组和输出绕组，前者绕在磁路截面尺寸较小的横臂上，后者绕在磁路截面尺寸较大的竖杆上。

（3）数控机床位置检测装置的故障诊断

1）输出信号。一般情况下，不论是增量式旋转测量装置还是直线测量装置，它们的输出信号通常有两种形式：一种是电压或电流正弦信号；另一种是 TTL 电平信号。在机床运动过程中，扫描单元输出三组信号：其中两组增量信号由四块光电池产生，把两个相差 180° 的光电池接在一起，它们的推挽就形成了相位差 90°、幅值为 11 μA 左右的两组近似正弦波，一组基准信号也由两个相差 180° 的光电池接成推挽形式，输出为一尖峰信号，其有效分量约为 5.5 μA，此信号只有经过基准标志时才产生。所谓基准标志，是在光栅尺身外壳上装有一块磁铁，在扫描单元上装有一只干簧管，在接近磁铁时，干簧管接通，基准信号才能输出。

两组增量信号经传输电缆和插接件进入脉冲整形插值器，放大、整形后，输出两路相位差 90° 的方波信号和参考信号，这些信号经适当的处理后，可在一个信号周期内产生五个脉

冲，即5倍频处理，经连接器送至CNC位控模块。

2）脉冲整形插值器信号处理。脉冲整形插值器（EXE）的作用是将光栅尺或编码器输出的增量信号进行放大、整形、倍频和报警处理，输出至CNC进行位置控制。EXE由基本电路和细分电路组成。

基本电路印制电路板内含通道放大器、整形电路、驱动和报警电路等，细分电路作为一种任选功能单独制成一块电路板，两板之间通过连接器连接。

①通道放大器。由光栅检测出的正弦波电流信号，经通道放大器，输出一定幅值的正弦电流电压。

②整形电路。经通道放大器放大后，再经整形电路转换成与之相对应的三路方波信号，其TTL高电平大于或等于2.5 V，低电平小于或等于0.5 V。

③报警电路。由于光栅的输入电缆断裂、光栅污染或灯泡损坏等原因，造成通道放大器输出信号为零时，报警信号经驱动电路驱动后，由连接器输出至CNC系统。

④细分电路。在精度要求很高的数控机床中，仅靠光栅尺本身的精度不能满足要求，因此必须采用细分电路来提高分辨率，以适应高精度机床的需求。基本电路通道放大器的输出信号经连接器接入细分电路，经细分电路处理后，又通过连接器输出一个周期内两路相位差90°、占空比为1∶1的五细分方波信号。这两路方波信号经基本电路中的驱动电路驱动后，由连接器输出至CNC系统。

3）故障诊断。当出现位置环开环报警时，可先将连接器脱开，然后在CNC系统的一侧，把连接器上的+5 V线同报警线连在一起，合上数控系统电源，根据报警是否再现，便可迅速判断出故障的部位是在测量装置还是在CNC系统的接口板上。若问题出现在测量装置，则可测连接器上有无信号输入，这样便可将故障定位在光栅尺或EXE脉冲整形电路上。

5.5　实例解析

1．故障现象

按“刀位转换”刀架能够换刀到指定刀具，但换刀后刀架偏转一个角度。

2．故障分析

换刀以后刀架偏转一个角度，经仔细观察后发现刀架换刀后没有反方向旋转，说明刀架电动机没有反转锁紧。分析如图5—28所示电路图，刀架反转信号是PLC输出端子板上的AX3，与继电器KA3线圈相连，KA3常开触头经121号线连接到接触其KM3Z的常闭触头，再通过123号线连接接触器KM3F的线圈。当KA3得电后，其常开触头闭合，接触器KM3F线圈得电，接触器KM3F主触头闭合刀架电动机反转。

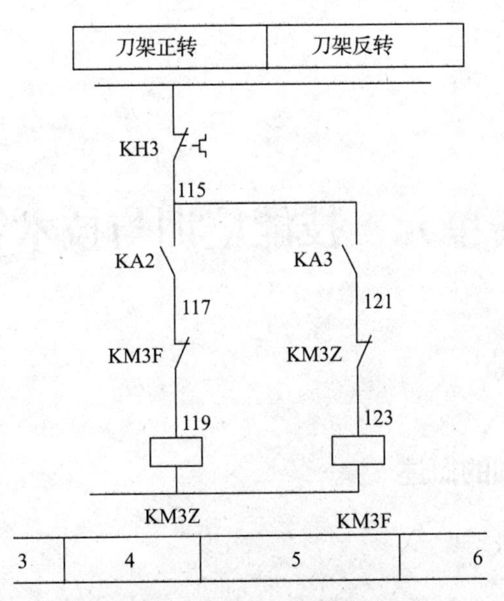

图 5—28　刀架电动机控制电路原理图

根据上面的分析，首先进行了 PLC 程序和输出的检查，检查结果为正常无误。而后又进行了如图 5—28 所示电路的检查，发现 KM3Z 常闭触头始终处于断开状态，导致 KM3F 线圈无法得电，从而使刀架电动机没有反转。

3．解决方法

拆除接触器 KM3Z，发现触头损坏，更换同型号接触器后，故障消失。

第6单元 技能培训与技术管理

6.1 技能培训

6.1.1 技能培训的概述

1．技能培训的要求

通过形式多样、富有成效的技术培训，可以提高企业员工的技术理论知识、基本技能、质量意识、安全意识、竞争意识和创新意识，进一步推动员工综合素质的整体提高，促进企业技术发展和现代化管理。技能培训要认真贯彻执行国家职业技能标准、职业技能鉴定制度、特殊工种和操作人员的资格考核制度，确保培训人员均取得相应的资格证书，持证上岗。技能培训时要本着“科学规范、因材施教、学以致用、讲求实效”的原则。

2．技能培训的管理

技能培训的管理可按质量管理体系中“人力资源控制程序”进行，即按照“提出要求、制订计划、组织实施、检查考核、培训记录和效果考评”等程序进行。

（1）技能培训分类

1）新员工上岗前培训。

2）学校毕业生实习培训。

3）特殊工种的专业培训。

4）技能鉴定培训。

5）员工岗位练兵，短期培训。

6）专项能力培训、定期轮训及其他外出学习、深造等。

（2）培训计划

一家单位或一个部门可在年终时提出下一年度企业培训计划，由经理、总工程师审批后下发执行。培训计划内容应包括培训目的、内容、要求、时间、地点、对象、人数、师资、教材、经费、物资供应、主办和协办单位及负责人等。

（3）技能培训的形式

技能培训一般采用讲课、考试或操作实习等形式。还可以采用其他诸如专家讲座、电化教学、技能竞赛、岗位练兵、地区级以上优质工程观摩等生动活泼、行之有效的形式，以提

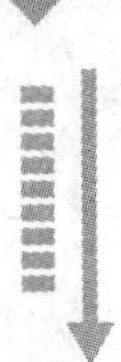

高员工学习兴趣和效果。总之，要加强针对性培养，注重解决实际问题，不走过场、不停留于形式。

（4）培训结业

企业员工定期进行技术业务考核，考试合格后才准许上岗操作。员工培训和考核成绩记入本人业务学习档案，作为晋级和工作安排的依据。

3．技能培训的教学

（1）技能培训的教学特点

技能培训教学是与企业需求紧密结合的，以提高职业能力为核心，突出技能训练，紧密围绕培训目标，在学习上安排必要的技术理论基础知识学习，结合企业要求及所学的技术理论知识，有目的、有组织、有计划地开展学习专业技能、技巧的实践活动。

技能培训教学主要是根据国家职业技能标准、国家有关技术要求以及企业岗位要求等，拟订教学计划和大纲、教材和教师进行教学。

（2）技能培训教学计划

技能培训教学计划是根据教育目的和不同类型学校的教育任务制定，学制教育教学计划一般由国家教育主管部门制定，有相关教育和教学工作的指导性文件；短期技能培训教学计划一般根据国家职业技能标准和企业岗位要求来拟定。

（3）技能培训的教学大纲

技能培训教学大纲是依据教学计划对技能教学提出的要求，是以纲领性的形式确定职业技术、技能教学的指导性文件，是技能教学教材编写的依据，也是教师组织教学的依据。

（4）技能培训教材

技能培训教材是依据教学大纲编写的，教材是教学大纲的具体化，是教师教学的主要依据，也是学员学习的最根本材料。

6.1.2 技能培训的教学原则

教学原则是人们根据对教学规律的认识而制定出来的进行教学工作所依据的法则或准绳，它是指导教学工作的一般原理，是进行教学工作必须遵循的基本要求。执行教学原则，可以正确处理教学过程中的各种矛盾，使教学工作具有正确性、连贯性，保证教学过程的顺利进行。技能培训常用的主要有以下几项教学原则。

1．科学性和思想性统一原则

科学性和思想性统一原则是指在技能培训教学中，必须向学员传授具有现代科学水平的、反映客观世界及其规律的知识，按照一定科学原理而形成的操作方法和技能，使技能培训教学具有高度的科学性。贯彻这一教学原则，应该遵循以下几点要求：

（1）确保教学的科学性

教学的科学性不仅要求给予学员的知识必须是正确的，是较新的知识，而且要保证给予

学员的知识和能力体系是科学的、有效的组合。

（2）在技能培训教学中要有目的、有计划地对学员进行思想品德、职业道德、职业纪律和安全生产教育。

2．理论联系实际原则

理论联系实际原则是要求教师在技能培训教学中，引导学员运用技术理论知识指导实际操作，并在实际操作中加深对技术理论知识的理解，掌握本职业技术所必须具备的操作技能技巧，并达到一定的熟练程度。贯彻理论联系实际原则，要遵循以下几点要求：

（1）运用专业技术理论知识指导技能教学。

（2）合理安排教学进度计划。

（3）注意精讲多练。精讲，就是用准确、生动、精练的语言讲明要点，做到重点突出、中心明确。多练，就是根据教学任务，组织和指导学员有目的、有计划地反复练习，使学员正确地掌握动作要领、操作姿势和合理的操作方法。通过精讲多练可以培养学员的耐力、速度、合格率、准确程度和熟练程度。

3．技能培训教学与生产相结合的原则

技能培训教学与生产相结合的原则，就是要求技能培训教学与生产产品结合起来，在技能培训教学中，生产是基础，教学是目的，教学与生产紧密结合，这是技能培训收到较好教学效果的重要原则之一。技能培训教学过程，一方面应该加强技能教学，另一方面教学也应该紧密结合生产，这是职业技能培训特点的需要。贯彻技能培训教学与生产相结合的原则，要遵循以下几点要求：

（1）产品应适合实习教学内容。

（2）生产管理和技能培训教学管理要协调一致。

（3）技能培训管理要工厂化，即符合企业管理模式所有的要求。

4．基本功训练与生产性培训结合的原则

技能培训教学一般大致分为三个阶段：

第一阶段，按照技能培训计划的要求和顺序，对学员进行基本功训练。基本功训练一般指动作要领、操作姿势和合理的操作方法，它是培养训练生产技能技巧的基础。

第二阶段，主要让学员结合生产进行综合作业训练。综合作业训练是教师根据技能培训教学计划、教学大纲和教材，选择或设计适合的实习工件进行综合训练。综合作业训练的实习工件应具有一定的难度，使学员努力才能完成，以保证训练标准。综合作业训练工件设计时要注意两点，第一点是实习内容设计要精细，易于开展实习活动，保证实习课题之间有逻辑关系。第二点是一件材料尽量安排多课题、多工序的连续练习，以提高实习训练材料的使用率，降低实习训练成本。

第三阶段，生产性培训阶段。通过实际生产和独立操作，完成一定的生产任务，使已经学到的专业技能进一步熟练，初步形成专业技能技巧。

技能培训教学的三个阶段是有机结合在一起的，互相连贯，使学员从基本功训练逐步过渡到生产性培训。生产性培训要求与工人一样，生产任务可以完成工人 50% ~ 70% 的定额，教育学员自觉遵守有关生产的各项规章制度，遵守劳动纪律和工艺规程，遵守安全生产岗位责任和安全操作规程，并注意文明生产等规定。这样才有利于全面培养学员的生产概念、技术能力和职业素质。

5．技能训练循序渐进原则

技能训练循序渐进原则，是要求技能培训教学按照学科的系统和学员认识发展的顺序进行，使学员系统地掌握本职业的操作技术，促进智力和能力的发展。贯彻循序渐进原则要遵循以下几点要求：

（1）按照技能培训教学大纲和教材系统地进行教学。

（2）由浅入深、由易到难、由简单到复杂，引导学员扎扎实实、循序渐进地掌握操作技能。

（3）抓住教材的重点、难点，解决主要矛盾。教师要善于解决课题教学的关键点，这样才能突破教学的难点，启发引导学员掌握课题的内在规律、操作要领和加工关键工艺，保证循序渐进地教学。

6．直观性教学原则

直观性教学原则是指教学中利用学员的多种感官和已有经验，通过各种形式的感知，丰富学员的直接经验和感性知识，使学员获得生动表象，从而比较全面、比较牢固地掌握本职业技术的基本操作技能。实物演示、实验、实物测量、参观和实际操作等均属于直观性教学的范畴。贯彻直观性教学原则要遵循以下几点要求：

（1）使用直观手段要有明确的目的。

（2）认真做好操作示范。

（3）注意直观与抽象的统一。

（4）运用直观手段要与教师讲解密切结合。

技能培训教学要根据教学内容和教学对象，多利用直观性教学，特别是实物直观教学，它具有教学效果好、效率高及学员易于掌握的特点。

7．启发性原则

启发性原则是在教师的主导下，充分发挥和调动学员的主动性，激发学员的学习兴趣，引导学员自发地学习，使学员经过独立思考，融会贯通地掌握知识及本专业职业技术的生产操作技能，提高分析问题和解决问题的能力。贯彻启发性原则要遵循以下几点要求：

（1）循循善诱，调动学员的主动性。

（2）培养学员独立思考、发散的思维能力。

（3）集中精力解决重点、难点。

（4）建立新型的尊师爱生关系、做到教学相长。

8．因材施教原则

因材施教原则是指教师在教学中要从教学计划、教学大纲和教材的统一要求出发，面向全体学员，同时又要根据学员的个别差异，有的放矢地进行教学。贯彻因材施教原则要遵循以下几点要求：

（1）了解学员，从实际出发进行教学

教师要深入了解学员的年龄特征，知识水平，个人的能力、兴趣和爱好，这是实施因材施教的前提。只有了解教育对象，才能确定教学的起点、要求和方法。在了解的基础上，教师要面向中间、兼顾两头，即在教学速度、难度等方面应以中等学员水平和能力为依据，同时，对优等学员和后进学员给予个别指导。

（2）正视个别差异，注意培养学员的特长

教师要善于发现每个学员的兴趣、爱好，积极创造条件，正视个别差异，如组织各种校外、课外小组活动，开设选修课等，尽可能使每个学员的不同特长得以发展。

上述的教学原则在教学过程中的运用，要始终把握运用任何教学原则都不能孤立地进行，应当使之互相配合，互相促进，协调发挥作用。必须根据教学过程的客观需要，综合运用相关的教学原则，推动教学过程顺利发展，达到预期的教学效果。

6.1.3　技能培训的教学方法

1．教学方法的概念

教学方法是指教师和学员为实现共同的教学目标，完成共同的教学任务，在教学过程中运用的方式与手段。

2．教学方法与教学质量

技能培训教学质量的高低，往往与所采用的教学方法有着密切的关系，教学方法得当，可以使教师和学员花费最少的时间和精力，取得最大限度的教学效果。好的教学方法能激发学员的学习兴趣，充分调动学员学习的主动性，有助于实现培养目标，有利于培养学员职业技术能力的形成。

3．技能培训常用的教学方法

技能培训常用的教学方法有讲授法、演示法、练习法、讨论法、参观法等。

（1）讲授法

讲授法是教师运用口头语言系统地向学员传授知识的一种方法。讲授法的优点是可以使

学员在教师指导下在短时间内获得大量系统的科学知识，有利于发展学员智力，有利于系统地对学员进行教育教学。但是这种方法没有充分的机会让学员对所学内容及时做出反馈，学员的主动性、积极性不宜发挥。

运用讲授法的基本要求：

1）语言要清晰、准确、精练。

2）讲授内容要有系统性，条理要清楚，讲清难点，突出重点。

3）语言要生动、形象，并富有感染力。

4）语音的高低、强弱，语流的速度和间隔应与学员的心理节奏相适应。

（2）演示法

演示法是教师在教学中展示各种实物、模型、挂图等，进行示范性实验以及示范操作演示，使学员通过观察获得感性知识的一种方法，通常配合讲授法进行。演示法是技能培训教学经常采用的一种十分重要的教学方法，它以形象的语言、熟练而规范的操作动作，帮助学员形成清晰、鲜明的表象，以便于学员实习时进行模仿练习，为学员掌握本职业技术操作技能打下良好基础。运用演示法的基本要求如下：

1）演示前，教师要根据教学大纲和教材内容，弄清演示目的，选择好演示教具，明确演示关键。

2）演示时，要结合讲授法进行。演示必须精确、可靠、操作规范；要尽量使全体学员都能观察到演示活动；演示过程中要引导学员注意观察。

3）演示后，教师要引导学员分析、观察过程及其结果以及各种变化之间的关系，通过分析、对比、归纳、综合得出正确结论。

（3）练习法

练习法是在教师的指导下，学员巩固知识、培养技能和技巧的基本教学方法。它是运用已经学习过的专业知识及技术进行反复的训练，从而形成新的技能与技巧，使学员更扎实地掌握理论知识与技能的教学方法。它的特点是通过实践活动，学员不仅动脑，而且动口、动手，在知识的运用过程中形成新技能和技巧，更好地培养学员分析问题和解决问题的能力。

练习法的基本步骤为教师提出练习任务，说明练习的意义、要求和注意事项，并做出示范；学员在练习时，教师要检查练习情况和通过巡回指导，纠偏答疑解惑，练习结束后教师进行系统分析和总结。

运用练习法的基本要求如下：

1）在教师指导下有目的、有计划、有组织地进行，练习任务一定要注意理论知识和技能训练相结合。

2）要对学员进行分组训练，明确练习任务及目的、技术要求、注意事项及评价标准。

3）教师对学员的练习要及时检查与巡回指导，要培养学员自我检查能力和习惯，教师要教给学员练习的方法。

4）练习结束后，教师要根据练习情况，按照评价标准对每个学员进行评分，并且对练习结果进行分析和总结。

（4）讨论法

讨论法是对于学员实际训练过程中遇到的问题或教材中某些重要的、有一定难度和深度的，需要学员进一步理解和掌握的内容，教师要事先拟定思考题，提前让学员做准备，上课时在教师的启发诱导下，学员充分发言、各抒已见、相互交流，学员之间取长补短、加深理解、提高认识的一种相互学习方法。

运用讨论法的基本要求如下：

1）讨论之前，教师必须提出讨论题目和讨论的具体要求，指导学员收集有关资料。

2）讨论时，教师要引导学员围绕中心问题、联系实际进行，要让学员普遍有发言的机会。

3）讨论结束时，教师要进行归纳小结，并提出需要进一步思考的问题。

（5）参观法

参观法是教师根据教学目的、内容和要求，组织学员到校内外一定场所（如工厂、现场、展览会等）对实际事物进行观察、研究，从而获得新知识或巩固、验证已学知识的一种教学方法。

运用参观法的基本要求如下：

1）做好参观的准备工作。教师要根据教学目的、内容和要求，选择参观项目和地点，确定参观计划，规定参观步骤。要事先向学员说明参观的要求和注意事项。

2）参观时要引导学员收集资料，做必要的记录，可以请有关人员进行讲解或指导。

3）参观后要组织学员讨论参观收获，并且及时进行小结；要引导学员把收集到的材料进行分析研究，得出结论，形成体会或学习报告。

4．教学方法选择的依据

（1）要根据教学目的和教学任务。

（2）要根据专业要求、课程性质及内容特点。

（3）要根据学员能力、班级特点。

（4）要根据学校设施设备条件、周围环境及教师特长。

总之，随着生产、科技、社会形态、教学理论和教学实践的不断变革，教学方法也经历着推陈出新的变革过程。教学方法对教学目的、教学内容具有巨大的作用，同样的教学内容，采用不同的教学方法，效果会大不一样。因此，科学合理地选择教学方法是非常重要的，所以在今后的教学设计时，教学方法的选用要经过周密考虑，使教师和学员花费最少时间和精力，取得最大限度的教学效果。

6.1.4　技能培训的教学设计

1．教学设计的概念

教学活动涉及教师和学员，教学内容和教学方法，以及教学环境、教学媒体等诸多因素，

还需要教学设计、教学策略、教学媒体、教学模式的考虑，因为教学诸多因素之间相互联系、相互作用、相互影响，具有一定的规律性、复杂性和多变性，所以作为主持教学活动的教师，在授课前不能完全凭借经验来考虑教学，必须依据科学的学习理论和认知规律，对教学活动做出有利于学员获得良好学习效果的安排。

教学设计又称为教学系统设计，它运用学习理论、教学理论、传播理论、系统理论等观点和方法，分析教学问题和需要，确定培养目标，建立解决问题的方案。并且，对选择相应的教学活动、方法和教学资源，评价其结果，使教学达到一种最优化的操作过程。教学设计具有如下特征：

（1）教学设计的目的是帮助学员有效地学习，关注学员个体能力素质的发展变化，包括学习需求，理想的学习结构，实行教学策略和实施效果的评价。

（2）教学设计是针对学员学习过程中存在的问题进行设计。它强调制定目标、发现问题、分析问题、解决问题、拟订方案、评价方案和修改方案等一个连续不断的改进操作运行程序。

（3）教学设计是一种运用系统方法整体解决教学问题的观点，综合考虑教学在特定情景下的复杂教学因素。

（4）教学设计是针对教学系统中所有的教学因素进行的有利学习系统化的设计活动。

2．教学设计的运用

（1）系统教学设计

系统教学设计是指某一专业的教学系统或比专业教学系统更庞大的教学设计，应包括教学设计、教学材料、教学人员培训计划、教学设施设备和管理计划等诸多方面。这种教学设计往往由多个层次的人员，如主管部门、培训机构的专家、教师等共同合作完成。

例如某家培训机构向管理部门申办开设新专业的过程。培训机构要根据市场或某家企业对技能人才需求情况，先进行调研和论证，确定培训项目。然后，培训机构提出申办报告、教学计划、教学大纲、教材、师资配备、教学设施设备和教学场地等详细设想及准备情况。这个详细设想及准备过程，实际上就是一个系统教学设计。最后，管理部门进行考察、审核及探讨可行性，进入批复。

（2）课程教学设计

课程教学设计就是对某一门课程进行的教学设计，应包括教学模块、师资、教学资源、教学媒体等问题，它是由相关的专业人员、教学管理人员和教师共同合作完成。它反映在课程教学设计的科学性和准确性，防止教学的随意性，正确有效地指导课程教学实施。

（3）课堂教学设计

课堂教学设计就是针对某一教学班、某一教学内容进行课堂教学设计，主要解决教师如何在已有教学对象、教学材料和设施设备等条件下实施教学，完成预期的教学目标。课堂教学设计一般由任课教师完成，作为课前教学准备工作。

课堂教学设计的过程流程图如图 6—1 所示。

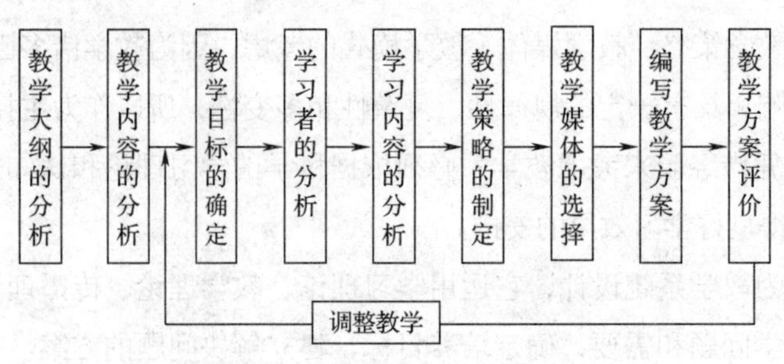

图 6—1　课堂教学设计过程流程图

教师在教学中要加强对课堂教学设计的训练与培养，不断提高课堂教学设计能力，教学管理人员也要加强对教学方案设计的审核与评价工作，确保教学内容及方法的科学性、合理性，有效防止不科学、不严谨、不周密的教学方案进入课堂。训练和培养教师课堂教学设计能力，并不是一朝一夕的事情，它要始终贯彻于教师教学活动过程之中，达到最理想的教学效果，以此完成教学任务，这样的不断努力，将会对提高教师业务水平和提高课堂教学效果有很大帮助。

3．教学策略的制定

教学策略的制定就是在明确的教学目标指导下，把握学习者的情况和教学内容的特点，运用教育学、心理学、传播学等学科的理论，为学员完成学习目标进行教学内容整合，同时加入教学方式、方法的考虑，设计出具有针对性的教学活动程序。确定教学策略的原则：

（1）在制定教学策略时，先应考虑以什么教育观点完成教学目标，在知识与技能的教学中，有应试教育、原理教育和行为导向教育等类型。

（2）教学策略的制定，应符合技能学习的规律，选择适合技能教学的学习理论。

（3）教学策略应从教学目标要求出发，规定教学活动程序中各层次目标，使教学策略不但具有程序性，还有很强的实施效果。

（4）教学策略的制定，应考虑促进技能发展的合理性，用活动程序和方式、方法充分展示教学内容，使学员更容易接受。

4．教学媒体的选择

教学媒体是载有教学信息和传递信息的工具。教师运用媒体把教学内容信息传输给学生，学员通过媒体接收教学内容信息，引起学习兴趣，并对认知活动产生积极的作用。

（1）教学媒体信息引起反应与认识活动的作用

1）人的感觉器官接收媒体的刺激，获得信息和知识，是媒体的特性。不同媒体会引起不同的反应，引起不同的刺激。

2）教学媒体是为教学服务的，是由教学使用者操作和控制的，使教学速度既能符合学员学习速度，又能使教学媒体信息呈现程度得到调控，从而收到良好的教学效果。

（2）选择教学媒体的方法

1）根据教学目标和内容确定教学媒体。技能培训教学的教学目标包括技能和知识两类。

前者使用视觉为主的媒体信息，并以直观的非语言形态对技能特别是操作技能进行展示，有利于学生记忆、理解和模仿。后者则使用听觉为主的媒体信息，通过清晰简洁的语言表达，有利于连贯的记忆、思维和应用。

2）根据教学内容的复杂程度选择教学媒体。如果教学内容单一，只是着重学习动作技能或一般知识学习，可以采用一种媒体信息为主去展示教学内容。如果需要对一个具体的教学情景进行描述，引导学员分析问题、解决问题，或者扮演某一角色，使学员进入深一层境界，运用知识获得能力，则必然是多种信息配合才能调动学员感受教材内容。

3）根据教学条件。教学能否切合实际选用某种媒体，取决于教学部门提供的实际条件，如经济能力、资源状况、使用环境等因素。

（3）选择教学媒体的注意事项

1）提倡教学媒体的简单化，不能将简单问题复杂化，更不能为了运用而运用，而是要从选择教学媒体的必要性出发。

2）充分合理地利用现有教学媒体，要使其物用其尽，提高课堂教学效果和效率。教学媒体是人体的延伸，印刷品是人眼的延伸，广播是人耳的延伸，电视是耳朵与眼睛的同时延伸。

3）选用教学媒体要注意美感、和谐与效果之间的关系，协调发挥好媒体的作用，用开拓创新的理念，创建最佳的教学意境。

5．教学模式的选用

（1）教学模式的概念

教学模式是教学思想和教学规律的反映，它具体规定了教学目标、操作程序、师生角色和教学策略等，将教学原则、教学方法、教学手段和教学组织形式融为一体，将比较抽象的教学理论化为具体的操作模型，有效地引导学员进行学习，从而使学员掌握知识，习得技能，养成能力。

（2）教学模式的构成

教学模式是为实现特定的教学目标而建立的理论，有其适用的教学情景。教学模式是提高教学活动效果的一种教育技术，它由各自不同的教学目标、对象、教学条件、教学程序和师生交往方式等构成。

1）教学目标。教学目标是完成教学任务的具体要求，它是决定教学模式、教学条件、操作程序、师生活动方式的核心依据。

2）教学条件。教学条件包括教材、设施设备、场地条件等教学资源，同时包括教师素质要求和教学氛围等基础因素。

3）教学程序。教学程序是指教学活动的过程顺序。它主要从教学内容的特点出发，把教学活动划分为几个不同层次的教学阶段，使教学逐步深入发展。

4）教师和学员交往方式。教师和学员在课堂上所扮演的角色，是跟随教学活动的需要而决定的。在教学过程中，如果以教师为活动中心有利教学，则教师是主导者，学员是接受者；

如果以学员为中心，则学员处于主体地位，是行动的积极参与者，而教师则起到指导和推动作用。

（3）教学模式的种类

现在比较成熟的教学模式有一体化教学模式、项目教学模式、技能概念形成教学模式、表象训练教学模式、分步练习教学模式、强化训练教学模式、队列训练教学模式、一对一训练教学模式、案例教学模式、角色扮演教学模式、卡片展示教学模式等。

（4）教学模式的运用

在探究教学模式运用时，首先，要正确把握教学模式的基本概念。其次，要积极贯彻执行人力资源和社会保障部《关于大力推进一体教学改革发展的意见》的文件精神，“逐步建立以国家职业标准为依据、以工作任务为导向、以综合职业能力培养为核心的一体化教学课程体系，实现理论与技能训练融通合一、能力培养与工作岗位对接合一、实习实训与顶岗工作学做合一”。最后，要根据社会发展对技能人才不断提出的新要求，探索运用教学模式。

（5）教学模式运用的注意事项

在尝试教学模式时，必须注意以下几点：一是选择教学模式时，关键要看是解决教学目标中的什么问题，采用此种教学模式是否适合教学对象、教学内容；二是要进行充分的调研，反复的论证，在思想及客观条件都具备的情况下，方可尝试新的教学模式；三是教学模式运用的好与坏，要用教学效果和教学目标评价体系去衡量。只有这样，才能确保技能人才培养能力永不滞后。

6.1.5 技能培训的课题教学

1．课题教学的概念

技能培训教学是由系统课题教学组成的，课题教学在技能培训过程中是一个相对独立和完整的教学过程，是技能培训教学的基本单元。

技能培训课题教学的基本单元应包括教学准备、课日教学、课题考试及课题教学总结四个环节。课题教学环节流程如图6—2所示。课题教学的基本过程流程如图6—3所示。

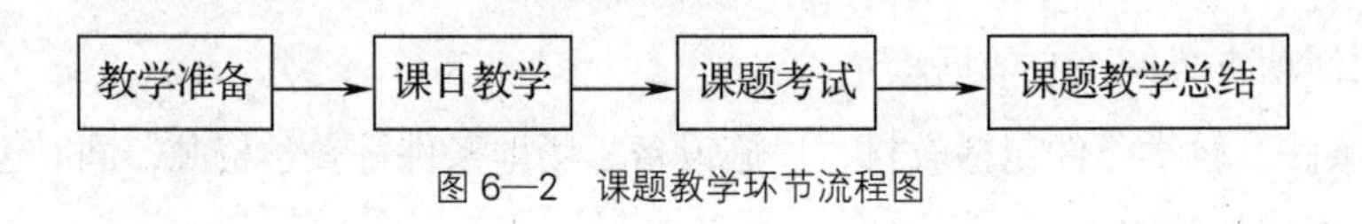

图6—2 课题教学环节流程图

2．教学准备

教学准备通常称为备课，它基本上应包括6个方面。

（1）钻研教学大纲和教材

1）通读教材。了解整个教材内容和每一个课题在教材中的地位、作用及它们之间的关系。

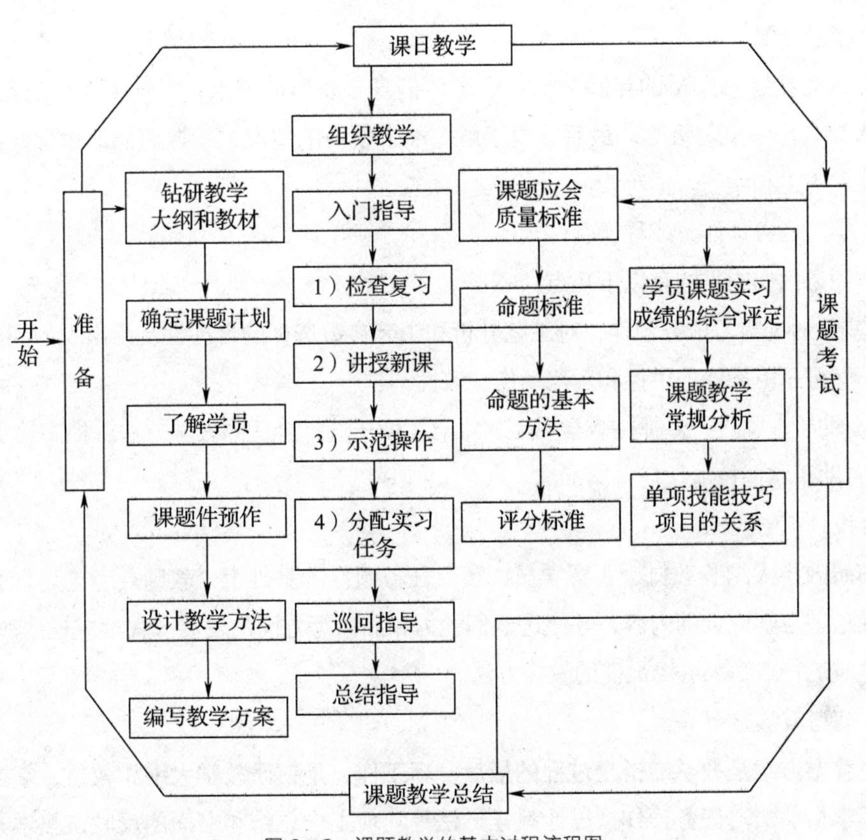

图 6—3　课题教学的基本过程流程图

2）细读教材。按教学大纲规定的要求，把一个课题划分为几个课日教学。

3）精读教材。把细读和实际示范、练习结合起来，仔细加以琢磨和推敲，力求合理安排教学内容。

上述是钻研教材的一般步骤，教师要经过反复钻研教材，解决如下问题：

①确定课题教学的应会质量标准。

②明确教材体系。

③确定课题训练的操作技能、技巧的具体项目。

④研究和解决教学重点难点。

（2）确定课题计划

课题计划由应会质量标准和教学活动两个部分组成，是课题教学的任务书。课题计划一般包括课题名称、本课题的教学目标、课时划分及课型、主要教学方法和必要的教具。确定课题计划时要充分考虑以下工作内容。

1）课题计划的首要任务是确定课题应会质量标准。

2）分析和掌握课题教学巡回指导考察标准。在技能技巧的训练过程中，生产技能主要表现在操作方法、独立性、速度、熟练程度及意志品质等方面。

3）课题计划的审查。课题计划编制完成之后，要履行审查手续，主要审查课题教学进度、内容、课时划分、教学方法及课型等是否与培养目标相一致。

（3）了解学员

教师首先要考虑学员的年龄特征，熟悉他们身心发展的特点；其次要了解班级的情况，如班级人数、班风及年级等；最后，要了解每一个学员的情况，掌握他们的思想状况、应知应会、学习态度和学习习惯等。

（4）实习任务预作，或称课题件预作

实习任务预作的目的有以下几点：

1）教师通过实习任务预作，对工艺分析和工艺参数选择的合理性及易出现的问题做到心中有数；保证示范操作的讲授和示范动作一致性。

2）有助于教师进一步抓住教学重点、难点；便于选择合适的教学方法，提高教学效果。

3）有助于掌握技能技巧考察标准。

（5）设计教学方法

在钻研教学大纲和教材、了解学员、实习任务预作的基础上，教师要考虑用什么方法使学员掌握这些应知应会的内容，并促进他们能力和品德等方面的发展。教学应根据教学目的、内容、学员的特点等来选择最佳的教学方法。

（6）编写教学方案

编写教学方案是教学准备全过程的最后一项工作，是钻研教学大纲和教材、掌握课题计划、了解学员、实习任务预作、设计教学方法等几项工作总结和书面的反映，教学方案是课堂教学的依据。

总之，技能培训课题教学的准备要求充分、具体、明确，形成一个较好的教学思路。教学思路要细致严密，即在教学过程中要连贯自然，不能脱节、断线，不能有漏洞，更不能前后矛盾。教学思路不是凭空产生的，而是以客观事物为基础的，客观事物反映在头脑里，经过细心观察、理解、认识的过程，形成了对某种事物的印象、看法、态度或感情，把这些印象、看法、态度或感情理出头绪来，就是所谓的教学思路。

3．课日教学

课日是课堂教学的简称，又指课堂教学的时间单位。理论知识的课堂，一般是 40 ~ 50 个年龄相仿、知识水平相当的学员组成一个班级，以 40 ~ 50 min 为一节的课堂教学；职业技能的课堂教学沿用理论教学的编班方法，以 6 ~ 8 h（相当于一个工作日）为一个教学时间单位，称为一个课日。课日教学是课题教学的中心，也是实习教学过程的中心环节。课日教学是课题教学的实施阶段，是课题教学的细化，它是采用课堂化组织形式的教学，主要由组织教学、入门指导、巡回指导、总结指导等环节构成，它自身是一个有组织、计划、实施、检查、总结等组成的一个完整工作过程。

（1）组织教学

组织教学是保证教师上课有序的一个基本条件。它的目的在于使学员对上课做好准备，并且，激发学员的学习兴趣和求知欲望。同时还要检查学员出勤情况和外表，以及穿戴工作

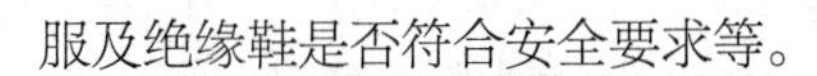

服及绝缘鞋是否符合安全要求等。

（2）入门指导

入门指导也称为授课，入门指导是本课教学的实施阶段，主要包括检查复习、讲授新课、示范操作、分配实习任务。

1）检查复习。通过提问和分析作业，检查学员学习情况，并且引导学员回忆以前学过的与本次课日教学内容有关联的知识和操作技能，起到承上启下、加强新旧知识的联系、对新课起铺垫的作用，便于指导新课的实施。

2）讲授新课。按照教学方案讲授本课的教学内容。

3）示范操作。教师在讲授新课的同时，还要进行示范操作，示范操作是直观教学及技能教学的重要步骤。示范操作步骤要求科学、规范，操作要领要求详细演示。

4）分配实习任务。教师在讲授新课及示范操作之后要分配学员实习任务，通过完成实习任务检查和训练学员掌握新课内容。学员实习任务要求具体、明确，教师要根据应会质量标准的要求，让学员在规定时间内完成课题实习任务或按要求完成生产实习任务，并对完成任务的结果按照评分的标准进行评定。它是理论知识指导实践，通过实践达到应会质量标准的重要途径，同时印证和加深相关的知识。

（3）巡回指导

学员根据实习任务进行有目的的训练，而教师要有目的的巡回指导。巡回指导主要内容是检查学员实习准备工作是否充分，操作姿势和动作是否正确，设备、工具使用是否合理，劳动组合和工作位置是否合理，实习产品的质量和定额是否到达规定的要求和是否遵守安全操作规程等。教师在巡回指导时，必须做到脚勤、眼勤、脑勤、嘴勤和手勤，充分发挥教师的主导作用。从思想到技术，从理论到实践，进行全面、深入和细致的了解和指导教学。它是课日教学的中心环节。

（4）总结指导

课日实习结束时，在学员清扫场地，做好设备保养工作之后，教师要进行结束指导。主要内容有验收实习任务，检查安全文明生产，分析技能技巧掌握状态，评定和宣布学员成绩，表扬先进，指出不足，明确以后注意的问题。结束指导的重要作用在于通过全面的总结把学员的感性认识提高到理性认识上来，因此，结束指导是理论知识向技能技巧转化的一个重要环节。

4．课日教学评价

为了提高生产实习课教学授课质量，制定教学基本评价体系指标，用这个教学基本评价体系指标对教与学过程进行评价，只有从每个课日授课质量评价做起，才能对教师授课的全过程做出正确的评价。课日教学必须用全面质量管理的观点，认识生产实习教学质量的重要性，用科学严谨的态度评判课日教学，才能对课日教学是否达到所规定的要求做出判断。课日教学的评价就是要从评价目标及内容、评价等级去衡量，课日教学评价具体要求见表6—1。

表 6—1　　课日教学评价表

授课人		单位		班级		课程	
职业（工种）		课题				课时	
项目	配分	评价目标及内容	评价等级				得分
			优	良	中	差	
课前准备	10	教案项目齐全，形式规范，书写工整	5	4	3	2	
		量具、材料、辅料等准备充分，持有教案，带齐教具及用具，准时上课	5	4	3	2	
教学目的	10	符合教学大纲及教材要求，实习教学目的明确具体，符合学员实际水平	5	4	3	2	
			5	4	3	2	
实习内容	20	传授知识、技能科学，符合实习课题要求	5	4	3	2	
		理论与技能训练相结合	5	4	3	2	
		教学内容的密度适中，重点突出，突破难点有措施	5	4	3	2	
		德育寓于教学和训练之中	5	4	3	2	
教学内容与教学方法	30	讲解内容适当、语言精练	5	4	3	2	
		示范操作熟练、动作准确、规范，突破技术难点方法得当	5	4	3	2	
		训练时间分配合理	5	4	3	2	
		巡回指导，体现五勤（眼、腿、脑、嘴、手）	5	4	3	2	
		结束指导内容全面，重点突出，符合实际，有指导作用	5	4	3	2	
		学员量具摆放整齐，操作符合安全文明生产的要求	5	4	3	2	
教师素质	10	教师仪表端庄大方，教态亲切自然，师生感情融洽	5	4	3	2	
		板书工整，安排合理，教具使用得当	5	4	3	2	
效果	20	多数学员能掌握技术要领，技术逐步熟练	10	8	7	6	
		学员学习技能的积极性较高	10	8	7	6	
听课人签字		年　月　日	总分				

5．课题考试

课题考试是实习教学过程的一个重要组成部分，既是课题循环教学的检查阶段，也是实习教学的一项经常性工作。课题考试不仅是衡量学员实际动手能力的一种方法，也是实行技能技巧动态控制的一种手段。对教师来说，通过考试可以用学员实习操作悟到的结果来检验自已的教学效果。通过对考查的分析，找出存在的问题及优缺点，有助于及时总结经验教训，克服缺点，改进实习教学工作，不断提高实习教学质量。对学员来说，能够促进学员复习、巩固，加深所学的技术理论知识和技能，还能使学员了解自己对课题教学规定内容掌握的程度，明确今后的努力方向，不断提高知识和操作水平。因此，教师应该重视课题考试工作，更好地发挥它在提高实习教学质量中的作用。

（1）课题考试的方法

通常是教师根据课题应知应会质量标准的要求，让学员在规定时间内，按照指定方式和要求，解答和完成一定数量的问题和实习任务，对解答问题和完成实习任务的结果，按照评分标准进行评定。

（2）课题考试命题标准

要使学员课题考试成绩能客观地反映学员操作技能、技巧的实际水平，就要有明确的、具体的、统一的评分标准。评分标准的制定必须以课题应会质量标准为依据。命题是考试的关键环节，在命题时要做到以下几个方面：

1）选题和设计考题方面。在技术要求上覆盖面要符合课题应会质量标准，并且做到课题要求的基本内容突出。

2）试题的操作技能与熟练程度。试题尽可能做到既要能够考核学员的操作技能，又要能够反映出学员的思维能力和熟练程度。

3）试题件要与生产工件相结合。试题尽可能把教学内容和生产任务紧密地结合起来，这是节约实习材料消耗、提高生产实习教学质量和完成生产任务的最行之有效的方法。

（3）考试的评分标准

考试评分标准的制定是要根据课题应知应会质量标准确定。按照应会质量标准评定实习成绩的方法大致分为两种：

1）按质量标准评定成绩，即按考试件各部分的重要程度分配分数，重点考查质量技术意识。

2）把考试件的分数一部分分配到实习工件的质量上，另一部分分配到考试中，重点考查技能技巧及安全文明生产情况。

（4）教师评分时应注意的问题

1）教师评分时必须严格按照评分标准，客观公正地评定学员实习任务完成情况的成绩。

2）评分的目的是为了鼓励学员更好地学习，提高学员的操作技能和技巧。

3）评分不能只是对操作结果的评定，更要重视对操作过程的评定。

6．课题教学总结

课题教学总结是在一个课题教学结束时，对教学工作进行全面、系统的总结。学员经过一个课题的系统训练，在生产技能等各方面都有提高，同时也产生了一些新的问题。一个课题的训练结束并不意味着由技术原理向生产技能转化过程完结。而只有对课题教学进行全面的总结，把学员在实习活动中形成的感性认识提高到理性认识上来，才能构成课题教学的一个完整认识过程。课题教学总结一方面是对学员技能技巧形成及各方面的总结，另一方面是对课题教学工作自我评价的过程。因此，课题教学总结是课题教学的一个重要环节，也是课题教学中的一项重要任务。

课题教学总结作为一个认识过程，是由课题教学总结和课日教学总结组成的。课日教学总结是对一个课日教学活动的小结，而课题教学总结是对课题教学过程的系统总结。两者在内容上是一致的，但在总的深度、广度及其方法上存在着差别。课日教学总结是课题教学总结的基础，课题教学总结是课日教学总结的综合和提高，因此，只有在做好课日教学总结的基础上，才能搞好课题教学总结。

（1）学员课题实习成绩的综合评定

学员经过一个课题的系统训练，每天都有实习成绩，课题结束时有考试成绩，要用比较真实的成绩反映学员实际动手、动脑情况，必须处理好课日教学成绩和课题教学考试成绩的关系。因此，要用成绩反映学员掌握技能技巧的程度，必须对学员进行全面、系统、科学的评定，采取以平时考查为主，把平时考查和课题教学考试结合起来，综合评定学员课题实习成绩的方法。

综合评定学员实习成绩的方法是课题成绩评定包括平时成绩和课题考试成绩两个部分。平时成绩：是指一个课题每个课日实习成绩的平均值，每个课日教学的实习成绩中包括实习工件和操作技能技巧两部分的分数。课题考试成绩：由于学员技能技巧状态在每个课日已经评定，而考试时一般都比较紧张，从实际情况出发，在这种情况下把实习成绩到分配到其他方面意义不大。因此，课题考试采用通常的方法是把全部分数分配在实习工件的质量上。

（2）课题教学常规分析

课题教学常规分析是在综合评定学员实习成绩之后，根据学员实习成绩的统计分析，结合生产实习教学的工作质量指标，分析训练中存在的问题和教学方法等方面的不足，采取有效的方法改进教学工作。

（3）单项技能技巧项目的分析

1）同一课题的巡回指导考察标准中，各项单项技能在课题中的重要程度不同，所占技能技巧分数的比例也不同。实际使用分为三类，A 项一般占 30% ~ 40%，B 项一般占 20% ~ 30%，C 项一般占 10%。

2）同一项目在不同的课题中所处的类别不同。由于课题内容不同，课题要求的重点不同，因此在不同的课题中，同一单项类别不同。因此根据课题教学内容，综合平衡后，给出各单项技能分类分数。

课题教学总结的综合分析是对课题教学质量及教学质量形成过程的综合分析。教学质量包括生产实习教学效果、生产实习教学工作质量、生产实习教学条件质量三个方面的内容。在课堂教学活动中体现在学员的操作技能技巧状态，实习工作质量状态，教师的教学方法，教师工作质量指标，教学的设备条件及教学物资供应等方面。影响教学质量的因素是比较复杂的，要客观地认识教学条件的作用，也要看到教学方法，教学水平及教师自身影响的作用。因此，综合分析必须贯穿课题教学全过程，系统、全面、科学地分析。

总之，技能培训的课题教学包括了教学准备、课日教学、课题考试及课题教学总结的四个环节，它是具有一定科学工作程序的。虽然课题教学划分为四个环节，但是每一个环节都

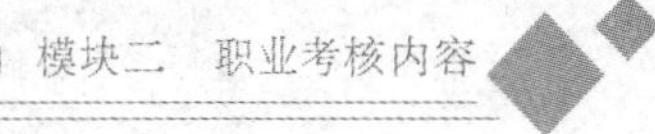

是环环相扣，紧密联系的。然而，不同课题类型对各个环节的侧重和选择是不同的。正确把握教学环节，对研究生产实习课教学的基本规律，搞好课堂教学，提高生产实习教学质量是极为重要的。

6.1.6　技能培训教学方案的编写

1．教学方案的概念

教学方案是教师在授课前准备的方案，教学方案往往是以课时、课日或课题为单位编写授课实施方案。教学方案有时简称教案。理论课教学经常是以课时为单位编写教学方案，技能训练课往往以课日或课题为单位编写教学方案。教学方案是教学内容的艺术设计，教学活动的文字反应。教学方案是实施教学的重要依据，课堂结构的精彩蓝图，教师授课的分镜头剧本。

技能训练课一个课日或一个课题的教学方案，具体内容一般包括课题名称、教学目的、讲述内容、示范内容、考察内容、练习内容、考查标准及教学时间分配、物质准备及教学组织等。

教学方案要经过审查合格后方可实施，要体现出教学的严肃性，审查的基本原则是坚持四个统一，即教学目的的统一，教学内容的统一，教学方法的统一，考核标准的统一。

2．编写教学方案的目的

技能培训教学质量的好坏，直接影响着技能人才培养目标的要求，而教学方案的质量往往反映着教学质量的好坏。通过编写教学方案，一是可以使教师理顺教学思路，巩固备课成果，指导教学实施，保证教授质量；二是教师可以利用教学方案积累资料，总结教学经验；三是便于教师之间交流备课成果，提高教师业务水平和改进教学工作。因此，技能培训教师和教学管理人员一定要对教学方案的编写工作给予高度的重视，确保教学方案的编写质量。

3．编写教学方案的基本要求

（1）教学方案项目要规范

教学方案一般分首页部分和正页部分，这样便于使用和查阅。

1）教学方案首页部分。教案首页部分一般应包括以下内容：

①课题名称。说明本课名称，它是本次教学的核心问题。

②教学对象。适用专业、班级、职业技术级别。

③教学目的。说明本次教学所要完成的教学任务。

④课型。说明属于新授课还是练习课、实验课、复习课等。

⑤课时。说明用几课日或几课时。

⑥授课时间。说明本课题教学的授课日期。

⑦教学重点。说明本课所必须解决的关键性问题。

⑧教学难点。说明本课学员不易理解的知识，或不易掌握的技能技巧。

⑨课日教学总结或称教学后记。一是要记录本次教学完成情况及成功的经验、失败的原因。二是要记录学员的良好思维方法以及对教师改进教法的启示。三是要记录学员中普遍存在问题和解决问题的设想。

2）教学方案正页部分。教学方案正页部分也称教学过程部分，它主要说明教学所要进行内容、方法、步骤、措施及时间分配的策划。

编写教学方案的一般顺序，应按照上课的先后顺序进行，即组织教学、入门指导（检查复习旧知识、讲授新课、示范操作、分配实习任务）、巡回指导、结束指导等教学环节依次进行编写。

（2）编写教学方案的步骤

1）钻研技能培训教学大纲和教材。

2）了解学员情况。

3）课题件预作。

4）教学过程设计。

5）编写教学方案。

（3）教学过程设计

教学过程设计是运用学习理论、教学理论、系统理论等观点和方法，分析教学问题和需要，确定目标，建立解决问题的方案。并且，选择相应的教学活动方法和教学资源，评价其结果，使教学达到一种最优化的操作过程。教学过程设计主要包括教学模式、育人、导语、过程、手段、问题、应用、语言、板书内容。

1）教学模式设计。要充分考虑教学目标的要求，采用某种教学模式一定要与教学对象、教学内容、教学条件等相适应。

2）育人设计。主要范畴包括思想，知识，技能。

3）导语设计。引入、过渡要自然，紧扣教学内容。

4）过程设计。推敲教学环节，要求简单明确、针对性强、教学效果要明显。

5）手段设计。灵活运用教学方式、方法，要求多样性。

6）问题设计。教学问题的提问，要多考虑启发教学原则的运用。在考虑启发教学原则的运用时，问题的设计一定要围绕教学主线，要经过教师的精心考虑，不能有随意性和次数过多，防止产生启而不发的负作用。

7）应用设计。课堂练习、基本功训练、综合课题训练或在专业对口企业完成生产实习的设计要求，要与培养目标相一致。

8）语言设计。语言要准确精练、启发诱导、生动形象。

9）板书内容设计。板书设计要科学、规范、实效、美观、重点突出、层次清楚、布局得当、文字简洁。

4．编写教学方案的注意事项

（1）教学方案内容要充实

教学内容所含的实质或存在的实际情况要丰富充实，要求教师在编写时要言之有物，不可大话、空话填充教案。

（2）教学方案结构要严谨

结构严谨的意思是要具有明确的教学方案结构意识，在课题名称与教学目标、教学重点和教学过程等方面要保持严格的一致性。各环节之间形成有机的整体，前后呼应，彼此照顾，衔接上有章法，同时在教学过程中要求教学重点突出。

（3）教学方案文面要简洁

文面简洁就是简明扼要、没有多余的内容，教学方案文面包括文字书写、标点符号、格式、修改符号、字数控制等方面的要求。

（4）要遵循教学方案编写原则

即教学方案在总体上要保证科学性原则、目的性原则、针对性原则、计划性原则和预见性原则。这五个原则是保证教学方案质量的关键。

5．教学方案评价标准

编写技能培训教学方案的过程是课日教学、课题教学的设计过程，它是教学准备最基本也是重要的组成部分，如何科学准确评价教学方案，可参照教学方案评价标准表，见表6—2。

表6—2　　教学方案评价标准表

<table>
<tr><td>教师</td><td></td><td>上课时间</td><td></td><td>上课班级</td><td></td><td>课时</td><td></td><td rowspan="4">项目得分</td></tr>
<tr><td>课题</td><td colspan="4"></td><td>课型</td><td colspan="2"></td></tr>
<tr><td rowspan="2">评价项目</td><td colspan="3" rowspan="2">评估内容</td><td rowspan="2">权重分数</td><td colspan="3">评价结果</td></tr>
<tr><td>A</td><td>B</td><td>C</td></tr>
<tr><td rowspan="3">教学目标</td><td colspan="3">1. 明确（目标清晰、具体，便于理解）</td><td rowspan="3">10</td><td>3</td><td>2</td><td>1</td><td></td></tr>
<tr><td colspan="3">2. 恰当（符合大纲、专业课程特点和学员实际）</td><td>3</td><td>2</td><td>1</td><td></td></tr>
<tr><td colspan="3">3. 全面（体现知识、能力、思想等几个方面）</td><td>4</td><td>3</td><td>2</td><td></td></tr>
<tr><td rowspan="2">教学方法</td><td colspan="3">4. 教学方法选择恰当（结合教学资源特点及学员、教师实际，教学方法多样，一法为主，多法配合，优化组合）</td><td rowspan="2">9</td><td>5</td><td>3</td><td>2</td><td></td></tr>
<tr><td colspan="3">5. 运用教学手段得当（根据实际需要，教具、学具、软硬件并举）</td><td>4</td><td>3</td><td>2</td><td></td></tr>
<tr><td rowspan="3">教学程序</td><td colspan="3">6. 教学环节设计合理（有层次，结构合理，过渡自然）</td><td rowspan="3">10</td><td>4</td><td>3</td><td>2</td><td></td></tr>
<tr><td colspan="3">7. 教学环节中小步骤设计具体（根据实际需要，有些教学环节中有小步骤设计，教学环节或小步骤时间分配合理）</td><td>3</td><td>2</td><td>1</td><td></td></tr>
<tr><td colspan="3">8. 教学程序设计巧妙（体现在教学过程中和方法运用上新颖独特，符合学生的认知规律和特点，有艺术性）</td><td>3</td><td>2</td><td>1</td><td></td></tr>
</table>

续表

<table>
<tr><td>教师</td><td>　　上课时间　　上课班级　　</td><td>课时</td><td colspan="3"></td><td rowspan="4">项目得分</td></tr>
<tr><td>课题</td><td>　　课型</td><td colspan="4"></td></tr>
<tr><td rowspan="2">评价项目</td><td rowspan="2">评估内容</td><td rowspan="2">权重分数</td><td colspan="3">评价结果</td></tr>
<tr><td>A</td><td>B</td><td>C</td></tr>
<tr><td rowspan="5">教材处理</td><td>9. 教学思路清晰（有主线，内容系统，逻辑性强）</td><td rowspan="5">20</td><td>4</td><td>3</td><td>2</td><td></td></tr>
<tr><td>10. 以旧引新（寻找新旧知识的关联和切入点，注重知识的发生和发展过程）</td><td>3</td><td>2</td><td>1</td><td></td></tr>
<tr><td>11. 突出重点（体现在目标制定和教学过程设计之中）</td><td>5</td><td>3</td><td>2</td><td></td></tr>
<tr><td>12. 突破难点（体现在教材处理从具体到抽象，以简驾繁等方面）</td><td>5</td><td>3</td><td>2</td><td></td></tr>
<tr><td>13. 抓住关键（能找到教材特点及本课的疑点，并恰当处理）</td><td>3</td><td>2</td><td>1</td><td></td></tr>
<tr><td rowspan="5">师生活动</td><td>14. 精讲巧练（体现在以思维、技能训练为核心）</td><td rowspan="5">22</td><td>4</td><td>3</td><td>2</td><td></td></tr>
<tr><td>15. 教为学服务（体现在教师课堂上设疑问难，引导点拨，学员动口、动手、动脑，主动参与教学过程）</td><td>5</td><td>3</td><td>2</td><td></td></tr>
<tr><td>16. 体现知识、技能形成过程，符合学员的认知规律</td><td>5</td><td>3</td><td>2</td><td></td></tr>
<tr><td>17. 学法指导得当（学员课堂上各种学习活动设计具体、充分，教师指导有方）</td><td>4</td><td>3</td><td>2</td><td></td></tr>
<tr><td>18. 体现现代教育思想的六种意识（目标意识、主体意识、训练意识、情感意识、创新意识、效率意识）</td><td>4</td><td>3</td><td>2</td><td></td></tr>
<tr><td rowspan="3">板书设计</td><td>19. 紧扣教学内容，突出重点，主次分明，有启发性</td><td rowspan="3">9</td><td>3</td><td>2</td><td>1</td><td></td></tr>
<tr><td>20. 言简意赅，图文并用，有美感</td><td>3</td><td>2</td><td>1</td><td></td></tr>
<tr><td>21. 设计巧妙，有艺术性</td><td>3</td><td>2</td><td>1</td><td></td></tr>
<tr><td>创新及特点</td><td>22. 遵循常规（使用统一新教案模式），但不拘泥，根据个人差异和特点，有创新，写出有个性特点的教案</td><td>6</td><td>6</td><td>4</td><td>2</td><td></td></tr>
<tr><td rowspan="4">书写要求</td><td>23. 详略得当</td><td rowspan="2">5</td><td>3</td><td>2</td><td>1</td><td></td></tr>
<tr><td>24. 字迹清楚，文通辞达</td><td>2</td><td>1</td><td>0</td><td></td></tr>
<tr><td>25. 教学内容处理、教材分析与处理说明</td><td rowspan="2">9</td><td>5</td><td>3</td><td>2</td><td></td></tr>
<tr><td>26. 教学方法设计说明（设计依据和策略等）</td><td>4</td><td>3</td><td>2</td><td></td></tr>
<tr><td colspan="2">合计</td><td colspan="5"></td></tr>
</table>

6．教学方案编写举例

教学方案首页部分见表6—3；教学方案正页部分见表6—4。

表 6—3　　维修电工实习课教学方案首页

授课日期	2014 年 9 月 15 日	授课班级	维修电工班	授课教师	×××
课题名称	课题二　M7130 平面磨床电气控制线路			课时	16
设备	M7130 平面磨床				
教具	计算机和投影仪各一台、电工常用工具一套、万用表一块				
原材料	导线、组合开关、熔断器、交流接触器、热继电器、按钮				
图号	3-19、3-21	名称	M7130 平面磨床的电气原理图及接线图		
教学环节	组织教学	入门指导	示范操作	巡回指导	结束指导
时间分配	5 min	180 min	45 min	485 min	5 min
课题技术要求	应知理论知识： 了解平面磨床设备的结构及运动形式，熟悉电气控制线路的构成及工作原理，为检修故障做理论准备				
	应会操作技术： 掌握平面磨床电气控制线路的故障分析方法及检修方法				
教学目的	1. 了解平面磨床设备的结构及运动形式 2. 熟悉电气控制线路的构成及工作原理 3. 掌握电气控制线路的故障分析方法及检修方法				
教学重点	电气故障的逻辑分析方法和检修的方法				
教学难点	线路故障点的正确判断方法				

教学后记：本课题是按照人力资源和社会保障部教学大纲和结合实际情况进行的一体化教学，按规定进行了 16 课时，达到了预期目的，大多数学员在磨床电气线路分析、测量、判断及排除故障方法等方面都得到了提高。个别学员对了解机床设备的结构及加工工艺要求、熟悉设备的运动形式及机械设备与电气设备的相互关系有一知半解的现象，对要求吃透读懂电气原理图、熟悉电气接线图还有一定差距。下次课通过复习旧知识检查学员掌握情况，进一步讲解存在问题。还要培养学员在实际工作中每次排除故障后，及时总结经验，并做好维修工作日志的良好习惯。在后面的机床线路学习时，还要加强排除故障方法的训练，有利于技术能力的不断提高

教研组长意见：	实习科审核意见：
同意 （签字）：××× 2014 年 9 月 1 日	同意 （签字）：××× 2014 年 9 月 3 日

表 6—4　　教学方案正页部分

教学内容、方法和过程	附记
一、组织教学 检查学员出勤情况以及学员工作服、绝缘鞋、工具、万用表和学习用品准备等情况。 二、入门指导 检查复习旧知识（提问两名学员） 1. 什么是电气设备的日常维护与保养？ 2. 对金属切削机床的一级保养包括什么？ 导入新课 在生产实际中由于电气设备长期使用，再加上各种原因，会出现故障或操作不当引发的电气故障，这是难以避免的，它会导致生产机械不能正常工作，直接影响生产效率，严重时还会造成人身事故。作为维修电工专业的学生应该熟练地掌握电气线路及设备的检修技能，以便将来到企业能对生产实际中出现的电气设备故障进行及时检修排除，保证生产机械的正常运行。平面磨床在机械行业应用是比较广泛的，下面共同学习 M7130 平面磨床电气控制线路。	组织教学 5 min 入门指导 180 min 日常保养很重要，但是故障也是不可避免的会出现，所以掌握一些维修技能也是很有必要的

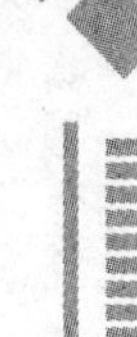

续表

教学内容、方法和过程	附记
讲授新课 课题 M7130 平面磨床电气控制线路 （一）平面磨床的特点 平面磨床是用砂轮磨削加工各种零件平面的一种精密机床，它的使用较为普遍，它具有磨削精度和光洁度都比较高，操作也很方便等特点。 （二）平面磨床的主要结构及运动形式 1. 主要结构 平面磨床主要由床身、工作台、电磁吸盘、砂轮架（磨头）、滑座和立柱等部分组成。M7130 平面磨床外形如图 6—4 所示。 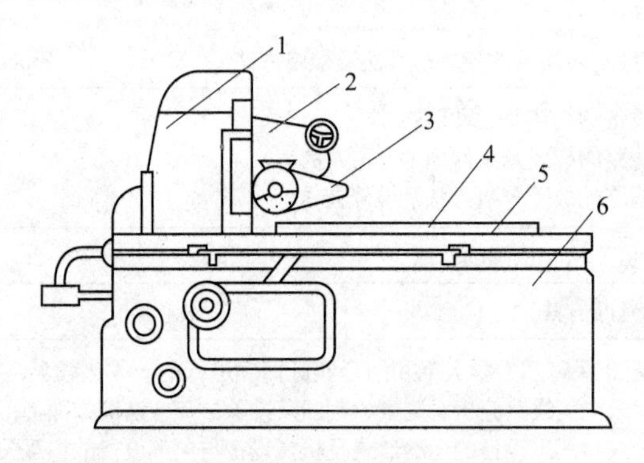 图 6—4 M7130 平面磨床外形图 1—立柱 2—滑座 3—砂轮架（磨头） 4—电磁吸盘 5—工作台 6—床身 2. 运动形式 （1）主拖动：砂轮的快速运转。 （2）辅助运动：工作台的纵向往复运动，以及砂轮架的横向和垂直进给运动。 （三）电力拖动特点及控制要求 1. 砂轮的旋转运动 砂轮电动机 M1 装在砂轮箱内，直接带动砂轮旋转。 2. 工作台的往复运动 由液压电动机 M3 拖动液压泵，工作台在液压作用下做纵向往复运动。 3. 砂轮架的横向进给运动 在滑座上的水平导轨做横向移动，它的移动可靠液压传动，也可手轮操作。 4. 砂轮架的升降运动 滑座可沿着立柱的导轨垂直上下移动，它是通过机械传动装置实现的。 5. 切削液的供给 冷却泵电动机 M2 拖动切削液泵转动，要求 M1、M2 是顺序启动。 6. 电磁吸盘的控制 为了保证加工工件精度，加工工件固定在工作台上，要用电磁吸盘吸牢固定件，M1、M2、M3 三台电动机有电气的联锁，吸力不足三台电动机不允许工作。 （四）电气线路分析 M7130 平面磨床电气控制线路见附件 1 电路分为四部分：主电路、控制电路、电磁吸盘和照明线路，逐一进行分析。	讲授新课是采用一体化教学模式 讲授主要结构及运动形式，是为了让学员了解实际设备的工作情况；结合机床结构及运行形式，理解电气控制在磨床各部位的运用及配合工作 了解电力拖动特点及控制要求，主要是为在检修过程中能根据机床的机械要求及电气的配合，知道故障原因，采取相应有效措施

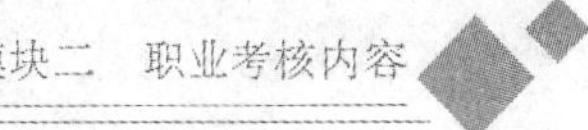

续表

<table>
<tr><th>教学内容、方法和过程</th><th>附记</th></tr>
<tr><td>1. 主电路分析
QS1 为电源开关，主电路有三台电动机，M1 为砂轮电动机、M2 为冷却泵电动机、M3 为液压泵电动机。FU1 为主电路的短路保护。控制流程：
QS1 → FU1 → KM1 → FR1 → M1
　　　　　　　　　　└→ X1 → M2
　　　　　　└→ KM2 → FR2 → M3
2. 控制电路分析
三台电动机启动的条件是 QS2 常闭触头或 SB2 常开触头闭合，M1、M2 采用了接触器自锁的正转控制电路。控制流程：
SQ1 → FU1 → FU2 → FR1 → FR2 → 3 号线 →
SQ2 → SB2 → SB1 → KM1 → FU2 → FU1
→ KA → SB4 → SB3 → KM2
3. 电磁吸盘电路分析
电磁吸盘电路包括整流控制和保护电路。
4. 照明线路的分析（省略）
5. 线路正常工作时各电气元件动作顺序
当合上 QS1 后→ SQ2 搬至吸合位置→ KA 欠电流继电器得电→ KA 常开闭合→
→按下 SB1 → KM1 线圈得电动作→ M1 运转
　　　　　　　　　　　　└→ M2 运转
→按下 SB2 → KM2 线圈得电动作→ M3 运转
（五）线路故障的检修方法
1. 通电实验法
在线路无短路故障情况下，通电实验法是经常采用的一种方法，采用此方法，可以迅速准确地查找出线路的故障现象，通电实验法应在短时进行，如有电动机缺相运行，应立即切断电源，将电动机线拆除，用连接灯法代替电动机。
2. 逻辑分析法
在检查出线路故障现象后，结合线路原理图，采用理论与实际相结合的逻辑分析法，判断出故障的大致范围。
3. 测量法
测量法是采用断电测电阻法或通电测电压法，在分析判断的故障范围内逐段进行测量。对测量出的数据进行对比分析，准确判断出故障点，然后进行故障排除。
三、示范操作
（六）线路故障检修方法举例
例如：利用模拟 M7130 平面磨床线路工作台，人为设置一个故障点，磨床液压电动机不能启动。
1. 检修前的调查
（1）问
向操作者了解故障发生前后情况，有利于根据电气设备工作原理来判断发生故障的部位及故障的原因。
（2）看
熔断器熔体是否熔断，电动机、变压器、按钮、接触器等电气元件是否有烧毁、发热断线，导线连接螺钉是否松动，有无异常现象。
（3）听
用通电实验法听看接触器是否吸合，比较电动机与其他电气元器件在正常运行时的声音和发生故障时的声音有无明显差异，通过观察发现 KM2、M3 没能运转。
2. 检查分析与排除故障
（1）用逻辑分析法
经过通电试车，根据动作现象与正常情况下进行对比，发现液压电动机不能正常启动。再按照电气原理，确定发生故障的范围。结合电气原理图确定故障支路为：</td><td>在授课时，学员可通过投影大屏幕观看电气线路原理图及接线图

讲授电气线路分析方法时，强调“化整为零看局部，积零为整看全部”的方法

检修方法重点讲授这三种方法，并让学员能熟练应用这三种方法进行故障检修，注意培养学员根据故障现象和具体情况灵活运用这三种方法，多举案例分析，提高学员分析问题和解决问题的能力
示范操作 45 min。在示范检修过程中，检修步骤及要求贯穿其中，边操作边讲解。采用演示法、启发、引导和讨论相结合的形式，进行师生互动学习，调动学员学习兴趣</td></tr>
</table>

续表

教学内容、方法和过程	附记
4 号线→ SB4 → 7 号线→ SB3 → 8 号线→ M2 线圈→ 0 号线 （2）用测量法查找出故障点 断电后用电阻法，用万用表 R × 10 、R × 100 挡进行分段测量，测得 8 号线阻值为 ∞，由此可判定为 8 号线断路。将 8 号线故障处人为做的故障排除，重新接通线路。 3. 排除故障通电试车 通道试车前，将设备及线路上多余的东西清理干净。通知周围人员试车，然后通电，电路正常工作，检修完毕。 4. 总结故障检修的思路及步骤 用检修流程图的形式进行讲解，帮助学员构建电气故障的逻辑分析和检修方法，同时化解教学难点，突出教学重点。 5. 分组训练 在模拟磨床线路工作台上，设置故障点 2 处，将学员分为 3 人一组进行训练。3 人一组，其中 2 人设置故障并监护，1 人进行检修故障。 （1）故障设置 1）控制回路 FR2 常闭触头断路。 2）KM2 接触器点动（即液压电动机点动）。 （2）故障现象 1）合上组合开关 QS1 → SQ2 搬至吸合位置 KA 线圈得电→ KA 常开闭合→按 SB1 → KM1 不动作。按 SB2 → KM2 不动作。 2）当第一故障排除后，第二故障现象才能显现，按 SB1 → KM1 正常工作，按 SB2 → KM2 点动。 （3）要求 在 15 min 内将两个故障检修完毕。 （4）评分标准 评分标准见表 6—4—1。 （5）注意事项 1）通电试车时要经过老师的同意。如需带电测量时，要事先向老师报告。必须由指导老师现场监护，确保用电安全。 2）测量电压、电阻时要注意万用表的挡位及量程。 3）通过训练培养学员独立分析、解决问题的能力，养成严谨、认真、科学、务实、安全文明操作的工作习惯。 四、巡回指导 1. 巡回指导的重点 巡回指导要重点检查是否遵守安全操作规程及职业道德，防止产生新的故障或扩大故障范围不能排除的现象，杜绝电气元件及仪表的损坏。 2. 分组训练 在分组训练过程中，教师进行巡回指导时，当发现个别问题要及时纠正，引导学员主动参与教学练习，提高学员分析问题、解决问题的能力，充分发挥学员的主导作用。 3. 学习要求 学员对线路故障排除后，要求每组学员对排除故障的全过程写出分析、测量、判断及检修的操作过程，然后各组进行比较研讨，评出最佳排除故障小组，以提高学员学习兴趣。 4. 教师对有共性的问题集中进行讲解 五、结束指导 1. 课题训练成绩分析 扣分较多的一是故障分析方法不正确，二是产生新的故障，三是扩大故障范围不能排除故障及损坏电气元件等方面，在今后训练时一定要引起高度重视，因为上述是应知应会技术能力提高的重要内容。	讲授检修流程图见投影仪大屏幕 分组训练 485 min 分组训练设置故障要绝对避免设置短路故障 总结指导 5 min 加强职业道德教育，对实习中出现的问题做认真的总结

续表

教学内容、方法和过程	附记
2. 总结经验 大多数学员在实习中，能够认真观察和思考，做好记录及时总结经验，认识到了认真观察，勤于思考，对掌握排除故障的方法有很多的帮助，对技术能力的不断提高起着积极促进作用。 3. 不足之处 个别学员在通电试车时，没有仔细观察故障现象，还有的动作过程没有试验全，这样就不能够准确判断出故障点，给维修带来困难，在巡回指导过程中，也给予了纠正，以后应该注意这方面的训练。另外，在实习中应注意养成良好的职业道德及安全文明生产习惯，遵守安全操作管理规定。 六、板书设计	针对学员实习场地清理情况、设备维护情况、遵守安全操作管理规定存在的问题进行评价

课题　M7130 平面磨床电气控制线路

（一）平面磨床的特点	1. 通电实验法
（二）平面磨床的主要结构及运动形式	2. 逻辑分析法
（三）电力拖动特点及控制要求	3. 测量法
（四）电气线路分析	（六）线路故障检修方法举例
1. 主电路分析	1. 检修前的调查
2. 控制电路分析	2. 检查分析与排除故障
3. 电磁吸盘电路分析	3. 排除故障通电试车
4. 照明线路的分析	4. 总结故障检修的思路及步骤
（五）线路故障的检修方法	5. 分组训练

附件：1. M7130 平面磨床电气控制线路（略）

附件：2. 评分标准表见 6—4—1

表 6—4—1　　评分标准表

项目内容	配分	评分标准			扣分
故障分析	30	（1）检修思路不正确，扣 5 分			
		（2）标错故障电路范围，每个扣 5 分			
排除故障	70	（1）检修前不验电，扣 5 分			
		（2）工具及仪表使用不当，每次扣 5 分			
		（3）不能查出故障，每个扣 35 分			
		（4）查出故障点故障，但不能排除每个扣 5 分			
		（5）产生新的故障或扩大故障范围、不能排除，每个扣 35 分，已经排除，每个扣 15 分			
		（6）损坏电气元件，每只扣 5 ~ 40 分			
安全文明生产	违反安全文明生产规程扣 5 分				
定额时间	定额时间为 15 min，不允许超时检查，若在恢复过程中允许，每超 5 min 扣 5 分				
备注	除定额时间外，各项内容的最高扣分不得超过配分分数			成绩	
开始时间		结束时间		实际用时间	

6.1.7　技师论文与技术总结的写作

1．技师论文与技术总结的概述

在对技师、高级技师进行职业技能鉴定考核时，往往需要进行综合评审，其中包括对考核人员的研究成果或工作情况进行鉴定考核。因此，要求技师能够结合自己的职业技术情况，撰写技师论文（或称技术论文）或技术总结，并能进行答辩。撰写技师论文或技术总结，既是为了满足职业技能鉴定考核的需要，也是为了积累业绩成果和提高业务水平的需要，将自己职业技术实践方法、实践过程进行阐述，即通过发现问题、讨论问题、研究问题、解决问题的方法，使职业技术论文具有一定的应用价值、学术价值；或者写出比较好的技术总结，让更多的同行充分肯定与借鉴，为科学技术进步做出积极的贡献。

2．技师论文的写作

（1）技师论文的定义

技师论文是讨论和研究某个职业技术问题的文章，是对某一职业技术的学识、技术和能力的基本反映，也是个体劳动成果、经验和智慧的升华。技师论文是由论点、论据、引证、论证、结论等几个部分构成。

1）论点。论述中的确定性意见及支持意见的理由。

2）论据。证明论题判断的依据。

3）引证。引用前人事例或著作作为证明、根据、证据。

4）论证。论证可用两种方法进行论述，一是用论据证明论题真实性的论述过程。二是根据个人的了解或理解证明。总的来说论证一定要真实、可信，具有说服力。

5）结论。从一定的前提推论得到的结果，对事物做出总结性判断。

（2）技师论文的写作要求

1）技师论文的一般格式。技师论文是按照一定格式撰写的，内容一般分为题目、作者姓名和工作单位、摘要、关键词、前言、实践方法（包括其理论依据）、实践过程、参考文献等。

2）技师论文的基本要求

①选题正确。选题先要具有科学性、先进性和推广应用价值。

②数据可靠。必须是经过反复验证，确定证明正确、准确可用的数据。

③论点明确。论述中的确定性意见及支持意见的理由要充分。

④引证有力。证明论题判断的论据在引证时要充分，有说服力，经得起推敲，经得起验证。

⑤论证严密。引用论据或个人了解、理解证明时要严密，使人口服心服。

⑥判断准确。做结论时对事物做出的总结性判断要准确，有概括性、科学性、严密性、总结性。

⑦实事求是。文字陈述简练，不夸张臆造，不弄虚作假，全文的长短根据内容需要而定，字数一般掌握在 3 000 ~ 5 000 字。

（3）论文命题的选择

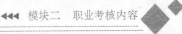

技师论文命题的标准要做到贴切、鲜明、简单、简短。写好技师论文的关键在如何命题。由于每个单位情况不同，各专业技术工种也不同。就同一工种而言，其技术复杂程度的难易、深浅各不相同，专业技术各不相同，因此不能用一种模式、一种定义来表达各不相同的专业技术情况。选择命题不是刻意地寻找，去研究那些尚未开发的领域，而是把生产实践中解决的生产问题、工作问题通过筛选总结整理出来，上升为理论，以达到指导今后生产和工作的目的。命题是技师论文的精髓所在，是论文方向性、选择性、关键性、成功性的体现，命题方向选择失误往往导致论文的失败。因此在写技术论文之前，一定要深思熟虑，写本人的真实经历、感受，并且在实践认识活动中具有一定深度及科技含量的问题，经过反复思考、反复构思，确定自己想写的命题内容，命题确定后再选择命题的标题。所以，命题不能单纯理解为给技师论文的标题命名。

（4）论文命题内容的选择

命题内容选择是命题的基础，同样是技师论文成败的关键。选择内容应针对自己的职业技术实践方法、实践过程和专业扬长避短地进行选择。在工艺改进、质量攻关、技术革新方面，在学习、吸收、推广和应用国内外先进技术方面，在防止和排除重大隐患方面，在大型和高精尖设备的安装、调试、操作、维修和保养方面以及成绩显著、贡献突出、确有推广价值的技术成果，虽不是创造发明，但为企业及社会创造了直接或间接经济效益的项目都可以写。从中选择自己最擅长、最突出的某一方面为自己命题的内容，然后再从中选择最具代表性的某一项进行整理、浓缩，作为自己命题内容的基础材料。

（5）摘要

摘要是技师论文内容基本思想的浓缩，简要阐明论文的论点、论据、方法、成果和结论，要求完整、准确和简练，其本身是完整的短文，能独立使用，字数一般 200 ~ 300 字为好，不超过 500 字。

（6）关键词

关键词又称主题词，是为了标引和突出主题内容而从文中选取的 3 ~ 5 个单词或术语。关键词要求另起一行排在摘要下方。

（7）前言

前言是技师论文的开场白，主要说明本课题研究的目的、相关的前人成果和知识空白、理论依据和实践方法、设备基础和预期目标等。切忌自封水平，客套空话，政治口号和商业宣传。

（8）正文

正文是技师论文的主体，它主要包括论点、论据、引证、论证、实践方法（包括其理论依据）、实践过程及参考文献等。写好这部分要有材料、有内容，文字要简明精炼，通俗易懂，准确地表达必要的理论和实践成果。在写作中表达数据的图、表要经过精心挑选；论文中凡引用他人的文章、数据、论点、材料等，均应按出现顺序依次列出参考文献，并准确无误。

（9）结论

结论是整篇论文的归结，它不应是前文已经分别做的研究、实践成果的简单重复，而应该提到更深层次的理论高度进行概括，文字组织要有说服力，要突出科学性、严密性，使论文有完善的结尾。

（10）参考文献

参考文献是在论文的末尾列出主要参考文献的目录，图书参考文献的标注顺序格式为：作者、书名、出版社、出版年、版次及页码。

（11）论文的修改定稿

论文完稿后应反复推敲，反复修改，精益求精。论文的载体不强求统一，但要突出重点。论文的内容和表达方式不需要面面俱到，但通篇体例应统一，所用的各种符号、代号、图样均应符合国家标准规定，对外文符号应书写清楚，大小写、正斜体易搞混时应加标注。

（12）技师论文写作应注意的几个问题

1）要有意识加强技师论文写作的训练。要深入生产实践，学会思考问题、研究问题、提出解决问题的方案，经过反复思考及实践训练，一定会写好技师论文。

2）要明确读者对象。要解决“为谁写”“写什么”“给谁看”的问题。要考虑生产和社会需要，结合当前我国的有关技术政策、产业政策，考虑自己的经验和能力。若是为工人师傅写出的，应尽量结合生产实际写得通俗一些，深入浅出，易看、易懂。

3）要充分占有资料。巧妇难为无米之炊，要写好技师论文，一定要掌握足够的资料，包括自己的经验总结和国内外资料；要对资料进行充分的分析、比较，加以消化，分清哪些是有用的，哪些是无用的，并根据选择的命题拟出较为详细的撰写提纲，包括主次的分类、段落的分节、重点的选择、图标的设计拟定和顺序的排列等。

4）要仔细校阅。初稿完成后，可能存在着这样或那样的问题，不能急于定稿，要对论文格式、表达方式、图的画法、公式的表述、名词术语、字体标点、技术内容、文字表达及文章结构等方面进行反复推敲与修改，使文字表达符合我国的语言习惯，文字精炼，逻辑关系明确。除自审外，最好请有关专家审阅，按所提的意见再修改一次，以消除差错，进一步提高技师论文质量，达到精益求精的目的。

3．技术总结的写作

（1）技术总结的格式及内容叙述顺序

1）介绍个人掌握的职业技能、特别是本工种职业技能的状况，具体内容应该有职业等级、时间、熟练程度。

2）以个人技术工作经历为线索，列举在所从事的职业技术工作中比较重要的业绩。

3）对上述业绩，逐个叙述其在技术及对生产经营、经济效益等方面的贡献。

4）在上述业绩中，选择一个重点业绩或成果进行应知理论、应会技能的分析，集中反映自己所达到的技能水平。

（2）技术总结业绩内容的选定

1）业绩内容。可以包括以下几个方面：

①技术革新、技术改造与技术攻关活动中的贡献。

②技术交流、技术培训与师傅带徒弟活动中的成效。

③在吸收、消化“四新”技术及开发、推广、应用高科技等方面，转化为生产力的业绩。

④因生产成绩优异、贡献突出而受到奖励。

⑤在操作比赛中获优胜名次或在报纸、刊物上发表专业文章的情况。

2）业绩内容应重点突出反映以下几点：

①本人实际掌握的绝技绝招。

②本人已形成的创新能力。

③体现本人的应变能力。

（3）技术总结的证明材料

在个人技术总结中叙述比较重要的业绩或成果，尽可能要有书面证明材料，这样可以增加技术总结的说服力，做到有理有据。证明材料可以有以下几种形式：

1）个人技术总结应由申报人所在单位盖章或由两名同专业工程师及以上职称者签名盖章。

2）成果受益单位盖章。

3）各种奖励、表彰的证件。

4）发表专业文章的刊物。

4．技师论文与技术总结的答辩

（1）答辩的目的和意义

答辩的目的是为了进一步审查论文，即进一步考查和验证论文作者对所著论文中论述到论题的认识程度和当场论证论题的能力；进一步考查论文作者对专业知识掌握的深度和广度；审查论文是否是自己独立完成等情况。答辩的意义：首先，是一个增长知识，交流信息的过程；其次，是考生全面展示自己的勇气、职业技术能力、智慧和口才的最佳时机之一。

（2）作者答辩前准备

在举行答辩之前，考生要为参加答辩会做准备，针对答辩会上可能提出的问题做准备，主要就自己所写技术论文或技术总结的有关问题进行广泛思考和准备。特别是正文部分和结论部分进行进一步的推敲，仔细审查文章基本观点的论证是否充分、有无疑点、谬误、片面或模糊不清的地方。如果发现一些问题，就要继续收集与此有关的各种资料，做好弥补和解说的准备。

（3）答辩考评组

答辩考评组是由 5 ~ 7 名相关专业技术工种的专家、技师、高级技师、工程师、高级工程师组成。考评员应具有国家职业技能鉴定高级考评员资格证。

（4）技师论文（技术总结）的评估

答辩考评组要对技师论文（技术总结）的主要项目、技术难度、项目实用性、项目经济效果、项目科学性等进行评估。

（5）答辩

答辩时先由答辩者宣读技师论文或技术总结，然后由答辩考评组进行提问考核，时间约 30 min。答辩时主要针对以下几个方面考核。

1）答辩时主要对技师论文（技术总结）提出结构、原理、定义、原则、公式推导、方法等知识论证的正确性，通过提问方式来考核。

2）对本职业技术的专业工艺知识的考核。主要是考核其熟悉深浅程度并予以确认。

3）对本职业技术的相关知识、四新知识等方面掌握及运用情况的考核。如：××× 考生为生产线调整技师，可考核：

①机械工艺基础与夹具知识。

②机电一体化新技术，数控，可编程控制器。

或

①金属切削原理与刀、量具知识。

②新材料、新设备的发展新动向及其应用技术。

5．技师论文与技术总结的评分标准举例

职业技能鉴定技师论文（技术总结）评分标准见表 6—5。

表 6—5　　职业技能鉴定技师论文（技术总结）评分标准表

<table>
<tr><td colspan="3">撰写人姓名</td><td></td><td>准考证号</td><td></td></tr>
<tr><td colspan="3">职业（工种）等级</td><td></td><td>提交日期</td><td></td></tr>
<tr><td colspan="3">论文名称</td><td colspan="3"></td></tr>
<tr><td rowspan="3">20分</td><td rowspan="5">初审意见</td><td>选题</td><td colspan="2">选题科学、先进，具有推广和应用价值（8分）</td><td></td></tr>
<tr><td>结构</td><td colspan="2">整体结构合理，层次清楚，有逻辑性（6分）</td><td></td></tr>
<tr><td>文字（含图样等）</td><td colspan="2">文字表述准确、通顺、图文准确，字数一般在 3 000 ~ 5 000 字（6分）</td><td></td></tr>
<tr><td rowspan="2">40分</td><td>内容</td><td colspan="2">1. 内容具有科学性（15分）
2. 先进性和推广应用价值（10分）</td><td></td></tr>
<tr><td>技术水平</td><td colspan="2">内容充实，论点正确，论据充实有效（15分）</td><td></td></tr>
<tr><td rowspan="4">答辩委员问题</td><td colspan="5">1.</td></tr>
<tr><td colspan="5">2.</td></tr>
<tr><td colspan="5">3.</td></tr>
<tr><td colspan="5">4.</td></tr>
<tr><td rowspan="3">40分</td><td rowspan="3">答辩要点</td><td>思路清晰（15分）</td><td colspan="2" rowspan="3"></td><td></td></tr>
<tr><td>表达准确（15分）</td><td></td></tr>
<tr><td>语言流畅（10分）</td><td></td></tr>
<tr><td colspan="2">得分</td><td colspan="4"></td></tr>
</table>

考评员：　　　　　　　　　　　　　　　　　　　　年　月　日

6.2 技术管理

6.2.1 电气设备维护的质量管理

1. 电气设备维护质量管理的重要性

电气设备维护是使设备免于遭受破坏进行的维护和保养，确保设备安全、可靠运行的工作，它是企业生产质量保证的重要条件之一。维护的焦点在于控制和修复影响设备加工质量、工作质量和服务质量的局部或者整体，它主要适用于那些与产品质量劣化密切相关的设备或局部。电气设备维护质量管理，是对电气设备日常维护提出了更严、更高的要求，它不仅要保持和提高设备的基本性能，而且还要加强广泛的合理运用。

2. 电气设备维护质量管理的基本要求

（1）维护质量要贯穿于生产全过程

依据全面质量管理的要求，电气设备维护质量管理应自始至终贯穿于生产全过程，牢固树立“百年大计，质量第一”的思想和“预防为主”的方针，采用科学的方法，严格的管理，认真把好每一阶段、每个环节、每道工序的质量关，才能确保整个设备维护服务于生产全过程。

（2）设备维护要有相应的对策

设备随着生产的运行而劣化，逐渐损耗，其结果将产生磨损、损坏、弯曲、破损、龟裂、烧坏、接触不良和腐蚀等现象，以致造成故障，设备的性能、精度下降，导致减产、产品质量下降以及生产废品。对此，设备管理人员应掌握其变化，并且根据设备运行及劣化现象采取相应对策。

（3）要对设备进行必要的点检

1）点检的概念。设备管理要从掌握设备状况开始，这就需要对设备进行必要的点检。设备点检定义是：为了维持生产设备原有的机能、确保设备和生产的安全运行、满足客户的要求，按照设备的特性，通过人的五感和简单的工具、仪器，对设备的规定部位（点），按预先设定好的技术标准和观察周期，对该点进行精心地、逐点地周密检查（检），查找其有无异常隐患和劣化；为了使设备的隐患（不良部位）和劣化能够得到“早期发现、早期预防、早期修复”的效果，这样的设备检查过程称之为点检。

2）点检管理的目的。点检管理的目的是对设备进行检查诊断，以尽早发现不良的地方，判断并排除不良的因素，确定故障修理的范围、内容，编制维护工程实施计划、备品备件供应计划等，精确、合理、正确地进行设备维护，这就是设备维护管理最根本的目的。

3）点检的实质。点检的实质就是为了对一些生产设备进行检查、测定，按预先设定的部位（包括结构、零部件、电气及其他）的劣化程度提出防范措施，整治和维修这些潜在劣化，以保持设备性能的稳定，延长零部件的使用寿命。实施有针对性的维修策略，达到以最经济的维修费用，完成设备维护的目的。

4）点检的过程。点检是以自主维护为基础，点检的核心和体系可用三圈闭环体系说明，它是将理念转变成为可操作的流程，三圈闭环体系作业流程图如图 6—5 所示。

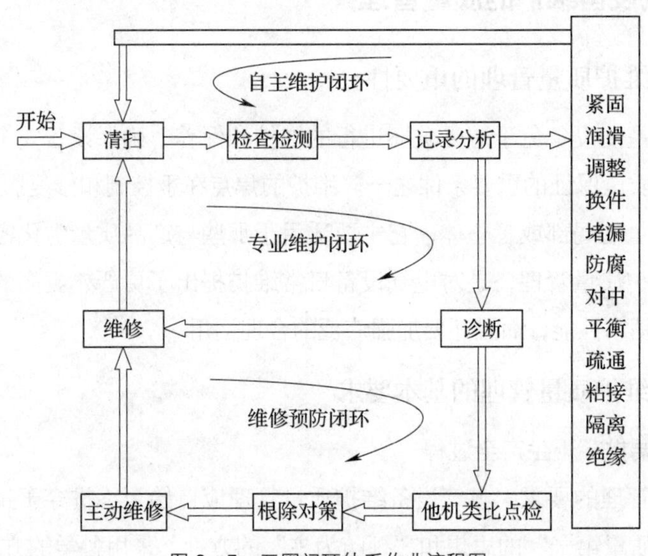

图 6—5　三圈闭环体系作业流程图

清扫是一切设备维护的起点，清扫本身并不是点检，可是清扫不会是闭着眼睛，清扫时总会发现一些问题，如设备的磨损、腐蚀、裂纹、接触不良、螺钉松动脱落等，清扫自然而然就形成了一边清扫一边检查，检查时如果发现问题，先记录下来，分析一下，看看如何解决，剩余就有两条路可走：要么自己来解决，要么就请专业人员来解决。自己解决就叫做自主维护，然后再回到起点——清扫；自己不能解决，由专业人员来解决就叫做专业维护，这就导入了专业维护循环圈。

5）自主维护的范围。自主维护有很多事情可以做，这要根据设备出现的问题类型来决定做什么，自主维护的具体动作应该包括紧固、润滑、调整、换件、堵漏、防腐、对中、平衡、疏通、粘接、隔离、绝缘，不是说这些所有的动作都要做，做什么要依据点检部位和发现问题而定。

3．电气设备维护质量管理的依据

电气设备维护质量管理的依据，主要是指管理本身具有普遍指导意义和约束力的各种有效文件、标准、规范、规程等，这种依据大体可分为三种情况。

（1）一般依据

一般依据是电气设备的技术要求及说明书、标准图集等。它是对电气设备质量管理的依据，具有通用性、具体化及强制执行的特点。

（2）行业依据

行业依据主要是指依据国家或行业颁发的设备质量检验评定标准、操作规程和工艺规程

等。它是专业性、技术性依据，具有普遍约束力和必须共同遵守的特点。

（3）依据设备维护标准

设备维护标准是指企业参照有关国际标准、国家技术标准、企业标准等制定的设备维护管理和维护技术管理工作的标准。执行设备维护标准，是对设备进行点检、维修技术、维护保养以及技术改造等规范化作业的保证，也是衡量管好、用好和修好设备的基本准则。凡是生产设备在投入生产运行之前，不具备这些标准，不应准予使用。因此，设备维护标准在点检、维护中具有重要的作用，为设备进行管理提供了依据、方向和具体要求。

4．电气设备的日常维护

为了保证各种电气设备的安全运行，必须坚持点检与日常性维护相结合，通过点检与日常性维护，既能减少故障的发生，又能及时发现隐藏着的故障，从而尽快维护，防止故障的扩大。电气设备日常维护的对象一般包括电动机，控制电气柜（包括接触器、继电器及保护装置）和电气线路。日常性维护时应注意的事项如下：

（1）当机床加工零件时，金属屑和油污容易进入电动机、控制电气柜和电气线路中，会造成电气绝缘电阻下降、触头接触不良、散热条件恶化，甚至造成接地或短路，因此，要经常清扫电气柜内的灰尘、金属屑和油污，特别要清除铁粉之类有导电性能的灰尘及杂物等。

（2）日常维护时，应注意电气柜内的接触器、继电器等所有电器的接线端子是否松动、损坏，接线是否脱落等。

（3）检查电气柜内各电气元件和导线是否有油浸或绝缘破损、绝缘老化等现象，并进行必要的处理。

（4）为保证电气设备各保护装置的正常运行，在维护时，不准随意改变热继电器、低压断路器的整定值；熔断器的熔体更换必须按要求选配，不得过大或过小。

（5）加强在高温、雨季、严寒等季节对电气设备的维护检查。

（6）日常维护时，还必须注意电气设备安全性检查，如电气设备接地、接零是否安全可靠。

5．电气设备日常管理的措施

（1）设备管理必须执行“四定”和“三勤一不离”规定。四定：定操作人员、定维修人员、定维修保养、定备品配件。三勤一不离：勤注油润滑、勤擦拭、勤检查、操作者不离开运转中的设备。

（2）严格执行设备日常巡检工作和考核、评分工作，不得徇私、弄虚作假。

（3）强化执行设备的一、二级保养制度。设备的一级保养是每两个月为一个周期，二级保养为六个月一个周期，凡遇国家规定假日，在放假日前一天全面进行设备保养，并认真做好设备检查、鉴定验收及考核工作。

（4）设备日常管理要分工明确。维修人员应及时修复设备故障，特别是单台设备和重点设备，在准备配件齐全的前提下，做到小修不隔夜，大毛病在 36 h 内修复，并配合操作人员搞好设备保养，设备的润滑保养工作以操作人员为主，设备管理人员和维修人员应经常巡视检查。

（5）对不经常使用的设备管理。操作者在使用前，应先填写设备使用申请单，使用后必须及时做好清洁保养工作，在主要活动面上涂上油脂并覆盖上纸张，如有防尘套必须套上，且注意爱护保管使用好防尘套。使用结束后将使用单交还给设备部门，由设备部门进行核准签收。

（6）加强设备事故的管理。要根据“预防为主”和“三不放过的原则”，“三不放过的原则”即事故原因不清不放过、事故责任者与群众未受教育不放过、没有防范措施不放过，进一步防止事故的发生。

（7）严格控制设备完好率。通过实施设备日常保养、一级保养、二级保养、重点设备重点检、设备精度测试、设备保养奖惩制度、设备事故处理等一系列有效措施，使全厂设备完好率得到严格控制，确保全厂正常生产。

（8）维修人员应积极配合做好设备日常保养检查工作，并对维修情况认真做好逐项记录。

（9）各车间设备管理员每天必须对设备进行检查，并做好检查记录。

（10）设备主管负责人根据车间及维修工的检查记录，对各操作工的保养情况做综合评定，做出奖惩方案报批后交财务进行工资结算。

（11）对违规操作致使设备损坏的人员，设备管理部门提出处罚意见，如发现操作人员和维修人员串通一气，隐瞒事实，经查实后维修人员将被加倍处罚。

（12）设备主管部门将不定期会同厂部及相关部门进行抽查，发现抽查结果与车间或维修工检查结果不符合的，将给予相关人员罚款，严重的取消年终奖金及相关评比资格。

6.2.2 电气设备的检修管理

1. 电气设备检修的基本概念

（1）电气设备检修技术

电气设备检修技术是指检修工艺、手段和技术方案等内容。设备检修技术方案一般由具有检修经验的维修技术员或工程师主持，经过技术小组讨论来制定。技术方案制定后，应由技术主管审定批准，重大检修项目技术方案应由专业技术会议讨论决定。电气设备检修管理还应该包括设备检修质量和各级权限。

（2）设备检查工作项目

设备检查工作项目应包括检查内容、检查方法、检查使用的仪器设备和检查报告。在设备大修时，尤其是系统停工大修时，工程量大、工期限定，各种信息传递要求十分快捷。其主要信息就是设备的技术信息，包括设备打开检查发现的磨损、脱落、过载、变形等现象，可以通过录像或数码照片拍摄记录下来，并由此而确定补充修理项目。

（3）设备检修的记录及技术手册

设备检修中的检查、修理、更换、调整、改造和有关技术数据等，要进行原始记录。设备检修完工后，施工服务单位应将设备检修记录档案按规定、按期交付企业有关部门。

近年来，设备检修的知识资产管理越来越引起国内外企业的重视。企业应该加强对检修知识、经验的整理，规范、优化电子文档工作，甚至将检修规范扩展成交互式电子技术手册，供检修人员工作时参考使用。交互式电子技术手册将会对企业生产运行和实现设备现代化管理提供科学、快捷、便利服务。

（4）设备检修管理的目的

设备检修管理的目的是减少检修的盲目性，提高检修的准确、有效性，良好的设备检修管理体系可以明显地解决检修过剩或者检修不足的问题，有效地提高设备的可利用时间，同时又可以避免设备的非计划停机损失。

2．电气设备检修的基本要求

（1）检修的规定

检修的目的是服务于生产，保证电气设备安全运行，电气设备检修时要全面执行“安全、可靠、经济、合理”的八字方针，还要严格执行“装得安全、拆得彻底、检查经常、修得及时”的规定。电气设备检修工作还应严格按照部颁的各种设备的检修规程进行，做到“应修必修、修必修好”的原则，确保设备在大修周期内能安全运行。

（2）检修制度的建设

为切实加强设备管理，不断提高设备健康状况，使各生产单位的专（兼）职设备管理技术人员能更好地管理好设备，要制定电气设备检修管理制度。电气设备检修管理制度主要是针对于计划检修、临时性检修、事故性检修及改建、扩建工程而影响正常运行的检修管理，要根据每一种检修情况，建立完善的相应制度。为保证电气设备检修制度的科学化要求，在进行设备检修之前，要编制检修计划技术方案，方案经过审核无误后，方可执行实施。

（3）检修方案的要求

检修方案是为了实现特定的检修工作，所制定的一整套有计划、有内容、有组织管理的可控制措施。在内容上应达到“六定”，即：定项目、定时间、定职责、定程序、定标准、定措施；“一图示”，即：检修部位图示和操作置换工艺流程图的基本要求，通过对方案的认真贯彻落实，能够达到在工艺上实现安全操作控制，检修上实现安全作业的目的。检修方案一般是工艺操作方案与设备检修方案的综合。

3．电气设备检修计划技术方案的编制

（1）检修计划技术方案编制的依据

1）设备缺陷及运行情况。

2）计划检修项目及工作。

3）上一次检修具体内容及时间。

4）设备执行的技术质量标准、规程，尤其是国家有关监察规程及部门的安全规程。

（2）检修计划技术方案的内容

1）大修及检修设备名称及检修内容，检查方法、检查使用的仪器设备，检修工艺、手段及方法。

2）大修及检修用工、用料情况。

3）计划开工及竣工日期。

4）主要准备工件及配件。

5）35 kV 以上主系统停电计划，由生产部门会同县调度按时间上报区调度。

（3）停电计划内容

1）大修、检修改进的具体工作内容及工作范围。

2）需停电的范围（必要时应用一次图标明）。

3）应采取的必要安全措施。

4）系统改变运行方式情况和意见。

5）具体竣工日期、时间。

（4）临时性检修的申请

1）高压配电系统因停电而安排的检修，应在前一天提出申请。

2）如设备发生严重缺陷直接造成威胁人身安全及设备安全运行时，为防止事故发生，应及时提出申请。

（5）计划检修的申请

计划检修应在开工前三天由施工单位负责人向调度提出申请，调度应在开工前两天批复。

（6）事故抢修

事故抢修应由公司领导在现场直接指挥变配电运行人员与检修、试验人员共同完成任务。

（7）检修计划技术方案编制的注意事项

1）检修方案的编制必须由精通设备和工艺技术的人员拟定完成的原则。

2）检修方案应确保符合现场实际，科学适用，满足企业各项规程与国家标准、行业标准要求原则。

3）检修方案应符合国家安全生产监督管理总局的要求，检修方案实行“一项目一方案，一项目一措施，一项目一图示”的原则。

4）检修方案应系统、完整、涉及内容涵盖全面的原则。

5）检修方案应符合职责明确，标准清楚，责任清晰的原则。

（8）检修计划技术方案编制模板案例

第一项：检修计划技术方案书封皮。内容有检修单位 ××× 公司、××× 检修计划技术方案、检修时间：× 年 × 月 × 日，如图 6—6 所示。

第二项：检修计划技术方案项目。检修计划项目应主要包含项目序号、检修项目、检修工时、专项安全措施、检修项目负责人、安全监护人，见表 6—6。

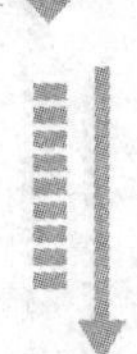

×××有限责任公司

B2012A龙门刨床检修计划技术方案

检修时间：××××年××月××日

图 6—6 检修计划技术方案书封皮

表 6—6 检修计划项目表

项目序号	检修项目	检修工时	专项安全措施	检修项目负责人	安全监护人
1					
2					
3					
…					

第三项：安全措施。包括工艺置换操作和各项检修工作及参加检修的所有人员需要共同遵守的安全措施。

第四项：检修计划时间 × 年 × 月 × 日 × 时至 × 年 × 月 × 日 × 时。

第五项：成立检修临时指挥部。明确总指挥、副总指挥及成员与各专业组，确定指挥长、副指挥长及每一个成员和各专业组的职责。

第六项：停产程序与复产程序。

第七项：停产检修前的准备工作。准备工作应包括备品备件、材料、防护用品用具、照明、工具用具、起吊设备等。

第八项：设备停产操作方案具体操作步骤及操作注意事项（安全操作要点）。

第九项：计划检修项目的实施。

第十项：检修项目完毕后验收，设备复产具体操作步骤及操作注意事项。

第十一项：有关联系岗位和联系人、电话。

第十二项：附工艺流程图和每个具体检修项目方案和图示。

4．电气设备检修质量及验收规范

（1）认真学习及贯彻执行检修工艺规程、努力提高检修质量。

（2）每项工程应按计划规定的大、中、小修项目逐项进行，同时也包括临时发现经批准的工作项目。

（3）每项工程中应明确检修负责人，负责本工程规定的检修项目及质量，并对检修工作负总责。

（4）检修质量不合格必须返工，对造成返工的，按县公司有关规定追究施工单位领导的相关责任。

（5）验收方法

1）10 kV 及以上输电线路、开关设备及 500 kV · A 及以上变压器，由施工单位提出申请，县公司生产部组织相关人员参加验收。

2）其余设备由主修部门提出申请，生产部相关人员参加验收。

3）验收合格后，施工单位填报“检修工程总结”，并经运行单位负责人及参加验收人员签字后交给生产部门、档案室存档。

4）检修竣工验收程序。设备修理完毕，主修部门要对设备进行空运转、负荷运转、加工质量与精度等检验。经过主修单位自检合格之后，就可以提出竣工验收申请了。验收工作由设备主管部门牵头，会同设备使用部门、质量检测部门的技术人员共同进行。验收合格，各方主管人员在验收报告上签字；验收不合格，要求返修，并规定返修完成时间；如发现基本合格，尚存在遗留问题，则这些遗留问题必须不影响设备正常使用，并在验收报告上加以注明，明确这些问题处理办法和时间限定。竣工验收报告最好包括费用决算，如当时尚未完成，可以在以后补充。设备检修竣工验收流程如图 6—7 所示。设备检修竣工报告单见表 6—7。

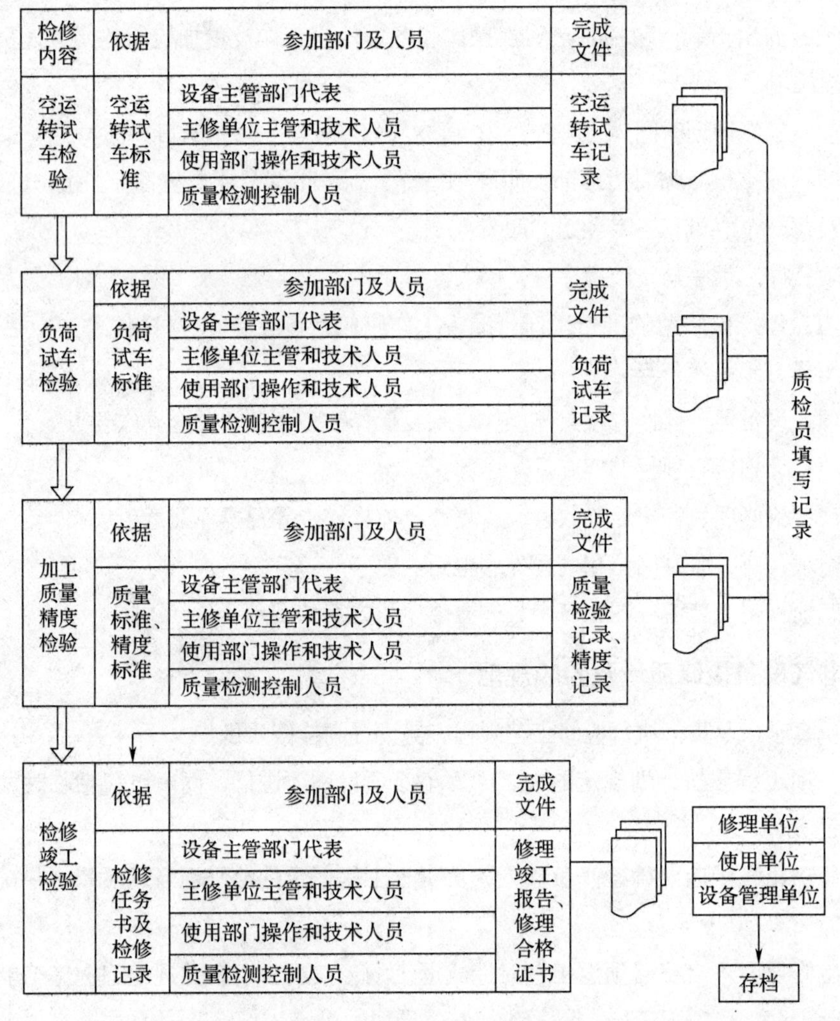

图 6—7　设备检修竣工验收流程

表 6—7　**设备检修竣工报告单**

资产标号	名称	型号规格	设备分类	A	B	C	检修策划
检修日期	计划	年　月　日至　年　月　日					
	实际	年　月　日至　年　月　日					
检修工时：　h							
工种	计划	实际	工种	计划	实际		
			总工时				
检修费用：　元							
摘要	计划	实际	摘要	计划	实际		
人工费			外协劳务费				
配件费			其他费用				
材料费			总费用				
检修技术文件及有关记录	修理技术任务书	份	电气系统检验记录	份			
	修换件明细表	份	试车记录	份			
	材料表	份	质量 / 精度检验记录	份			
工程质量评价意见							
遗留问题处理意见							
主修理单位		验收单位			质量检验部门检验结论	企业设备总工程师意见	
检修主管		使用部门	操作员				
机械技术主管			技术主管				
电气技术主管			部门主管				
部门主管		设备管理主管					

5）修后服务与跟踪。设备检修竣工后，修理部门应通过各种渠道与使用部门沟通了解设备状况，出现问题及时赴设备现场解决设备缺陷，并记录问题，以利于今后检修工作参考。

设备检修应有不少于 3 个月的保修期限。在保修期间，设备出现的问题应该及时解决，其费用原则上不应另外计算和收取，保修费用应该是在维修工程预算费用之内，属于用户的责任，经过分析确认之后由用户负担。

5．电气设备检修的技术管理

（1）设备检修管理应具备下列资料

1）设备台账。设备台账是记录设备事项的基本簿册，簿册应采用统一表格形式。

2）设备图样及产品说明书。

3）历次检修、试验原始记录。

4）设备缺陷报表。

5）检修年度、季度、月度计划。

6）历次大修及检修中发现的问题及解决措施、方案工程的总结。

7）大修及检修遗留项目。

（2）检修验收

大修及检修后应会同运行单位进行验收评级，检修单位事先应详细介绍其检修情况和遗留项目及运行维护中注意的问题。

（3）设备变更

设备更换、退出、拆除，如变压器、开关、线路等影响固定资产变更，未经调度同意，不得将运行中设备及备用设备退出运行。设备变更事先应经单位领导批准方可进行。

（4）延长检修时间问题

如在大修、检修中发现有下列情况，可延长检修时间：

1）发现新的设备缺陷，不及时处理将影响设备安全运行。

2）由于天气影响，如遇到雷雨、大风、下雪等恶劣天气，使检修工作中断，应及时提出延长检修申请，大修工作应在两天前提出，小修应在 4 h 前提出，一天以内的检修应在 2 h 前提出。

（5）遗留问题的检修

对检修中所遗留的检修项目，应由生产部、调度部门统一安排检修时间。如遇下列情况，应尽快提前恢复设备运行。

1）系统原因需尽快恢复供电的。

2）因特殊原因要提早供电的。

6.2.3　电气设备技术改造方案的编写

1．电气设备技术改造工作

（1）电气设备技术改造工作的基本概念

电气设备技术改造工作是经过对该设备使用一段时期之后，发现设备性能落后致使生产工艺、加工产品等存在着不完善，或者是发现设备存在先天不足，使得重复故障频频发生，分析其原因，提出对设备技术改造的要求，拟定科学、先进、合理和经济的改进方案，在改造工作之前必须熟悉设备的用途、结构、操作要求和工艺过程。在对设备存在问题进行改造完善时，要依据改造原则和目的进行。技术改造一般是对设备局部再设计、再制造来完成，它主要适用于那些尚有利用价值，但某些功能或状况达不到要求的设备，改造费用小于重新投资购置新设备的费用，在改造前要编写改造方案。

（2）技术改造实施规范流程

技术改造方案要经过有关方面的研讨论证会议，主要由负责更新改造项目的工程师召开，

论证要围绕改造的必要性、科学性、先进性及经济指标等展开讨论，探讨是否符合改造原则和目的，改造方案确实可行，形成可行性报告。然后上报审核批准、确定改造项目，随后实施改造工作设计、审核、制造、安装、调试、验收准备以及最后的项目验收。

（3）设备技术改造验收的规范流程

先是负责更新改造项目的工程师组织相关技术人员和专家按照技术改造竣工报告单、技术合同、设计指标及相关标准对改造完成的设备进行验收。如果验收通过，则在竣工报告上签字，最后将签字的竣工报告存档并纳入绩效考核体系；如果验收不通过，则回到上面流程的设计阶段，进行重新设计改造。技术改造实施规范流程基本上是项目管理流程，如图6—8所示。

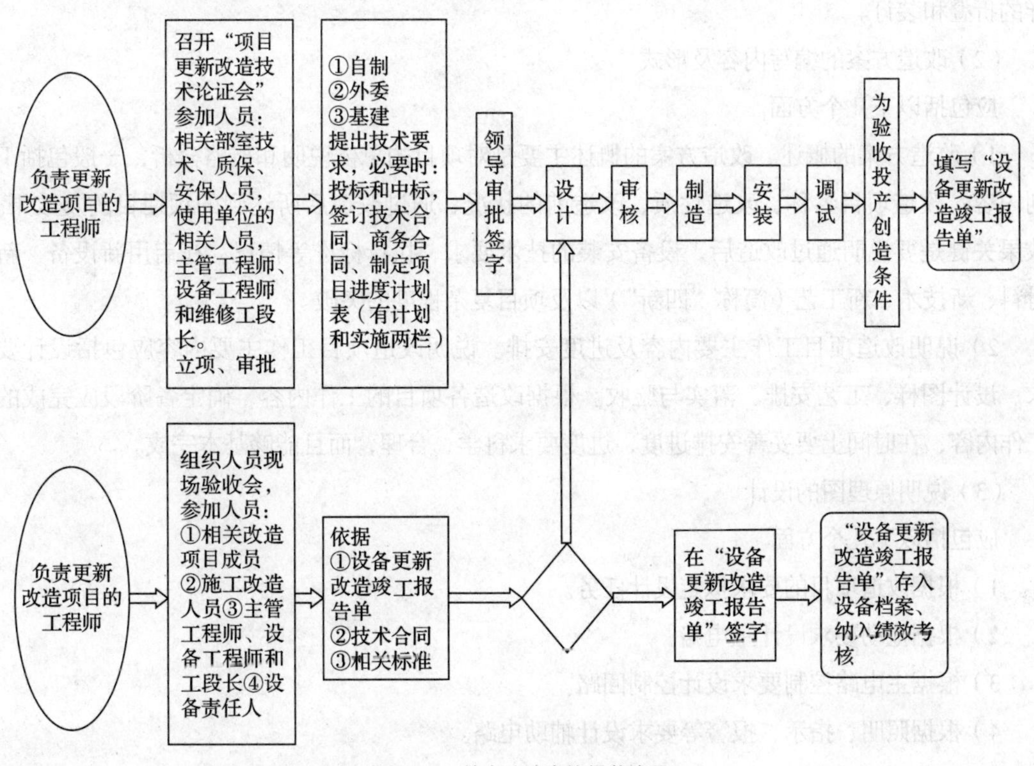

图6—8　技术改造实施规范流程

2．编写电气设备改造方案的目的

编写电气设备改造方案的目的有四个方面：一、改造方案是整个改造工作的计划、内容、方法和步骤，它具有指导现场准备工作和全面布置改造活动的作用。二、通过改造方案可以控制改造工作的技术、进度、人力、机械及材料的调配，确保改造工作顺利实施，以达到预期的目的。三、通过改造方案可以更好地把改造工作的技术、人力、设备和材料科学地组织好，以取得成本、时间、资源等方面的最优化。四、改造方案是立项、论证、批复、实施和技术管理的重要文字资料。

3．电气设备改造方案的编写

改造方案的编写主要以任务书形式表达，它主要说明技术改造的目的、要求、改造内容及进度、原理图设计及步骤、工艺设计及步骤、经济技术指标分析等。

（1）改造方案编写的基本要求

1）改造方案的拟定。改造方案要具有科学性、可行性、指导性，便于研讨、论证、立项、批复及实施。

2）改造方案的文字和思路。文字要求通顺、简明扼要、条理清楚、严密的进行阐述。思路要求清晰、结构严谨，没有漏洞。

3）改造方案中电气图样。改造方案中所有电气图样的绘制必须符合国家有关标准的规定和规范，包括线条、图形符号、项目代号、回路标号、技术要求、标题栏、元件明细以及图样的折叠和装订。

（2）改造方案的编写内容及形式

应包括以下几个方面。

1）改造方案的概述。改造方案的概述主要是对项目的总体说明和概略分析，一般包括下列内容：改造项目名称、改造性质、改造前的状况、通过改造后所达到的预期目的及效果。效果关键是要说明通过改造后，设备安装的技术要求、执行标准等情况，在启用新设备、新材料、新技术、新工艺（简称“四新”）以及项目复杂程度的突破。

2）说明改造项目工作主要内容及进度安排。说明改造项目工作主要内容应包括设计要求、设计图样、工艺安排、落实与验收。根据改造各项目的工作内容，确定各阶段应完成的工作内容，在时间上要妥善安排进度，进度要求科学、合理，而且能够基本完成。

（3）说明原理图的设计

应包括以下几个方面。

1）根据改造项目的要求拟定设计任务。

2）根据拖动要求设计主电路。

3）根据主电路控制要求设计控制回路。

4）根据照明、指示、报警等要求设计辅助电路。

5）总体检查、修改补充与完善。

6）进行必要的参数计算。

7）正确、合理地选择各电气元件，按规定格式编制元件目录。

8）根据完善后的设计图样，说明按照《电气制图》（GB/T 6988.1—2008）标准绘制电气原理图，并按《电气技术中的项目代号》（GB/T 5094—1985）要求标注器件的项目代号、按《绝缘导线的标记》（GB 4884—1985）的要求对线路进行统一编号等。

（4）说明工艺设计、步骤及要求

1）根据电气设备的总体配置及电气元件的分布状况和操作要求划分电器组件，绘制电气控制系统的总装配图和总接线图。

2）根据电气元件的型号、外形尺寸、安装尺寸，绘制每一组件的元器件布置图，如元器件安装板、电源、放大器等。

3）根据元器件布置图及电气原理编号绘制组件接线图，统计组件进线和出线的数量、编号以及各组件之间的连接方式。

4）依据设计过程和设计结果编写设计说明书及使用说明书。

（5）经济技术指标分析

经济技术指标分析主要是对设备改造前后性能及有关数据进行对比分析，它是衡量技术改造成败的关键。分析要求科学、真实、准确地反映实际情况，要从技术、经济角度客观分析优化项目的必要性。分析具体内容可从“四新”的运用以及工期、竣工日期、总预算价格、劳动生产率、质量指标、安全指标、节约原材料、节约工时等进行。分析之前，多收集、整理与“四新”有关的技术资料和数据，为技术分析提供可靠的依据。分析指标时，要多从项目改造中所采用技术、工艺和达到的质量标准与国内外的先进技术、工艺进行比较，正确得出改造结论。分析过程中，要求详细列出项目改造的标准、规范、规程、规定，提供关键工序、工艺的施工图样和采用“四新”项目有关的资料、照片及光盘等，便于考证与分析。

总之，电气设备技术改造方案的编写，首先，要注意上述改造方案编写的基本要求及形式、内容；其次，还要注意改造方案编写是给特定对象看的，为了解决特定的问题；最后，要想编写方案写得好，除了思路的清晰严密之外，还要把写作的对象和目的明确起来，不能为了写而写，要认识到改造方案的编写都是为了改造项目服务的。

4．电气设备改造及检修验收书的填写

为进一步提高电气改造及检修的质量，严格各级验收，明确各级职责，保证电气设备改造和检修后安、稳、长、满、优运行，要填写电气设备改造及检修验收书，确保电气设备管理工作科学化。电气设备改造及检修的验收书填写主要依据《电气设备改造检修验收规定》，主要内容应包括工作概述、前期验收、中间验收、竣工验收。填写验收书的要求如下：

（1）工作概述

工作概述主要是对项目的总体说明和概略分析，一般包括项目名称、性质、改造或检修前的状况、通过改造或检修后所达到的目的及效果。

（2）前期验收

1）验收改造设备及设施的质量是否合格，主要验收与技术要求是否一致，各种报告、记录、合格证是否齐全有效，图样是否齐全，是否经过各级审核合格。

2）改造或检修内容计划是否符合相关规程规范。

3）改造方案或检修方案是否制定，内容是否全面，施工前的安全措施是否准确全面。

4）改造或检修资质是否合格，施工班组成员技术力量是否满足改造或检修施工的要求。

（3）中间验收

1）改造或检修是否按原计划进行。

2）改造或检修是否按原方案进行，安全等措施是否落实有效。

3）改造或检修班组成员技术能力是否能满足施工质量合格的要求。

4）改造或检修的质量是否合格。

5）隐蔽工程施工是否按相关规程执行，是否和施工图样相符。

6）新改造继电保护定值是否经过各级审核，上下级定值配合是否合理；试验方法是否正确，继电保护校验调试大纲是否编制，编制内容是否全面符合相关规范规程，二次工作安全措施票填写是否齐全准确。

（4）竣工验收

1）改造或检修是否按原计划全部完成。

2）改造或检修质量是否符合相关规范及规程的要求。

3）试验及继电保护校验是否按相关规程规范的要求全面合格，继电保护定值的设定是否和定值台账或通知单一致，保护传动是否全面，二次安全措施工作票是否结票，各级是否签字。

4）各种图样、记录及资料是否齐全，图样与实际是否相符，签字是否完整。

（5）填写改造检修验收记录

改造检修验收记录要采用《电气设备改造检修验收规定》统一记录格式，以达到科学化、规范化管理的目的。改造检修验收记录表见表6—8。

表6—8　　　　改造检修验收记录表

	验收内容	验收结论					
		改造检修单位		运行维护部门		设备管理部	
		是否合格	意见	是否合格	意见	是否合格	意见
改造前期验收	设备及设施的质量是否合格，各种报告、记录、合格证等是否齐全有效，图样是否齐全，是否经过各级审核合格						
	改造或检修的内容、计划是否全面符合相关规程规范						
	方案是否制定，内容是否全面，施工的安全措施是否准确全面						
	施工资质是否合格，施工班组成员技术力量是否满足检修施工的要求		签字： 时间：		签字： 时间：		签字： 时间：
中间验收	改造或检修施工是否按原计划和方案进行，安全措施是否齐全有效						
	施工班组成员技术能力是否能满足施工质量合格的要求						
	已改造或检修的设备设施质量是否合格						
	隐蔽工程施工是否按相关规程执行，是否和施工图样相符						
	新改造继电保护定值是否经过各级审核，上下级定值配合是否合理；试验方法是否正确，继电保护校验调试大纲是否编制，编制内容是否全面符合相关规范规程，二次工作安全措施票填写是否齐全准确		签字： 时间：		签字： 时间：		签字： 时间：

续表

	验收内容	验收结论					
		改造检修单位		运行维护部门		设备管理部	
		是否合格	意见	是否合格	意见	是否合格	意见
竣工验收	改造或检修是否按原计划全部完成，质量是否符合相关规范及规程的要求						
	试验及继电保护校验是否按相关规程规范的要求全面合格，继电保护定值的设定是否和定值通知单一致，保护传动是否全面，二次安全措施工作票是否结票，各级是否签字						
	各种图样、记录及资料是否齐全，图样和实际是否相符，签字是否完整		签字： 时间：		签字： 时间：		签字： 时间：

在填写电气设备改造检修验收书时，要注意三点：一是要按照工作概述、前期验收、中间验收、竣工验收的先后顺序，把改造检修验收的实际情况进行详细的叙述，叙述时要本着科学、准确、完整、清楚的态度说明客观存在的真实情况。二是要用实事求是的态度，一丝不苟地写好所达到的技术要求及数据，技术数据一定要准确。三是要确保对今后的调取查询、管理有更大的帮助，这样的改造检修验收书存档才有意义。

6.2.4　技术改造的成本核算

1．技术改造与成本核算

技术改造对企业生产经营有着重要意义。通过技术改造对生产工具、生产设备、工艺过程、所用原材料进行局部改进，从而使企业在技术上不断地进行渐变性的改进，开展技术改造可以提高劳动生产率，降低生产成本，促进产品质量进一步提高；同时技术改造也是迅速发展社会生产力的重要途径，是我国现代化建设的重要手段之一。

技术改造的成本核算是技术改造整个工作中重要组成部分之一。技术改造成本是指某项固定资产通过改造达到预定可使用状态所发生的一切合理、必要的支出。如外购需要安装的固定资产，按实际支出的买价、包装费、运杂费、保险费、应缴有关税金及安装调试成本等入账。成本核算是企业经营与成本上的核查计算，对维护企业信誉、搞好企业管理、保证企业取得更大利润均有重要的意义。

2．成本核算的依据

（1）依据施工图样和有关通用的说明书

它是计算工程量和选、套定额的依据。

（2）依据概、预算定额和补充定额

它是计算单项工程项目、计算工程量和换算定额单价的依据。

（3）依据国家或地区的各项费用标准、工资标准、材料预算价格、地区单位估价汇总

表，补充单位估价表和上级主管部门的有关文件规定。它是确定直接费用的资料和政策依据。

（4）依据施工组织设计或施工方案

它是确定施工方法、材料加工及计算工程图，选、套单价和计算有关费用的依据。

（5）依据合同书和协议书。

3．成本核算的一般原则

（1）权责发生制原则

权责发生制原则是指会计核算应当以权责发生制作为会计确认的时间基础，即收入或费用是否计入某会计期间，不是以是否在该期间内收到或付出现金为标志，而是依据收入是否归属该期间的成果，费用是否由该期间负担来确定。

（2）配比原则

收入与费用配比原则是指收入与其相关的成本费用应当配比。

（3）实际成本原则

是指企业的各项财产物资应当按取得时的实际成本计价。

（4）划分收益性支出与资本性支出的原则

是指在会计核算中合理划分收益性支出与资本性支出。如果支出所带来的经济收益只与本会计年度有关，那么该项支出就是收益性支出；如果支出所带来的经济收益不仅与本年度有关，而且同时与几个会计年度有关，那么该项支出就是资本性支出。

4．项目改造成本的计算

（1）项目改造成本的计算应采用统一表格方式，在表中列出计算公式，以便审核。

（2）按照概、预算定额中各部分的分项目，使计算出来的工程单位能与概、预算单位相吻合，方便按量套价。

（3）根据技术改造图样的技术要求、材料及加工工时等计算出工作量，然后套出适当的概预算单价，正确地计算出工程的直接费用。

（4）对技术改造图样中没有表示出来，而在施工中必须改造的工程量项目也应进行计算。

5．成本核算的举例

（1）账户设置

1）固定资产账户。该账户属资产类账户，反映和监督固定资产的增减变动和结存情况，账户借方登记增加的固定资产原始价值（实际成本），贷方登记减少的固定资产原始价值，期末余额在借方，表示期末结存的固定资产原始价值。记账凭证如图 6—9 所示。该账户按固定资产的种类设置明细分类账，进行明细分类核算。

2）在建工程账户。该账户属资产类账户，核算固定资产的安装、建筑、技术改造等专项工程的实际成本和完工转出。不需要安装的固定资产不通过账户核算，直接通过固定资产账

记账凭证

2006年6月18日

凭证编号6号

摘要	总账科目	明细科目	√	借方金额（位数略）	√	贷方金额（位数略）
购买设备	固定资产	YXW		96 000		
	银行存款					93 600
	现金					2 400
合计				¥96 000		¥96 000

会计主管：张亚　　记账：刘玉　　出纳：王国　　审核：张亚　　制单：李中

图 6—9　记账凭证（设备款）

户核算。购入需要安装的固定资产，应将其实际支付的买价、包装费、运杂费、保险费、应缴有关税金及安装调试成本等记入在建工程账户的借方。在固定资产安装完工交付使用时，再将固定资产的实际成本从在建工程账户的贷方转入固定资产账户的借方。

（2）核算举例

【例 6—1】 某企业于××××年 6 月 18 日购入需安装设备一台，运费以现金支付。该业务的原始凭证如图 6—10、图 6—11 和图 6—12 所示，据以填制的记账凭证如图 6—9 所示。

××市增值税专用发票

发票联

开票日期：2006年6月18日　　　　No.0234687017

购货单位	名称	中华机械有限公司	纳税人登记号	2300446688
	地址		开户银行及账号	19-00446688

货物及应税劳务名称	计量单位	数量	单价	金额									税率	税额								
				百	十	万	千	百	十	元	角	分		百	十	万	千	百	十	元	角	分
YXW车床	台	1	80 000		¥	8	0	0	0	0	0	0	17%		¥	1	3	6	0	0	0	0
合计					¥	8	0	0	0	0	0	0			¥	1	3	6	0	0	0	0

价税合计	玖万叁仟陆佰元整　　¥93 600.00			
销货单位	名称	中工有限公司	纳税人登记号	
	地址		开户银行及账号	
备注				

收款人：杨川　　　　开票单位（盖章）：

图 6—10　原始凭证（增值税专用发票）

中国工商银行转账支票存根

支票号码 2004135876

科 目 ____________

对方科目

签发日期：2006年6月18日

收款人：中工有限公司 金额：93 600.00 用途：购设备
备注

单位主管： 会计： 复核： 记账：

图 6—11 原始凭证（转账支票存根）

××市运输发票

付款单位：中华机械有限公司 2006年6月18日 No.002398876

服务项目	数量	单位	单价	金额								
				百	十	万	千	百	十	元	角	分
YXW设备	1	台	2 400			¥	2	4	0	0	0	0
金额合计（小写）						¥	2	4	0	0	0	0
金额（大写）				贰仟肆佰元整								

图 6—12 原始凭证（运输发票）

【例 6—2】 根据设备技术改造费用分配表，即将本月应付技术改造费用的核算，计入相关成本、费用类账号，填制的记账凭证如图 6—13 所示，附原始凭证略。

记账凭证

2006年6月30日 凭证编号20号

摘要	总账科目	明细科目	√	借方金额（位数略）	√	贷方金额（位数略）
技术改造	人工费用	一车间		15 000		
	配件费用			9 200		
	材料费用			4 450		
	外协劳务费			3 150		
	管理费用			2 000		
	其他费用			1 000		
	应付费用					34 800
合计				¥ 34 800		¥ 34 800

会计主管：张亚 记账：刘玉 出纳：王国 审核：张亚 制单：李中

图 6—13 记账凭证（设备技术改造款）

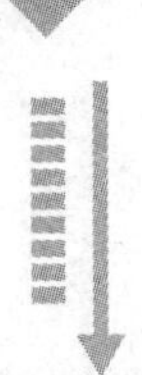

6.2.5 工作日志的撰写

1．工作日志的基本概念

工作日志就是记录每天所做、所想，以及对工作出现问题所采取的措施，并且分析得与失，及其改进设想，以便于积累工作经验，为今后更好地工作打下基础。维修电工工作日志的写作，要突出当天完成重要工作的情况，特别是出现问题时，要详细记录对问题的检修、认识、分析、处理措施及今后工作想法建议等，这样的工作日志就会起到提醒、跟踪和经验积累等作用，对以后自己的学习、工作和企业生产、管理等都会有很大的帮助。

2．工作日志的作用

（1）提醒作用

工作日志是记录当天完成工作的过程，以及对出现问题的认识、分析、处理措施及想法建议等。若在一个复杂的实际操作过程中，可能会同时进行多项任务，在从事实际操作时，可能会注意小的现象而忽略重要的环节，这就需要事后认真分析、总结，理清完成工作过程，不断提高认识问题、解决问题的能力，所以要及时撰写工作日志，特别要对检修工艺过程、安装、调试、操作要领等方面记录，并进行图样标注。这样的工作日志对企业生产部门、管理部门及员工都有重要的提醒作用。

（2）跟踪作用

不同的员工每一天所从事的业务是不同的，其工作内容会有本质上的不同，因此，企业员工的工作内容、效率、及时性和对出现问题的处理是非常难以掌握的，工作日志可以起到工作跟踪作用。企业管理者可根据工作日志所记录内容，对相关员工的重要事件进行跟踪，在跟踪过程中进行调整、增加资源、技术支持等方面的工作，把风险降低到最低限度。

（3）业绩证明作用

企业内部员工之间的合作需要一个公平公开的平台，在这个平台上做事，员工之间就不会有太多的疑义。如果企业内部不建立这样的平台，就会出现工作效率日益低下，这种现象一旦发生，企业内部矛盾就会出现，企业的发展就变成了一种奢望，因此建立一个业绩证明的平台是非常有必要的。

3．工作日志的写作方法

工作日志的一般格式及内容包括 ×××× 年 ×× 月 ×× 日、工作日志（某件事情）、发生时间、主要工作内容、过程及结果、关联的项目（任务）、关联的联系人等。

工作日志的写作方法要根据上述格式来组织内容，在写作工作日志时，一定要注意工作内容过程及结果的填写，还要注意善于发现问题、提出问题，并且主动提出疑难问题，寻求解决问题的途径和方法。在填写每一项内容时，一定要科学、准确，内容的多少要从信息量适度的角度提出，要按照语言表达的基本要求进行写作，做到有物、切题、真实、适量去填写。其具体内容要求如下：

（1）有物

就是说的话有内容，能够提供一定的信息量，起到提醒、分析的作用。

（2）切题

就是切合讨论的对象，能够达到一定的目的，发挥跟踪作用。

（3）真实

就是说的是真话，不是假话，保证科学性、准确性和客观性。

（4）适量

就是给予对方的信息量，一定要有针对性，不多不少，恰到好处地反映情况。

通过这样的一个文字材料整理而形成的工作日志，日久天长将会形成丰富的资料集。这个资料集，一是对促进职工钻研业务，积累工作经验，提高自身素质有很大帮助；二是起到提醒、跟踪及职工业绩证明作用；三是对电气设备维护质量管理、电气设备检修管理、电气设备的技术改造等提供依据及决策。

4．工作日志表

为了规范工作日志的填写，要有统一的工作日志表。工作日志以表格的形式展现出来，这样可以帮助其更加清楚明了工作状况。工作日志表可以将当天工作情况内容填入，方便简单，便于收藏管理，是工作日志写作中必不可少的一种格式。统一的工作日志表在形成资料集时比较规范，便于资料存档、管理及查询。工作日志表撰写案例见表 6—9。

表 6—9　　　　工作日志表

姓名	×××	职业（工种）级别	维修电工中级	
工作项目地点及名称		C6130 车床总装车间	时间	2014 年 7 月 27 日
关联的项目（任务）		3 号车床主轴电动机空载运行过热	关联的联系人	×××
本人所起作用	1. 主持人（√） 2. 独立完成（ ） 3. 主要参加者（ ） 4. 一般参与者（ ）			
	其他说明：配有两名毕业生实习人员			
主要工作内容	接到报修后，立即到现场听报修人员叙述车床装配调试过程中出现的故障现象，3 号车床主轴电动机空载运行一段时间热继电器动作，电动机停止工作。随后，直观检查电动机空载运行，电动机启动不久后外壳温升较高。检查电动机接线是否符合铭牌规定，绕组首、尾端接线是否正确，测试电动机绝缘电阻是否损坏，绕组中是否有断路、短路及接地等现象，通过上述检查后未发现问题。利用直接通电试验法，把三相调压器输出端接到电动机接线端子上，开始施加较低的电压，再逐渐上升到额定电压，电动机启动外壳温升较快，可以断定电动机绕组匝间短路，更换电动机，问题解决。拆卸电动机进行检查，发现电动机定子绕组有一处匝间短路，恢复其绝缘层，将电动机修好，并记录在案，总结经验用来指导今后实践。通过这次检修工作提高了自己分析问题、解决问题的能力，使自己的业务水平得到了进一步提高。对此项工作的今后建议，电动机安装之前一定要对电动机做好性能试验，防止影响生产进度			

填表说明：

（1）本人所起作用栏，应在对应的括号内划“√”。

（2）主要工作内容栏。主要写明现场技术问题，应包括问题现象、采取措施及结果，对

此项工作的今后建议。

6.2.6　技能操作要领总结方法

1．技能操作要领的总结

（1）技能操作要领总结的内涵

技能操作要领的总结，需要在生产实践活动中认真观察与实践，再通过实践与认识，分析和总结出技能操作关键点、关键工艺、关键操作动作与技术要求的处理关系，总结出这些技能操作关键与技术要求的处理关系，将会对一线生产技能操作者起到正确指导、引领和帮助作用。

（2）技能操作要领的作用

技能操作要领对生产操作者的工作具有重要作用。首先是技能操作要领的掌握有利于提高产品质量，工作效率，减轻操作者的劳动强度。其次是掌握技能操作要领对生产操作者在平时工作中的经验积累与业务提高会有很大帮助。最后是技能操作要领的总结需要系统分析与总结，从问题中研究问题、解决问题，以此提高职业技术能力。

高级技能人才要学会写作技能操作要领总结，一方面因为正确技能操作需要多种能力的平衡发展和有机综合，通过认真总结技能操作要领，可以分析出自己的实际技能操作情况，了解自己的长短，扬长而补短，向所缺方面发展，以求得职业技术发展的平衡与进一步提高。另一方面是，技能操作要领的经验往往是在书本上找不到的，这就更需要高级技能人才在完成每一项生产任务时，要经常不断的琢磨问题，抓准问题、理清思路，写出书面技能操作要领总结，开拓出能工巧匠的精湛技艺，用好记、好懂的语言，为生产一线技术工人工作积累经验资料，为推动技术进步与创新做出积极贡献。

2．技能操作要领的形成

技能操作要领的形成往往需要在生产工作中经常不断的思考问题，从主观与客观相一致，从理论向技能操作转化，在转化过程中，经过技能操作者反复的实践与认识，得到深刻感受，在感受中领悟到新的认识，把新的认识总结出来，形成技能操作规范。技能操作规范只有把每个过程做到位，才能感受更深刻，深刻的感受才会产生丰富的实践认识，对丰富的实践认识归纳和总结出规范东西，才有实际意义、有价值。把正确的技能操作规范经过推敲提炼，形成技能操作要领，这就是技能操作要领的形成。

技能操作要领在产生过程中应注意的问题，首先是储备理论技术知识，以管用、够用为准绳，把理论技术知识与技能操作紧密结合起来。其次是技能操作的把握，主要体现在操作的科学性、准确性、规范性、速度及熟练程度等方面，充分体现出技能操作要领具有的指导性意义。这两点是技能操作要领产生的关键。

3．技能操作要领总结的写作方法

（1）技能操作要领总结的写作

技能操作要领总结的写作，首先是对客观事物向认识主体即操作者头脑的转化，它要依据反映论的精神，能动地、本质地、真实地将客观事物转化为操作者的认识（观念）。其次它要遵循表现论的原则，有理有物并有序有文地将头脑所获得的技能操作要领转化为书面的语言。这个双重转化的过程就是写作技能操作要领总结的方法。

（2）写作技能操作要领总结的方法

写作某一项技能操作要领时，要求思路清晰严密，对观察事物能够正确理解和认识事物的客观性，对这个职业技术操作要求的前因、后果、工艺过程作用、意义都要清楚；知道了结果，一定要找一找原因，想一想用这个原因说明这个结果合理不合理；下了个判断，一定要找一找根据，想一想这个根据充分不充分；正面想想，反面想想，把有关的事情和道理联系起来想想，理出个头绪，写出技能操作要领总结。这样的技能操作要领总结才具有科学性、准确性，也就具有了实际指导意义和应用价值。

（3）写作技能操作要领时应注意事项

一是要求内容能够起到提纲挈领的作用，把专业知识点与操作关键点连成一条主线，引导操作者执行好每一步工序，即可操作性强；二是关键技术要点要突出；三是要求文字简洁明了，好懂、好记。

4．技能操作要领总结的举例

例如电力拖动控制线路的安装，板前明线布线。布线时应符合平直、整齐、紧贴敷设面、走线合理及接点不得松动等要求。其具体操作要领是：

（1）布线顺序。一般以接触器为中心，由里向外，由低至高，先控制电路，后主电路进行，以不妨碍后续布线为原则。

（2）走线通道应尽可能少。同一通道中的沉底导线，按主、控电路分类集中，单层平行密排，并紧贴敷设面。

（3）同一平面的导线应高低一致或前后一致，不能交叉。当必须交叉时，该根导线应在接线端子引出时，水平架空跨越，但必须属于走线合理。

（4）布线应横平竖直，变换走向应垂直。

（5）导线与接线端子或线桩连接时，应不压绝缘层、不反圈及不露铜过长。并做到同一元件、同一回路的不同接点的导线间距保持一致。

（6）一个电气元件接线端子上的连接导线不得超过两根，每节接线端子板上的连接导线一般只允许连接一根。

（7）布线时，严禁损伤线芯和导线绝缘。

（8）如果线路简单可不套编号套管。

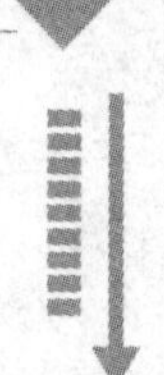

第7单元 新技术与新工艺

7.1 计算机辅助设计

20世纪50年代在美国诞生第一台计算机绘图系统，开始出现具有简单绘图输出功能的被动式计算机辅助设计技术。60年代初期出现了CAD的曲面片技术，中期推出商品化的计算机绘图设备。70年代，完整的CAD系统开始形成，后期出现了能产生逼真图形的光栅扫描显示器，推出了手动游标、图形输入板等多种形式的图形输入设备，促进了CAD技术的发展。

20世纪80年代，随着强有力的超大规模集成电路制成的微处理器和存储器件的出现，工程工作站问世，CAD技术在中小型企业逐步普及。80年代中期以来，CAD技术向标准化、集成化、智能化方向发展。一些标准的图形接口软件和图形功能相继推出，为CAD技术的推广、软件的移植和数据共享起了重要的促进作用；系统构造由过去的单一功能变成综合功能，出现了计算机辅助设计与辅助制造连成一体的计算机集成制造系统；固化技术、网络技术、多处理机和并行处理技术在CAD中的应用，极大地提高了CAD系统的性能；人工智能和专家系统技术引入CAD，出现了智能CAD技术，使CAD系统的问题求解能力大为增强，设计过程更趋于自动化。

CAD已在建筑设计、电子和电气、科学研究、机械设计、软件开发、机器人、服装业、出版业、工厂自动化、土木建筑、地质、计算机艺术等各个领域得到了广泛应用。

7.1.1 CAD系统的硬件与软件

CAD的含义是计算机辅助设计。它是由人和计算机合作，完成各种设计（如机械设备设计、集成电路设计、建筑土木工程设计、动画影片设计等）的一种技术。计算机的介入使得设计师从繁杂的计算和简单重复中解脱出来，集中精力于产品的创新。20世纪60年代初，CAD技术只在少数几家大公司中应用，如美国通用汽车公司及IBM公司。当时首先被应用于机械制造行业，如飞机制造、汽车制造、船舶制造等。20世纪70年代后期，微型计算机、大容量存储技术及计算机图形学的飞速发展，使CAD在工程上的应用从单独的分析计算变成大量信息存储、检索、绘图、计算融合为一体的独立系统。目前CAD技术已广泛应用于各个领域。

1．CAD硬件的组成

典型CAD系统硬件的组成如图7—1所示。

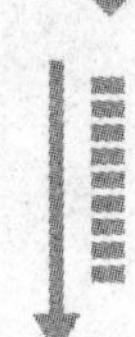

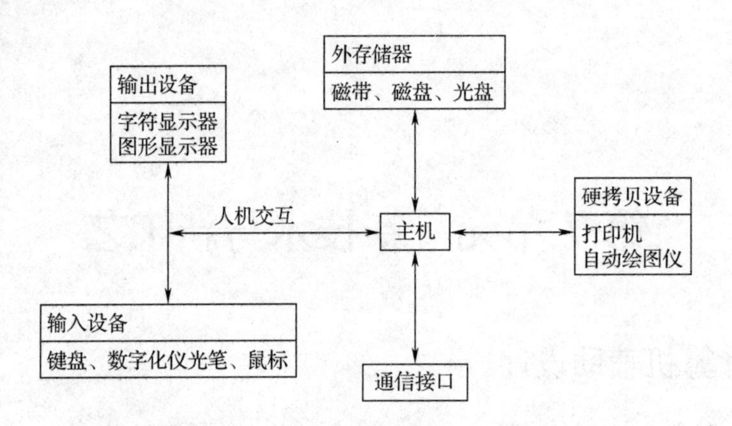

图 7—1　典型 CAD 系统的硬件组成

（1）微型计算机

计算机由中央处理器（（CPU）、内存储器（简称内存）和输入 / 输出（I/O）接口组成。CPU 一般由控制单元和算术逻辑单元（ALU）两部分组成，控制单元使系统内各部分相互协调工作，进行人机、机机之间的数据传输及资源调度。算术逻辑单元主要根据程序指令执行数据的算术和逻辑操作；输入 / 输出接口实现计算机与外界之间的通信联系。

（2）输入设备

常见的输入装置有键盘、鼠标（mouse）、光笔、操纵杆、跟踪球、触摸屏、坐标数字化仪、图形输入板（TABLET）等。其作用是将程序命令或数据送入计算机用于人机对话。

（3）输出设备

常见的输出装置有显示器、打印机、绘图仪等。

2. CAD 的软件支持

一般来说，CAD 的支撑环境主要由硬件（如 CAD 工作站、图形输入 / 输出设备等）、系统软件（如操作系统、主语言等）、支撑软件及其有关算法这四部分组成。CAD 的应用软件是在支撑环境下开发的。

（1）CAD 的支撑软件

主要包括图形设备驱动程序——国际上普遍采用的是 CGI（Computer Graphics Interface）程序包；窗口管理系统；图形文件管理规范 CGM（Computer Graphics Metafile）；面向应用的图形程序包——二维的图形核心系统，主要有 GKSID、DKS3D 和 PHIGS（Programmer Hierarchical Interactive Graphics System）程序包；工程数据库及其管理系统——主要对 CAD 工程或产品的数据进行管理；不同 CAD 系统之间的接口——国际上普遍采用 IGES（Initial Graphics Exchange Specification）和 STEP（Standard for the Exchange of Product Model Data）作为不同 CAD 系统之间数据转换的接口；汉字管理系统——在我国输出工程图样需要有中文说明，因此必须有汉字处理功能。

（2）系统软件

系统软件的作用是用来管理、控制和维护计算机各种资源，并使其充分发挥作用、提高功效、方便用户的各种程序集合。系统软件又分为三类，即操作系统、语言处理程序和工具软件。

1）操作系统。操作系统直接控制和管理计算机系统中的硬件、软件资源，使用户充分而有效地利用这些资源的程序集合。操作系统的任务是管理处理器、管理存储器、管理设备、管理文件和管理作业。目前使用最为广泛的CAD操作系统有UNIX操作系统、Windows操作系统和NetWare网络操作系统。下面分别简单介绍：

①UNIX。UNIX是世界上应用最为广泛的一种多用户多任务操作系统。它既具有多种处理功能，又具有分时系统功能，已成为工作站及32位以上高档计算机的标准操作系统。常见版本有BSD UNIX、SYSTEMV、OSF/1、XENIX。

UNIX的主要特点为：它是多用户同时操作的交互式分时操作系统，是开放式系统，即UNIX系统具有统一的用户界面，使得UNIX用户的应用程序可分别在不同的终端上进行交互地操作；具有统一的用户友好界面，使得UNIX用户的应用程序可在不同执行环境下运行；具有可装卸的树形分层结构文件等。

②Windows。Windows3.x是Microsoft公司在DOS操作系统的基础上开发的图形化操作系统。1990年5月推出了新一代的Windows3.0，1995年又推出Windows 95和Windows NT，1998年又推出Windows 98，以至于发展到后来的Windows XP操作系统。

Windows操作系统可替代MS—DOS功能。与MS—DOS相比，其主要在存储管理和用户界面两个方面作出了重大的技术改进，同时在支持网络软件和提高工作效率方面也有了较大的改善。它具有可同时运行多个应用程序，并在应用程序之间传递信息的能力。它具有画面丰富、形象直观、操作灵活方便的特点。主要表现在立体链式视窗；支持256字节的文件名；DOS的文件名（不包括扩展名）不能超过八个字节；回收站功能，这是一个专用窗口，可将欲删除的程序抛弃在回收站里，如需要又可回收；网络功能，以Windows NT为基础的网络功能，可实现文件及打印机共享；多任务功能，对CPU时间进行分段，每一段执行一个程序，若干个时间段连续运行若干个程序。由于CPU的运行速度很快，若干个程序好像是在同时进行，大大提高了系统的效率。

③NetWare。它是Novell公司为有复杂联网需求的单位提供高速信息传送和集中管理而设计的一种网络操作系统。它提供的功能主要有文件管理功能，除了常用的文件管理外，可利用磁盘块再分配压缩文件，提高磁盘的利用率；打印功能，为本地和远程提供相同的支持；目录功能，其目录服务是管理网络资源的新型方案，目录通过一次登录访问整个网络，并对各种资源进行透明存取，因而处理能力和有效性、容错性非常强；安全性，具有口令加密及数字签名技术，还提供了多级文件、目录服务、管理员和服务器存取控制等来保证安全性；集成通信功能，所有NetWare的用户可使用电子邮件（E-mail）；多协议路由功能，提供了内部路由选择服务、IPX、TCP/IP和APPLE Talk协议的选择；网络管理功能，提供了服务器管理设施和实用程序，可进行远程管理。

操作系统种类繁多，通用性很强，具体应用时要根据硬件环境及用户需求来选择。

2）语言处理程序

语言处理程序是用来对各种程序设计语言进行翻译，使其产生计算机可直接执行的目标程序集合，其中包括汇编程序、解释程序、编译程序和数据库管理程序。

①机器语言。机器语言是面向机器的程序设计语言。通常把一组二进制代码称为指令。它包括两个基本部分：操作码和地址码。操作码提供操作控制信息，指明计算机应执行什么性质的操作；地址码提供参加操作的数据存放地址。

②汇编语言。用字母和代码表示的语言。与机器语言一样，它也是面向机器的程序设计语言。

③高级语言。高级语言是一种完全或基本上独立于机器的程序设计语言。它所用的一套符号更接近人们的习惯。使用高级语言编制的程序，按其执行时的工作方式，可分为解释程序和编译程序。常见的 Basic 属于解释程序，Fortran、Cobol、Pascal 和 C 语言等是编译程序。

④甚高级语言。通常把数据库系统语言称为甚高级语言，它是比高级语高更贴近用户的语言，如 Foxbase、ORACLE 数据库语言均为甚高级语言。

3）工具软件。工具软件是开发和研制各种软件的工具，是软件系统的一个重要组成部分。它包括诊断程序、调试程序、编辑程序和链接程序等多种软件。

3．常用电子 CAD 软件简介

（1）OrCAD/Pspice 9

Pspice（Simulation Program with Integrated Circuit Emphasis）是美国 MicroSim 公司于 20 世纪 80 年代开发的电路模拟分析软件。1998 年，EDA 界著名的厂家 OrCAD 与 MicroSim 公司联合推出了最新版本的 OrCAD/Pspice 9。它不仅可以进行直流、交流、瞬态等基本电路特性分析，也可进行最坏情况分析、优化设计等复杂的电路特性分析；既可以进行模拟分析，也可以进行数字电路、模拟 / 数字混合电路分析。OrCAD/Pspice 9 的模型库中包含上万个模拟器件和数字器件，并可方便地生成新器件模型。它的一切仿真都可在原理图窗口下进行，方便快捷。

（2）Electronic Workbench

Electronic Workbench 软件是加拿大 Interactive Image Technologies 公司于 20 世纪 80 年代末 90 年代初推出的专门用于电子线路仿真的虚拟电子工作平台，简称为 EWB。它可以仿真模拟电路、数字电路和混合电路。它提供了瞬态和稳态分析、时域和频域分析、线性和非线性分析、噪声和失真分析等 14 种分析方法，并且还可以对被仿真电路中的元器件人为地设置故障。目前，EWB 已在电子工程设计和电工电子类课程教学领域中得到了广泛应用。

（3）Protel

Protel 软件包是 20 世纪 90 年代初由澳大利亚 Protel Technology 公司研制开发的电子 CAD 软件，先后推出了在 Windows 下运行的多个版本，它将电路原理图编辑、电路仿真测试、

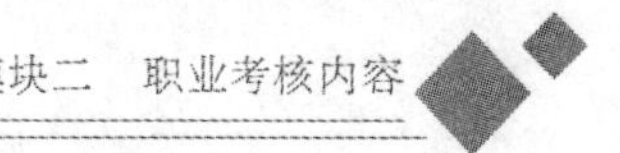

PLD 设计和印制电路板设计等功能融合在一起，由于其强大的功能和方便的操作，使得 Protel 成为风靡全球的大型电子设计自动化软件，在我国电子行业中知名度很高，普及程度很广。它包括五大组件：原理图设计系统、印制电路板设计系统、可编程逻辑器件设计系统、电路仿真系统以及自动布线系统。

（4）IspEXPERT

1992 年，美国 Lattice 公司开发了在系统可编程技术（In System Programmability，简称 ISP）。ISP 技术的特点是可以不用编程器，用户直接在自己设计的目标系统中或电路板上对可编程器件进行编程，可以先装配后编程，成为产品后还可以反复编程，即用户无须从印制电路板上拆下芯片就可改变芯片的逻辑内容，并可在现场对系统进行逻辑重构和升级，使硬件能够随时改变组态，实现了硬件设计的软件化。IspEXPERT 是 Lattice 公司推出的数字系统设计软件，它是一套完整的 EDA 软件。

（5）PAC-Designer

1999 年 11 月，美国 Lattice 公司又推出了在系统可编程模拟电路，翻开了模拟电路设计的新篇章，为电子设计自动化（EDA）技术开拓了更广阔的前景。与在系统数字可编程逻辑器件（IspPLD）一样，在系统可编程模拟器件（IspPAC）允许设计开发软件在计算机中设计、修改模拟电路，进行电路特性模拟，最后通过编程电缆将设计方案下载至芯片中。在系统可编程模拟器件可实现三种功能：信号调整（放大、衰减、滤波等）、信号运算（求和、求差、积分等）以及信号比较和转换（比较器、数模转换器等）。IspPAC 的开发软件为 PAC-Designer。

7.1.2　CAD 软件应用实例

1．Protel 99 SE 软件应用实例

Protel 99 SE 主要分为两大组成部分：原理图设计系统和印制电路板设计系统。

（1）Protel 99 SE 的特点

1）将电路原理图编辑、印制电路板设计、可编程逻辑器件设计、自动布线、电路模拟仿真等功能结合在一起。

2）支持由上到下或由下到上的层次电路设计，能够完成大型、复杂的电路设计。

3）当原理图中的元件来自仿真库时，可以直接对原理图中的电路进行仿真测试。

4）提供了 ERC 和 DRC 功能，最大限度地减少差错。

5）元件库的管理、编辑功能完善，操作非常方便。

6）全面兼容 Tango 及 Protel for DOS。

7）原理图设计和印制电路板设计之间具有动态链接功能。

8）具有连续操作功能，可以快速地放置同类元件及布线等。

Protel 99 SE 系统最低要求：Pentium Ⅱ或 Celeron 以上 CPU、64 MB 以上内存、8 GB 以上硬盘、17 in 显示器，分辨率为 1 024 × 768。

（2）Protel 99 SE 的基本操作

1）Protel 99 SE 的启动。启动 Protel 99 SE 程序，通常有 3 种方法：

①用鼠标左键双击桌面上的 Protel 99 SE 图标。

②点击开始 / 程序 /Protel 99 SE/Protel 99 SE。

③直接打开一个 Protel 设计数据库文件（扩展名为 .ddb 的文件）。

2）主窗口的初始状态。启动 Protel 99 SE，出现初始画面后进入如图 7—2 所示主窗口。如图所示，最初进入 Protel 99 SE 时，主窗口主要由以下几部分构成：

①菜单栏在其初始状态下包含的菜单命令有：

文件（File）——创建（New）或打开（Open）数据库及退出 Protel 99 SE（Exit）。

视图（View）——切换、选择显示或关闭设计管理器（Design Manager）、状态栏（Status Bar）和命令状态栏（Command Status）。

帮助（Help）——调用在线帮助。

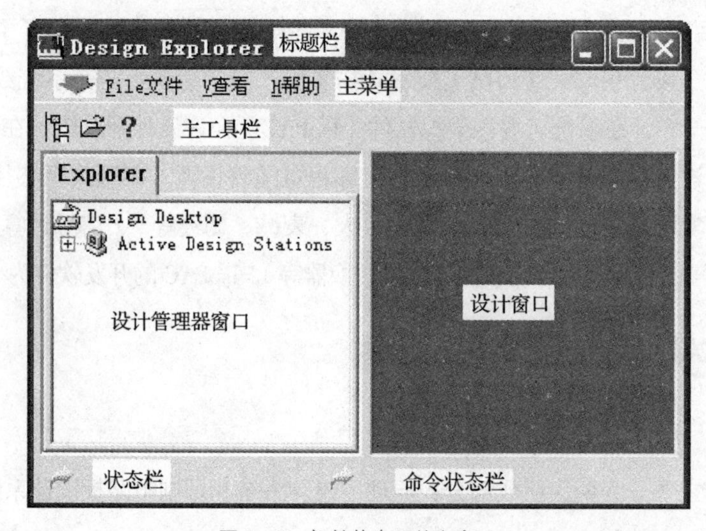

图 7—2　初始状态下的主窗口

②主工具栏。初始状态下有 3 个工具，分别用于打开或关闭设计管理器、打开数据库文件和调用在线帮助。

③设计管理器窗口。在窗口中显示设计文件的目录结构，并可对其进行管理。可通过主工具栏上 的按钮打开或关闭。

④设计窗口。显示被编辑的各种文件，初始状态下没有被编辑的内容。

⑤状态栏。根据工作状态不同，显示执行进程说明、进度、当前坐标及热键说明等。

⑥命令状态栏。显示当前执行命令的说明。

3）设计数据库的创建

①Protel 99 SE 的文件管理模式。在 Protel 99 SE 中，通常是以设计数据库的形式来管理文件的。即为每一个设计项目建立一个数据库，与本设计有关的文件（如电路原理图、印制电路板、元件库、网络表、元件表等）都存放在这个数据库中。

②创建自己的设计数据库。执行主菜单区的 File/New Design 命令，弹出如图 7—3 所示 New Design Database（新建设计数据库）对话框。

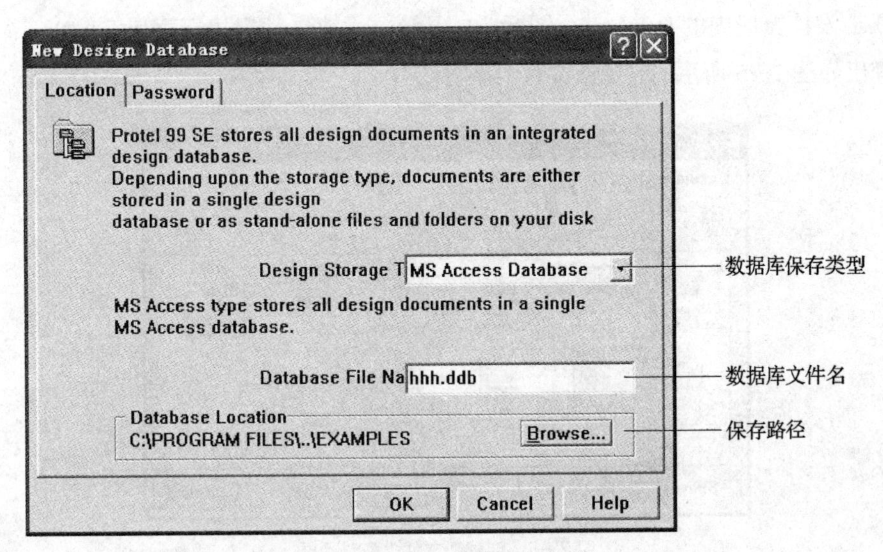

图 7—3　新建设计数据库对话框

注意：由于系统兼容问题，Protel 99 SE 中部分文字无法正常显示，学习和使用中应注意识别其正确的含义。

此对话框的最上边有两个标签，分别是路径（Location）和密码（Password）。密码标签对应的是给新建设计数据库加密的操作。路径标签显示新建设计数据库的基本信息，如图 7—3 所示。其中包括新建数据库的保存类型（一般不需要修改）、新建数据库的文件名（可按需要修改，例如改为 hhh.ddb）以及数据库的保存路径（单击 Browse 按钮，可以选择其他路径，如保存到 D 盘）。设置好后，单击“OK”按钮，设计数据库 hhh.ddb 就创建好了。此时，设计管理器如图 7—4 所示。

图 7—4　设计管理器

由图 7—4 中可以看到，在设计数据库中包括设计文件夹（Documents）、回收站（Recycle Bin）和设计工作组（Design Team）三个组成部分。其中设计文件夹用于存放设计图样或相关文件；回收站用于存放被删除的文件；设计工作组用于定义参加设计成员的特点和权限。

4）在设计数据库中创建各种设计文件。在设计数据库中包含各种不同的设计文件，可以完成不同类型的设计、编辑，例如画电路原理图时，就要创建原理图设计文件（Schematic Document）；设计印制电路板时，就要创建印制电路板设计文件（PCB Document）。

①双击设计窗口内的 Documents 图标，打开该文件夹，然后执行菜单 File/New 命令，系统将会弹出如图 7—5 所示的创建新文件类型对话框。

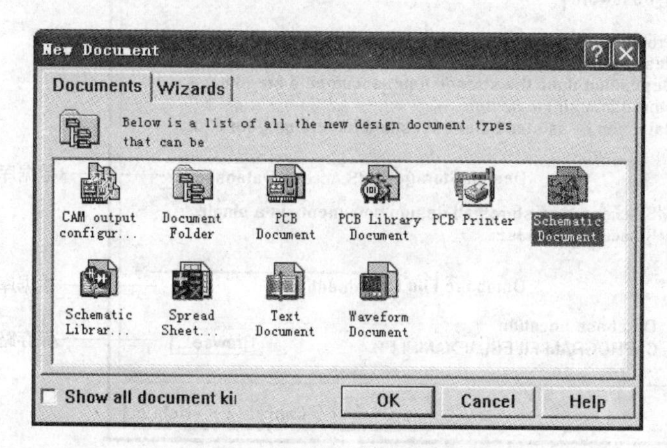

图 7—5　创建新文件类型对话框

②该窗口列出了 Protel 99 SE 可以管理、编辑的文件类型。双击不同的文件图标，便可创建相应的设计文件。

创建原理图设计文件：双击 Schematic Document 图标，在设计管理器中将出现一个名为“Sheetl”的空白原理图设计文件。在文件名处单击右键，可更改文件名，如输入“电路原理图 1”。

创建印制电路板设计文件：双击 PCB Document 图标，设计管理器中将出现一个名为“PCB1”的新文件，同样可以更改文件名。

创建其他类型的文件：由图 7—5 中可以看到，Protel 99 SE 可以创建 10 种类型的文件。

（3）Protel 99 SE 原理图的设计

1）电路原理图设计的主窗口。启动 Protel 99 SE，按照前面介绍的方法创建设计数据库，并建立原理图设计文件，然后打开原理图设计文件，进入如图 7—6 所示原理图设计界面。

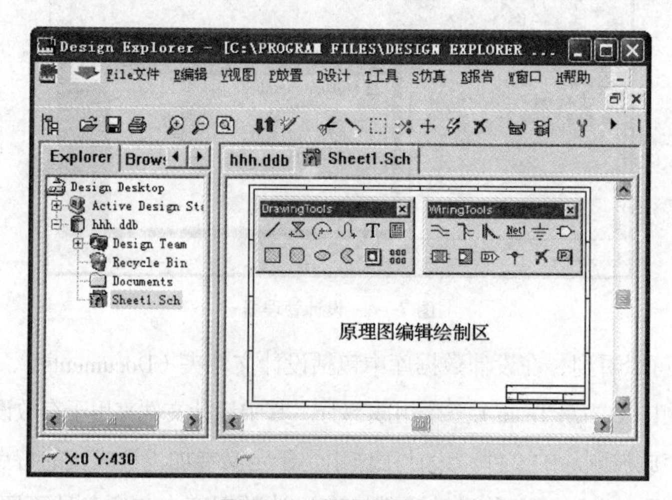

图 7—6　原理图设计界面

①主菜单包括文件、编辑、视图、放置、设计等。

②设计管理器包括数据库管理器（Explorer，显示当前设计目录结构）和原理图管理器（Browse Sch，用于浏览原理图对象和元件库）两个窗口，通过其上方的按钮可相互切换。

③设计窗口（即原理图编辑区），在此区域可进行电路原理图的绘制。

2）工具栏

①主工具栏。主工具栏如图 7—7 所示。

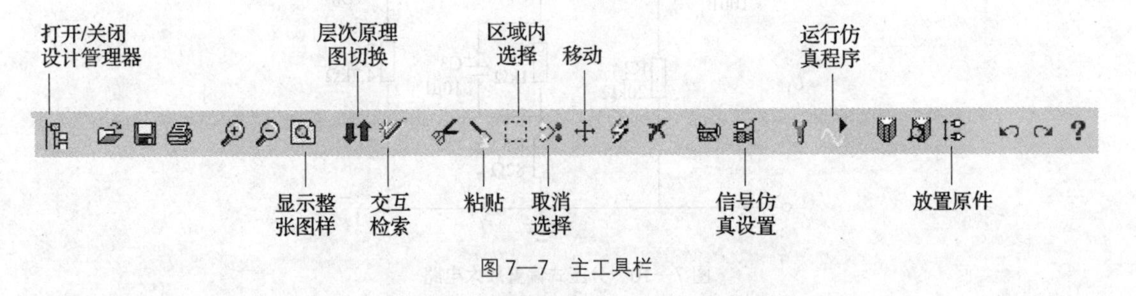

图 7—7　主工具栏

②绘图工具栏。单击主工具栏上的 按钮，可打开或关闭绘图工具栏，如图 7—8 所示。

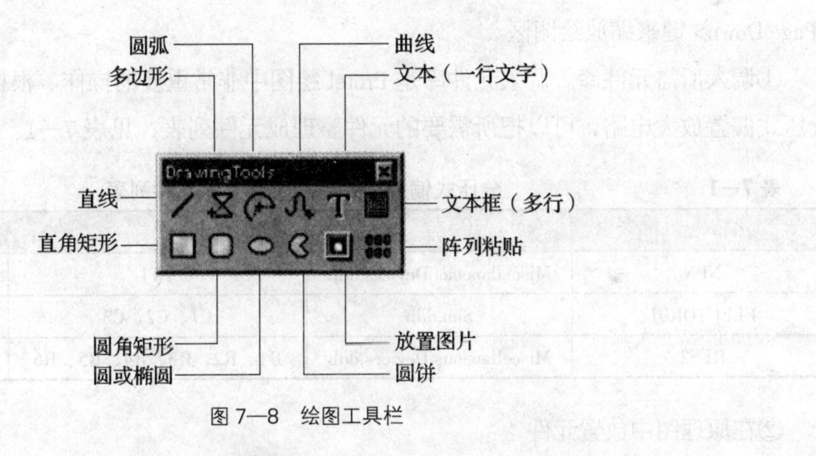

图 7—8　绘图工具栏

③画线工具栏。单击主工具栏上的 按钮，可打开或关闭画线工具栏，如图 7—9 所示。

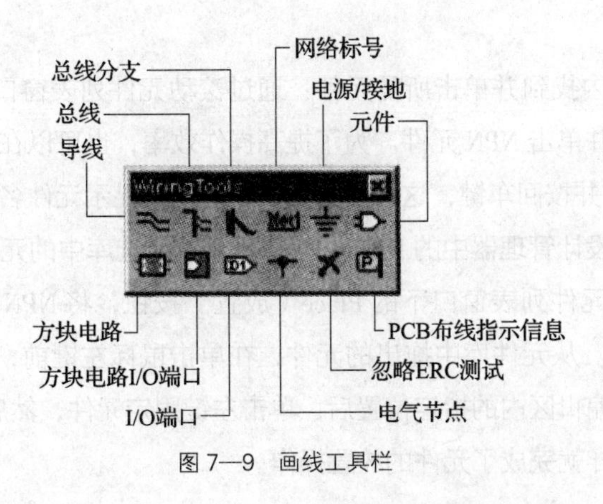

图 7—9　画线工具栏

3）电路原理图设计的基本操作。下面以绘制、编辑如图 7—10 所示的分压式偏置放大电路为例，介绍电路原理图设计的基本操作。

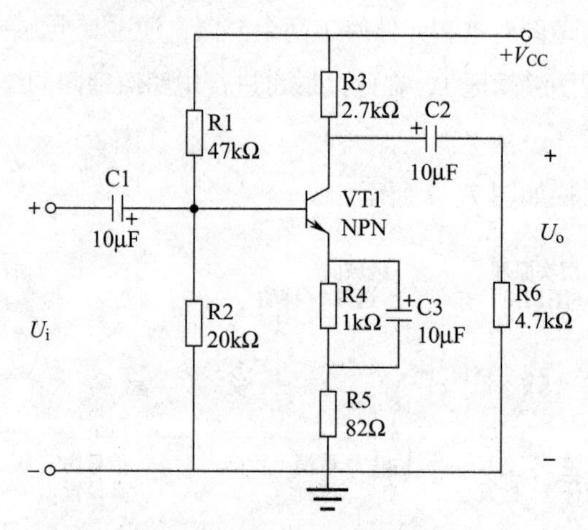

图 7—10　分压式偏置放大电路

先单击主工具栏内的（放大）按钮，直到原理图编辑区内显示出大小适中的可视栅格线为止，即可进入原理图的绘制、编辑等设计操作。也可以用键盘上的 <Page Up> 和 <Page Down> 键来缩放绘图区。

①调入所需元件库。调入元件库是 Protel 绘图中非常重要的操作。根据如图 7—10 所示的分压式偏置放大电路，可以把所需要的元件整理成元件列表，见表 7—1。

表 7—1　　分压式偏置放大电路所需要的元件列表

元件名称	所在设计数据库	编号	说明
NPN	Miscellaneous Devices.ddb	VT1	NPN 三极管
ELECTOR01	Sim.ddb	C1、C2、C3	电解电容
RES2	Miscellaneous Devices.ddb	R1、R2、R3、R4、R5、R6	电阻

②在原理图中放置元件

选择待放置元件所在的元件库作为当前使用的元件库，按下 Browse Sch（浏览元件库）标签，在元件库列表窗口内找出并单击“Miscellaneous Devices.Lib”文件，使它成为当前元件库。

在元件列表窗口内找到并单击所需元件：通过滚动元件列表窗口内的上下滚动按钮，在元件列表窗口内找到并单击 NPN 元件。为了提高操作效率，也可以在 Filter（元件过滤器）文本盒中输入“NPN*”并按回车键，这样元件列表窗口内仅显示元件名称只含有 NPN 字符串的元件。还可通过单击设计管理器中的 Browse 按钮，预览所选库中的元件。

放置元件。单击元件列表窗口下的 Place（放置）按钮，将 NPN 三极管的电气图形符号拖到原理图编辑区内。从元件库中拖出的元件，在单击鼠标左键前，一直处于悬浮状态。移动鼠标，将元件移到编辑区内的指定位置后，单击左键固定元件，然后再单击右键或按 <Esc> 键退出放置状态，这样就完成了元件的放置操作。

放置电阻。滚动元件列表窗口内的上下滚动按钮，在元件列表窗内找到并单击 RES2 元件，然后再单击 Place 按钮，将电阻器的电气图形符号放置到编辑区内。由于 Protel 99 SE 具有连续放置功能，固定第一个电阻后，可以用不断重复移动鼠标→单击左键的方法放置剩余电阻，待完成了所有同类元件的放置操作，再单击右键结束目前的操作，返回空闲状态。

按同样的方法，可以将极性电容（元件名称为 ELECTR01）等元件的电气图形符号放置在原理图编辑区内。

③连接导线。单击画线工具栏中的导线工具，SCH 原理图编辑器即处于连线状态，将光标移到元件引脚的端点、导线的端点以及电气节点附近时，光标下将出现一个黑圆圈（表示电气节点所在位置）。

将光标移到连线起点，单击左键固定；移动光标到连线终点时，单击左键，固定导线的终点。当导线需要拐弯时，在拐弯处单击左键，固定导线的转折点。单击右键，结束本次连线（但仍处于连线状态，如果需要退出连线状态，必须再次单击右键）。

④放置电气节点。单击画线工具栏中的电气节点工具 ，将光标移到导线与导线或导线与元件引脚的 T 形或十字交叉点上，单击左键即可放置表示导线与导线（或元件引脚）相连的电气节点。

在放置电气节点操作过程中，必要时也可以按 <Tab> 键激活电气节点属性设置对话框（选择节点大小、颜色等）。按 <Delete> 键同样可以删除被选中的电气节点。

⑤放置电源和接地符号。单击画线工具栏中的电源 / 接地符号，然后按 <Tab> 键，调出电源 / 接地符号属性设置对话框。在此对话框中：

Net：设置电源和接地符号的网络名，电源常设为 VCC，接地常设为 GND。

Style：在此选项中，选择电源 / 接地符号的形状。该下拉列表框包括 7 个选项，前 4 个选项是电源符号，后 3 个选项是接地符号。

完成以上操作后，分压式偏置放大电路的绘制就基本完成。

（4）印制电路板的设计

印制电路板是电子设备不可缺少的重要组成部分，它既能支撑电路元件又能提供元件之间的连接，具有机械和电气的双重作用。

1）印制电路板的分类。根据导电图形的层数不同，印制电路板的层数也不同，印制电路板可以分为：

①单面板。它是由一面敷铜的绝缘板构成，一般包括焊接面（底层）和元件面（顶层）。

②双面板。它是由两面敷铜的绝缘板构成，包括底层（焊接面）和顶层（元件面），可以两面走线。

③多层板。它是由数层绝缘板和数层导电铜膜压合而成，除了顶层和底层之外，还包括中间层、内部电源层和接地层。一个典型的 4 层印制电路板包括顶层、两个中间层和底层。

2）印制电路板上的组件

①元件封装。元件封装就是实际元件焊接到印制电路板上时，所指示的外观形状尺寸和

焊盘位置，它是一个空间的概念。元件封装编号的一般规则为元件类型 + 焊盘距离（或焊盘数）+ 元件的外形尺寸，例如 AXLAL0.4 表示此封装为轴状，两个焊盘间的距离为 400 mil。

②铜膜走线。铜膜走线是用于连接各个焊盘的导线，简称走线。它是印制电路板中最重要的部分。

③焊盘。焊盘的作用是放置焊锡，连接铜膜走线和元件引脚。

④过孔。过孔的作用是用于连接不同板层间的铜膜走线。

⑤禁止布线层。禁止布线层用于确定印制电路板的尺寸和布线的范围。

⑥丝印层。丝印层用于书写文字、元件参数说明等。

⑦机械层。机械层用于放置指示性文字。

3）如何设计印制电路板。在计算机上利用 Protel 99 SE 来设计印制电路板有以下两种方法：手工布线法和自动布线法（利用原理图自动设计印制电路板）。

①手工布线法

第一步：进入印制电路板编辑环境确定其层数和尺寸。

第二步：人工放置元件生成的网络表。

第三步：调整元件封装布局。

第四步：根据原理图，人工放置铜膜走线和标注。

第五步：存盘打印文件。

②自动布线法

第一步：绘制正确的原理图。需要注意的是，为了能够充分利用 PCB 编辑器中自动布局和布线的功能，原理图中的所有元件必须设定正确的封装形式，否则在调入网络表时将出现错误信息。在原理图编辑状态下执行菜单的 Design/Create Netlist 命令，在调出的对话框中设置相应参数后单击 OK 按钮，即可产生扩展名为“.net”的网络表文件，其中列出了原理图中各元件标号、封装形式、注释以及各个网络的名称和连接的管脚。网络表主要说明电路中的元件信息和连线信息，是联系原理图与印制电路板的纽带。

第二步：印制电路板的初始状态设置主要是确定印制电路板的层数、尺寸等参数。

第三步：装入网络表。在印制电路板编辑状态下执行菜单 Design/Netlist... 命令，输入需要调入的网络表文件名，或者单击 Browse 按钮，调出网络表选择对话框，在其中选择需要调入的网络表文件，单击 OK 按钮则关闭对话框。系统将自动调入并分析指定网络表文件，分析结果将在下方的列表框中列出，并且在步骤说明栏中显示已进行的步骤，在状态说明栏中显示运行结果，在错误提示栏中显示发现的错误或警告信息，双击该行可显示错误或警告的完整信息。这时应单击 Cancel 按钮关闭对话框，并回到原理图编辑状态，检查并修改存在的错误。修改后重复上述步骤重新调入网络表，当没有错误提示时单击 Execute 按钮，系统将把网络表中的所有元件和连接关系放置到光标当前位置上。

第四步：自动布局元件。要自动布局元件，必须对元件之间的安全距离、元件放置方向、不需要布线的网络和元件放置层面进行设置。设置布局参数，执行菜单 Design/Rules 命令，调出规则设置对话框，在其中单击 Placement 标签，调出 Placement（布局参数）页面。在规则选择栏中选择规则，双击选中的规则或单击 Add... 按钮调出设置对话框，设置参数后单击 OK 按钮，回到设置规则列表栏中列出已设置的规则。选中已设置的规则，单击 Delete 按钮将删除该规则，单击 Properties 按钮将再次调出设置对话框，单击 Close 按钮则关闭对话框。选择布局方式，在 Cluster Placer（集群布局）和 Statistical Placer（统计布局）中进行选择。

第五步：自动布线。先设置自动布线参数，执行菜单 Auto Route/Setup 命令，选择布线方式。布线方式有存储器布线、推挤布线和均匀间隔布线。自动布线命令都集中在 Auto Route 菜单中，执行某一命令后选择布线对象，单击左键即可对其布线。单击右键或者按 <Esc> 键退出布线状态。

自动布线命令说明

Auto Route/All	对整个电路板布线
Auto Route/Net	对选中的网络布线
Auto Route/Connection	对选中连线关系布线
Auto Route/Component	对选中元件布线
Auto Route/Area	对选中区域布线
Auto Route/Stop	停止布线
Auto Route/Pause	暂停布线
Auto Route/Restart	重新开始布线

2．EWB 搭接电路实例

用 EWB 在计算机上虚拟出一个电子设备齐全的电子工作平台，一方面不仅可以弥补经费不足带来的实验仪器、元器件缺乏，而且排除了材料消耗和仪器损坏等故障；另一方面又可以针对不同目的（验证、测试、设计、纠错等）进行训练，培养分析、应用和创新能力，更快、更好地掌握课堂讲授的内容，加深对概念和原理的理解，弥补课堂理论教学的不足，还能训练掌握正确的测量方法和熟练地使用仪器。与其他电路仿真软件相比，它具有容易掌握、界面直观、操作方便、元器件种类丰富、具有多种电路分析方法等特点。EWB 5.12 系统的最低要求是 486 CPU，8 M 内存，20 M 硬盘，Windows 3.1 操作系统。

（1）EWB 的电路搭接

1）元器件的操作

①调用元器件。在元器件库栏中单击包含该元器件库的图标，打开该元器件库，然后从元器件库中将所需元器件拖到电路工作区。以如图 7—11 所示 OCL 功放电路为例，调用如图 7—12 所示元器件。

②选中元器件。在连接电路时，经常需要对元器件进行移动、旋转、删除和参数设置等操作，这就需要先选中该元器件。元器件被选中后将以红色显示。

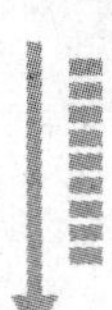

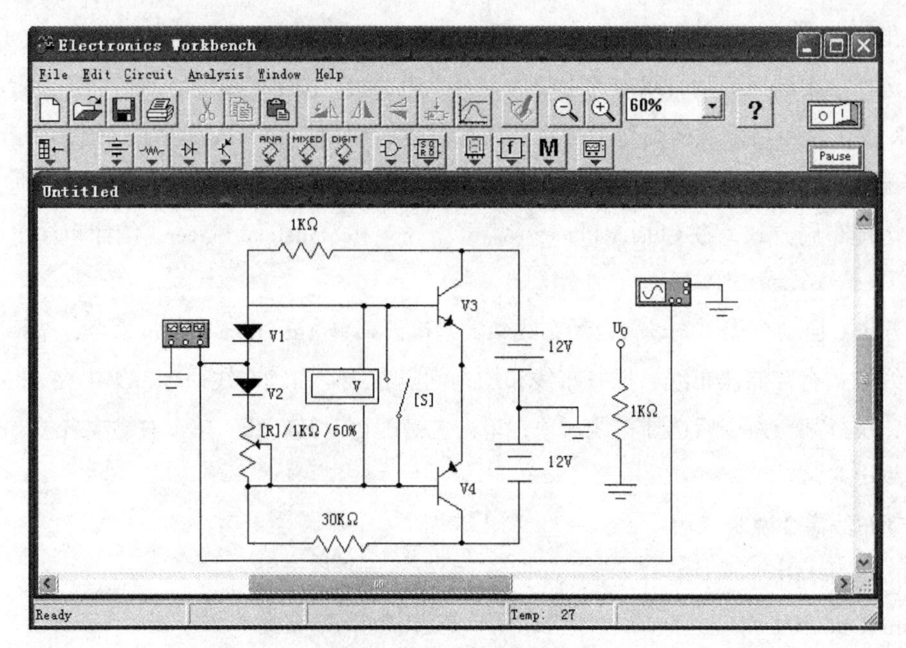

图 7—11　OCL 功放电路

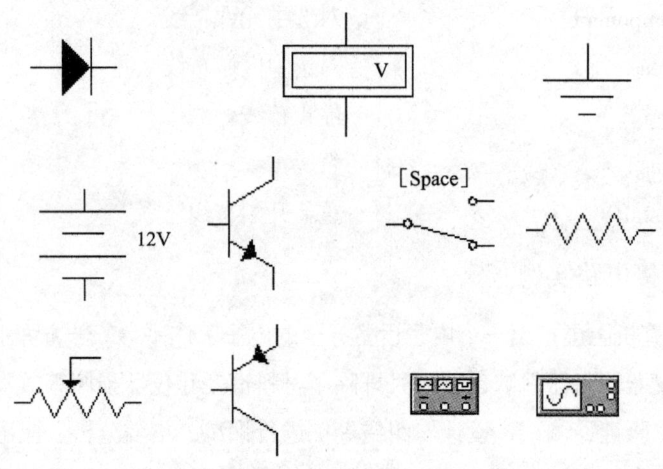

图 7—12　元器件调用

选择某个元器件：用鼠标左键单击该元器件即可。

选中多个元器件：按住 <Ctrl> 键的同时，依次单击要选中的元器件。

选中某一矩形区域的元器件：可以在电路工作区的适当位置用鼠标拖出一个矩形区域，该区域内的元器件同时被选中。要取消所有被选中元器件的选中状态，单击电路工作区的空白部分即可；要取消被选中区域中的某一个元器件的选中状态，按住 <Ctrl> 键的同时，单击目标元器件。

③移动元器件。要移动一个元器件，只要拖动该元器件即可；要移动一组元器件，必须先选中这些元器件，然后拖动其中任意一个元器件即可。元器件被移动后，与其相连接的导线会自动重新排列。同时，也可以使用键盘上的箭头键使所选元器件做微小移动。

④旋转元器件。为了使电路便于连接，布局合理，常常需要对元器件进行旋转操作。首先选中该元器件，然后使用工具栏上的 （旋转）、 （水平翻转）、 （垂直翻转）三种快捷图标，即可进行相应的操作。

⑤元器件的复制、删除。对于选中的元器件，使用工具栏中的剪切、复制、粘贴快捷图标（或单击右键选择相应选项），便可以分别实现元器件的剪切、复制、粘贴。

通过以上操作，把图 7—12 变成如图 7—13 所示。

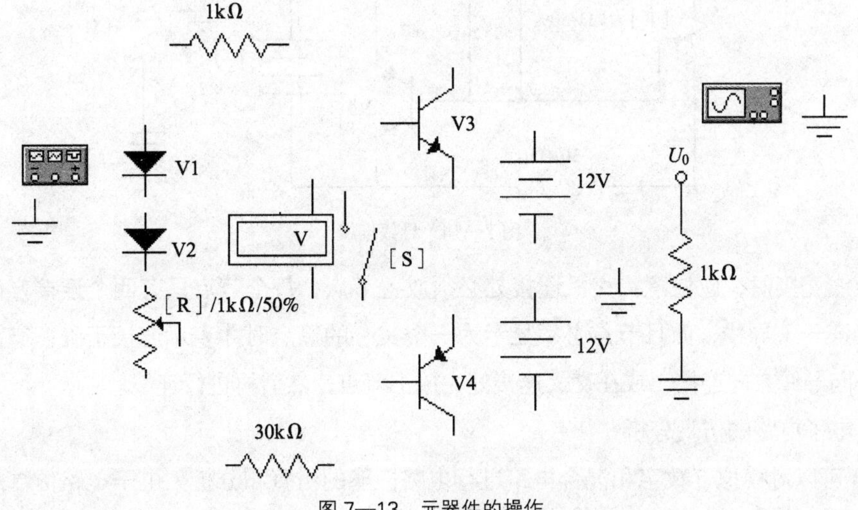

图 7—13　元器件的操作

2）连线的操作

①连接导线。首先将光标指向元器件的端点，使其出现一个小黑圆点，按下鼠标左键并拖出一条导线，拉着导线指向另一个元器件的端点，也使其出现小黑圆点，再释放鼠标左键就完成了一条导线的连接。

②节点的使用。节点是一个小黑圆点，存放在基本元器件库中。一个节点最多可以连接来自四个方向的导线，可以直接将节点插入连线中。

③连线的删除与改动。将鼠标放至待删除连线处，单击右键，选择 Delete（删除）即可，或将光标指向元器件与导线的连接点，使其出现一个圆点，按下左键拖动该圆点，使导线离开元器件的端点，释放左键导线自动消失，完成连线的删除。也可以将被移开的导线连至另一个节点或元器件的端点，实现连线的改动。

④调整弯曲的导线。如果元器件位置与导线不在一条直线上就会产生弯曲现象。可以选中该元器件，然后用鼠标拖动或用四个箭头键微调元器件的位置。如果导线接入端点的方向不合适，也会造成导线不必要的弯曲。

⑤改变导线的颜色。在复杂的电路中，可以将导线设置为不同的颜色，有助于对电路图的识别。要设置某导线的颜色，可用鼠标双击该导线，屏幕弹出 Wire Properties（连线特性）对话框，选择 Schematic Options（原理图选项），屏幕显示 6 个色块可供选择。

通过以上步骤，得到如图 7—14 所示线路图。

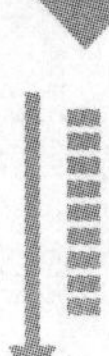

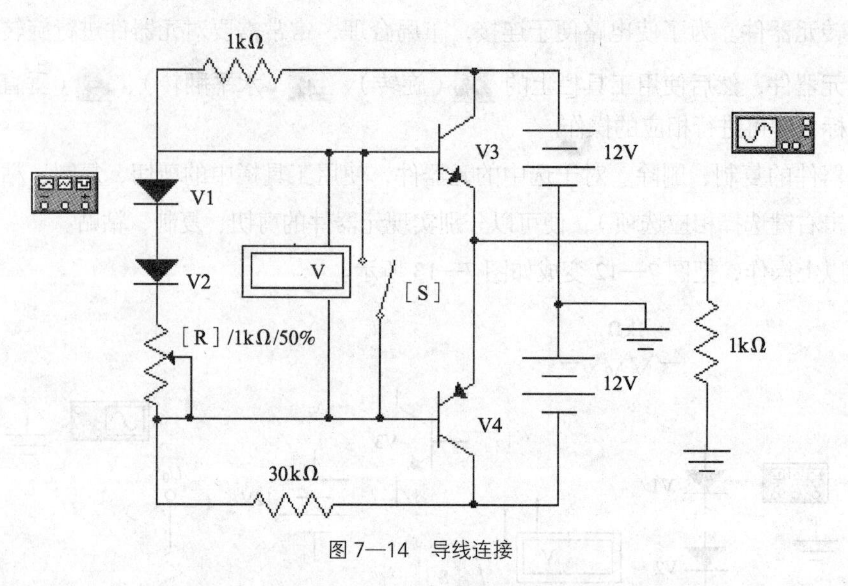

图 7—14　导线连接

⑥导线连接时，应注意：交叉连接处必须放置节点；每个节点只有四个连接方向，每个方向只能连一条导线，而且节点必须显示为一个实心的黑点时才表示连接正确；交叉连线应从元器件向导线方向连接，或在交叉连接处先放上节点，然后再进行连线。

（2）电子电路的仿真分析

EWB 可以对模拟、数字和混合电路进行电路性能的仿真和分析。电子电路仿真的操作运行为以下几个步骤：

1）数据输入。调入所要仿真运行的电路原理图。选择分析方法如直流分析、交流分析或瞬态分析等。如果要通过仪器来读取实验数据，则需连接好仪器。

注意：对仪器连线时应分清输入端、输出端和接地端，如果对仪器的各端口不熟悉，可以双击仪器图标，显示仪器面板，根据面板上的位置进行连接。一般对仪器上的不同连线设置不同的颜色。

2）参数设置。根据实际需要对仪器或分析参数进行设置和调整。

3）运行电路仿真。单击主窗口右上角的开关 [O I]，接通仿真电源，开始运行 EWB 仿真软件，对电路相应的输入信号进行分析，若再次单击，仿真实验结束。如果要暂停仿真操作，单击主窗口右上角的暂停图标 [Pause]，再次单击，实验恢复运行。如果电路中有错误，屏幕将提示错误信息。

4）查看分析结果。双击测试仪器的图标，打开其面板，读取电路中的被测数据，也可以单击工具栏上的分析图图标 [图标]，观察分析结果的参数或图形。

5）实验结果的输出。EWB 中可以输出原理图、电路描述、元器件表、元器件模型表、子电路图、仪器面板及波形。

根据实际情况设置好打印机类型、属性、纸张大小及图样方向后，即可打印输出各种图样，执行菜单 File/Print（文件 / 打印）命令，屏幕弹出一个打印设置对话框，如图 7—15 所示。在对话框各选项前的方框中打√，即选中该项输出。

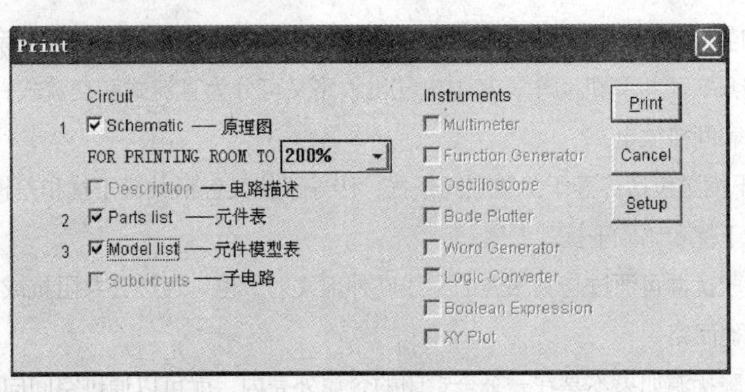

图 7—15 打印设置对话框

执行菜单 Window/Description 命令，打开电路描述窗口，根据需要可以在该窗口中输入有关实验电路的描述内容。此内容将随电路文件一起存储，以便日后查阅。

7.2 电磁干扰的产生与防治

7.2.1 电磁干扰的产生

随着越来越多的电气、电子系统出现并应用在生活中，人们也便越来越频繁地被迫使着去面对一个问题——电磁干扰。由于各类电气、电子系统在工作的同时不可避免地会产生电磁干扰，因此使在同一空间内工作的电气、电子系统能达到电磁兼容以实现良好工作便成为了不得不面对的问题。

1. 电磁干扰的相关概念

（1）电磁干扰就是由电磁骚扰引起的设备、传输通道或系统性能下降的现象。

（2）而电磁骚扰是指任何可能引起装置、设备或系统性能降低或者对有生命或无生命物质产生损害作用的电磁现象。

（3）电磁兼容性是指设备或系统在其电磁环境中能正常工作且不对该环境中任何事物构成不能承受的电磁骚扰的能力。

2. 电磁干扰的分类

（1）按照发生源分

按照发生源可分为电磁干扰源、自然干扰源、人为干扰源和内部干扰源四大类，而每一大类又可进行进一步的分类。

1）电磁干扰源包括外部干扰和内部干扰，而外部干扰又包括自然干扰和人为干扰。

2）自然干扰源包括大气噪声、宇宙噪声和热噪声三类。大气干扰又包括雷电和沉降静电；宇宙噪声又包括电离层干扰、太阳系干扰、银河系干扰和银河系外干扰。

3）人为干扰源包括电力设备、运输系统、医疗器械、电子装置、工厂、通信系统、核爆

炸电磁脉冲和静电放电。电力设备包括空中输电线路和空中配电线路；运输系统包括电气化电路、水上船只、飞机和机动车，其中电气化铁路又可分为直流式和交流式；静电放电又可分为直接放电和间接放电。

4）内部干扰源包括传导干扰和空间干扰，传导干扰又包括共模干扰和差模干扰，空间干扰又包括辐射干扰和感应干扰。

传导是指骚扰源可通过与其相连的导线向外部发射，也可通过公共阻抗或接地回路耦合，将骚扰带入其他回路。

辐射是指骚扰源如果不是在一个全封闭的金属外壳内，就可以通过空间向外辐射电磁波，其辐射场强取决于装置的骚扰电流强度、装置的等效辐射阻抗及骚扰源的发射频率，如果骚扰源的金属外壳带有缝隙与孔洞，则辐射的强度跟骚扰波长有关，当孔洞的大小与波长可比拟时，则可形成骚扰子辐射向四周辐射。

感应耦合是指介于辐射途径与传导途径之间的第三条途径，当骚扰源的频率很低时，其辐射能力相当有限，若骚扰源也不直接同其他导体连接，此时电磁骚扰能量可通过与其相邻的导体产生感应耦合将电磁能转移到其他导体上。

（2）按照传播路径划分

按照传播路径分包括通过电源线、信号线、地线、大地等途径传播的传导干扰，也有通过空间直接传播的空间干扰，电磁干扰传导途径示意图如图7—16所示，这些噪声并不独立存在，在传播过程中又会出现新的复杂噪声。

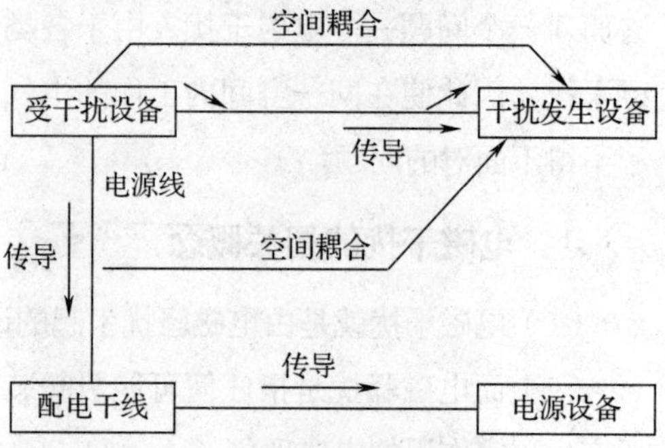

（3）按造成数字电路工作不正常的干扰可分为电源干扰、反射、振铃（LC共振）、状态翻转干扰、串扰干扰（相互干扰、串音）和直流电压跌落。

（4）按造成开关电源质量下降的干扰分为出现在输出入端子上的干扰（电流交流声、尖峰脉冲噪声、回流噪声）和影响内部工作的干扰（开关干扰、振荡、再生噪声）。

图7—16　电磁干扰传导途径

（5）按发生的频率分为突发干扰、脉冲干扰、周期性干扰、瞬时干扰、随机干扰和跳动干扰。

（6）按造成交流电源质量下降的干扰分为高次谐波干扰、保护继电器、开关的振颤干扰、雷电涌、尖峰脉冲干扰、喷射环电弧和瞬时浪涌。

（7）按干扰频率分为低频干扰和高频干扰。

3．电磁干扰的主要来源

日常生活中遇到的最多的电磁干扰源是电气、电子系统，主要包括：

（1）汽车点火系统

汽车点火系统在火花放电时产生电磁骚扰，其频率主要集中于电视频段和超短波通信频段。

（2）高压电力线

来自超高压输电线路及绝缘子表面放电，其频谱主要分布在中短波频段，通常在 30 MHz 以下。

（3）工业、医学、科研使用的变频设备

包括感应加热、微波加热、高频焊接、高频医疗器械等，是城市中重要的干扰源，其频谱分布从低频、高频直至超高频、微波频段。

（4）数字电路装置

包括计算机、程控交换机、工业程序控制器、电子仪器等，由于电子电路的开 / 关过程产生快速脉冲电流，由此产生的电磁干扰频谱从数十赫到数百兆赫。

（5）高频振荡回路

包括发射机、接收机及时钟本振频率等基频及其谐波，由几十千赫到几百兆赫。

（6）电网开关操作及晶闸管导通过程

开 / 关过程会形成强烈的电流脉冲，在电网线路上形成严重干扰，其频谱主要在中波、短波及超短波。

（7）电网电压波动

由于供电电网的暂时跌落以致中断或者大容量负荷的突然变更、各相电压间的瞬时不平衡等都将导致电压波形畸变，伴随高次谐波产生，其干扰频谱从几百赫到几十千赫，且能量巨大，可对与电网相连的电子电气设备产生干扰或引起误动作。

（8）家用电器骚扰（包括微电动机、控制器、定时器等）

由于电动机换向器换向过程及定时器的开关动作均会对电网形成骚扰，其骚扰频谱从几十千赫到数百兆赫。

7.2.2　电磁干扰的防治

1. 电磁干扰的防治措施

电磁干扰的防治措施主要有屏蔽、滤波和接地三种。

（1）屏蔽

采用低电阻的导体材料，并利用电磁波在屏蔽导体表面的反射和在导体内部的吸收以及传输过程中的损耗而使电磁波能量的继续传递受到阻碍。

（2）滤波

滤波器的功能就是保持电子设备的内部产生的噪声不向外泄漏，同时防止电子设备外部的交流线路产生的噪声进入设备。滤波器通常由无源电子元件的网络组成，这些元件包括电容和电感，它们组成 LC 电路。

（3）接地

抗干扰接地是把信号（非控制信号，包括电磁、电源杂波等信号）与电子元件的地端（包括直流电源地线）相连接；屏蔽线两端均应接地；这个地可以是大地，直流电源地和信号

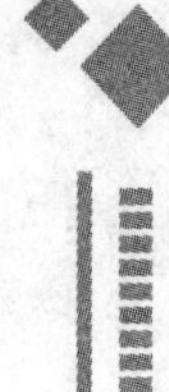

地。接地可以避开地环电流的干扰和降低公共地线阻抗的耦合干扰。

2. 电磁干扰滤波器

设备或系统上的电缆是最有效的干扰接收与发射天线，因此许多时候屏蔽并不能提供完整的电磁干扰防护，采用加滤波器的措施可以有效地提高抗干扰能力。滤波器的增加可以切断电磁干扰沿信号线或电源线传播的路径，与屏蔽共同构成完美的电磁干扰防护，无论是抑制干扰源、消除耦合或提高接收电路的抗干扰能力都可以采用滤波技术。

（1）滤波器的分类

滤波器是由集中参数的电阻、电感和电容，或分布参数的电阻、电感和电容构成的一种网络。这种网络允许一些频率通过，而对其他频率成分加以抑制。根据要滤除的干扰信号的频率与工作频率的相对关系，干扰滤波器有低通滤波器、高通滤波器、带通滤波器、带阻滤波器等种类。

1）低通滤波器是最常用的一种，主要用在干扰信号频率比工作信号频率高的场合。如在数字设备中，脉冲信号有丰富的高次谐波，这些高次谐波并不是电路工作所必需的，但它们却是很强的干扰源。因此在数字电路中，常用低通滤波器将脉冲信号中不必要的高次谐波滤除掉，而仅保留能够维持电路正常工作的最低频率。电源线滤波器也是低通滤波器，它仅允许 50 Hz 的电流通过，对其他高频干扰信号有很大的衰减。

常用的低通滤波器是用电感和电容组合而成的，电容并联在要滤波的信号线与信号地之间（滤除差模干扰电流），或信号线与机壳地或大地之间（滤除共模干扰电流），电感串联在要滤波的信号线上。按照电路结构划分，有单电容型（C 型），单电感型，L 型和反 Γ 型，T 型，π 型，电路如图 7—17 所示。

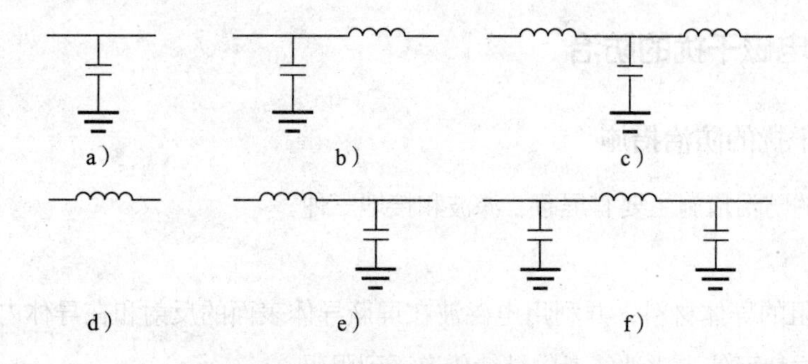

图 7—17　低通滤波器

a）单电容型　b）L 型　c）T 型　d）单电感型　e）反 Γ 型　f）π 型

2）高通滤波器用于干扰频率比信号频率低的场合，如在一些靠近电源线的敏感信号线上滤除电源谐波造成的干扰。

3）带通滤波器用于信号频率仅占较窄带宽的场合，如通信接收机的天线端口上要安装带通滤波器，仅允许通信信号通过。

4）带阻滤波器用于干扰频率带宽较窄，而信号频率较宽的场合，如距离大功率电台很近的电缆端口处要安装带阻频率等于电台发射频率的带阻滤波器。

（2）滤波电路的特点

1）电路中的滤波器件越多，则滤波器阻带的衰减越大，滤波器通带与阻带之间的过渡带越短。

2）不同结构的滤波电路适用于不同的源阻抗和负载阻抗，它们的关系应遵循阻抗失配原则。但要注意的是，实际电路的阻抗很难估算，特别是在高频时（电磁干扰问题往往发生在高频），由于电路寄生参数的影响，电路的阻抗变化很大，而且电路的阻抗往往还与电路的工作状态有关，再加上电路阻抗在不同的频率上也不一样。因此，在实际中，哪一种滤波器有效主要靠试验的结果确定。

（3）滤波器的基本原理

滤波器是由电感和电容组成的低通滤波电路所构成，它允许有用信号的电流通过，对频率较高的干扰信号则有较大的衰减。由于干扰信号有差模和共模两种，因此滤波器要对这两种干扰都具有衰减作用。

1）滤波器基本原理

①利用电容通高频隔低频的特性，将火线、零线高频干扰电流导入地线（共模），或将火线高频干扰电流导入零线（差模）。

②利用电感线圈的阻抗特性，将高频干扰电流反射回干扰源。

③利用干扰抑制铁氧体，可将一定频段的干扰信号吸收转化为热量的特性，针对某干扰信号的频段，选择合适的干扰抑制铁氧体磁环、磁珠直接套在需要滤波的电缆上即可。

2）典型电磁干扰滤波器工作原理。典型电磁干扰滤波器原理图如图 7—18 所示。该五端器件有两个输入端、两个输出端和一个接地端，使用时外壳应接通大地。电路中包括共模扼流（也称共模电感）L、滤波电容 C1 ~ C4。L 对串模干扰不起作用，但当出现共模干扰时，由于两个线圈的磁通方向相同，经过耦合后总电感量迅速增大，因此对共模信号呈现很大的感抗，使之不易通过，故称作共模扼流圈。它的两个线圈分别绕在低损耗、高导磁率的铁氧体磁环上，当有电流通过时，两个线圈上的磁场就会互相加强。L 的电感量与滤波器的额定电流 I 有关。需要指出，当额定电流较大时，共模扼流线圈的线径也要相应增大，以便能承受较大的电流。此外，适当增加电感量，可改善低频衰减特性。C1 和 C2 采用薄膜电容器，容量范围大致是 0.01 ~ 0.47 μF，主要用来滤除串模干扰。C3 和 C4 跨接在输出端，并将电容器的中点接地，能有效地抑制共模干扰。C3 和 C4 也可并联在输入端，仍选用陶瓷电容，容量范围是 200 pF ~ 0.1 μF。为减小漏电流，电容量不得超过 0.1 μF，并且电容器中点应与大地接通。C1 ~ C4 的耐压值均为 630 VDC 或 2 500 VAC。

（4）电源滤波器高频插入损耗的重要性

尽管各种电磁兼容标准中关于传导发射的限制仅到 30 MHz（旧军标到 50 MHz，新军标到 10 MHz），但是对传导发射的抑制绝不能忽略高频的影响。因为，电源线上高频传导电流会导致辐射，使设备的辐射发射超标。另外，瞬态脉冲敏感度试验中的试验波形往往包含了很高的频率成分，如果不滤除这些高频干扰，也会导致设备的敏感度试验失败。

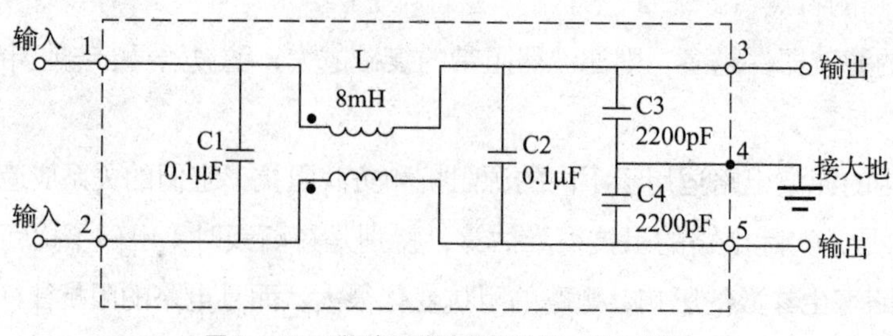

图 7—18　典型电磁干扰滤波器工作原理图

电源线滤波器的高频特性差的主要原因有两个，一个是内部寄生参数造成的空间耦合；另一个是滤波器件的不理想性。因此，改善高频特性的方法也是从这两个方面着手。

1）内部结构。滤波器的连线要按照电路结构向一个方向布置，在空间允许的条件下，电感与电容之间保持一定的距离，必要时，可设置一些隔离板，减小空间耦合。

2）电感。按照前面所介绍的方法控制电感的寄生电容。必要时，使用多个电感串联的方式。

3）差模滤波电容。电容的引线要尽量短。要理解这个要求的含义：电容与需要滤波的导线（火线和零线）之间的连线尽量短。如果滤波器安装在电路板上，电路板上的走线也会等效成电容的引线。这时，要注意保证设计的电容引线最短。

共模电容：电容的引线要尽量短。对这个要求的理解和注意事项同差模滤波电容相同。但是，滤波器的共模高频滤波特性主要靠共模电容保证，并且共模干扰的频率一般较高，因此共模滤波电容的高频特性更加重要。使用三端电容可以明显改善高频滤波效果。但是要注意三端电容的正确使用方法。即要使接地线尽量短，而其他两根线的长短对效果几乎没有影响。必要时可以使用穿心电容，这时，滤波器本身的性能可以维持到 1 GHz 以上。

4）特别提示。当设备的辐射发射在某个频率上不满足标准的要求时，不要忘记检查电源线在这个频率上的共模传导发射，辐射发射很可能是由这个共模发射电流引起的。

（5）滤波器的选择

在选择滤波器时，要根据干扰源的特性、频率范围、电压和阻抗等参数及负载特性的要求，适当选择滤波器，一般考虑以下几点：

1）要求电磁干扰滤波器在相应工作频段范围内能满足负载要求的衰减特性，若一种滤波器衰减量不能满足要求时，则可采用多级联，可以获得比单级更高的衰减，不同的滤波器级联，可以获得在宽频带内良好的衰减特性。

2）要满足负载电路工作频率和需抑制频率的要求，如果要抑制的频率和有用信号频率非常接近时，则需要频率特性非常陡峭的滤波器，才能满足把抑制的干扰频率滤掉，只允许通过有用频率信号的要求。

3）在所要求的频率上，滤波器的阻抗必须与它所连接干扰源的阻抗和负载的阻抗相失配，如果负载是高阻抗，则滤波器的输出阻抗应为低阻；如果电源或干扰源阻抗是低阻抗，则滤波器的输入阻抗应为高阻；如果电源阻抗或干扰源阻抗是未知的或者是在一个很大的范围内变化，很难得到稳定的滤波特性，为了使滤波器具有良好的、比较稳定的滤波特性，可以在滤波器输入端和输出端，同时并接一个固定电阻。

4）滤波器必须具有一定耐压能力，要根据电源和干扰源的额定电压来选择滤波器，使它具有足够高的额定电压，以保证在所有预期工作的条件下都能可靠地工作，能够经受输入瞬时高压的冲击。

5）滤波器允许通过的电流应与电路中连续运行的额定电流一致。额定电流高了，会加大滤波器的体积和质量；额定电流低了，又会降低滤波器的可靠性。

6）滤波器应具有足够的机械强度，结构简单、质量轻、体积小、安装方便、安全可靠。

（6）滤波器的使用

为了提高电源的品质、电路的线性，减少各种杂波和非线性失真干扰和谐波干扰等，均应使用滤波器。对武器系统来讲，使用滤波器的场所有：

1）除总配电系统和分配电系统上设置电源滤波器外，进入设备的电源均要安装滤波器，最好使用线至线滤波器，而不使用线至地滤波器。

2）对脉冲干扰和瞬变干扰敏感的设备，使用隔离变压器供电时，应在负端加装滤波器。

3）对含电爆装置的武器系统供电时，应加滤波器。必要时，电爆装置的引线也要加装滤波器。

4）各分系统或设备之间的接口处，应有滤波器抑制干扰，确保兼容。

5）设备和分系统的控制信号，其输入端和输出端均应加滤波器或旁路电容器。

7.3 嵌入式系统

7.3.1 嵌入式系统的定义

1．计算机的基本概念

嵌入式系统（Embedded System）也称嵌入式计算机系统。顾名思义，嵌入式系统是计算机的一种特殊形式，所以在理解嵌入式系统概念前，必须先明确计算机的基本概念。计算机是能按照指令对各种数据进行自动加工处理的电子设备，一套完整的计算机系统包括硬件和软件两个部分。软件是指令与数据的集合，而硬件则是执行指令和处理数据的环境平台，是那些看得见、摸得着的部件，计算机的硬件系统主要由中央处理器（CPU）、存储器、外部设备以及连接各个部分的计算机总线组成。

随着计算机技术的发展，其应用也越来越广泛，计算机技术可以实现数据的采集、自动控制、信息处理等功能。嵌入式系统就是这些应用中专用的计算机。

2．嵌入式系统定义

嵌入式系统是以应用为中心、计算机技术为基础，软、硬件可剪裁，适应应用系统，对

功能、可靠性、成本、体积、功耗严格要求的专用计算机系统。定义较好地描述了嵌入式系统各方面的特征，不同的应用对计算机有不同的需求，嵌入式计算机在满足应用对功能和性能需求的前提下，还要适应应用对计算机的可靠性、机械结构、功耗、环境适应性等方面的要求，在一般情况下，还要尽量降低系统的成本。总的来说，嵌入式系统是为具体应用定制的专用计算机系统，定制过程既体现在软件方面，也体现在硬件方面。硬件上针对应用，选择适当的芯片体系结构，设计满足应用需求的接口，设计方便安装的机械结构；软件上则明确是否需要操作系统，配置适当的项提高嵌入性能，提高控制能力和控制的可靠性。而通用计算机则不同，其硬件功能全面，而且具有较强的扩充能力，软件上配置标准操作系统及其他常用系统软件与应用软件，发展方向是计算速度的无限提升，总线带宽的无限扩展，存储容量的无限扩大。计算机嵌入式系统与通用计算机系统基本原理上没有什么根本的不同，但因为应用目标不一样，嵌入式系统有着自身的特点：

（1）嵌入式系统具有较强的应用针对性

这是嵌入式系统的一个基本特征，体现这种应用针对性的首先是软件，软件实现特定应用所需要的功能，所以嵌入式系统应用中必定配置了专用的应用程序；其次是硬件，大多数嵌入式系统的硬件是针对应用专门设计的，但也有一些标准化的嵌入式硬件模块，采用标准模块降低开发的技术难度和风险，缩短开发时间，但灵活性不足。

（2）嵌入式系统硬件一般对扩展能力要求不高

硬件上作为一种专用的计算机系统，功能、机械结构、安装要求比较固定，所以嵌入式系统一般没有或仅有较少的扩展能力；软件上嵌入式系统往往是一个设备固定组成部分，其软件功能由设备的需求决定，在相对较长的生命周期里，一般不需要对软件进行改动，但也有一些特例，比如现在的手机，尤其是安装有嵌入式操作系统的智能手机，软件安装、升级比较灵活，但相对桌面计算机其软件扩展能力还是相当弱。

（3）嵌入式系统一般采用专门针对嵌入式应用设计的中央处理器

这与嵌入式系统应用针对性有关，相对通用计算机处理器，嵌入式处理器种类繁多，不同的嵌入式处理器功能、性能差异非常大，主频从几兆赫兹到千兆赫兹，引脚数量从几个到几百个，只有这种多样化才能适应千差万别的嵌入式系统应用。

（4）嵌入式系统中操作系统可有可无，且嵌入式操作系统与桌面计算机操作系统有较大差别

在现代的通用计算机中，没有操作系统是无法想象的，而在嵌入式计算机中情况则大不相同。在一个功能简单的嵌入式系统中，可能根本不需要操作系统，直接在硬件平台上运行应用程序；而一些功能复杂的嵌入式系统，可能需要支持有线、无线网络，文件系统，实现灵活的多媒体功能，支持实时多任务处理，此时，在硬件平台和应用软件之间增加一个操作系统层，可使应用软件的设计变得简单，而且便于实现更高的可靠性，缩短系统开发时间，使系统的研发工作变得可控。目前存在很多种嵌入式操作系统，如 VxWorks，pSOS，嵌入式 Linux，WinCE 等，这些操作系统功能日益完善，以前只在桌面通用操作系统具备的功能，如

网络浏览器、HTTP 服务器、Word 文档阅读与编辑等，也可以在嵌入式系统中实现。但为适应嵌入式系统的需要，嵌入式操作系统相对通用操作系统，具有模块化、结构精练、定制能力强、可靠性高、实时性好、便于写入非易失性存储器（固化）等特点。嵌入式系统一般有实时性要求。设备中的嵌入式系统常用于实现数据采集、信息处理、实时控制等功能，而采集、处理、控制往往是一个连续的过程，一个过程要求必须在一定长的时间内完成，这就是系统实时性的要求。

3．嵌入式系统的分类

（1）按处理器位宽分类

按处理器位宽可将嵌入式系统分为 4 位、8 位、16 位、32 位系统，一般情况下位宽越大性能越强。对于通用计算机处理器，因为要追求尽可能高的性能，在发展历程中总是由高位宽处理器取代、淘汰低位宽处理器。而嵌入式处理器不同，千差万别的应用对处理器要求也大不相同，因此不同性能处理器都有各自的用武之地。

（2）按有无操作系统分类

现代通用计算机中，操作系统是必不可少的系统软件。在嵌入式系统中则有两种情况：有操作系统的嵌入式系统和无操作系统（裸机）的嵌入式系统，在有操作系统支持的情况下，嵌入式系统的任务管理、内存管理、设备管理、文件管理等都由操作系统完成，并且操作系统为应用软件提供丰富的编程接口，用户应用软件开发可以把精力都放在具体的应用设计上，这与在 PC 上开发软件相似。在一些功能单一的嵌入式系统中，如基于 8051 单片机的嵌入式系统，硬件平台很简单，系统不需要支持复杂的显示、通信协议、文件系统、多任务的管理等，这种情况下可以不用操作系统。

（3）按实时性分类

根据实时性要求，可将嵌入式系统分为软实时系统和硬实时系统两类。在硬实时系统中，系统要确保在最坏情况下的服务时间，即对事件响应时间的截止期限必须得到满足。在这样的系统里，如果一个事件在规定期限内不能得到及时处理，则会导致致命的系统错误。在软实时系统中，从统计的角度看，一个任务能够得到确保的处理时间，到达系统的时间也能够在截止期限前得到处理，但截止期限条件没得到满足时，并不会带来致命的系统错误。

（4）按应用分类

嵌入式系统应用在各行各业，按照应用领域的不同可对嵌入式系统进行分类：

1）消费类电子产品。消费类电子产品是嵌入式系统需求最大的应用领域，日常生活中的各种电子产品都有嵌入式系统的身影，从传统的电视、冰箱、洗衣机、微波炉，到数字时代的影碟机、MP3、MP4、手机、数码相机、数码摄像机等，在可预见的将来，可穿戴计算机也将走入生活。现代社会里，人们被各种嵌入式系统的应用产品包围着，嵌入式系统已经在很大程度上改变了人们的生活方式。

2）过程控制类产品。这一类的应用有很多，如生产过程控制、数控机床、汽车电子、电梯控制等。过程控制引入嵌入式系统可显著提高效率和精确性。

3）信息通信类产品。通信是信息社会的基础，其中最重要的是各种有线、无线网络，在这个领域大量应用嵌入式系统，如路由器、交换机、调制解调器、多媒体网关、计费器等。很多与通信相关的信息终端也大量采用嵌入式技术，如POS机、ATM自动取款机等。使用嵌入式技术的信息类产品还包括键盘、显示器、打印机、扫描仪等计算机外部设备。

4）智能仪器、仪表产品。嵌入式系统在智能仪器、仪表中大量应用，采用计算机技术不仅可以提高仪器、仪表性能，还可以设计出传统模拟设备所不具备的功能。如传统的模拟示波器能显示波形，通过刻度人为计算频率、幅度等参数，而基于嵌入式计算机技术设计的数字示波器，除更稳定显示波形外，还能自动测量频率、幅度，甚至可以将一段时间里的波形存储起来，供测试后详细分析。

5）航空、航天设备与武器系统。航空，航天设备与武器系统一向是高精尖技术集中应用的领域，如飞机、宇宙飞船、卫星、军舰、坦克、火箭、雷达、导弹、智能炮弹等，嵌入式计算机系统是这些设备的关键组成部分。

6）公共管理与安全产品。这类应用包括智能交通、视频监控、安全检查、防火防盗设备等。现在常见的可视安全监控系统已基本实现数字化，在这种系统中，嵌入式系统常用于实现数字视频的压缩编码、硬盘存储、网络传输等，应用在更智能的视频监控系统中。

4．嵌入式系统的应用领域

嵌入式系统技术具有非常广阔的应用前景，其应用领域可以包括以下方面。

（1）工业控制

基于嵌入式芯片的工业自动化设备将获得长足的发展，各种智能测量仪表、数控装置、可编程控制器、控制机、分布式控制系统、现场总线仪表及控制系统、工业机器人、机电一体化机械设备、汽车电子设备等，广泛采用微处理器/控制器芯片级、标准总线的模板级及系统嵌入式计算机。减少人力资源，如工业过程控制、数字机床、电力系统、电网安全、电网设备监测、石油化工系统。就传统的工业控制产品而言，低端型采用的往往是8位单片机。但是随着技术的发展，32位、64位的处理器逐渐成为工业控制设备的核心，在未来几年内必将获得长足的发展。

（2）家庭智能管理系统

水、电、煤气表的远程自动抄表，安全防火、防盗系统，其中嵌有的专用控制芯片将代替传统的人工检查，并实现更高、更准确和更安全的性能。目前在服务领域，如远程点菜器等已经体现了嵌入式系统的优势。

（3）网络及电子商务应用

POS系统、电子秤、条形码阅读机、商用终端、银行点钞机、IC卡输入设备、取款机、自动柜员机、自动服务终端、防盗系统、各种银行专业外围设备及各种医疗电子仪器，无一

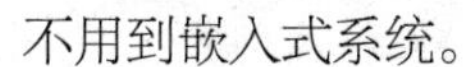

不用到嵌入式系统。

（4）智能家电

这将成为嵌入式系统最大的应用领域，如数字电视机、机顶盒、数码相机、VCD、DVD、音响设备、可视电话、家庭网络设备、洗衣机、电冰箱、智能玩具等，广泛采用微处理器 / 微控制器及嵌入式软件。随着市场的需求和技术的发展，传统手机逐渐发展成为融合了 PDA、电子商务和娱乐等特性的智能手机。

（5）环境工程与自然

主要用于水文资料实时监测，防洪体系及水土质量监测，堤坝安全，地震监测网，实时气象信息网，水源和空气污染监测。在很多环境恶劣、地况复杂的地区，嵌入式系统将实现无人监测。

（6）军事国防

各种武器控制（火炮控制、导弹控制、精确制导武器）、坦克、舰艇、轰炸机等陆海空各种军用电子装备，雷达、电子对抗军事通信装备，GPS 定位装置、机器人等。嵌入式芯片的发展将使机器人在微型化、高智能方面优势更加明显，同时会大幅度降低机器人的价格，使其在工业领域和服务领域获得更广泛的应用。

7.3.2　ARM 处理器介绍

说到嵌入式系统，不得不提到 ARM 公司及 ARM 架构处理器。

1．ARM 公司简介

ARM（Advanced RISC Machines）是微处理器行业的一家知名企业，设计了大量高性能、廉价、耗能低的 RISC 处理器、相关技术及软件。技术具有性能高、成本低和能耗省的特点。适用于多种领域，比如嵌入式控制、消费 / 教育类多媒体、DSP 和移动式应用等。

1991 年 ARM 公司成立于英国剑桥，主要出售芯片设计技术的授权。20 世纪 90 年代，ARM 公司的业绩平平，处理器的出货量徘徊不前。由于资金短缺，ARM 做出了一个意义深远的决定：自己不制造芯片，只将芯片的设计方案授权（Licensing）给其他公司，由它们来生产。正是这个模式，最终使得 ARM 芯片遍地开花。

目前，采用 ARM 技术知识产权（IP）核的微处理器，即通常所说的 ARM 微处理器，已遍及工业控制、消费类电子产品、通信系统、网络系统、无线系统等各类产品市场，基于 ARM 技术的微处理器应用占据了 32 位 RISC 微处理器 75% 以上的市场份额，ARM 技术正在逐步渗入到生活的各个方面。

2．ARM 处理器系列

ARM 公司设计了许多处理器，它们可以根据使用的不同内核划分到各个系列中。系列划分是基于 ARM7、ARM9、ARM10、ARM11 和 Cortex 内核。后缀数字 7、9、10 和 11 表示不同的内核设计。数字的升序说明性能和复杂度的提高。ARM8 开发出来以后很快就被取代了。

ARM 处理器不同功能特性的产品系列如下：

（1）ARM7 系列

ARM7 内核是冯·诺伊曼体系结构，数据和指令使用同一条总线。内核有一条 3 级流水线，执行 ARMv4 指令集。ARMT 是 ARM 公司于 1995 年推出的新系列中的第一个处理器内核，也是目前一个非常流行的内核，已被用在许多 32 位嵌入式处理器上。它提供了非常好的性能和功耗比。

（2）ARM9 系列

ARM9 系列于 1997 年问世。由于采用了 5 级指令流水线，ARM9 处理器能够运行在比 ARM7 更高的时钟频率上，提高了处理器的整体性能。ARM9 系列的第一个处理器是 ARM920T。ARM9 产品线的最新内核是 ARM926EJ-S 可综合的处理器内核，发布于 2000 年。它是针对小型便携式 java 设备，诸如 3G 手机和个人数字助理（PDA）应用而设计的。

（3）ARM10 系列

ARM10 发布于 1999 年，主要是针对高性能的设计。它把 ARM9 的流水线扩展到 6 级，也支持可选的向量浮点单元（VFP），它对 ARM10 的流水线加入了第 7 段。VFP 明显提高了浮点运算的性能，并与 IEEE754.1985 浮点标准兼容。

（4）ARM11 系列

ARM1136J-S 发布于 2003 年，是针对高性能和高能效应用而设计的。ARM1136J-S 是第一个执行 ARMv6 架构指令的处理器。它集成了算术流水线的 8 级流水线，支持针对媒体处理的单指令流和多数据流扩展，特殊的设计以提高视频处理性能。

（5）ARM Cortex 系列

ARM Cortex 发布于 2005 年，为各种不同性能需求的应用提供了一整套完整的优化解决方案，该系列的技术划分完全针对不同的市场应用和性能需求。目前 ARM Cortex 定义了三个系列：

1）Cortex-M 系列。面向具有确定性的微控制器应用的成本敏感型解决方案。系列处理器主要是针对微控制器领域及价格敏感应用领域开发，强调操作的确定性，以及性能、功耗和价格的平衡。主要应用领域：微控制器、混合信号设备、智能传感器、汽车电子和气囊。

2）Cortex-R 系列。面向实时应用的卓越性能针对实时系统的嵌入式处理器。强调实时性，存储器管理只支持物理地址。系列处理器的开发则面向深层嵌入式实时应用，对低功耗、良好的中断行为、卓越性能以及与现有平台的高兼容性这些需求进行了平衡考虑。主要应用领域：汽车制动系统、动力传动解决方案、大容量存储控制器、联网和打印。

3）Cortex-A 系列。称之为开放式操作系统的高性能处理器。针对复杂 OS 和应用程序（如多媒体）的应用处理器，强调高性能与合理的功耗，存储器管理支持虚拟地址。主要应用领域：智能手机、智能本和上网本、电子书阅读器、数字电视等。

3．嵌入式处理器的选择

嵌入式系统是为特定应用进行硬件、软件定制的专用计算机系统，应用千差万别，所以应用对嵌入式处理器的需求存在巨大差异，在设计一个新的嵌入式系统时，处理器的选择是一个需要仔细研究的问题。这一点和通用计算机处理器的选择有很大的区别，例如在为 PC 机选择处理器时，需要考虑的问题比较单纯，在价格承受的范围里，计算速度是选择处理器的最关键因素。在嵌入式系统设计中，可能有多种处理器都可以满足系统的功能 / 性能要求，具体选择哪一种，往往需要综合考虑，在多种因素中取得一个平衡结果。

为嵌入式系统选择处理器需要考虑以下几个方面的因素：

（1）处理器性能

嵌入式处理器的性能取决于多个方面的因素，如字长、体系结构、时钟频率、cache 设计、片内 / 片外总线带宽等。对于嵌入式系统中的处理器，一般并不过度追求性能，而是重点在于确保性能可以满足系统特定应用的需要，过高的性能往往伴随着成本的上升和功耗的增加。

（2）处理器功能与接口

不同于 PC 机那样有着标准化的功能和接口，嵌入式系统硬件差异性很大，在为嵌入式选择处理器时，需要研究处理器提供的功能和接口。一般嵌入式处理器都会集成一些功能模块和接口控制器，如网络接口、LCD 显示接口、RS-232 串行接口、RTC、I2C 等，使用这些内置的功能和接口，可以减少整个系统芯片的数量，降低功耗、提高稳定性，而且开发减轻了系统开发工作量。

（3）处理器的扩展能力

现在的嵌入式处理器集成度很高，但不能保证满足所有应用的要求，大多情况下，在应用中要为处理器扩展一些外部功能。实际设计中，要研究系统在存储芯片（RAM、Flash 等）、外部存储器（如 IDE 硬盘、SD 存储卡等）、标准总线（如 PCI）、A/D 接口控制、显示接口（如 VGA 显示接口、LCD 显示接口等）等功能扩展的需求，并以此作为处理器选型的一个依据。

（4）处理器对内部存储器的支持

内部存储器是计算机的基本组成部分，嵌入式系统中的存储器有多种类型，常见的有如 SRAM、SDRAM、NOR Flash、NAND Flash 等，嵌入式处理器对存储器类型的支持、寻址的能力，是否有足够容量的片内存储器等，是器件选型的一个重要因素。

（5）处理器对网络的支持

网络化是嵌入式系统的一个发展趋势，对于需要支持网络接口的系统，在选择处理器时要考虑其对网络的支持能力，包括硬件支持和软件支持两个方面。硬件上，处理器要支持网络接口，一种方式是芯片内部集成网络控制器，另一种是外部扩展相关硬件模块；软件上，处理器需要支持相关网络协议，如 TCP/IP 协议可以附带在嵌入式操作系统中，也可以是在裸机上的驱动。

（6）处理器的功耗与电源管理

嵌入式系统一般都有比较严格的功耗控制要求，尤其对于电池供电的系统，过高的功耗是致命性的问题。处理器往往是嵌入式系统中功耗最大的器件，在功耗要求严格的系统中，处理器一定要用低功耗的类型。另外，如果处理器支持灵活的电源管理，将有利于控制系统的运行功耗，如在任务执行过程中，系统全速运行，而在空闲期间，处理器可以控制系统进入睡眠状态、甚至掉电状态，从而显著地降低系统总功耗。

（7）处理器的环境适应性

嵌入式系统都有特定的应用环境，处理器必须能够适应系统环境的要求。工作温度范围是一个非常重要的指标，民用级、工业级和军用级的处理器工作温度范围不一样。另外一些特殊的应用有特殊的环境要求，如在航天器中，处理器可能还需要有防空间辐射的要求。

（8）操作系统的支持

在功能简单的嵌入式系统中，不需要运行操作系统，但对于那些复杂功能的系统，嵌入式操作系统可能是必不可少的软件平台，在这种情况下，选择处理器时要考虑其是否支持嵌入式操作系统，支持的操作系统是否满足系统设计的要求。

（9）软件资源是否丰富

在嵌入式系统的设计过程中，软件开发的工作量很大，为了缩短开发周期，提高软件的可靠性，经常需要充分利用已有成熟、可靠的软件资源，如协议栈（如 H.323 协议栈、SIP 协议栈、TCP/IP 协议栈等）、设备驱动程序、甚至操作系统下的应用软件。

（10）软件开发工具

嵌入式软件的开发包括代码编辑、编译、链接、调试几个阶段，一般采用交叉开发的方法，在开发机上设计软件并生成目标机的可执行代码，在目标机上调试运行。开发过程复杂，涉及很多的软件工具，所以嵌入式处理器一般有对应的软件集成开发环境（IDE），将软件开发过程设计的所有工具集成在一个图形化的开发平台中。功能完善、界面友善的 IDE 可以使软件的开发工作事半功倍。

（11）处理器支持的调试接口

嵌入式系统开发中软件调试、下载及系统测试是一个非常重要的工作，为此很多处理器提供灵活的调试接口，通过这个接口，使用专门的开发工具可以将运行代码下载到目标机中，并可跟踪软件的运行，随时查看处理器的寄存器和系统存储器的内容。友好的调试接口为嵌入式系统开发提供有力的支持，常见的调试接口是 JTAG。

（12）处理器的封装形式

嵌入式系统往往需要定制硬件，涉及 PCB 设计、生产及元 / 器件焊接。在实际工作中芯片的封装是个需要考虑的问题。元器件封装有穿孔直插和表面贴装两种，表面组装技术具有组装密度高、可靠性高、高频性能好、可以降低成本、便于自动化生产等优点。嵌入式处理器越来越多地采用表面贴装的封装形式，如 QFP、SOP、PLCC、BGA 等，选择处理器封装要考虑 PCB 元件密度、焊接成本、调试要求等因素。

（13）处理器的评估板 / 开发板

评估板为处理器提供一个功能评测的实际平台，通常也是一个很好的软、硬件参考设计。对于一个系统开发团队不熟悉的处理器型号来说，评估板有着尤其重要的作用。通过对评估板的测试，可对处理器的功能、性能有客观的认识，从而指导处理器的选型。另外，评估板也可以作为具体应用设计的参考，极大地降低系统开发的难度，缩短开发周期。

（14）处理器成本及系统综合成本

通常成本是嵌入式系统开发需要考虑的关键问题，选择处理器当然要考虑价格因素。分析成本时，不能仅看处理器本身，还要看系统综合成本。有时候一种处理器价格低，但外部需要扩充一些控制器，而另一种处理器价格高，可需要的控制器已经集成在芯片内，这时候要分析系统的综合成本。

（15）应用的普遍性、稳定性、可靠性

一般来说，权威厂家的处理器产品，或是经过长期、广泛应用的处理器产品技术支持好，而且稳定性、可靠性经过普遍验证，值得信赖。对于新推出的处理器或冷门处理器，选用前要做好充分的论证和测试。

（16）项目开发人员对产品的熟悉程度

产品是人设计出来的，选择开发人员熟悉的处理器，可以降低开发风险、缩短开发周期。

（17）产品供货周期和生命期

选择的处理器产品供货周期必须要满足系统开发、生产的要求。另外，嵌入式处理器产品的生命期要长，能够稳定地提供产品生产、再生产以及后续维护、维修的产品供货。

7.3.3　嵌入式系统的组成与开发

1．嵌入式系统的组成

嵌入式系统是具有应用针对性的专用计算机系统，应用时作为一个固定的组成部分嵌入在应用对象中。每个嵌入式系统都是针对特定应用定制的，所以彼此间在功能、性能、体系结构、外观等方面可能存在很大的差异，但从计算机原理的角度看，嵌入式系统包括硬件和软件两个组成部分。

如图 7—19 所示给出的是一个典型的嵌入式系统组成，实际系统中可能并不包括所有的组成部分。

嵌入式系统硬件部分以嵌入式处理器为核心，扩展存储器及外部设备控制器。在某些应用中，为提高系统性能，还可能为处理器扩展 DSP 或 FPGA 等作为协处理器，实现视频编码、语音编码及其他数字信号处理等功能。在一些 SOC（System On Chip）中，将 DSP 或 FPGA 与处理器集成在一个芯片内，降低系统成本、缩小电路板面积、提高系统可靠性。

嵌入式系统软件部分由驱动层向下管理硬件资源，向上为操作系统提供一个抽象的虚拟硬件平台，是操作系统支持多硬件平台的关键。在嵌入式系统软件开发过程中，用户的主要精力一般在用户应用程序和设备驱动程序开发上。

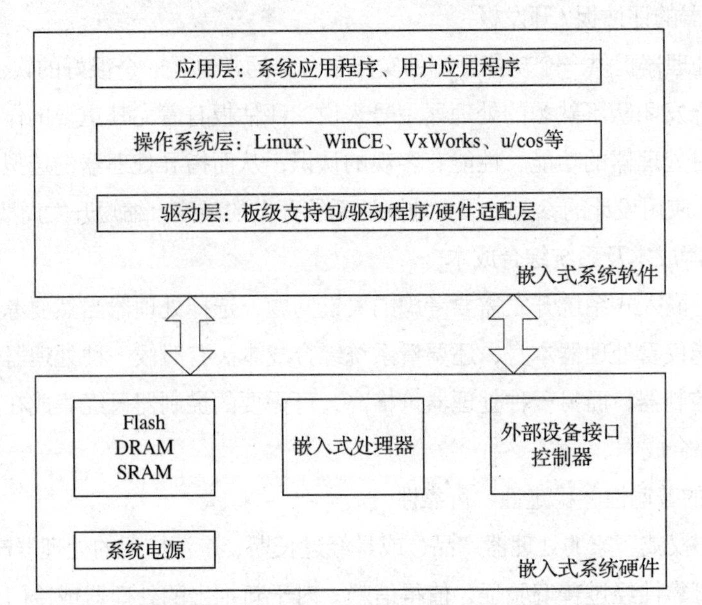

图 7—19　典型的嵌入式系统组成框图

2. 嵌入式系统开发流程

（1）可行性调研

可行性调研的目的是分析完成项目的可能性。首先从理论上进行分析，探讨实现的可能性，所要求的客观条件是否具备（如环境、测试手段、仪器设计、资金等），然后结合实际情况，再决定能否立项的问题。

（2）系统方案设计

在进行可行性调研后，如果可以立项，下一步工作就是系统方案的设计。提出合理而可行的技术指标，编写出设计任务书。

（3）设计方案细化，确定软硬件功能

系统方案决定后，下一步可以将该项目细化，即需明确哪些部分用硬件来完成，哪些部分用软件来完成。

（4）硬件原理图设计

进行应用系统的硬件设计时，首要的问题是确定硬件电路的总体方案，并需进行详细的技术论证。所谓硬件电路的总体设计，就是为实现该项目全部基本功能所需要的硬件电气连线原理图。

（5）印刷电路板设计

设计完硬件原理图，就可以进行印刷电路板（PCB）的设计了。确认所设计的印刷电路板没有错误后，将设计的 PCB 文件交给电路板制作厂家进行印刷电路板的制作。

（6）程序设计与模拟调试

在印刷电路板制作期间，可以进行某些程序模块的编写和模拟调试。特别是对那些与硬件关系不大的程序模块进行模拟调试，如数据运算、逻辑关系测试等。这样可以加快项目的开发。

（7）印刷电路板的测试

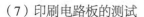

印刷电路板制作完成后，需要对其进行必要的测试，如检查是否存在短路等。若没有问题，则可以上电进行仿真调试了。

（8）系统在线仿真调试

将所设计的印刷电路板连接到开发调试环境中，进行程序的仿真调试工作。

（9）系统试运行

系统所有的功能模块都设计完毕并进行了仿真调试后，就可以将程序写入到单片机中，进行系统试运行。若试运行中出现问题，则对出现的现象进行分析，然后修改程序，并转到系统在线仿真调试，直到系统试运行不出现问题为止。系统试运行成功后，可以进行项目的验收。

7.4　工业控制网络技术

工业网络是指应用于工业领域内的一种综合的集成网络，涉及计算机技术、通信技术、多媒体技术、控制技术和现场总线技术等。

7.4.1　局域网基础知识

1. 局域网的概念

局域网的英文全称是 Local Area Network，缩写为 LAN，中文意思就是局部区域网络。所谓局域网，就是存在于局部地区范围内的网络，它所覆盖的地区范围较小，其结构形式如图 7—20 所示。局域网在计算机数量配置上没有太多的限制，少的可以只有两台，多的可达几百台。一般来说，在企业局域网中，工作站的数量在几十到两百台；在网络所涉及的地理距离上，可以是几米至几千米。局域网一般位于一个建筑物或一家单位内，不存在寻径问题，不包括网络层的应用。

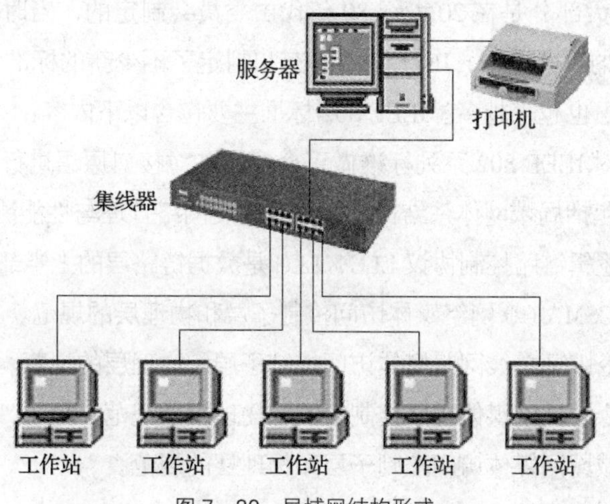

图 7—20　局域网结构形式

2．局域网的特点

（1）一般特点

1）较小的物理范围。

2）以计算机为主要联网对象。

3）通常属于某个部门和单位。

4）价格低廉。

（2）技术特点

1）具有更高的传输速率（10 ~ 1 000 Mbit/s）。

2）通常多个站共享一个传输介质。

3）误码率低。

4）具有较低的时延。

5）具有高可靠性和安全性，易于扩缩和管理。

3．局域网标准

一般来说，局域网标准是指 IEEE 802 委员会负责制定的局域网标准。

IEEE 是英文 Institute of Electrical and Electronics Engineers 的简称，其中文译名是电气和电子工程师协会。该协会的总部设在美国，主要开发数据通信标准及其他标准。IEEE 802 委员会负责起草局域网草案，并送交美国国家标准协会（ANSI）批准和在美国国内标准化。IEEE 还把草案送交国际标准化组织（ISO）。ISO 把这个 802 规范称为 ISO 8802 标准。因此，许多 IEEE 标准也是 ISO 标准。例如，IEEE 802.3 标准就是 ISO 8802.3 标准。

IEEE 802 规范定义了网卡如何访问传输介质（如光缆、双绞线、无线等），以及如何在传输介质上传输数据的方法，还定义了传输信息的网络设备之间连接建立、维护和拆除的途径。遵循 IEEE 802 标准的产品包括网卡、桥接器、路由器以及其他一些用来建立局域网络的组件。

IEEE 802 标准的大部分是在 20 世纪 80 年代由委员会制定的，当时个人计算机联网刚刚兴起。随着网络技术的不断进步，IEEE 802 扩充和制定了不少新的标准，因此，IEEE 802 家族也越来越庞大，成员也越来越多。IEEE 802 标准主要包含以下内容：

IEEE 802.1 定义对 IEEE 802 系列标准做了介绍，并对接口原语进行了规定，成为国际标准。在这个标准中还包括局域网体系结构，网络互联及网络管理与性能测试等内容。

IEEE 802.2 定义逻辑链路控制协议 LLC，LLC 是数据链路层的上半部分。

IEEE 802.3 定义 CSMA/CD 网络媒体访问控制子层和物理层的规范。

IEEE 802.4 定义令牌环总线网络媒体访问控制子层和物理层的规范。

IEEE 802.5 定义令牌环网媒体访问控制子层和物理层的规范。

IEEE 802.6 定义城域网媒体访问控制子层和物理层的规范。

IEEE 802.7 定义了宽带技术。

IEEE 802.8 定义了光纤技术。

IEEE 802.9 定义了语音和数据综合局域网技术。

IEEE 802.10 定义局域网络安全性规范。

IEEE 802.11 定义了无线局域网技术。IEEE 802.11 标准主要包括三个标准，即 IEEE 802.11a、IEEE 802.11b 和 IEEE 802.11g。

4．常用的以太网标准

（1）10Base5 标准

10Base5 又称粗缆以太网，是最早制定的以太网标准。它采用直径 10 mm、阻抗 50 Ω 的同轴电缆作为传输介质，数据速率为 10 Mbps。每段电缆（称一个网段）的最大长度为 500 m，最多可支持 100 个节点，节点间距不能小于 2.5 m。可以使用中继器来连接不同的网段，但任意两个站之间的路径上最多只允许有四个中继器。网段的两端必须使用 50 Ω 的终端匹配器来防止信号反射。

（2）10Base2 标准

10Base2 又称细缆以太网，它采用直径 5 mm、阻抗 50 Ω 的同轴电缆作为传输介质，数据速率为 10 Mbps。一个网段的最大长度近似为 200 m（实际为 185 m），最多可支持 30 个节点，节点间距不能小于 0.5 m。和粗缆以太网一样，也可以使用中继器来连接不同的网段，并且任意两个站之间的路径上最多也只允许有四个中继器网段，两端也需要使用 50 Ω 的终端匹配器。10Base2 安装成本和复杂度比 10Base5 低。

（3）10Base-T 标准

10Base5 和 10Base2 的一个共同缺点是网络维护比较困难，当电缆某处中断或某个连接器松动或发生故障时，很难定位或隔离故障。为此，人们采用了一种全新的组网方式，将所有计算机通过双绞线连到一个中央集线器（Hub）上，这种方式称为 10Base-T。10Base-T 双绞线以太网使用 2 对非屏蔽双绞线，一对发送数据，另一对接收数据。10Base-T 最多可以使用 4 个中继器连接 5 个 100 m 网段，网络最大范围达 500 m。

（4）10Base-F 标准

10Base-F 使用光纤作为传输介质，具有很好的抗干扰性，但由于光纤连接器价格昂贵，使得网络的费用很高。10Base-F 根据使用环境的不同又分为 10Base-FL、10Base-FB、10Base-FP 三种。其中 10Base-FL 最常见，它的网络长度最大为 2 000 m。

5．新型局域网技术

（1）千兆以太网

千兆以太网是对 IEEE 802.3 以太网标准的扩展，在基于以太网协议的基础之上，将快速以太网的传输速率（100 Mbps）提高了 10 倍，达到了 1 Gbps。因为千兆以太网是以太网技术的改进和提高，所以在以太网和千兆以太网之间可以实现平滑升级。

为了能够把网络速度从原先的 100 Mbps 提升到 1 Gbps，需要对物理接口进行一些改动。

为了确保与以太网技术的向后兼容性，千兆以太网遵循了以太网对数据链路层以上部分的规定。在数据链路层以下，千兆以太网融合了 IEEE 802.3/ 以太网和 ANSI X3T11 光纤通道两种不同的网络技术，实现了速度上的飞跃。

1）千兆以太网的特点

①通过增大了带宽来获得更高的性能。并允许以 1 Gb/s 的速率进行半双工、全双工操作。

②使用 IEEE 802.3 以太网帧格式和 CSMA/CD 访问方式，与 10BASE-T、100BASE-T 技术向后兼容。

③使用 1 000Base-T 的第 5 类铜线电缆上的千兆位技术，不需要重新布线，降低成本。

④利用千兆位服务器网卡和交换机，通过链路聚合实现多个千兆位的速度。具有服务质量（QoS）特性，可用来帮助消除视频抖动和音频失真。

2）千兆以太网联网技术标准。1000BASE-SX 就是针对工作于多模光纤上的短波长（850 nm）激光收发器而制定的 IEEE 802.3z 标准，当使用 62.5 μm 的多模光纤时，连接距离可达 260 m，当使用 50 μm 的多模光纤时，连接距离可达 550 m；1000BASE-LX 就是针对工作于单模或多模光纤上的长波长（1 300 nm）激光收发器而制定的 IEEE 802.3z 标准，当使用 62.5 μm 的多模光纤时，连接距离可达 440 m，当使用 50 μm 的多模光纤时，连接距离可达 550 m；在使用单模光纤时，连接距离可达 3 000 m；1 000BASE-CX 就是针对低成本、优质的屏蔽绞合线或同轴电缆的短途铜线缆而制定的 IEEE 802.3z 标准，连接距离可达 25 m；IEEE 802.3ab 制定 1 000BASE-T 千兆位以太网物理层标准，它规定 100 m 长的 4 对 Category 5 非屏蔽绞合线缆的工作方式。

（2）无线局域网

无线局域网（Wireless LAN，WLAN）是 20 世纪 90 年代计算机网络与无线通信技术相结合的产物，它利用了无线多址信道的一种有效方法来支持计算机之间的通信，并为通信的移动化、个性化和多媒体应用提供了可能。

无线局域网最重要的优点就是安装便捷。在有线网络建设中，大楼的综合布线需要花费大量的时间和精力。而无线网络的安装建设不需要布线或开挖沟槽，一般只要安装一个或多个接入点 AP（Access Point）设备，就可建立覆盖整个建筑或地区的局域网络。

目前无线局域网没有统一的标准规范。在美国和欧洲，形成了几个互不相让的高速无线标准，其中 IEEE 802.11 标准就包括三个不同的标准，IEEE 802.11a、IEEE 802.11b 和 IEEE 802.11g。另外，还有 Intel、Proxim、Motorola、Compaq 支持的 HomeRF 标准、欧洲电信标准委员会创建的高速标准 HyperLAN2。

无线局域网采用的传输媒体主要有两种：光波和无线电波。光波包括红外线和激光，红外线和激光易受天气影响，也不具备穿透能力，故难以实际应用。无线电波包括短波、超短波和微波等，其中采用微波通信具有很大的发展潜力。采用微波作为传输媒体的无线局域网依调制方式不同，又可分为扩展频谱方式与窄带调制方式。现在广泛采用的是扩展频谱方式。

扩频通信是使用比发送的信息数据速率高许多倍的伪随机码把载有信息数据的基带信号

的频谱进行扩展，形成宽带的低功率频谱密度的信号来发射。这一做法虽然牺牲了频带带宽，但却提高了通信系统的抗干扰能力和数据传输的安全性。同时，这种低功率的信号也降低了对人体的危害和其他电子设备的干扰。采用扩展频谱方式的无线局域网一般选择ISM频段，例如美国的ISM频段由902 ~ 928 MHz，2.4 ~ 2.484 GHz，5.725 ~ 5.850 GHz三个频段组成。如果发射功率及带外辐射满足美国联邦通信委员会（FCC）的要求，则无须向FCC提出专门的申请即可使用这些ISM频段。我国使用的频段是2.4 ~ 2.484 GHz。

无线局域网的拓扑结构可分为两类：无中心或对等式拓扑和有中心拓扑。无中心拓扑的网络要求网中任意两点均可直接通信。采用这种结构的网络一般使用公用广播信道，而信道接入控制（MAC）协议多采用载波监测多址接入（CSMA）类型的多址接入协议。在有中心拓扑结构中，要求一个无线站点充当中心站，所有站点对网络的访问均由中心站控制。

现在无线局域网的建设一般是在普通局域网基础上通过无线Hub、无线接入站（AP）、无线网桥、无线Modem及无线网卡等来实现。到目前为止，它还是对有线局域网的补充。

（3）虚拟局域网

虚拟局域网VLAN（Virtual Local Area Network）是指在局域网交换机里采用网络管理软件所构建的可跨越不同网段、不同网络、不同位置的端到端的逻辑网络。VLAN可以根据网络用户的位置、作用、部门或者根据网络用户所使用的应用程序和协议来进行逻辑网段的划分。经过VLAN技术的划分，一个物理上的局域网就划分成逻辑上不同的广播域，即虚拟LAN或VLAN。由于它是逻辑上的而不是物理上的划分，所以同一个VLAN内的各个工作站无须在同一个物理空间里。一个VLAN上的节点既可以连接在同一个交换机上，也可以连接在不同的交换机上。一个VLAN内部的广播不会转发到其他VLAN中。

VLAN的工作原理为：当VLAN交换机从工作站接收到数据后，会读取并检查收到数据的部分内容，并与该VLAN相关配置信息的内容进行比较后，确定数据去向。如果数据要发往一个VLAN设备，一个标记或者VLAN ID就被加到这个数据上，根据VLAN标识和目的地址，VLAN交换机就可以将该数据转发到具有相同VLAN ID的网络上；如果数据发往非VLAN设备，则VLAN交换机就不加任何头部数据，直接发送接收到的数据。

1）VLAN的优点

①控制网络的广播风暴。采用VLAN技术，可将某个交换端口划到某个VLAN中，一个VLAN内部的广播风暴不会转发到其他VLAN中。这样就限制广播范围，使VLAN的广播风暴不会影响其他VLAN的性能。

②确保网络安全。共享式局域网的缺点是所有计算机采用CSMA/CD技术，共享带宽，无法保证网络的安全性，只要任何计算机连上一个活动端口，就能访问网络。而VLAN将不同用户群划分在不同VLAN中，能限制个别用户的访问权限、控制逻辑网段大小和位置，甚至能锁定某台设备的MAC地址，因此VLAN能提高交换式网络的整体性能和安全性。

③简化网络管理。对于采用VLAN技术的网络，网络管理员只需设置几条命令，就能在不改动网络物理连接的情况下，任意地将工作站在不同的子网之间移动，达到重新划分VLAN

的目的。利用虚拟网络技术，大大减轻了网络管理和维护工作的负担，降低了网络维护费用。

2）VLAN 的分类

①基于端口的 VLAN。基于端口的 VLAN 是划分虚拟局域网最简单也最有效的方法，这实际上是某些交换端口的集合，网络管理员只需要管理和配置交换端口，而不用管交换端口连接什么设备。不足之处是，对于使用笔记本电脑的移动用户，网络管理员要重新划分 VLAN。

②基于 MAC 地址的 VLAN。由于只有网卡才分配有 MAC 地址，因此按 MAC 地址来划分 VLAN 实际上是将某些工作站和服务器划属于某个 VLAN。事实上，该 VLAN 是一些 MAC 地址的集合。当设备移动时，VLAN 能够自动识别。网络管理需要管理和配置设备的 MAC 地址。不足之处很明显，当网络规模很大，设备很多时，管理员的配置工作量很大。

③基于第 3 层的 VLAN。基于第 3 层的 VLAN 是采用在路由器中常用的方法，根据网络层的地址来划分 VLAN，如 IP 地址、IPX 网络号等。它的不足之处是根据网络层地址进行检查开销较大。

④基于策略的 VLAN。基于策略的 VLAN 是一种比较灵活有效的 VLAN 划分方法。它实际上是对前面几种方法的结合。目前，常用的策略有按 MAC 地址、按 IP 地址、按以太网协议类型、按网络的应用等的混合模式。

7.4.2 现场总线

现场总线控制系统（Fieldbus Control System，FCS）是继基地式气动仪表控制系统、电动单元组合式模拟仪表控制系统、集中式数字控制系统、集散控制系统（DCS）后的新一代控制系统。由于它适应了工业控制系统向数字化、分散化、网络化、智能化发展的方向，给自动化系统的最终用户带来更大实惠和更多方便，并促使目前生产的自动化仪表、集散控制系统、可编程控制器（PLC）产品面临体系结构、功能等方面的重大变革，导致工业自动化产品的又一次更新换代，因而现场总线技术被誉为跨世纪的自控新技术。

1. 现场总线介绍

现场总线是应用在生产现场、在计算机化测量控制设备之间实现双向串行多节点数字通信的系统，也被称为开放式、数字化、多点通信的底层控制网络。它在制造业、流程工业、交通、楼宇等方面的自动化系统中具有广泛的应用前景。

现场总线技术将专用微处理器置入传统的测量控制仪表，使它们各自都具有了数字计算和数字通信能力，采用双绞线等作为总线，把多个测量控制仪表连接成网络系统，并按公开、规范的通信协议，在位于现场的多个计算机化测量控制设备之间以及现场仪表与远程监控计算机之间，实现数据传输与信息交换，形成各种适应实际需要的自动控制系统。简而言之，它把单个分散的测量控制设备变成网络节点，以现场总线为纽带，连接成可以相互沟通信息、共同完成自控任务的网络系统与控制系统。它给自动化领域带来的变化，正如众多分散的计算机被网络连接在一起，使计算机的功能、作用发生变化。现场总线则使自控系统与设备具有了通信能力，把它们连接成网络系统，加入到信息网络的行列。因此把现场总线技术说成是一个控制技术新时代的开端并不过分。

现场总线是20世纪80年代中期在国际上发展起来的。随着微处理器与计算机功能的不断增强和价格的急剧降低，计算机与计算机网络系统得到迅速发展，而处于生产过程底层的测控自动化系统，采用一对一连线，用电压、电流的模拟信号进行测量控制，或采用自封闭式的集散系统，难以实现设备之间以及系统与外界之间的信息交换，使自动化系统成为自动化孤岛。要实现整个企业的信息集成，要实施综合自动化，就必须设计出一种能在工业现场环境运行的、性能可靠、造价低廉的通信系统，形成工厂底层网络，完成现场自动化设备之间的多点数字通信，实现底层现场设备之间以及生产现场与外界的信息交换。

现场总线就是在这种实际需求的驱动下应运而生的。它作为过程自动化、制造自动化、楼宇、交通等领域现场智能设备之间的互联通信网络，建立了生产过程现场控制设备之间及其与更高控制管理层网络之间的联系，为彻底打破自动化系统的信息孤岛创造了条件。

现场总线控制系统既是一个开放通信网络，又是一种全分布控制系统。它作为智能设备的联系纽带，把挂接在总线上、作为网络节点的智能设备连接为网络系统，并进一步构成自动化系统，实现基本控制、补偿计算、参数修改、报警、显示、监控、优化及控管一体化的综合自动化功能，这是一项以智能传感器、控制、计算机、数字通信、网络为主要内容的综合技术。由于现场总线适应了工业控制系统向分散化、网络化、智能化发展的方向，它一经产生便成为全球工业自动化技术的热点，受到全世界的普遍关注。现场总线的出现，导致目前生产的自动化仪表、集散控制系统、可编程控制器在产品的体系结构、功能结构方面的较大变革，自动化设备的制造厂家被迫面临产品更新换代的又一次挑战。传统的模拟仪表将逐步让位于智能化数字仪表，并具备数字通信功能。基于现场总线技术，出现了一批集检测、运算、控制功能于一体的变送控制器；出现了可集检测温度、压力、流量于一身的多变量变送器；出现了带控制模块和具有故障信息的执行器；并由此大大改变了现有的设备维护管理方法。

2．现场总线的发展

20世纪50年代以前，由于当时的生产规模较小，检测控制仪表尚处于发展的初级阶段，所采用的仅仅是安装在生产设备现场、只具备简单测控功能的基地式气动仪表，其信号仅在本仪表内起作用，一般不能传送给别的仪表或系统，即各测控点只能成为封闭状态，无法与外界沟通信息，操作人员只能通过生产现场的巡视，了解生产过程的状况。

随着生产规模的扩大，操作人员需要综合掌握多点的运行参数与信息，需要同时按多点的信息实行操作控制，于是出现了气动、电动系列的单元组合式仪表，出现了集中控制室。生产现场各处的参数通过统一的模拟信号，如0.02 ~ 0.1 MPa的气压信号，0 ~ 10 mA，4 ~ 20 mA的直流电流信号，1 ~ 5 V的直流电压信号等，送往集中控制室。操作人员可以坐在控制室纵观生产流程各处的状况，可以把各单元仪表的信号按需要组合成复杂控制系统。

由于模拟信号的传递需要一对一的物理连接，信号变化缓慢，提高计算速度与精度的开销、难度都较大，信号传输的抗干扰能力也较差，人们开始寻求用数字信号取代模拟信号，出现了直接数字控制。由于当时的数字计算机技术尚不发达，价格昂贵，人们试图用一台计算机取代控制室的几乎所有的仪表盘，出现了集中式数字控制系统。但由于当时数字计算机的可靠性还较差，一旦计算机出现某种故障，就会造成所有控制回路瘫痪、生产停工的严重局面，这种危险也集中的系统结构很难为生产过程所接受。

随着计算机可靠性的提高，价格的大幅度下降，出现了数字调节器、可编程控制器以及由多个计算机递阶构成的集中管理、分散控制相结合的集散控制系统。这就是今天正在被许多企业采用的DCS系统。

DCS系统中，测量变送仪表一般为模拟仪表，因而它是一种模拟数字混合系统。这种系统在功能、性能上较模拟仪表、集中式数字控制系统有了很大进步，可在此基础上实现装置级、车间级的优化控制。但是，在DCS系统形成的过程中，由于受计算机系统早期存在的系统封闭这一缺陷的影响，各厂家的产品自成系统，不同厂家的设备不能互连在一起，难以实现互换与互操作，组成更大范围信息共享的网络系统存在很多困难。

新型的现场总线控制系统则突破了DCS系统中通信由专用网络的封闭系统来实现所造成的缺陷，把基于封闭、专用的解决方案变成了基于公开化、标准化的解决方案，即可以把来自不同厂商而遵守同一协议规范的自动化设备通过现场总线网络连接成系统，实现综合自动化的各种功能；同时把DCS集中与分散相结合的集散系统结构变成新型全分布式结构，把控制功能彻底下放到现场，依靠现场智能设备本身便可实现基本控制功能。

现场总线之所以具有较高的测控能力指数，一是得益于仪表的计算机化，二是得益于设备的通信功能。把微处理器置入现场自控设备，使设备具有数字计算和数字通信能力，一方面提高了信号的测量、控制和传输精度；另一方面也为丰富控制信息的内容，实现其远程传送创造了条件。在现场总线的环境下，借助设备的计算、通信能力，在现场就可进行许多复杂计算，形成真正分散在现场的完整的控制系统，提高控制系统运行的可靠性。还可借助现场总线网段以及与之有通信连接的其他网段，实现异地远程自动控制，如操作远在数百公里之外的电气开关等。还可提供传统仪表所不能提供的如阀门开关动作次数、故障诊断等信息，便于操作管理人员更好、更深入地了解生产现场和自控设备的运行状态。

3．现场总线的特点

（1）系统的开放性

开放是指对相关标准的一致性、公开性，强调对标准的共识与遵从。一个开放系统，是指它可以与世界上任何地方遵守相同标准的其他设备或系统连接。通信协议一致公开，各不同厂家的设备之间可实现信息交换。现场总线开发者就是要致力于建立统一的工厂底层网络的开放系统。用户可按自己的需要和考虑，把来自不同供应商的产品组成大小随意的系统。

通过现场总线构筑自动化领域的开放互联系统。

（2）互可操作性与互用性

互可操作性，是指实现互联设备间、系统间的信息传送与沟通；而互用则意味着不同生产厂家的性能类似的设备可实现相互替换。

（3）现场设备的智能化与功能自治性

它将传感测量、补偿计算、工程量处理与控制等功能分散到现场设备中完成，仅靠现场设备即可完成自动控制的基本功能，并可随时诊断设备的运行状态。

（4）系统结构的高度分散性

现场总线已构成一种新的全分散性控制系统的体系结构。从根本上改变了现有DCS集中与分散相结合的集散控制系统体系，简化了系统结构，提高了可靠性。

（5）对现场环境的适应性

工作在生产现场前端，作为工厂网络底层的现场总线，是专为现场环境而设计的，可支持双绞线、同轴电缆、光缆、射频、红外线、电力线等，具有较强的抗干扰能力，能采用两线制实现供电与通信，并可满足本质安全防爆要求等。

（6）节省硬件数量与投资

由于现场总线系统中分散在现场的智能设备能直接执行多种传感、控制、报警和计算功能，因而可减少变送器的数量，不再需要单独的调节器、计算单元等，也不再需要DCS的信号调理、转换、隔离等功能单元及其复杂接线，还可以用工控PC机作为操作站，从而节省了一大笔硬件投资，并可减少控制室的占地面积。

（7）节省安装费用

现场总线系统的接线十分简单，一对双绞线或一条电缆上通常可挂接多个设备，因而电缆、端子、槽盒、桥架的用量大大减少，连线设计与接头校对的工作量也大大减少。当需要增加现场控制设备时，无须增设新的电缆，可就近连接在原有的电缆上，既节省了投资，也减少了设计、安装的工作量。据有关典型试验工程的测算资料表明，可节约安装费用60%以上。

（8）节省维护开销

由于现场控制设备具有自诊断与简单故障处理的能力，并通过数字通信将相关的诊断维护信息送往控制室，用户可以查询所有设备的运行，诊断维护信息，以便早期分析故障原因并快速排除，缩短了维护停工时间，同时由于系统结构简化，连线简单而减少了维护工作量。

（9）用户具有高度的系统集成主动权

用户可以自由选择不同厂商所提供的设备来集成系统。避免因选择了某一品牌的产品而被框死了使用设备的选择范围，不会为系统集成中不兼容的协议、接口而一筹莫展。使系统集成过程中的主动权牢牢掌握在用户手中。

（10）提高了系统的准确性与可靠性

由于现场总线设备的智能化、数字化，与模拟信号相比，从根本上提高了测量与控制的精确度，减少了传送误差。同时，由于系统的结构简化，设备与连线减少，现场仪表内部功能加强，减少了信号的往返传输，提高了系统的工作可靠性。

4．常用现场总线技术介绍

（1）基金会现场总线

基金会现场总线（FF，Foundation Fieldbus）是在过程自动化领域得到广泛支持和具有良好发展前景的技术。其前身是以美国 Fisher–Rosemount 公司为首，联合 Foxboro、横河、ABB、西门子等 80 家公司制定的 ISP 协议和以 Honeywell 公司为首，联合欧洲等地的 150 家公司制定的 world FIP 协议。这两大集团于 1994 年 9 月合并，成立了现场总线基金会，致力于开发出国际上统一的现场总线协议。它以 ISO/OSI 开放系统互连模型为基础，取其物理层、数据链路层、应用层为 FF 通信模型的相应层次，并在应用层上增加了用户层。用户层主要针对自动化测控应用的需要，定义了信息存取的统一规则，采用设备描述语言规定了通用的功能块集。由于这些公司是该领域自控设备的主要供应商，对工业底层网络的功能需求了解透彻，也具备足以左右该领域现场自控设备发展方向的能力，因而由它们组成的基金会所颁布的现场总线规范具有一定的权威性。

1）基金会现场总线的通信速率。基金会现场总线分低速 Hl 和高速 H2 两种通信速率。

①H1 的传输速率为 31.25 kbps，通信距离可达 1 900 m（可加中继器延长），可支持总线供电，支持本质安全防爆环境。

②H2 的传输速率可为 1 Mbps 和 2.5 Mbps 两种，其通信距离分别为 750 m 和 500 m。

物理传输介质可支持双绞线、光缆和无线发射，协议符合 IEC1158–2 标准。其物理媒介的传输信号采用曼彻斯特编码。

2）基金会现场总线的主要技术内容。基金会现场总线的主要技术内容包括 FF 通信协议；用于完成开放互连模型中第 2 ～ 7 层通信协议的通信栈（Communication Stack）；用于描述设备特征、参数、属性及操作接口的 DDL 设备描述语言、设备描述字典；用于实现测量、控制、工程量转换等应用功能的功能块；实现系统组态、调度、管理等功能的系统软件技术以及构筑集成自动化系统、网络系统的系统集成技术。

（2）LonWorks

LonWorks 是又一具有强劲实力的现场总线技术。它是由美国 Echelon 公司推出并与摩托罗拉、东芝公司共同倡导，于 1990 年正式公布而形成的。它采用了 ISO/OSI 模型的全部七层通信协议，采用了面向对象的设计方法，通过网络变量把网络通信设计简化为参数设置，其通信速率从 300 bps 至 1.5 Mbps 不等，直接通信距离可达 2 700 m（78 kbps，双绞线）；支持双绞线、同轴电缆、光纤、射频、红外线、电力线等多种通信介质，并开发了相应的本质安全防爆产品，被誉为通用控制网络。

LonWorks 技术所采用的 LonTalk 协议被封装在称为 Neuron 的神经元芯片中而得以实现。集成芯片中有 3 个 8 位 CPU，一个用于完成开放互连模型中第 1 层和第 2 层的功能，称为媒体访问控制处理器，实现介质访问的控制与处理；第二个用于完成第 3 ～第 6 层的功能，称为网络处理器，进行网络变量的寻址、处理、背景诊断、路径选择、软件计时、网络管理，并负责网络通信控制，收发数据包等。第三个是应用处理器，执行操作系统服务与用户代码。芯片中还具有存储信息缓冲区，以实现 CPU 之间的信息传递，并作为网络缓冲区和应用缓冲区。

它已被广泛应用在楼宇自动化、家庭自动化、保安系统、办公设备、交通运输、工业过程控制等行业。另外，在开发智能通信接口、智能传感器方面，Lonworks 神经元芯片也具有独特的优势。

（3）PROFIBUS

PROFIBUS 是德国国家标准 DIN19245 和欧洲标准 EN50170 的现场总线标准。由 PROFIBUS-DP、PROFIBUS-FMS、PROFIBUS-PA 组成了 PROFIBUS 系列。

1）PROFIBUS-DP 型用于分散外设间的高速数据传输，适合于加工自动化领域的应用。

2）PROFIBUS-FMS 意为现场信息规范。PROFIBUS-FMS 适用于纺织、楼宇自动化、可编程控制器、低压开关等。

FMS 还采用了应用层。传输速率为 9.6 kbps ～ 12 Mbps，最大传输距离在 12 Mbps 时为 100 m，1.5 Mbps 时为 400 m，可用中继器延长至 10 km。其传输介质可以是双绞线，也可以是光缆。最多可挂接 127 个站点。可实现总线供电与本质安全防爆。

3）PROFIBUS-PA 型则是用于过程自动化的总线类型，它遵从 IEC 1158-2 标准。该项技术是由西门子公司为主的十几家德国公司、研究所共同推出的。它采用了 OSI 模型的物理层、数据链路层。

（4）CAN

CAN 是控制局域网络（Control Area Network）的简称，最早由德国 BOSCH 公司推出，用于汽车内部测量与执行部件之间的数据通信。其总线规范现已被 ISO 国际标准组织制定为国际标准。由于得到了 Motorola、Intel、Philip、Siemens、NEC 等公司的支持，它广泛应用在离散控制领域。

CAN 协议也是建立在国际标准组织的开放系统互连模型基础上的，不过，其模型结构只有三层，即只取 OSI 底层的物理层、数据链路层和顶层的应用层。其信号传输介质为双绞线。通信速率最高可达 1 Mbps/40 m，直接传输距离最远可达 10 km/5 kbps。可挂接设备数最多可达 110 个。

CAN 的信号传输采用短帧结构，每一帧的有效字节数为 8 个，因而传输时间短，受干扰的概率低。当节点严重错误时，具有自动关闭的功能，以切断该节点与总线的联系，使总线上的其他节点及其通信不受影响，具有较强的抗干扰能力。

（5）HART

HART 是 Highway Addressable Remote Transducer 的缩写，最早由 Rosemount 公司开发并得到八十多家著名仪表公司的支持，于 1993 年成立了 HART 通信基金会。

这种被称为可寻址远程传感器高速通道的开放通信协议，其特点是在现有模拟信号传输线上实现数字信号通信，属于模拟系统向数字系统转变过程中的过渡性产品，因而在当前的过渡时期具有较强的市场竞争能力，得到了较快发展。

它规定了一系列命令，按命令方式工作。它有三类命令，第一类称为通用命令，这是所有设备都理解、执行的命令；第二类称为一般行为命令，所提供的功能可以在许多现场设备中实现，这类命令包括最常用的现场设备的功能库；第三类称为特殊设备命令，以便在某些设备中实现特殊功能，这类命令既可以在基金会中开放使用，又可以为开发此命令的公司所独有。在一个现场设备中通常可发现同时存在这三类命令。

HART 采用统一的设备描述语言 DDL。现场设备开发商采用这种标准语言来描述设备特性，由 HART 基金会负责登记管理这些设备描述，并把它们编为设备描述字典，主设备运用 DDL 技术来理解这些设备的特性参数，而不必为这些设备开发专用接口。但由于这种模拟数字混合信号制，导致难以开发出一种能满足各公司要求的通信接口芯片。

HART 能利用总线供电，可满足本质安全防爆要求，并可组成由手持编程器与管理系统主机作为主设备的双主设备系统。

模块三

企业行业技师的综合评价

在国家职业资格证书制度框架体系内，依据国家职业标准，结合现行企业行业技能人才评价方式，编写了企业行业高技能人才评价体系。该部分内容主要分为技师、高级技师的评价方案，核心能力的考核，生产现场能力的考核和理论知识模拟试卷考核，在实际使用过程中如与国家职业资格考评政策不一致，按照国家职业资格考评政策执行。

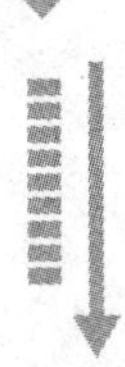

第 8 单元　技师的评价方案

8.1　评定的原则

坚持国家职业标准与企业生产实际需要相结合，职业能力考核与工作业绩评价相结合，企业评价结果与社会认可相结合的原则。在实施中以职业能力为导向，以工作业绩为重点，注重职业道德和职业知识的考核。

8.2　评价方式

评价采用业绩评定、业绩考评与职业知识、生产现场能力考核和理论知识相结合的方式。在具体的评价中，坚持以实际工作业绩和贡献为重点，注重核心能力和职业知识、技能水平，强调解决生产实际问题的能力和完成工作任务的能力。

8.2.1　对于业绩突出、贡献较大，企业公认为达到高技能水平的人员，采取直接评价认定方式，予以确认其具备申报相应级别的职业资格。具体的操作方法：企业以评审委员会的方式组织考评专家，对符合申报条件的参评人员，经过核心能力考评成绩合格，进行申报材料公示认可，业绩评审达优秀的参评人员，经企业评审委员会综合评审同意，可直接予以评定申报相应级别的职业资格。

8.2.2　对于业绩评审合格但未达到优秀，核心能力考评成绩为合格的参评人员，采取业绩考评、生产现场能力考核与理论知识相结合的方式。

8.2.3　考评项目

1．核心能力评价

核心能力评价是对评价对象的职业道德、敬业精神和内在职业素质等进行的评价，采用量化表测评、上级评价和班组评议相结合方式，由企业组织进行。

2．工作业绩评价

工作业绩评价包括工作能力、工作效率、工作成果、执行操作规范、完成生产任务数量和质量、技术创新、传授技艺等方面，由企业组织考评。工作业绩评价采取查阅工作日志、技术档案，公告与确认、工作现场写实等方式。

3．生产现场能力考核

生产现场能力考核由市职业技能鉴定指导中心委派的技术专家与企业评审专家共同命题。考核方式以典型工作任务、现场面试及情景模拟为主。

4．理论知识考试

通过生产现场能力考核必考模块、选考模块考试成绩合格，但未达到优秀的参评人员，由企业组织理论闭卷考试，试题依据国家职业标准并结合企业实际拟定，具体由企业与市职业技能鉴定指导中心组织实施。

8.2.4　考评顺序

企业在进行高技能人才评价工作时，在核心能力评价合格的前提下，按照工作业绩评价、生产现场能力考核和理论知识考核的顺序，分别对参评人员进行考评，如果在某个环节达到优秀条件，可直接进入企业评审的最后环节，如果某个环节评价不合格则被淘汰，不设补考。评价对象在每个环节合格但未达到优秀，可进入下一个环节的评价。

8.3　申报条件

8.3.1　技师申报条件

符合下列条件之一者，可以申请报考技师：

1. 取得高级工职业资格后，连续从事本专业工作满两年或以上。

2. 连续从事本职业 8 年以上，并取得高级工职业资格。

3. 高级技工学校高级班、高等职业院校或普通高等大专院校本专业或相关专业毕业生，取得本职业高级工职业资格，连续从事本职业工作满两年或以上。

4. 具有本专业或相关专业助理级专业技术职称或中等职业技术学校二级实习指导教师资格，本专业工龄满两年或两年以上。

5. 取得本职业中级工职业资格、从事生产一线本职业工作 1 年以上，入读技师学院或高等职业学校（学制三年）的毕（结）业生。

6. 取得本专业中级专业技术职称资格，现从事本职业工作的人员。

7. 参加以高级工职业标准设置的国际级技能竞赛前 5 名获奖者；国家级一类技能竞赛前 20 名、二类技能竞赛前 10 名获奖者；省级一类技能竞赛前 8 名、二类技能竞赛前 5 名获奖者；地级市技能竞赛前 3 名获奖者。

8. 有本专业（职业）发明、创造并获得国家级专利者。

9. 技术革新项目年创经济效益 10 万元以上，并获省技术革新三等奖、地级以上市技术革新二等奖以上者。

8.3.2　高级技师申报条件

符合下列条件之一者，可申请报考高级技师：

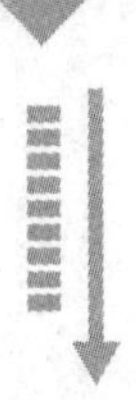

1. 取得本职业技师职业资格后，连续从事本职业工作满两年或两年以上。

2. 取得本专业或相关专业中级技术职称任职资格，从事本专业工作满 1 年或 1 年以上且经本职业高级技师正规培训达到规定标准学时数，并取得结业证书的人员。

3. 取得本职业高级专业技术职称任职资格，现从事本职业工作的人员。

8.3.3　特种作业职业（工种）须持有特种作业操作证。

8.3.4　申报技师、高级技师的工龄时限按参评人员报名时间截止计算。对于技能高超、业绩贡献突出的技术骨干，经企业认可，可予以破格申报考评。

8.4　评定的组织机构

各考点企业均需成立企业高技能人才评审委员会，由企业领导、人力资源部负责人、部门领导、基层部门负责人、专家组长、鉴定所负责人等组成，下设评审办公室和维修电工评审专家组。

8.4.1　企业高级技能人才评审委员会的职责。根据国家职业标准，结合本企业生产需要和技能人才状况，制定本企业高技能人才评价实施方案，明确职业（工种）范围、等级及评价方式、组织管理等，提出评审专家成员建议，审核各职业（工种）评审标准、实施评审计划，以及做好评审过程中的其他工作。

8.4.2　评审办公室职责。负责评审业务及组织管理工作。

8.4.3　评审专家组的组成和职责

1. 评审专家组的组成。评审专家组（专业考评组）成员由企业相关部门领导、专业技术人员和市职业技能鉴定指导中心委派的社会技术专家共同组成，其中社会技术专家比例不少于 1/3。评审专家组的组长由企业高技能人才评审委员会成员担任，组员由企业内具有中级以上职称和技师以上职业资格的人员与市职业技能鉴定指导中心委派的社会技术专家共同组成，其中属于评价高级技师的，专业考评组组长须具有高级工程师职称或高级技师职业资格。

2. 评审专家组的职责。评审专家组的职责是制定本工种具体评审标准，对参评人员的工作业绩、技术业务水平、操作能力进行评审，根据评审结果提出符合任职资格条件的人选，报企业高技能人才评审委员会评审。

8.5　评价认定步骤及流程

8.5.1　企业提出开展高技能人才评价工作申请，并成立高技能人才评审委员会，同时提出评审专家成员建议，报市职业技能鉴定指导中心审核，与鉴定指导中心委派的社会技术专家共同组成企业评审专家委员会。

8.5.2　评审办公室受理企业职工申报，并指导参评人员填写申报表、业绩评审材料等。

8.5.3　评审办公室将职工申报材料报市职业技能鉴定指导中心进行资格审查。

8.5.4　资格审查通过后，评审办公室组织各相关部门对申报职工核心能力进行考核，经考评合格者，由评审办公室在企业内公示参评人员业绩，对无异议者，由评审办公室组织评审专家组进行业绩评审。

8.5.5　参评人员核心能力考评成绩合格，且业绩评审为优秀者，由评审办公室送企业高技能人才评审委员会审核；参评人员核心能力考评成绩合格，业绩评审为合格者，纳入考核范围，参加相应的生产能力现场考核、理论知识考试。经生产能力现场考核、理论知识考试合格后，由评审办公室送企业高技能人才评审委员会审核。

8.5.6　评审办公室按照要求将评审结果报市职业技能鉴定指导中心审核，审核通过后，报市人力资源和社会保障局批准，并颁发相应等级的国家职业资格证书。证书编码按照人力资源和社会保障部的统一规定执行。

8.5.7　高技能人才评价认定流程

高技能人才评价认定流程如图 8—1 所示。

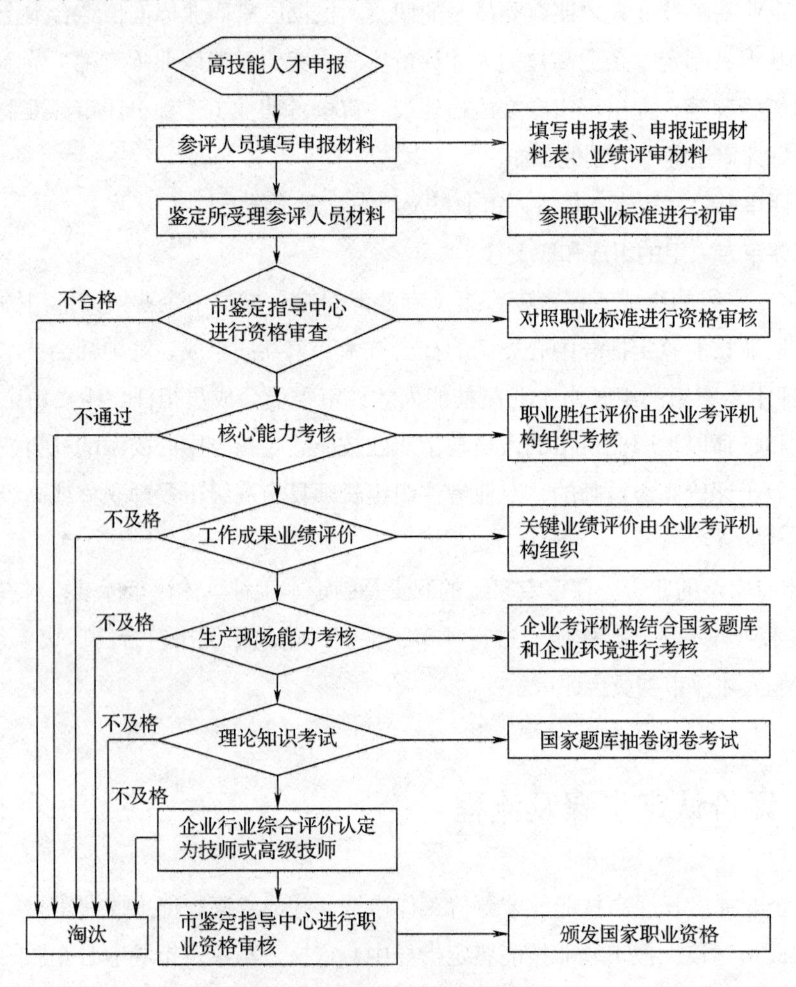

图 8—1　高技能人才评价认定流程

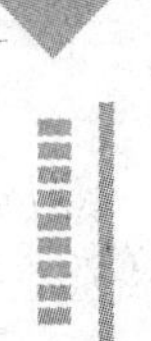

第 9 单元　技师核心能力的考核

9.1　考核要求

企业行业高技能人才考评时，核心能力模块评价工作之前，应事先将“企业高技能人才评定核心能力模块考核表”发给参评人员所在班组、车间（工段）、企业人力资源部（分厂、分公司）相关人员仔细阅读，并在充分了解考核指标、考核流程、考核评分等相关注意事项之后，再开始相应的考评工作。

9.2　考核指标

企业高技能人才评价核心能力的考核主要包括工作态度、工作纪律、工作计划、工作经验、工作效能、业务水平、生产安全、开拓创新、自我学习、沟通合作共计 10 项指标，具体要求见高技能人才核心能力模块考核表，见表 9—1。

表 9—1　　　　高技能人才核心能力模块考核表

参评人员所在单位：____________　　　　　　　　参评人员姓名：

序号	考核项目	考核具体内容	考核配分	班组评分	车间（工段）评分	人力资源评分	平均得分
1	工作态度	能主动做好工作，爱岗敬业，任劳任怨，勇于承担工作责任，爱护工作设备、器具，工作环境整洁有序	10				
		服从工作分配，有较强的工作责任心，能完成本职工作，爱护工作设备、器具，工作环境较为整洁	8				
		基本能完成本岗位工作，对交代的工作负责，对工作设备、器具能够维护，工作主动性、文明生产方面尚有欠缺	6				
		基本具备岗位工作能力，但对交代的工作任务往往需要督促、跟进才能完成，工作主动性、文明产生方面尚有欠缺	4				
		对工作敷衍了事，缺乏责任感，经常不能完成本职工作，工具、器具乱堆放，不回收	0				

续表

序号	考核项目	考核具体内容	考核配分	班组评分	车间（工段）评分	人力资源评分	平均得分
2	工作纪律	严格遵守工作规程、工作标准、工作规范，严格遵守员工考勤管理和劳动纪律制度，做到出满勤、干满点	10				
		遵守工作规程、标准、规范，自觉遵守员工考勤和劳动纪律制度	8				
		具有一定的遵守工作规程、标准、规范，自觉遵守员工考勤和劳动纪律制度	6				
		在车间、班组管理者的提醒和要求下才能按照工作规程、标准、规范要求上岗操作，员工考勤和劳动纪律制度不主动遵守	4				
		工作中按工作规程、标准、规范操作的意识明显不够，员工考勤制度的遵守和劳动纪律方面较为散漫	0				
3	工作计划	工作安排考虑周到、细致，时间观念强，对所遇困难、问题经常富有预见性并能迅速解决	10				
		工作安排考虑认真负责，时间观念意识较强，对所遇困难和问题经常富有预见性	8				
		工作计划能力较为一般，在有些问题的安排和处理上明显欠整体考虑和计划	6				
		工作计划有时欠周到，在抓落实方面尚存在一定的不足	4				
		工作无计划性，基本上是能过一天算一天	0				
4	工作经验	独立解决岗位难题和技术问题，并能将工作经验指导和传授给他人	10				
		解决岗位难题和技术问题能力较好，有时还能将自己的工作经验传授给他人	8				
		肯上进，能应付岗位难题和技术工作中遇到的问题	6				
		上进心明显不够，需经过培训才能进一步增强工作技能和经验	4				
		工作上对自己没有一个明确的要求，工作经验缺乏，需在师傅指导下工作，进步不明显	0				

续表

序号	考核项目	考核具体内容	考核配分	班组评分	车间（工段）评分	人力资源评分	平均得分
5	工作效能	工作产量高，产品差错率低，成本节约意识强	10				
		工作中保质、保量，有产品成本核算和节约意识	8				
		工作产量、质量较好，有成本核算和节约意识	6				
		工作中的质量、安全、效率意识时常需要提醒、监督才有	4				
		工作中毫无质量、效率、成本意识	0				
6	业务水平	掌握岗位工作应知应会，理解、观察、判断、推理能力很强，了解相关岗位的其他应知应会	10				
		掌握岗位工作应知应会，理解、判断、推理能力强	8				
		基本掌握岗位工作应知应会，理解、观察、判断、推理能力较好	6				
		掌握岗位工作应知应会一般，理解、观察、判断、推理能力一般	4				
		岗位应知应会掌握有欠缺，有时还不能准确理解、观察、判断、推理岗位工作技术问题	0				
7	安全生产	安全生产意识强，严格按照安全生产规程作业，从无安全事故发生并能指导他人遵守安全规程	10				
		安全生产意识较好，能按照安全生产规程作业，从无安全事故发生	8				
		有一定的安全生产意识，基本能按照安全生产规程作业，无安全事故发生	6				
		安全生产意识有欠缺，有时不按安全生产规程作业，以导致事故苗头和隐患	4				
		安全生产意识较差，考核期内曾经发生过负有责任的安全事故	0				
8	开拓创新	勤于思考，时常有新点子、改革设想产生，并为技术改进、技术进步所采纳，给单位、部门带来良好效益	10				
		工作中善于钻研，并通过提问与大家共同攻克技术难题	8				
		有时也能独立思考和钻研一些开拓创新的问题	6				
		工作中墨守成规，创新意识少	4				
		创新好像是别人的事，从来不会去想	0				

续表

序号	考核项目	考核具体内容	考核配分	班组评分	车间（工段）评分	人力资源评分	平均得分
9	自我学习	能根据岗位工作需要，不断学习钻研新技术、新工艺、新方法，并在实践中得以应用，由此不断总结提高	10				
		会根据岗位工作需要学习新技术、新工艺、新方法和新知识	8				
		在遇到困难和问题时，才逼得自己去学习	6				
		在钻研学习新技术、新工艺、新方法和新知识等方面明显不够	4				
		似乎难看到自我学习和进一步提高的行动	0				
10	沟通协作	具有良好沟通能力，虚心听取他人的各种合理化建议和意见，工作中富有协作精神，在车间、班组富有良好的感召力、影响力	10				
		有一定的沟通能力，工作中能接受不同意见，有协作精神	8				
		沟通能力尚可，别人提出要求也会给予帮助	6				
		沟通能力尚有不足之处，与人合作也一般	4				
		缺乏沟通能力和合作意识	0				
合计	100						

考核人签字（盖章）：

班 组 考 评 人：＿＿＿＿＿＿＿＿＿＿

车 间 考 评 人：＿＿＿＿＿＿＿＿＿＿

人力资源部考评人：＿＿＿＿＿＿＿＿＿＿

说明：1. 考核打分参考标准：十分满意 10 分、满意 8 分、尚可 6 分、需改进 4 分、不满意 0 分。参评者只需在最符合考评对象情形的唯一配分下打分即可。

2. 考核打分 10 项满分为 100 分，各项目考核平均得分累加达到 60 分为核心能力模块成绩合格。

3. 班组评分、车间（工段）评分、人力资源部门评分不分权重及所占比例，平均分即为考核内容得分。

9.3 考核流程

参评人员所在班组的组长、车间主任（工段长）、企业人力资源部经理（分厂、分公司负责人）结合参评人员平时实际工作表现、完成工作表现、完成工作任务的具体指标情况和相应数据掌握等情况，按以上顺序逐一对考评人员各项考核指标给予认真、客观和实事求是的

评分，并将各项得分填写在考核表内，考评员要签字，车间（工段）、企业人力资源部（分厂、分公司）要加盖印章，以此对考生取得的有效考评成绩进行确认。

9.4　考核评分

9.4.1　考核项目打分的参考标准：十分满意 10 分，满意 8 分，尚可 6 分，需改进 4 分，不满意 0 分。请各级考评员选择最符合考评对象的情况给予打分，并将评分结果填写在评分栏内。

9.4.2　考核打分的 10 个项目满分为 100 分，各项目考核平均得分累计达到 60 分及以上为核心能力模块成绩合格。核心能力模块合格者，方可参加业绩评定或相应职业（工种）的技能、知识考核。

9.4.3　班组、车间（工段）、企业人力资源部（分厂、分公司）三级考核的评分不分权重及所占比例，三级考核的平均得分即为考核项目的最后实际得分。

第 10 单元　技师业绩的评价

10.1　业绩评价方案

技师工作业绩和技术成果的评价主要是评价在企业目前为止所取得的工作业绩和技术成果，具体包括所完成的主要工作项目，现场解决技术问题的情况，技术改造与革新，工作效率和产品质量等方面的内容，来证明其技能水平。具体评价方案程序如下：

10.1.1　参评人员获得高级工、技师资格后，希望在经历规定年限的岗位上，通过工作业绩和技术成果评价获得上一等级职业资格，应定期填写“季 / 年度业绩记录表”，它主要用于对该时期工作业绩进行写实记录。

10.1.2　参评人员结合“季 / 年度业绩记录表”和评价要求填写“主要项目记录表”，用于整理和归纳本人主要工作业绩。

10.1.3　参评人员申报上一等级职业资格评价之前，应填写“企业高技能人才评价申报表”，企业有关部门对参评人员的业绩资料进行初审，决定该企业报名对象采取何种模式（评价或是考核）申报上一等级职业资格，市职业技能鉴定指导中心对申报对象的资格予以审核。

10.1.4　参评人员申报资格通过后，企业将参评人员核心能力模块考核表发至班组、车间和人力资源部门进行核心能力考核。

10.1.5　参评人员核心能力考核通过后，从以前所记录的业绩中选取最具技能水平代表性的关键业绩，填写业绩公示表，并撰写业绩总结或技术论文。

10.1.6　企业对参评人员业绩公示表上的业绩进行内部核查后，并在企业范围内公示。

10.1.7　评审专家组对公示后的业绩，结合主要项目记录表、业绩总结报告和相关资料，按照业绩评审表中的各项要求进行打分（必要时进行面试），关键技能成绩达不到要求则停止评价。

10.1.8　业绩评审优秀者（85 分及以上）将提交企业高技能人才评审委员会进行综合评审，业绩评审合格者（60 ~ 84 分）进入考核环节，业绩评审不合格者被淘汰。

10.1.9　企业高技能人才评审委员会参照业绩评委表、业绩总结报告及相关资料对参评人员进行综合评审，并将综合评审结果填入审批表内。

10.2　业绩评价流程和指引

10.2.1　评价流程

企业高技能人才业绩材料准备及评价流程如图 10—1 所示。

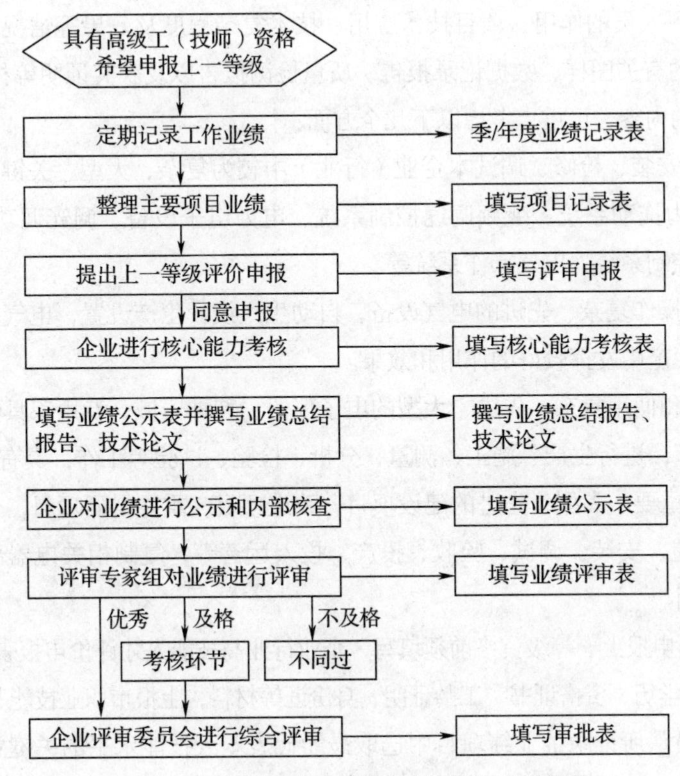

图 10—1　企业高技能人才业绩材料准备及评价流程

10.2.2　评价指引

1．业绩表填写

（1）取得高级工、技师资格后，希望晋升上一等级资格的人员，应定期填写“季 / 年度业绩记录表”，用于对所做的工作进行归纳和业绩总结。每份“季 / 年度业绩记录表”本人主要从“参与项目”“解决生产难题及关键技术问题”“心得体会”这三个方面进行归纳和总结，由企业相关部门在“单位评价”栏对其进行核实评估，同时该表后要附上该季度、年度的相关证明材料。

（2）参评人员根据“季 / 年度业绩记录表”的主要内容，选出比较能代表本人技能水平的工作项目，整理填写“主要项目记录表”作为业绩评审的关键资料。每份“主要项目记录表”填写一个项目，一个项目要分别从“项目名称及主要内容”“所起的作用”“所解决的现场技术问题或现象”“作业过程采取的技术措施或解决方法”“本项目技术评价”五个方面填写。“项目名称及主要内容”的填写，项目名称一定要准确，内容要简明扼要，高度概括。“所起的作用”的填写，主要是在本项目的位置，它划分为主持、独立完成、主要参加者、一般参加者位置。“所解决的现场技术问题或现象”的填写，一定要把时间、现场问题描述清楚，把问题的影响和后果提出。“作业过程采取的技术措施或解决方法”的填写，一定要真实、客观，详略得当、清楚地叙述作业过程，要反映出业务及技能水平。“本项目技术评价”的填写，一定要说明项目的难度、经济效益及获奖情况。该表由车间领导对其业绩进行核实，在“车间评价”栏中阐明参评人员的作用、项目技术应用、技术复杂程度及效果等情况。最后，在表后附上项目过程中的有关图样、数据记录报告、质量检测报告以及获奖证明等材料。“主要项目记录表”所填写的内容，可重点考虑以下几个方面：

1）曾经参加安装、检修、调试本企业（行业）中较为复杂、大型、关键的电气设备，如供配电装置、电力拖动系统、变频调速控制系统、电力电子设备、调光调功设备、生产线、生产设置、自动控制系统、电气操作系统等。

2）能够熟练操作复杂、先进的电气设备，自动生产线，生产设置，电气控制系统，电气操作系统等，在生产中发挥较好的作用和效果。

3）熟练掌握和使用复杂、先进、大型的电子仪器，特种器械，专用工具的等，能够在特殊条件下或设施下，进行生产、施工、测量、分析、检验、试验等工作，具有领先作用。

4）参加企业重要、大型、先进的建设项目，改造项目，重要科研项目，生产工艺流程或工程的研发、制造、安装、调试、验收、投产、投入运营等，复制相关电器部分工作，并发挥骨干和指导作用。

（3）参评人员申报上一等级资格前须填写“企业行业高技能人才评价申报表”，经企业审查通过之后，应附上学历、资格证书、工龄证明、身份证等材料，上报市职业技能鉴定指导中心。

（4）参评人员从所记录的业绩项目中选取最能代表本人技能水平的关键业绩，填写“业绩公示表”，并撰写业绩总结报告或技术论文。业绩总结报告、技术论文应条理清晰，重点突出，字数不少于3 000字。

（5）由企业对其所填写的“业绩公示表”进行公示，经过公示确认后的业绩材料将作为业绩评审过程中的主要材料。

2．业绩评审过程

（1）业绩公示后，将业绩材料、业绩总结报告或技术论文在业绩评审会两周前发至评审专家组成员，以便提前了解参评人员的情况。

（2）组织召开业绩评审会，必要时可要求参评人员面试。

（3）业绩评分过程：在进行业绩评价时，首先进行关键技能部分的评价，若不能通过则停止评价；通过者进行余下部分的业绩评价。

3．评审表的填写

（1）业绩分解。由评审专家组的专家根据“业绩评审表的”的技能要求，对参评人员的

业绩进行分解，并填入“业绩对应内容”栏。

（2）业绩评分。专家考评小组专家根据分解后的业绩或者面试所反映的情况，按照“评定标准”评分。

（3）业绩评审后，由评审专家组评出优秀、合格、不合格的考评意见。

10.3　技师业绩的评价

技师业绩的评审主要依据国家职业标准维修电工技师的要求，把标准里的职业功能、工作内容、技能要求、相关知识点的内容进行高度概括，用技能水平、培训管理、绩效评价的形式进行，综合评价技师业绩，详细评价项目、内容、评价标准及配分见表10—1。

表10—1　　维修电工技师业绩评价表

职业（工种）	维修电工	级别	技师	考生姓名	

一、技能水平60分

	项目	评价内容	配分	评价标准	业绩对应内容	职责系数	实际得分
关键技能评价	电气故障检修	根据设备资料，排除复杂机械设备的电气故障，利用专业知识解决生产问题、处理突发事	15	①精通复杂设备电气系统故障的排查方法，能较好地总结经验，10～15分 ②熟悉复杂设备电气系统故障的排查方法，有一定的经验，5～9分 ③了解复杂电气故障的查找与排除，1～4分 ④没有体现电气故障检修技能，0分			
	大修与安装	安装、检修大型复杂机械设备的电气系统和装置	15	①完成多项复杂电气系统的电气设备安装与大修，11～15分 ②完成复杂电气系统及电气设备的安装或大修，5～10分 ③了解复杂电气系统及电气设备安装或大修，1～4分 ④没有体现安装或大修技能，0分			
	测绘能力	测绘复杂机械设备、装置的电气原理图、接线图；测绘复杂电子线路板，并绘出原理图	5	①多次测绘电气系统原理图、接线图，精通测绘技能，4～5分 ②能完成电气系统测绘任务，2～3分 ③了解电气系统测绘技能，1分 ④没有体现电气系统测绘技能，0分			
	调试水平	调试、验收复杂机械设备的电气控制系统，并达到说明书的电气控制要求	10	①多次独立完成电气设备调试或验收，9～10分 ②完成电气设备调试，掌握调试技术，有验收经验，7～8分 ③熟悉电气设备调试技术，4～6分 ④了解电气设备调试技术，1～3分 ⑤没有体现电气设备调试技术，0分			

续表

	项目	评价内容	配分	评价标准	业绩对应内容	职责系数	实际得分
关键技能评价	工艺编制	编制生产设备的电气系统及电气设备的大修工艺，编制生产操作规程、生产计划	5	①编制多项生产计划、工艺、操作规程，5分 ②编制生产计划、工艺、操作规程，4分 ③了解生产计划、工艺、操作规程的编制，1 ~ 3分 ④没有体现工艺编制工作，0分			
	设计与改造	根据一般复杂程度的生产工艺要求，进行电气原理图、电气接线图的设计、技术改造，提出方案、建议或技术条件	10	①能独立完成电气系统设计和技术改造，8 ~ 10分 ②参与完成电气系统设计和技术改造，5 ~ 7分 ③了解电气系统设计和技术改造，1 ~ 4分 ④没有体现电气系统设计技术，0分			
		关键技能	60	上述内容根据业绩材料对照，逐项评审打分			
	小结	说明：1. 关键技能各项的实际得分 = 单项得分 × 项目职责系数。2. 关键技能水平实际得分为以上6个项目的实际得分之和。3. 关键技能水平总分配为60分，考生必须得到36分，关键技能才能及格。4. 如果考生关键技能评价总得分低于36分，考生本次业绩评价结束，不再参与以下环节的评分。5. 职责系数指考生在关键业绩项目中所起的作用：①考生主持或单独承担该项目的工作，职责系数为1.0；②考生为该项目的主要参加者，职责系数为0.9；③考生为该项目的一般参加者，职责系数为0.8					

二、基本技能20分

	项目	评价内容	配分	评价标准	业绩对应内容	实际得分
基本技能评价	新技术应用	推广、应用国内相关职业的新工艺、新技术、新材料、新设备，能提出合理化建议	10	①多次应用“四新”技术解决生产问题，9 ~ 10分 ②应用“四新”技术解决生产问题，7 ~ 8分 ③建议或制定应用“四新”技术的措施，解决生产问题，5 ~ 6分 ④对“四新”技术解决生产问题有认识，1 ~ 4分 ⑤没有应用“四新”技术解决生产问题，0分		
	读图与分析	通过读懂设备电气系统原理图，解决本项目相关问题	6	①精通读图分析方法和电气系统原理，6分 ②掌握读图分析方法和电气系统原理，5分 ③熟悉读图分析方法和电气系统原理，4分 ④了解读图分析方法和电气系统原理，3分 ⑤对读图分析方法和电气系统原理概念模糊，2分 ⑥没有体现该项基本技能，0分		

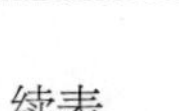

续表

	项目	评价内容	配分	评价标准	业绩对应内容	实际得分
基本技能评价	工具书使用	通过借助词典及工具书等查阅进口设备相关外文标牌及使用规范的内容，帮助指导生产	2	①掌握本职业工种外文资料查阅方法，2分 ②了解本职业工种外文资料查阅方法，1分 ③没有体现该项基本技能，0分		
	材料选用	熟识电工材料，能够根据工作内容正确选用材料	2	①根据工作内容能够正确选用材料，2分 ②根据工作内容能够基本正确选用材料，1分 ③没有体现该项基本技能，0分		
三、培训与管理10分						
培训与管理评价	培训工作	能够指导本职业初、中、高级工进行实际操作；能够讲授本专业技术理论知识	4	①传授技艺和经验效果突出，4分 ②传授技艺和经验效果很好，3分 ③传授技艺和经验效果好，2分 ④传授技艺和经验效果一般，1分 ⑤项目中没有体现培训指导工作，0分		
	管理工作	质量管理	3	①精通各项质量指标，能够应用质量管理知识，实现操作过程的质量分析与控制，3分 ②熟悉各项质量指标，能够应用质量管理知识，实现操作过程的质量分析与控制，2分 ③了解各项质量指标，基本能够应用质量管理知识，实现操作过程的质量分析与控制，1分 ④没有质量管理知识，0分		
		生产管理	3	①是基层以上管理人员，指挥生产、执行计划、协调调度及生产人员的管理，3分 ②能够组织有关人员协同作业，2分 ③能够协助部门领导进行生产计划、调度及生产人员管理，1分 ④没有体现生产管理工作，0分		
四、绩效评价10分						
绩效评价	工作质量	项目完成的质量情况（完全运行、设备完好率、合格率等）	5	①质量出色，5分 ②质量良好、有保证，4分 ③质量好，达到要求，3分 ④质量一般，能到达一定要求，2分 ⑤有小失误，需要进一步改进，1分 ⑥有较大失误，不令人满意，0分		

续表

	项目	评价内容	配分	评价标准	业绩对应内容	实际得分
绩效评价	经济效益	通过项目实施，节能降耗、提高效率、提高性能或增强功能，产生经济效益、安全效益和节约了生产成本	5	①社会效益好，经济效益显著，5分 ②社会效益、经济效益明显，4分 ③社会效益、经济效益较好，3分 ④社会效益、经济效益一般，2分 ⑤社会效益、经济效益不明显，1分 ⑥无效果，0分		
合计			100	得分		
	获奖加分	发明创造、技术革新、安全生产、设备管理、技术练兵、竞赛获奖等情况		省级及以上加5分 市级奖励加4分 企业级加3分		
总成绩						
考评员意见	考评员签字： 日期：　　年　月　日					

评审结果									
	评分								平均分
	考评员签字								
	考评小组意见	考评组长签字： 日期：　　年　月　日							

10.4　高级技师业绩评价

高级技师业绩的评审主要依据维修电工国家职业标准的高级技师要求，把标准里的职业功能、工作内容、技能要求、相关知识点的内容进行高度概括，用技能水平、培训管理、绩效评价的形式综合评价高级技师业绩，详细评价项目、内容、评价标准及配分见表10—2。

表 10—2　　高级技师维修电工业绩评价表

职业（工种）	维修电工	级别	高级技师	考生姓名	

一、技能水平 50 分

	项目	评价内容	配分	评价标准	业绩对应内容	职责系数	实际得分
关键技能评价	电气故障检修与配线安装	根据设备资料，排除复杂机械设备的电气故障	8	①精通电气故障的查找与排除方法，能对系统的性能进行调整或改进，7 ~ 8 分 ②多次查找与排除复杂机械设备的电气故障，5 ~ 6 分 ③熟悉电气故障的查找与排除方法，4 ~ 5 分 ④了解电气故障的查找与排除方法，2 ~ 3 分 ⑤对电气故障的查找与排除方法概念模糊，1 分 ⑥没有体现故障检修技能，0 分			
		安装大型复杂机械设备的电气系统和电气设备	2	①完成多项复杂机械设备电气系统及电气设备安装、大修，2 分 ②完成某项复杂机械设备电气系统及电气设备的安装、大修，1 分 ③没有体现安装或大修技能，0 分			
	测绘	测绘复杂机械设备的电气原理图、接线图；测绘复杂电子线路板，并绘出原理图	10	①多次测绘电气系统，精通测绘技能，解决测绘问题较好，9 ~ 10 分 ②掌握电气系统测绘技能，7 ~ 8 分 ③熟悉电气系统测绘技能，5 ~ 6 分 ④了解电气系统测绘技能，3 ~ 4 分 ⑤对电气系统测绘技能概念模糊，1 ~ 10 分 ⑥没有体现电气系统测绘技能，0 分			
	调试与验收	调试或验收复杂机械设备的电气控制系统，并达到说明书的电气控制要求。进行设备评估，对设备有正确评价	10	①多次完成复杂机械设备电气控制系统调试或验收，9 ~ 10 分 ②完成复杂机械设备电气控制系统调试，掌握调试技术，有一定验收经验，7 ~ 8 分 ③熟悉复杂机械设备电气控制系统调试技术，5 ~ 6 分 ④了解复杂机械设备电气控制系统调试技术，3 ~ 4 分 ⑤对复杂机械设备电气控制系统调试技术概念模糊，1 ~ 2 分 ⑥没有体现复杂机械设备电气控制系统调试技术，0 分			
	工艺编制	编制生产设备的电气系统及电气设备的大修工艺，编制生产操作规程、生产计划	8	①编制多项工艺、生产计划、操作规程，6 ~ 8 分 ②编制工艺、生产计划、操作规程，4 ~ 5 分 ③熟悉工艺、生产计划、操作规程的编制，3 分 ④了解工艺、生产计划、操作规程的编制，1 ~ 2 分 ⑤没有体现工艺编制技能，0 分			

续表

项目		评价内容	配分	评价标准	业绩对应内容	职责系数	实际得分
关键技能评价	设计与改造	根据一般复杂程度的生产工艺要求，进行电气原理图、电气接线图的设计和技术改进，进行技术攻关、解决专业难题，对技术改造有合理建议或见解	12	①多次独立完成电气系统设计、技术改造，进行技术攻关、解决专业难题，10 ~ 12 分 ②独立完成电气系统设计和技术改造，进行技术攻关、解决专业难题，8 ~ 9 分 ③熟悉电气系统设计和技术改造，6 ~ 7 分 ④了解电气系统设计和技术改造，3 ~ 5 分 ⑤对电气系统设计和技术改造概念模糊，1 ~ 2 分 ⑥没有体现电气系统设计和技术改造技能，0 分			
	关键技能		50 分	根据评价内容、配分及评价标准，对业绩材料逐项评审打分			
	小结	说明：1. 关键技能各项的实际得分 = 单项得分 × 项目职责系数。2. 关键技能水平实际得分为以上 5 个项目的实际得分之和。3. 关键技能水平总分配为 50 分，考生必须得到 30 分，关键技能才能及格。4. 如果考生关键技能评价总得分低于 30 分，考生本次业绩评价结束，不再参与以下环节的评分。5. 职责系数指考生在关键业绩项目中所起的作用：①考生主持或单独承担该项目的工作，职责系数为 1.0；②考生为该项目的主要参加者，职责系数为 0.9；③考生为该项目的一般参加者，职责系数为 0.8					

二、基本技能 30 分

项目		评价内容	配分	评价标准	业绩对应内容	实际得分
基本技能评价	新技术应用	推广、应用国内相关职业的新工艺、新技术、新材料、新设备。提出合理化建议，进行设备评估，对技术改进有见解、有方案	16	①多次应用“四新”技术解决生产问题，11 ~ 16 分 ②应用“四新”技术解决生产问题，7 ~ 10 分 ③建议或制定应用“四新”技术解决生产问题的措施，5 ~ 6 分 ④对“四新”技术解决生产问题有认识，3 ~ 4 分 ⑤对“四新”技术解决生产问题有了解，1 ~ 2 分 ⑥没有应用“四新”技术解决生产问题能力，0 分		
	读图与分析	通过读懂并分析设备的电气系统原理图，解决本项目较复杂的问题	7	①精通读图分析方法和电气系统原理，7 分 ②掌握读图分析方法和电气系统原理，6 分 ③熟悉读图分析方法和电气系统原理，4 ~ 5 分 ④了解读图分析方法和电气系统原理，2 ~ 3 分 ⑤对读图分析方法和电气系统原理概念模糊，1 分 ⑥没有体现该项基本技能，0 分		
	工具书使用	通过借助词典查阅进口设备相关外文标牌及使用规范的内容，解决本项目相关问题，指导生产	5	①能够借助字典、工具书等翻译 300 字及以上外文资料，4 ~ 5 分 ②掌握本职业工种外文资料查阅方法，2 ~ 3 分 ③了解本职业工种外文资料查阅方法，1 分 ④没有体现该项基本技能，0 分		

续表

	项目	评价内容	配分	评价标准	业绩对应内容	实际得分
基本技能评价	材料选用	能够根据工作内容，对关键环节提出正确选用材料原则	2	①能够根据工作内容正确选用材料，2分 ②能够根据工作内容基本正确选用材料，1分 ③没有体现该项基本技能，0分		
三、培训与管理10分						
培训与管理评价	培训工作	能够指导本职业中、高级工，技师进行实际操作；能够讲授本专业技术理论知识	4	①传授技艺和经验效果突出，编审教材或授课，4分 ②传授技艺和经验效果很好，3分 ③传授技艺和经验效果好，2分 ④传授技艺和经验效果一般，1分 ⑤没有体现培训指导工作，0分		
	管理工作	质量管理，制定检验、验收标准，组织质量活动	3	①精通各项质量指标，能够应用质量管理知识，实现操作过程的质量分析与控制，3分 ②熟悉各项质量指标，能够应用质量管理知识，实现操作过程的质量分析与控制，2分 ③了解各项质量指标，基本能够应用质量管理知识，实现操作过程的质量分析与控制，1分 ④没有质量管理知识，0分		
		生产管理，具有较强的专业协调能力和组织生产能力	3	①是项目主持、部门领导，能够执行生产计划、专业或工种协调生产调度及管理，3分 ②能够组织有关人员协同作业，2分 ③能够协助部门领导进行生产计划、调度及人员管理，1分 ④没有体现生产管理工作，0分		
四、绩效评价10分						
绩效评价	工作质量	项目完成的质量情况	5	①质量出色，没有任何安全事故，5分 ②质量良好、有保证，4分 ③质量好，达到要求，3分 ④质量一般，基本到达一定要求，2分 ⑤有小失误，需要进一步改进，1分 ⑥有较大失误，不令人满意，0分		
	经济效益	通过项目实施，显著提高生产效率，为企业增加经济效益或社会效益，企业节约了生产成本	5	①社会效益好，经济效益显著，5分 ②经济效益明显，4分 ③经济效益较好，3分 ④经济效益一般，2分 ⑤经济效益不明显，1分 ⑥无效果，0分		
合计			100	得分		

续表

<table>
<tr><th></th><th>项目</th><th>评价内容</th><th>配分</th><th>评价标准</th><th>业绩对应内容</th><th>实际得分</th></tr>
<tr><td></td><td>获奖加分</td><td>发明创造、技术革新、重要改造或重大技术攻关、技能竞赛获奖情况</td><td>/</td><td>①省级及以上加5分
②市级加4分
③企业级加3分</td><td></td><td></td></tr>
<tr><td colspan="4">总成绩</td><td colspan="3"></td></tr>
<tr><td colspan="2">考评员意见</td><td colspan="5">考评员签字：

日期：　　年　月　日</td></tr>
</table>

<table>
<tr><td></td><td>评分</td><td></td><td></td><td></td><td></td><td></td><td></td><td></td><td>平均分</td></tr>
<tr><td rowspan="2">评审结果</td><td>考评员签字</td><td></td><td></td><td></td><td></td><td></td><td></td><td></td><td></td></tr>
<tr><td>考评小组意见</td><td colspan="8">考评组长签字：

日期：　　年　月　日</td></tr>
</table>

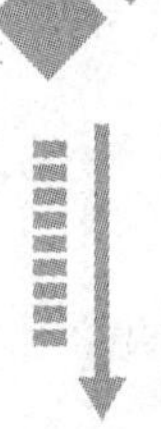

第 11 单元　技师生产现场能力的考核

11.1　生产现场能力考核引导

11.1.1　生产现场能力考核模块

生产现场能力考核模块分为两个部分，一是通用技能评价模块（必考模块），以国家职业标准为依据，提出该职业（工种）所要求具有的基本能力要求，考核参评人员所具备的职业基本技能；二是结合本企业生产实际关键职业能力模块，参考国家职业标准，与企业生产技术要求对接，分出若干个具有企业个性要求的技能指标模块，也叫选考模块，企业可以根据自身生产要求选择模块对参评人员进行考核。在考核形式上，可以是现场操作，也可以进行情景模拟，必要时可以辅助面试问答。现场操作主要是参评人员在本工作岗位上，利用产品、设备或设施进行现场操作，考评专家根据其操作情况进行评分。情景模拟是考评岗位无法提供现场操作的情况下，对生产现场进行情景模拟，参评人员进行操作或进行答辩，考评专家针对考核要求进行现场评分。

11.1.2　生产现场能力考核操作方法

从岗位技术发展方向和个人技能提升方向出发，以国家标准为依据，针对企业岗位的技能要求，采取以下考核操作方法：

1．命题

由社会技术专家及参评企业专业小组根据国家职业标准，结合岗位生产实际要求及主要设备装置或系统进行命题。

2．配分

操作技能考核满分为 100 分，60 分及以上为及格。

3．考核方案方式

考评的具体形式由企业高技能人才评审委员会根据参评人员岗位情况进行选择，报市职业技能鉴定指导中心审核后，通知参评人员及有关部门实施。

4．考核内容

考核内容分必考模块和选考模块两部分进行。

（1）必考模块。维修电工技师技能必考模块主要考核评价对象的职业基本技能，包括读图、测绘与分析、材料选择、仪器使用、阅读查找资料能力与水平、编制工艺流程与文件及项目设计能力等，考核的方式以综合测评为主，将以上各项能力的要求融入一道综合分析设计的题目中，考评小组可以结合企业的设备、装置、设备、图纸和生产过程等进行命题。总分为 60 分，详细要求见表 11—1。

表 11—1　　　　必考项目考核要求表

项目	考核要求				配分	得分
读图与分析	能够读懂复杂生产设备的电气系统原理图				15	
	能够分析复杂生产设备电气部分的功能作用					
	借助字典读懂进口设备使用规范及说明					
材料	熟识电气工程各种材料				10	
仪器与使用	借助仪器检查复杂生产设备电气系统工作状态				5	
设计	能够根据工艺要求设计电气原理图，或根据原理图设计接线图				15	
工艺编制	能够编制电气施工与安装及电气设备维修工艺方案				15	
考核方式	综合评价	考生姓名		合计	60	
		考评员签字	年　月　日			

（2）选考模块。主要考核参评人员专项操作技能。总分为 40 分，详细要求见表 11—2。

表 11—2　　　　选考项目考核要求表

项目			考核要求	配分	得分
序号	名称	选项			
1	电气运行		1. 能够根据资料排除复杂生产设备的电气故障	10	
2	电机及变压器		2. 能够根据资料排除复杂生产设备辅助系统的电气故障	10	
3	电气试验		3. 能够安装大型复杂生产设备的电气系统和电气设备	5	
4	电气检修		4. 能够测绘复杂生产设备的电气原理图、接线图	5	
5	电气安装		5. 能够调试复杂生产设备的电气控制系统，达到说明书的电气控制要求	5	
6	自动控制		6. 能够应用、学习或了解电气新技术和新产品，了解本岗位、本专业或相关专业的新知识	5	
7	其他				

考核方式	现场操作情景模拟 现场答辩	考生姓名		合计	40	
		考评员签字	年　月　日			

11.1.3　将考生整个评价过程中各模块的得分记录在表 11—3 内

表 11—3　　　　　　　　　　　**考评成绩记录表**

考评项目		配分	实得分	实总分
技能模块	必考项目	60%		
	选考项目	40%		
	考生姓名			
	考评员签字			年　月　日

11.1.4　生产现场能力考核的操作指引

1. 考核试题的命题及审题工作

必考试题由鉴定中心组织技术专家命题，选考试题由企业专家命题，由鉴定中心组织技术专家和企业专家共同开展试题审定工作。

2. 必考模块实施

必考模块是对参评人员综合技能的测试，参评人员需进行必考模块的测试，由技术专家及企业专家根据题目要求组织实施。

3. 选考模块实施

选考模块的准备工作由企业按考题的要求，做好考核现场准备，由技术专家及企业专家根据题目要求组织实施。

4. 技能考核总分优秀者（85 分及以上），直接进入综合评审环节；总分合格未达到优秀者，进入理论知识考试环节；总分不合格者，直接淘汰。

11.2　操作技能考核细目

操作技能考核细目的每一个鉴定范围都有其鉴定比重指标，它表示在一个操作技能考核中该项鉴定范围所占的分数比例。考核细目表中，每个鉴定点都要有其重要程度指标，即表内重要程度栏下的“X”“Y”“Z”的内容，它反映了该鉴定点在本职业（工种）中对从业人员所要求内容中的相对重要性水平。重要的内容被选取为考核试题的可能性也就较大，其中，“X”表示核心要素，是考核中最重要、出现频率最高的内容；“Y”表示一般要素，是考核中出现频率一般的内容；“Z”表示辅助要素，在考核中出现的频率较低。

11.2.1　技师

维修电工技师操作技能鉴定范围、鉴定点的考核细目见表 11—4。

表 11—4　　　　　　维修电工技师操作技能考核细目表

鉴定范围						鉴定点		
一级			二级			代码	名称	重要程度
代码	名称	鉴定比重	代码	名称	鉴定比重			
A	工作准备	35	A	读图 / 仪器 / 材料使用	25	001	读懂复杂设备及数控设备的电气系统原理图	X
						002	读懂较复杂电气系统的安装施工图	X
						003	读懂接地系统平面图	X
						004	熟识材料性能参数	X
						005	熟识仪器的使用	X
						006	借助字典及工具书认知进口设备相关外文资料、图样及技术标准等	Z
			B	编制装配工艺	10	001	较大型设备电气部分装配工艺编制	X
						002	精密设备电气控制装配工艺编制	X
						003	不常见设备电气控制装配工艺编制	Z
	测绘设计	10	A	测绘设计	10	001	设计、测绘较复杂机械电路图	Z
						002	根据电气原理图能绘制安装图	X
						003	不常见设备电气图绘制	Z
B	安装与维修	20	A	电气故障检修	15	001	排除数控系统等复杂机械设备的电气故障	X
						002	排除复杂机械设备的气控系统、液控系统的电气故障	X
						003	排除高、低电压电器的故障	Y
						004	排除电机、变压器的复杂故障	Y
			B	配线与安装	5	001	安装大型复杂机械设备的电气系统和电气设备	Y
						002	供用电系统及照明应用系统的配线、安装	X
C	调整及试验	20	A′	电气设备系统调试	10	001	调试复杂机械设备的电气控制系统，达到电气控制要求	X
						002	调试变频调速系统	X
						003	调试继电保护装置，二次回路	X
						004	调试高、低压电气设备	Y

续表

鉴定范围						鉴定点		
一级			二级			代码	名称	重要程度
代码	名称	鉴定比重	代码	名称	鉴定比重			
C	调整及试验	20	B	电气试验	10	001	掌握电气试验所有仪器、设备、工具	X
						002	掌握大型电机、变压器特性试验及验收标准	Y
						003	分析电气试验过程中发生的事故及解决方法	X
D	培训工作	5	A	指导实际操作	3	001	指导初级维修电工实际操作工作	Y
						002	指导中级维修电工实际操作工作	X
						003	指导高级维修电工实际操作工作	X
			B	理论培训	2	001	讲授本专业初级技术理论知识	Y
						002	讲授本专业中级技术理论知识	X
						003	讲授本专业高级技术理论知识	X
E	管理工作	5	A	质量管理	3	001	在本职业工作中认真贯彻各项质量标准	X
						002	应用全面质量管理知识，实现实操作过程的质量分析	X
						003	应用全面质量管理知识，实现操作过程的质量管理	X
			B	生产管理	2	001	组织有关人员协同作业	X
						002	协助部门领导进行生产计划、调度、人员管理	X
						003	重大危险源的评价与监控措施	X
						004	生产安全事故的报告与调查分析处理	Z
F	技术总结或论文	5	A	撰写	3	001	撰写自己解决过的重大技术问题的专项技术总结或论文	X
			B	答辩	2	001	解答与专项技术总结或论文相关的问题	X

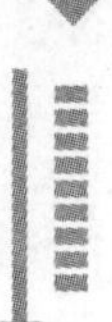

11.2.2　高级技师

维修电工高级技师操作技能鉴定范围、鉴定点的考核细目见表 11—5。

表 11—5　　维修电工高级技师操作技能考核细目表

鉴定范围						鉴定点		
一级			二级			代码	名称	重要程度
代码	名称	鉴定比重	代码	名称	鉴定比重			
A	工作准备	26	A	读图与绘图	16	001	读懂高速设备电气系统的相关图样	X
						002	读懂精密设备电气系统的相关图样	X
						003	读懂数控设备电气系统的相关图样	X
						004	测绘复杂设备的电气系统，指导相关人员实施	X
						005	借助字典认知进口设备相关外文资料、图样及技术标准等	X
			B	编制装配工艺	10	001	编制 PLC 控制设备的电气系统检修工艺	X
						002	编制计算机数控系统的检修工艺	X
						003	编制各种调速系统的检修工艺	Y
B	维修与设计	50	A	故障检修	22	001	检修复杂设备电气故障中的疑难问题	X
						002	组织相关人员对复杂设备中的技术难点进行攻关	X
						003	组织相关人员解决生产中出现的综合性或边缘性的问题	X
			B	设计	28	001	应用相关专业的新工艺、新技术、新材料、新设备	Y
						002	设计较复杂生产工艺的电气原理图	X
						003	设计较复杂生产工艺的电气接线图，安装施工图	X
						004	设计复杂设备技术改造方案，并正确选择产品工件	X

续表

鉴定范围						鉴定点		
一级			二级			代码	名称	重要程度
代码	名称	鉴定比重	代码	名称	鉴定比重			
C	培训工作	8	A	指导实际操作	3	001	指导中级维修电工实际操作	Y
						002	指导高级维修电工实际操作	X
						003	指导技师维修电工实际操作	X
			B	理论培训	2	001	讲授本专业初级技术理论知识	Y
						002	讲授本专业中级技术理论知识	X
						003	讲授本专业高级技术理论知识	X
D	管理工作	8	A	质量管理	4	001	在本职业工作中认真贯彻各项质量标准	X
						002	应用全面质量管理知识，实现操作过程的质量分析	X
						003	应用全面质量管理知识，实现操作过程的质量管理	X
			B	生产管理	2	001	组织有关人员协同作业	X
						002	协助部门领导进行生产计划、调度及人员管理	X
						003	重大危险源的评价与监控措施	X
						004	事故应急预案编制、演练与评审	X
						005	生产安全事故的报告与调查分析处理	X
E	技术总结或论文	8	A	撰写	5	001	撰写自己解决过的重大技术问题的专项技术总结或论文	X
			B	技术解答	3	001	解答与专项技术总结或论文相关的问题	X

模拟试卷

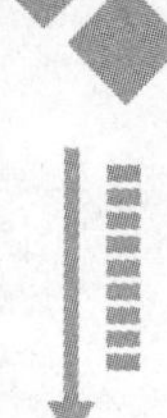

理论知识模拟试卷（一）

一、单项选择题（下列每题的选项中，只有1个是正确的，请将其代号填在横线空白处，每题1分，满分40分）

1. 下列元件中不属于全控型器件的是________。

A. SCR　　B. GTO　　C. IGBT　　D. Power MOSFET

2. 下面关于肖特基二极管性能的表述中，错误的是________。

A. 导通电流大　　B. 导通电压低

C. 反向恢复时间短　　D. 反向击穿电压高

3. Cuk斩波电路属于________。

A. 升压斩波电路　　B. 降压斩波电路

C. 升、降压斩波电路　　D. 混合斩波电路

4. 升压斩波电路使电压升高的原因是________。

A. 电感储能使电压泵升　　B. 电容储能使电压泵升

C. 续流二极管使电流连续　　D. 电动机回馈制动

5. 电流可逆斩波电路可使电动机工作在________。

A. 第一、第三象限　　B. 第一、第二象限

C. 第二、第四象限　　D. 第三、第四象限

6. 斩波电路控制信号最常用的控制方式是________。

A. 相幅调制　　B. 脉冲宽度调制　　C. 混合型　　D. 频率调制

7. 由3个降压斩波电路单元并联而成，共用一个公共电源和一个独立负载斩波电路称为________。

A. 1相1重斩波电路　　B. 1相3重斩波电路

C. 3相3重斩波电路　　D. 3相1重斩波电路

8. 二进制编码器中，当输入I_1 ~ I_7均为0时，编码器输出就是________的编码。

A. I_0　　B. I_1　　C. I_5　　D. I_7

9. 若二进制译码器的输入端为n个，则输出端为________。

A. 2^{n-1}　　B. 2^n　　C. 2^{n-1}　　D. $(2-1)^n$

10. 从74LS47的真值表还可以看出，对于输入代码0000，译码的条件是________，而对其他输入代码则仅要求$\overline{LT}$=1。

A. $\overline{LT}$和$\overline{RB1}$同时为 0　　B. $\overline{LT}$和$\overline{RB1}$同时为 1

C. $\overline{LT}$为 1，$\overline{RB1}$为 0　　D. $\overline{LT}$为 0，$\overline{RB1}$为 1

11. 基本 RS 触发器中，当$\overline{R}$=1、$\overline{S}$=0。由于$\overline{S}$=0，不论$\overline{Q}$为 0 还是 1，都有________。

A. 保持不变　B. 翻转　C. Q=0　D. Q=1

12. 边沿 JK 触发器的逻辑符号，CP 端无小圆圈表示电路是________触发的边沿 JK 触发器。

A. 低电平　B. 下降沿　C. 高电平　D. 上升沿

13. 基本 RS 触发器具有如下特点，哪个是正确的________。

A. 触发器的次状态只与输入信号状态有关，而与触发器的现态无关

B. 在外加触发信号有效时，电路可以触发翻转，实现置 0 或置 1

C. 具有两个稳定状态，无外来触发信号作用时，电路状态也会自己改变

D. 触发器只能在脉冲信号的上跳沿和下降沿翻转，其他时候锁定

14. 该方程$\begin{cases} Q^{n+1}=(\overline{\overline{S}})+\overline{R}Q^{n} \\ \overline{R}+\overline{S}=1 \end{cases}$是________的约束方程。

A. 基本 RS 触发器　　B. D 触发器

C. JK 触发器　　D. 边沿触发器

15. 在双闭环调速系统稳态特性的下垂段，________。

A. ASR 和 ACR 工作在线性状态

B. ACR 工作在线性状态，ASR 工作在限幅状态

C. ASR 和 ACR 工作在限幅状态

D. ACR 工作在限幅状态，ASR 工作在线性状态

16. 集成运算放大器的开环差模电压放大倍数高，说明________。

A. 电压放大能力强　　B. 电流放大能力强

C. 共模抑制能力强　　D. 运算精度高

17. 集成运算放大器的输入失调电压 U_{IO} 是指________。

A. 输入为零时的输出电压

B. 输出为零时，输入端所加的等效补偿电压

C. 两输入端电压之差

D. 输入电压的允许变化范围

18. 积分器在输入________时，输出变化越快。

A. 越大　B. 越小　C. 变动越快　D. 变动越慢

19. 比较器的阈值电压是指________。

A. 使输出电压翻转的输入电压　　B. 使输出电压达到最大幅值的基准电压

C. 输出达到的最大幅值电压　　D. 输出达到最大幅值电压时的输入电压

20. 限止电流冲击的最简单方法是采用________。

A. 转速微分负反馈　　B. 电流截止负反馈

C. 电压负反馈　　D. 带电流正反馈的电压负反馈

21. 一般而言，PLC 的 I/O 点数要冗余________。

A. 10%　　B. 5%　　C. 15%　　D. 20%

22. 在变频调速时，若保持恒压频比（*U*/*f*= 常数），可实现近似________。

A. 恒功率调速　　B. 恒效率调速　　C. 恒转矩调速　　D. 恒电流调速

23. 当电动机在额定转速以上变频调速时，要求________，属于恒功率调速。

A. 定子电源频率可任意改变　　B. 定子电压为额定值

C. 维持 *U*/*f*= 常数　　D. 定子电流为额定值

24. 变频其所允许的过载电流以________来表示。

A. 额定电流的百分数　　B. 额定电压的百分数

C. 导线的截面积　　D. 额定输出功率的百分数

25. 直流主轴电动机采用的励磁方式为________。

A. 他励　　B. 串励　　C. 并励　　D. 复励

26. 交流主轴电动机多采用________电动机。

A. 笼型异步　　B. 绕线式异步　　C. 同步　　D. 特种

27. 强电柜的空气过滤器应________清扫一次。

A. 每周　　B. 每月　　C. 每季度　　D. 每年

28. PLC 应用最广泛的编程语言是________。

A. 梯形图　　B. 语句表　　C. C 语言　　D. 高级语言

29. PLC 是在________控制系统基础上发展起来的。

A. 继电控制系统　　B. 单片机　　C. 工业电脑　　D. 机器人

30. PLC 设计规范中 RS232 通信的距离是________。

A. 1 300 M　　B. 200 M　　C. 30 M　　D. 15 M

31. 电磁干扰滤波器有低通滤波器、高通滤波器、带通滤波器和________。

A. 全通滤波器　　B. 高频带阻滤波器

C. 带阻滤波器　　D. 低频带阻滤波器

32. PLC 程序中手动程序和自动程序需要________。

A. 自锁　　B. 互锁　　C. 保持　　D. 联动

33. 防电磁干扰主要有________。

A. 屏蔽　　B. 滤波　　C. 接地　　D. 以上都是

34. 现场总线具有开放性、互用性、自治性和________的特点。

A. 集中性　　B. 分散性　　C. 通用性　　D. 普遍性

35. 技能培训时要本着“科学规范、因材施教、________、讲求实效”的原则。

A. 理论联系实际　　B. 学以致用　　C. 操作合理　　D. 实习教学

36. 技能培训教学计划一般根据________和企业岗位要求来拟定。

A. 标准　　B. 规范

C. 国家职业技术等级标准　　D. 行业要求

37. 技能培训教学大纲是依据教学计划对技能训练提出的要求，是以纲领性的形式确定技能培训教学的________，是技能训练教材编写的依据，也是教师组织教学的依据。

A. 教学计划　　B. 培养目标　　C. 教学原则　　D. 指导性文件

38. 课题教学总结作为一个认识过程，它是由课题教学总结和________组成的。课日教学总结是对一个课日教学活动的小结，而课题教学总结是对课题教学过程的系统总结。

A. 课日教学总结　　B. 结束指导　　C. 巡回指导　　D. 教学准备

39. 技能培训课题教学的基本单元应包括________、课日教学、课题考试及课题教学总结。

A. 讲授新课　　B. 教学准备　　C. 结束指导　　D. 巡回指导

40. 技能培训教材是依据________编写的，教材是教学大纲的具体化，是教师教学的主要依据，也是学员学习的最根本材料。

A. 教学计划　　B. 学员情况　　C. 教学大纲　　D. 教师要求

二、判断题（下列判断题正确的请打“√”，错误的打“×”，每题 1 分，满分 40 分）

1. GTO 在关断时，必须在阳极和阴极间加反向电压。 ( )

2. Sepic 斩波电路只能升压，不能降压。 ( )

3. 脉冲宽度调制也称为 PWM 调制。 ( )

4. 集成触发电路速度快、保护功能完善、可靠性高、免调试。 ( )

5. EXB841 驱动芯片属于双电源 IGBT 专用驱动集成电路。 ( )

6. 闭环霍尔电流传感器不能检测交流电流信号。 ( )

7. 桥式可逆斩波电路可用于电动机正反转控制。 ( )

8. 在优先编码器中允许几个信号同时输入，但是电路只对其中优先级别最高的进行编码，不理睬级别低的信号。 ( )

9. 因为 3 位二进制优先编码器有 8 根输入编码信号线，3 根输出编码信号线，所以又叫作 8/3 线优先译码器。 ( )

10. 将用二进制代码表示的数字、文字、符号、翻译成人们习惯的形式直观地显示出来的电路，称为显示译码器。 ( )

11. 当$\overline{BI}/\overline{RBO}$作为输入使用，且$\overline{BI}/\overline{RBO}=0$时，数码管七段全灭，与译码输入无关。 ( )

12. 在不同输入信号的作用下，触发器的输出可以置成 1 态或 0 态，且当输入信号消失后，触发器获得的新状态不能保持下来。 ( )

13. 在输入信号作用下，触发器可以从一个稳态转换到另一个稳态，触发器的这种状态转换过程称为拥有记忆功能。 ( )

14. 7 段 LED 数码显示器俗称数码管，其工作原理是将要显示的十进制数码管分为 7 段，每段为一只发光二极管，利用不同发光组合来显示不同的数字。（ ）

15. 双闭环调速系统中，给定信号 U_n 不变，增加转速反馈系数 α，系统稳定运行时转速反馈电压 U_{fn} 不变。（ ）

16. 双闭环调速系统稳态运行时，两个 PI 调节器的偏差输入均不为零。（ ）

17. 运放的反相输入端标上“–”号表示只能输入负电压。（ ）

18. 运放线性应用时，必须要有负反馈。（ ）

19. 线性应用的运放，其输出电压被限幅在正、负电源电压范围内。（ ）

20. 变频调速性能优异、调速范围大、平滑性好、低速特性较硬，是笼型转子异步电动机的一种理想调速方法。（ ）

21. 网络表主要说明电路中的元件信息和连线信息，是联系原理图与印制电路板的纽带。（ ）

22. 数控机床主轴传动系统，既有直流主轴传动系统，又有交流主轴传动系统。（ ）

23. 数控机床对交流主轴电动机性能要求与普通异步电动机是相同的。（ ）

24. 交流主轴控制单元只有数字式的，没有模拟式的。（ ）

25. 感应同步器是一种电磁式位置检测装置。（ ）

26. 感应同步器中，在定尺上是分段绕组，而在滑尺上则是连续绕组。（ ）

27. 现在市面上卖的触摸屏手机全是电阻式触摸屏手机。（ ）

28. 交互电容又叫作跨越电容，它是在玻璃表面横向和纵向的 ITO 电极的交叉处形成电容。（ ）

29. 在 PLC 的梯形图中，线圈必须放在最右边。（ ）

30. 可编程序控制器（PLC）是由输入部分、逻辑部分和输出部分组成。（ ）

31. IEEE802.7 定义了宽带技术。（ ）

32. 变压器的铁芯必须一点接地。（ ）

33. 变频器的输出不允许接电感。（ ）

34. IEEE802.10 定义局域网络安全性规范。（ ）

35. 技能培训的课题教学包括了教学准备、课日教学、课题考试及课题教学总结的四个环节，它具有一定的科学工作程序。（ ）

36. 教学方案编写在总体上要保证科学性原则、目的性原则、理论联系实际原则、计划性原则和预见性原则。（ ）

37. 为进一步提高电气改造及检修的质量，严格各级验收，明确各级职责，保证电气设备改造和检修后安、稳、长、满、优运行，要填写电气设备改造及检修验收书，确保电气设备管理工作科学化。（ ）

38. 技能培训常用的教学方法有讲授法、演示法、练习法、讨论法、参观法等。（ ）

39. 课堂教学设计就是针对某一教学班的某一教学内容进行教学设计，主要解决教师如

何在已有的教学对象、教学计划和设施的条件下实施教学，完成预期的教学目标。　（　）

40. 技能培训教学一般采用讲课、考试或操作实习等形式。还可以采用其他诸如专家讲座、电化教学、技能竞赛、岗位练兵、地区级以上优质工程观摩等生动活泼、行之有效的形式，以提高员工的学习兴趣和效果。　（　）

三、综合题（每题 4 分，满分 20 分）

1. 复合斩波电路中的电流可逆斩波电路和桥式斩波电路在拖动直流电动机负载时，均能实现负载电流可逆的要求，二者有何区别？画出桥式斩波电路原理图。

2. 从触发器的逻辑功能要求出发，无论是何种触发器，都必须满足哪些条件？

3. 在转速、电流双闭环调速系统中，转速调节器有哪些作用？

4. 选择变频器驱动电动机时，应考虑哪些问题？

5. 技能培训教学的特点有哪些？

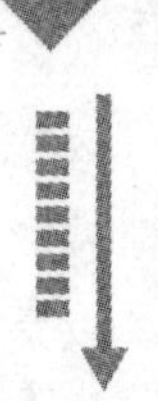

理论知识模拟试卷（二）

一、单项选择题（下列每题的选项中，只有1个是正确的，请将其代号填在横线空白处，每题1分，满分40分）

1. Power MOSFET是一种________的全控型器件。

A. 电压控制单极性　　B. 电压控制双极性

C. 电流控制单极性　　D. 电流控制双极性

2. Zeta斩波电路的输入电源电流和输出负载电流________。

A. 都是连续的　　B. 都是断续的

C. 输入连续，输出断续　　D. 输入断续，输出连续

3. 由3个降压斩波电路单元并联而成，共用一个公共电源和和三个独立负载的斩波电路称为________。

A. 1相1重斩波电路　　B. 1相3重斩波电路

C. 3相1重斩波电路　　D. 3相3重斩波电路

4. 桥式可逆斩波电路可使电动机工作在________个象限。

A. 1　　B. 2　　C. 3　　D. 4

5. 闭环霍尔电流传感器可以检测________电流信号。

A. 直流　　B. 交流　　C. 脉冲　　D. 都可以

6. GTO门极触发电路一般由________组成。

A. 门极开通电路、门极关断电路和开关电源

B. 门极开通电路、门极关断电路和门极反偏电路

C. 门极开通电路、门极反偏电路和开关电源

D. 门极反偏电路、门极关断电路和开关电源

7. 下面关于IGBT性能的表述中，错误的是________。

A. 开关速度高　　B. 驱动功率小　　C. 无二次击穿　　D. 工作电流大

8. 边沿D触发器的逻辑符号，CP端的小圆圈表示电路是________触发的边沿D触发器。

A. 下降沿　　B. 上升沿　　C. 高电平　　D. 低电平

9. 边沿JK触发器具有边沿D触发器的特点，即只有在________时刻，触发器才会按其特性方程改变状态。

A. CP高电平　　B. CP低电平　　C. CP上升沿　　D. CP下降沿

10. 二进制加法规则是逢二进一，即当本位是 1，再加 1 时本位便变为 0，同时向高位进________。

A. 0　　B. 1　　C. 2　　D. CP

11. 从任意一个状态开始，经过输入 16 个有效的 CP 脉冲（下降沿）后，计数器返回到原来的状态，说明该计数器的计数长度 N=________。

A. 2　　B. 10　　C. 16　　D. 15

12. 在 74ls161 中，当 $\overline{CR}$ =0 时，不管其他输入信号为何状态，计数器________。

A. 置位　　B. 清零　　C. 保持　　D. 翻转

13. 从基本 RS 触发器特性表中可以看出，________的组合情况是禁止的。

A. RS=00　　B. RS=01　　C. RS=10　　D. RS=11

14. 计数器能够记忆输入脉冲的数目，也就是有效循环中状态的个数，称为计数器的计数长度，或称为计数器的计数容量，又叫作计数器的________。

A. 模　　B. 计数深度　　C. 模长　　D. 模数

15. 双闭环调速系统中，在恒流升速阶段时，两个调节器的状态是________。

A. ASR 饱和、ACR 不饱和　　B. ACR 饱和、ASR 不饱和

C. ASR 和 ACR 都饱和　　D. ACR 和 ASR 都不饱和

16. 在速度负反馈单闭环调速系统中，当下列________参数变化时系统无调节能力。

A. 放大器的放大倍数 K_p　　B. 负载变化

C. 转速反馈系数　　D. 供电电网电压

17. 共模抑制比 K_{CMR} 是________之比。

A. 差模输入信号与共模输入信号

B. 输出量中差模成分与共模成分

C. 差模放大倍数与共模放大倍数（绝对值）

D. 交流放大倍数与直流放大倍数（绝对值）

18. 一个集成运算放大器内部电路对称程度高低是用________来进行衡量。

A. 输入失调电压 U_{IO}　　B. 输入偏置电流 I_{IB}

C. 最大差模输入电压 U_{idmax}　　D. 最大共模输入电压 U_{icmax}

19. 积分器的输入为 0 时，输出________。

A. 为 0　　B. 不变　　C. 增大　　D. 减小

20. 设电压比较器的同相输入端接有参考电平 +5 V，在反相输入端接输入电平 5.1 V 时，输出为________。

A. 负电源电压　　B. 正电源电压　　C. 0 V　　D. 0.1 V

21. 交—直—交变频器主电路中的滤波电抗器的功能是________。

A. 将充电电流限制在允许范围内　　B. 当负载变化时使直流电压保持平稳

C. 滤平全波整流后的电压纹波　　D. 当负载变化时使直流电流保持平稳

22. 在变频调速系统中，调频时须同时调节定子电源的________，在这种情况下，机械特性平行移动，转差功率不变。

A. 电抗　　B. 电流　　C. 电压　　D. 转矩

23. 变频器的频率设定方式不能采用________。

A. 通过操作面板的增、减速按键来直接输入变频器的运行频率

B. 通过外部信号输入端子来直接输入变频器的运行频率

C. 通过测速发电机的两个端子来直接输入变频器的运行频率

D. 通过通信接口来直接输入变频器的运行频率

24. 主轴电动机________应做电动机电刷的清理和检查、换向器检查。

A. 至少每三个月　　B. 至少每半年　　C. 至少每年　　D. 至少每两周

25. 标准式直线感应同步器定尺节距为________mm。

A. 0.5　　B. 1　　C. 1.5　　D. 2

26. 磁栅的拾磁磁头为磁通响应型磁头，为了辨向，它有________组磁头。

A. 一　　B. 两　　C. 三　　D. 四

27. PLC 的系统程序不包括________。

A. 管理程序　　B. 供系统调用的标准程序模块

C. 用户指令解释程序　　D. 开关量逻辑控制程序

28. 三菱 FX 系列 PLC 普通输入点输入响应时间大约是________ms。

A. 100　　B. 10　　C. 15　　D. 30

29. 触摸屏是用于实现替代设备的________功能。

A. 传统继电控制系统　　B. PLC 控制系统

C. 工控机系统　　D. 传统开关按钮型操作面板

30. 梯形图编程的基本规则中，下列说法中不正确的是________。

A. 触点不能放在线圈的右边

B. 线圈不能直接连接在左边的母线上

C. 双线圈输出容易引起误操作，应尽量避免线圈重复使用

D. 梯形图中的触点与继电器线圈均可以任意串联或并联

31. 触摸屏通过________方式与 PLC 交流信息。

A. 通信　　B. I/O 信号控制　　C. 继电器连接　　D. 电气连接

32. 触摸屏实现数值输入时，要对应 PLC 内部的________。

A. 输入点　　B. 输出点　　C. 数据存储器　　D. 定时器

33. PROFINET 是基于________的自动化总线标准。

A. MPI　　B. PROFIBUS-DP　　C. PROFIBUS-PA　　D. 工业以太网技术

34. PROFIBUS-DP 总线最多可接________个站。

A. 16　　B. 32　　C. 64　　D. 126

35. 技能培训教学主要是根据国家职业技术等级标准、国家有关技术要求以及________的要求等，拟定教学计划和大纲、教材而进行的教学。

A. 学员　　B. 教师　　C. 技术要求　　D. 企业岗位

36. 教学媒体的选用是根据教学目标和内容、复杂程度、________等确定。

A. 教学条件　　B. 教学对象　　C. 培训机构　　D. 技术标准

37. 教学模式是为实现特定的教学目标而建立的理论，有其适应的教学情景。教学模式是提高教学活动效果的一种教育技术，它由各自不同的________、对象、教学条件、教学程序和师生交往方式等构成。

A. 层次　　B. 教学目标　　C. 能力　　D. 企业要求

38. 编写教学方案是教学准备全过程的最后一项工作，是钻研________和教材、掌握课题计划、了解学员、实习任务预作、设计教法等几项工作总结和书面的反映，教学方案是课堂教学的依据。

A. 教学计划　　B. 职业标准　　C. 教学大纲　　D. 技术要求

39. 电气设备维护质量管理的依据主要是指管理本身具有普遍的指导意义和约束力的各种有效文件、________、规范、规程等。

A. 要求　　B. 技术　　C. 职业技术　　D. 标准

40. 加强设备事故的管理，要根据“预防为主”和“________”。“三不放过的原则”即事故原因不清不放过、事故责任者与群众未受教育不放过、没有防范措施不放过，防止事故的发生。

A. 三不放过的原则　　B. 文件

C. 规范　　D. 规程

二、判断题（下列判断题正确的请打“√”，错误的打“×”，每题 1 分，满分 40 分）

1. GTO 属于全控型器件。（　）

2. 肖特基二极管恢复速度比快速恢复二极管慢。（　）

3. 脉冲宽度调制只能用于降压斩波电路。（　）

4. 升压斩波电路使电压升高的原因是电感储能使电压泵升。（　）

5. 电流可逆斩波电路可用于电动机正反转控制。（　）

6. IGBT 在关断过程中，栅、射极施加的反偏压可以减小漏极浪涌电流，避免发生锁定效应，有利于 IGBT 的快速关断。（　）

7. 斩波电路电流能够连续的主要原因是因为存在续流二极管。（　）

8. 触发器按结构可分为基本触发器、同步触发器、主从触发器和边沿触发器。（　）

9. 触发器的次状态只与输入信号状态有关，与触发器的现态无关。（　）

10. 在外加触发信号有效时，电路可以触发翻转，实现置 0 或置 1。（　）

11. 在数字电路中，能够记忆输入脉冲个数的电路称为寄存器。（　）

12. 可逆计数器在加减信号的控制下，既可递增计数，也可进行递减计数。（　）

13. 输入信号撤除后，触发器可以保持接收到的信息，这表示触发器具有翻转功能。
（　　）

14. 灭灯输入 / 动态灭零输出端$\overline{BI}$ / $\overline{RBO}$，这是一个特殊的端钮，有时用作输入，有时用作输出。（　　）

15. PLC 输入部分的作用是处理所取得的信息，并按照被控对象实际的动作要求做出反应。（　　）

16. IEEE802.8 定义了光纤技术。（　　）

17. CPU 是 PLC 的核心组成部分，承担接收、处理信息和组织整个控制工作。（　　）

18. 感应同步器通常采用滑尺加励磁信号，而由定尺输出位移信号的工作方法。（　　）

19. 标准直线感应同步器定尺安装面的直线度，每 250 mm 不大于 0.5 mm。（　　）

20. 磁栅是以没有导条或绕组的磁波为磁性标度的位置检测元件，这就是磁尺独有的最大特点。（　　）

21. 磁通响应型磁头的一个显著特点是在它的磁路中设有可饱和的铁芯，并在铁芯的可饱和段上绕有励磁绕组，利用可饱和铁芯的磁性原理来实现位置检测。（　　）

22. IEEE802.9 定义了语音和数据综合局域网技术。（　　）

23. 在 PLC 的梯形图中，线圈不能直接与左母线相连。（　　）

24. 在 PLC 的梯形图中，串联触点和并联触点使用的次数不受限制。（　　）

25. 当磁通响应型拾磁磁头的励磁绕组中通入交变励磁电流时，在其拾磁线圈中可以得到与交变励磁电流同频率的输出信号。（　　）

26. 在 EWB 软件中导线连接时交叉连接处必须放置节点。每个节点只有两个连接方向，每个方向只能连一条导线。（　　）

27. 异步电动机的变频调速装置，其功能是将电网的恒压恒频交流电变换为变压变频交流电，对交流电动机供电，实现交流无级调速。（　　）

28. 在变频调速时，为了得到恒转矩的调速特性，应尽可能地使电动机的磁通 Φ 保持额定值不变。（　　）

29. 闭环系统的静特性与开环系统的机械特性比较，其系统的静差率减小，稳速精度变低。（　　）

30. 转速闭环系统对一切扰动量都具有抗干扰能力。（　　）

31. 实际工程中，无静差系统动态是有静差的，严格地讲，“无静差”只是理论上的。
（　　）

32. 比较器的输出电压可以是电源电压范围内的任意值。（　　）

33. 集成运算放大器的输入级一般采用差动放大电路，其目的是获得很高的电压放大倍数。（　　）

34. 集成运算放大器的内部电路一般采用直接耦合方式，因此它只能放大直流信号，而不能放大交流信号。（　　）

35. 科学性和思想性统一原则是指在技能培训教学中，必须向学员传授具有现代科学水平、反映客观世界及其规律的知识，按照一定科学原理而形成的操作方法和技能，使技能培训教学具有高度的统一性。（　　）

36. 理论联系实际原则是要求教师在技能培训教学中，引导学员运用技术理论知识指导实际操作，并在实际操作中加深对技术理论知识的理解，掌握本职业（工种）所必须具备的操作技能技巧，并达到一定的综合能力。（　　）

37. 技能培训时要本着“科学规范、因材施教、长远发展、讲求实效”的原则。（　　）

38. 技能培训教学与生产相结合的原则就是要求技能培训教学与生产产品结合起来，在技能培训教学中，生产是基础，教学与生产紧密结合，它是技能培训收到较好教学效果的重要原则。（　　）

39. 循序渐进原则是要求技能培训教学按照教学计划和学员认识发展的顺序进行，使学员系统地掌握本职业（工种）的操作技术，促进智力和能力的发展。（　　）

40. 直观性教学原则是指教学中利用学员的多种感官和已有经验，通过各种形式的感知，丰富学员的直接经验和感性知识，使学员获得生动表象，从而比较全面、牢固地掌握本职业（工种）的基本操作技能。（　　）

三、综合题（每题 4 分，满分 20 分）

1. 绘制 Cuk 斩波电路的原理图并简述其工作原理。

2. 请画出基本 RS 触发器的输出 Q 和$\overline{Q}$在各种输入下的波形。

3. 通用变频器一般分为哪几类？在选用通用变频器时主要应考虑哪些方面？

4. 现场总线的特点有哪些？

5. 编写教学方案的目的是什么？

理论知识模拟试卷（三）

一、单项选择题（下列每题的选项中，只有1个是正确的，请将其代号填在横线空白处，每题1分，满分40分）

1. IGBT是一种________的全控型器件。

A. 电压控制单极性　　B. 电压控制双极性

C. 电流控制单极性　　D. 电流控制双极性

2. 反向恢复速度最快的是________。

A. 功率二极管　　B. 快速恢复二极管

C. 肖特基二极管　　D. 稳压二极管

3. Zeta斩波电路属于________。

A. 升、降压斩波电路　　B. 降压斩波电路

C. 升压斩波电路　　D. 混合斩波电路

4. Cuk斩波电路输入电源电流和输出负载电流________。

A. 都是断续的　　B. 都是连续的

C. 输入连续，输出断续　　D. 输入断续，输出连续

5. 由3个降压斩波电路单元并联而成，使用三个独立电源，公用一个负载的斩波电路称为________。

A. 1相1重斩波电路　　B. 3相1重斩波电路

C. 3相3重斩波电路　　D. 1相3重斩波电路

6. SG3525集成电路是________专用集成电路。

A. 触发驱动　　B. IGBT保护　　C. 脉冲宽度调制　　D. 频率调制

7. 下面关于电力场效应晶体管性能的表述中，错误的是________。

A. 开关速率高　　B. 无二次击穿　　C. 驱动功率小　　D. 工作电流大

8. JK触发器74LS76在当J、K两端都接为高电平时，输出端Q在时钟端边沿时会发生________。

A. 不变　　B. 翻转　　C. 清零　　D. 计数

9. 二制编码器输入有$N=2^n$个信号，输出为________位二进制代码。

A. n　　B. $n+1$　　C. $n-1$　　D. $2n+1$

10. 编的优先级别是从$\bar{I}_7$至$\bar{I}_0$递减，当$\bar{I}_7=0$时，不管$\bar{I}_0$ ~ $\bar{I}_6$处于何状态，输出代码$\bar{Y}_2$、

$\overline{Y}_1$、$\overline{Y}_0$都等于________。

A. 1　　B. 0　　C. 不确定　　D. 无输出

11. 编码器74ls148中，当$\overline{ST}$=1时，禁止本片编码输出，这时不论8个输入端为何种状态，所有输出端都为________。

A. 不确定　　B. 0　　C. 1　　D. 闪烁

12. 基本RS触发器中，当$\overline{R}$=0、$\overline{S}$=1。由于$\overline{R}$=0，无论Q为0还是1，都有________。

A. 保持不变　　B. $\overline{Q}$=0　　C. $\overline{Q}$=1　　D. 翻转

13. 边沿触发器是为了解决主从________一次变化问题而设计出来的。

A. 基本RS触发器　　B. D触发器

C. JK触发器　　D. RS触发器

14. ________计数器在加减信号的控制下，既可递增计数，也可进行递减计数。

A. 加　　B. 减　　C. 循环　　D. 可逆

15. 共模抑制比K_{CMR}越大，表明电路________。

A. 放大倍数越稳定　　B. 交流放大倍数越大

C. 抑制零点漂移能力越强　　D. 输入信号中差模成分越大

16. 集成运算放大器工作于线性区时，其电路的主要特点是________。

A. 具有负反馈　　B. 具有正反馈

C. 具有正反馈或负反馈　　D. 无须正反馈和负反馈

17. 微分器在输入________时，输出越大。

A. 越大　　B. 越小　　C. 变动越快　　D. 变动越慢

18. 迟滞比较器必定________。

A. 无反馈　　B. 有正反馈　　C. 有负反馈　　D. 有无反馈都可能

19. 变频调速系统在基速以下一般采用________的控制方式。

A. 恒磁通调速　　B. 恒功率调速　　C. 变阻调速　　D. 调压调速

20. 电压型逆变器采用电容滤波，电压较稳定，________，调速动态响应较慢，适用于多电动机传动及不可逆系统。

A. 输出电流为矩形波　　B. 输出电压为矩形波

C. 输出电压为尖脉冲　　D. 输出电流为尖脉冲

21. 变频调速系统中的变频器一般由________组成。

A. 整流器、滤波器、逆变器　　B. 放大器、滤波器、逆变器

C. 整流器、滤波器　　D. 逆变器

22. 在数控机床的位置数字显示装置中，应用最普遍的是________。

A. 感应同步器数显　　B. 磁栅数显

C. 光栅数显度　　D. 旋转变压器数显

23. 莫尔条纹的移动方向与两光栅尺相对移动的方向________。

A．平行　　B．垂直　　C．保持一个固定的角度　　D．无关

24．使用光栅时，考虑到________，最好将尺体安装在机床的运动部件上，而读数头则安装在机床的固定部件上。

A．读数精度　　B．安装方便　　C．使用寿命　　D．节省资金

25．PLC 的工作方式是________。

A．等待工作方式　　B．中断工作方式

C．扫描工作方式　　D．循环扫描工作方式

26．PLC 软件由________和用户程序组成。

A．输入输出程序　　B．编译程序　　C．监控程序　　D．系统程序

27．触摸屏实现按钮输入时，要对应 PLC 内部的________。

A．输入点　　B．内部辅助继电器

C．数据存储器　　D．输出点

28．触摸屏要实现换画面时，必须指定________。

A．当前画面编号　　B．目标画面编号　　C．无　　D．视情况而定

29．触摸屏不能替代传统操作面板的________功能。

A．手动输入的常开按钮　　B．数值指拨开关

C．急停开关　　D．LED 信号灯

30．触摸屏的尺寸是 5.7 寸，指的是________。

A．长度　　B．宽度　　C．对角线　　D．厚度

31．PLC 与 PLC 之间可以通过________进行通信。

A．RS232 通信模块　　B．RS485 通信模块

C．现场总线　　D．以上都可以

32．________不适用于变频调速系统。

A．直流制动　　B．回馈制动　　C．反接制动　　D．能耗制动

33．主站发送锁定命令后将________锁定在当前状态下。

A．从站的输出数据　　B．从站的输入数据

C．主站的输出数据　　D．主站的输入数据

34．变频调速系统中的变频器一般由________组成。

A．整流器、滤波器、逆变器　　B．放大器、滤波器、逆变器

C．整流器、滤波器　　D．逆变器

35．电气设备检修时要全面执行“安全、可靠、经济、合理”的八字方针，还要严格执行“________、拆得彻底、检查经常、修得及时”的规定。

A．装得可靠　　B．装得安全　　C．经济合理　　D．职业标准

36．成本核算的一般原则是指权责发生制原则、配比原则、________、划分收益性支出与资本性支出的原则。

A. 产品质量原则 B. 分配原则 C. 实际成本原则 D. 实际利用原则

37. 工作日志具有________、跟踪作用、业绩证明作用。

A. 技术管理 B. 技术要求 C. 实践依据 D. 提醒作用

38. 技能操作要领的总结需要在生产实践活动中认真观察与实践，再通过实践与认识，分析和总结出技能操作关键点、关键工艺、________与技术要求的处理关系，掌握这样的处理关系将会对生产中技能操作者起到正确指导、引领和帮助作用。

A. 关键部位 B. 关键理论 C. 关键操作动作 D. 关键技术

39. 技能操作要领对生产操作者的工作具有积极作用，第一，技能操作要领的掌握有利于提高产品质量，工作效率，减轻操作者劳动强度；第二，生产操作者在平时工作中的经验积累与提高，需要系统分析与总结，从问题中研究问题、________，以此提高技术能力。

A. 分析问题 B. 讨论问题 C. 探讨问题 D. 解决问题

40. 写操作技能操作要领时应注意三点：一是要求内容能够起到提纲挈领作用，把专业知识点与操作关键点连成________，引导操作者执行好每一步工序，即可操作性强；二是关键技术要点要突出；三是要求文字简洁明了，好懂、好记。

A. 一条主线 B. 一片 C. 整体 D. 程序

二、判断题（下列判断题正确的请打“√”，错误的打“×”，每题1分，满分40分）

1. GTO只能并联使用，不能串联使用。 ( )

2. 功率二极管也具有单向导电性，只是PN结面积大。 ( )

3. 闭环霍尔电流传感器只能检测直流电流。 ( )

4. 斩波电路只能降压，无法升压。 ( )

5. 桥式可逆斩波电路可用于直流电动机正反转控制。 ( )

6. GTO在并联使用时必须采取强迫均流。 ( )

7. IGBT在使用时必须采取防静电措施。 ( )

8. 用文字、符号或者数字表示特定对象的过程叫作译码。 ( )

9. 优先编码器74LS148可以将输入的电平信号转化为相应的二进制编码。 ( )

10. 优先编码器中是优先级别高的信号排斥级别低的信号，即具有单方面排斥的特性。 ( )

11. 数码管中的发光二极管a ~ g用于显示十进制的10个数字0 ~ 9，h用于显示小数点。 ( )

12. 因为74LS47为集电极开路（OC）输出结构，工作时可以不外接集电极电阻。( )

13. 从74LS47的真值表还可以看出，对于输入代码0000，译码的条件是$\overline{LT}$和$\overline{RBI}$同时为1，而对他输入代码则仅要求$\overline{LT}=1$。 ( )

14. 所谓特性方程，是指触发器的次状态与当前输入信号之间的逻辑关系式。 ( )

15. 辨向磁头装置通常设置有一定间距的两组磁头，根据两组磁头输出信号的超前和滞后，可以确定磁头在磁性标尺上的移动方向。 ( )

16. 光栅是一种光电式检测装置，它利用光学原理将机械位移变换成光学信息，并应用光电效应将其转换为电信号输出。（ ）

17. 光栅测量中，标尺光栅与指示光栅应配套使用，它们的线纹密度必须相同。（ ）

18. 选用光栅尺时，其测量长度要略低于工作台最大行程。（ ）

19. 在 Protel99SE 中，文件是以数据库的形式来管理文件的。（ ）

20. 变频调速时，应保持电动机定子供电电压不变，仅改变其频率即可进行调速。（ ）

21. 交—直—交变频器，将工频交流电经整流器变换为直流电，经中间滤波环节后，再经逆变器变换为变频变压的交流电，故称为间接变频器。（ ）

22. 在双闭环调速系统中，电流调节器对负载扰动没有抗扰调节作用。（ ）

23. 双闭环调速系统中，电动机启动过程主要是转速调节器起作用；稳定运行过程主要是电流调节器起作用。（ ）

24. 集成运算放大器工作时，其反相输入端和同相输入端之间的电位差总是为零。（ ）

25. 只要是理想运放，不论它工作在线性状态还是非线性状态，其反相输入端和同相输入端均不从信号源索取电流。（ ）

26. 实际的运放在开环时，其输出很难调整到零电位，只有在闭环时才能调至零电位。（ ）

27. 根据数控装置的组成分析，数控系统包括数控软件和硬件。（ ）

28. 变频器与电动机之间一般需要接入接触器。（ ）

29. 莫尔条纹的方向与光栅刻线方向是相同的。（ ）

30. OUT 指令是驱动线圈的指令，用于驱动各种继电器。（ ）

31. 数控系统的控制对象是伺服驱动装置。（ ）

32. 三相桥式半控整流电路中，任何时刻都至少有两只二极管是处于导通状态。（ ）

33. EE802.10 定义了语音和数据综合局域网技术。（ ）

34. 电容又叫作跨越电容，它是在玻璃表面的横向和纵向的 ITO 电极的交叉处形成电容。（ ）

35. 因材施教原则是指教师在教学中要从课程计划、学科课程标准的统一要求出发，面向全体学员，同时又要根据学员的个别差异，自觉地进行教学。（ ）

36. 教学方法是指教师和学员为实现共同的教学目标，为完成共同的教学任务，在教学过程中运用的方式与原则。（ ）

37. 讲授法是教师运用口头语言系统地向学员传授知识的一种方法。（ ）

38. 演示法是教师在教学中展示各种实物、模型、挂图等，进行示范性试验以及示范操作演示，使学员通过观察获得感性知识的一种方法。（ ）

39. 练习法是在教师的指导下学员巩固知识、培养技能和技巧的基本方法，它是运用已

有的专业技能进行反复的训练，从而形成一定的技能与技巧，使学员掌握知识与技能的方法。（ ）

40. 参观法是教师根据教学目的、内容和要求，组织学员到校内外一定场所（如工厂、现场、展览会等）对实际事物进行理论研讨，从而获得新知识或巩固、验证已学知识的一种教学方法。（ ）

三、综合题（每题 4 分，满分 20 分）

1. 绘制 Sepic 斩波电路的原理图并简述其工作原理。

2. 请描述本教材所示抢答器中 74LS76 第 2 脚的作用。

3. 数控机床对进给伺服系统有什么要求?

4. 三相异步电动机变频调速系统有何优缺点？

5. 电气设备维护质量管理的基本要求是什么？

理论知识模拟试卷（一）答案

一、单项选择题

1. A 2. D 3. C 4. A 5. B 6. B 7. C 8. A 9. B 10. B
11. D 12. A 13. B 14. A 15. B 16. D 17. B 18. A 19. A 20. B
21. A 22. C 23. B 24. A 25. A 26. A 27. B 28. A 29. A 30. D
31. C 32. B 33. D 34. B 35. B 36. C 37. D 38. A 39. B 40. C

二、判断题

1. × 2. × 3. √ 4. √ 5. × 6. × 7. √ 8. √ 9. × 10. √
11. √ 12. × 13. × 14. √ 15. × 16. × 17. × 18. √ 19. √ 20. √
21. √ 22. √ 23. × 24. × 25. √ 26. √ 27. × 28. √ 29. √ 30. √
31. √ 32. √ 33. × 34. √ 35. √ 36. × 37. √ 38. √ 39. × 40. √

三、综合题

1. 答：电流可逆斩波电路的输出电压只能是一种极性，而桥式斩波电路将两个电流可逆斩波电路组合起来，分别向电动机提供正向和反向电压。虽然都可以使负载电流可逆，但是电流可逆斩波电路使电动机工作在第一和第二象限，能够使电动机正转和正向再生制动，而桥式斩波电路可以使电动机工作在第一、第二、第三、第四象限，既可以正传和正向再生制动，也可以反传和反向向再生制动。

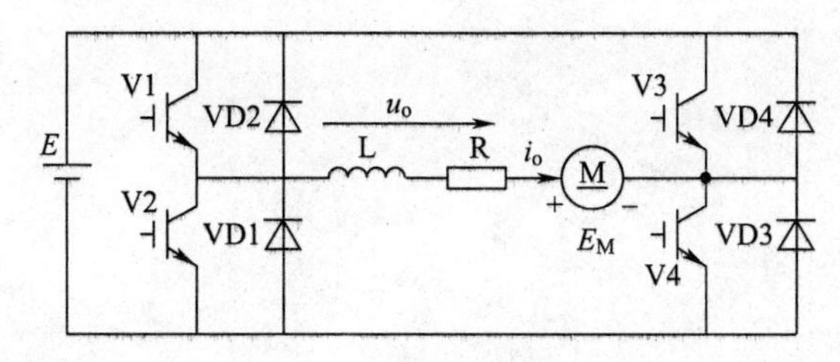

2. 答：

（1）具有两个稳定状态（0 状态和 1 状态）。这表示触发器能反映数字电路的两个逻辑状态或二进制的 0 和 1。

（2）在输入信号作用下，触发器可以从一个稳态转换到另一个稳态，触发器的这种状态转换过程称为翻转。这表示触发器能够接收信息。

（3）输入信号撤除后，触发器可以保持接收到的信息。这表示触发器具有记忆功能。

3. 答：（1）使转速 n 跟随给电压 U_n 变化，实现转速无静差调节。

（2）对负载变化起抗扰作用。

（3）其饱和输出限幅值决定电动机允许的最大电流，起饱和非线性控制作用，以实现系统在最大电流约束下启动过程。

4. 答：选择异步电动机时，应根据电动机所驱动的机械负载的情况恰当地选择其容量，还要根据电动机的用途和使用环境选择适当的结构形式和防护等级等。对于通用的异步电动机，还应考虑变频调速应用时产生一些新问题，如由高次谐波电流引起的损耗和温升以及低速运行时造成的散热能力变差等。

5. 答：技能培训教学是与企业需求紧密结合，以提高学员职业能力为核心，突出技能训练，教学紧密围绕培训目标，安排必要的技术理论基础知识学习，运用所学的技术理论知识有目的、有组织、有计划地学习专业技能、技巧的实际操作活动。

技能培训教学主要是根据国家职业技术等级标准、国家有关技术要求以及企业岗位的要求等，拟定教学计划和大纲、教材而进行的教学。

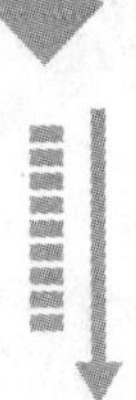

理论知识模拟试卷（二）答案

一、单项选择题

1. A 2. B 3. C 4. D 5. D 6. B 7. C 8. A 9. D 10. B
11. C 12. B 13. A 14. A 15. A 16. C 17. A 18. D 19. B 20. A
21. C 22. C 23. C 24. A 25. C 26. B 27. D 28. B 29. D 30. D
31. A 32. C 33. D 34. D 35. D 36. A 37. B 38. C 39. D 40. A

二、判断题

1. √ 2. × 3. × 4. √ 5. × 6. √ 7. × 8. √ 9. × 10. √
11. × 12. √ 13. × 14. √ 15. × 16. √ 17. √ 18. × 19. √ 20. √
21. √ 22. √ 23. √ 24. √ 25. × 26. × 27. × 28. √ 29. √ 30. ×
31. √ 32. × 33. × 34. × 35. × 36. × 37. × 38. √ 39. × 40. √

三、综合题

1. 答：

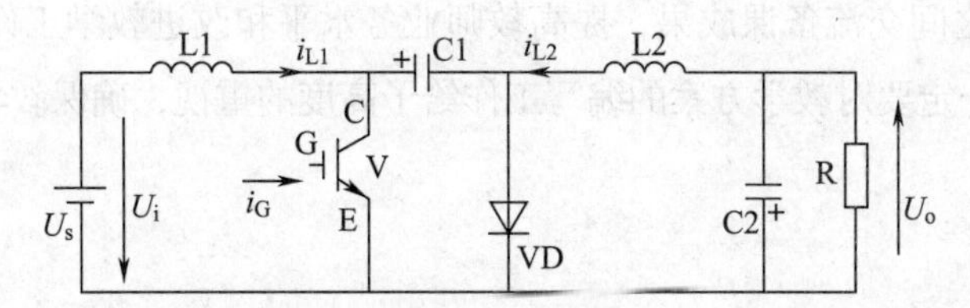

电路中的电感 L1、L2 和电容 C1 都是储能元件，并且容量足够大，保证电路中的电流是连续的。当可控开关 V 处于通态时，电源 U_S 给电感 L1 充电储能（U_S—L1—V 回路），同时，电容 C1 释放电能供给负载 R，同时给电感 L2 储能（R—L2—C1—V 回路）；当 V 处于断态时，电源 U_S 和电感 L1 共同对电容 C1 充电（U_S—L1—C1—VD 回路），同时存储在电感 L2 的电量向负载 R 供电（R—L2—VD 回路）。输出电压的极性与电源电压极性相反。若改变导通比，则输出电压可以比电源电压高，也可以比电源电压低。

2. 答：RS 触发器的输出 Q 和 $\overline{Q}$ 在各种输入下的波形图如下：

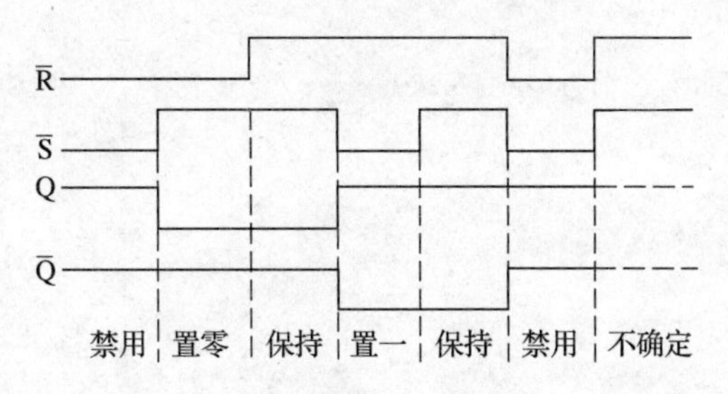

3. 答：通用变频器的选择包括变频器的形式选择和容量选择两个方面。变频器的形式选择包括普通功能型 U/f 控制变频器、具有转矩控制功能的多功能型 U/f 控制变频器（也称无跳闸变频器）和矢量控制高性能型变频器三种。变频器的容量应该从三个方面进行考虑，即额定电流、可驱动电动机功率和额定容量。

4. 答：

（1）系统的开放性。

（2）互可操作性与互用性。

（3）现场设备的智能化与功能自治性。

（4）系统结构的高度分散性。

（5）对现场环境的适应性。

（6）节省硬件数量与投资。

（7）节省安装费用。

（8）节省维护开销。

（9）用户具有高度的系统集成主动权。

（10）提高了系统的准确性与可靠性。

5. 答：技能培训教学质量的好坏直接影响着技能人才培养目标的要求，而教学方案的质量往往反映着教学质量的好坏。通过编写教学方案，一是可以使教师理顺教学思路，巩固备课成果，指导教学实施，保证教授质量；二是教师可以利用教学方案积累资料，总结教学经验；三是便于教师之间交流备课成果，提高教师业务水平和改进教学工作。因此技能培训教师和教学管理人员一定要对教学方案的编写工作给予高度的重视，确保教学方案的编写质量。

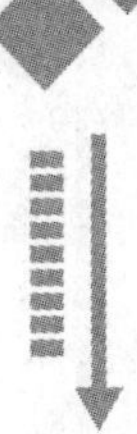

理论知识模拟试卷（三）答案

一、单项选择题

1. B　2. C　3. A　4. B　5. D　6. C　7. D　8. B　9. A　10. B
11. C　12. C　13. C　14. D　15. C　16. A　17. C　18. B　19. A　20. B
21. A　22. A　23. B　24. C　25. D　26. D　27. A　28. B　29. C　30. C
31. D　32. C　33. B　34. A　35. B　36. C　37. D　38. C　39. D　40. A

二、判断题

1. ×　2. √　3. ×　4. ×　5. √　6. ×　7. √　8. ×　9. √　10. √
11. √　12. ×　13. √　14. ×　15. √　16. √　17. ×　18. √　19. √　20. ×
21. √　22. ×　23. ×　24. ×　25. √　26. √　27. √　28. ×　29. ×　30. ×
31. √　32. ×　33. ×　34. √　35. ×　36. ×　37. √　38. √　39. ×　40. ×

三、综合题

1. 答：

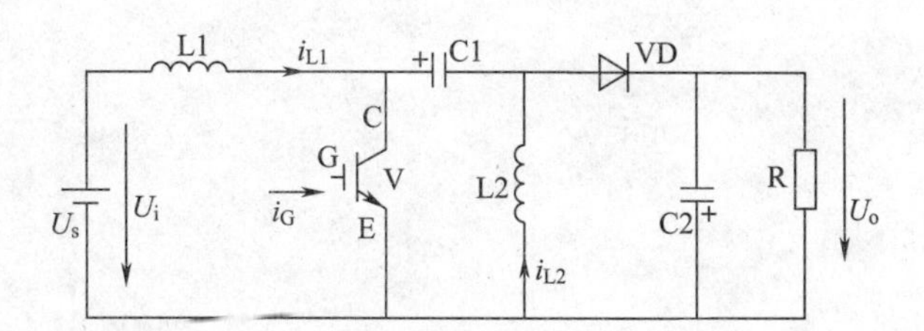

电路中的电感 L1、L2 和电容 C1 都是储能元件，并且容量足够大，保证电路中的电流是连续的。可控开关 V 处于通态时，电源 U_S 给电感 L1 充电储能（U_S—L1—V 回路），电容 C1 给电感 L2 充电储能（C1—V—L2 回路），L1 和 L2 同时储能；当 V 处于断态时，电源 U_S 和电感 L1 共同向负载 R 供电，并给电容 C1 充电储能（U_S—L1—C1—VD—R 回路），同时电感 L2 存储的电量也向负载 R 供电（L2—VD—R 回路）。电路的输出电压极性与电源极性一致，若改变导通比，则输出电压可以比电源电压高，也可以比电源电压低。

2. 答：74LS76 的第 2 脚是触发器置位端，如果加低电平可以使触发器输出端置位。采用计数器的输出端溢出信号来控制该端口，可以实现当计数器计数值达到最大时，输出高电平，再采用反相器反相后，变成低电平，使得触发器的输出端置位变成高电平，停止抢答，这样就实现了当时间计数达到预定时间时，可以自动停止抢答。

3. 答：

（1）输出位置精度要高。

（2）响应速度快且无超调。

（3）调速范围要宽且要有良好的稳定性。

（4）负载特性要硬。

（5）能可逆运行和频繁灵活启停。

（6）系统的可靠性高，维护使用方便，成本低。

4. 答：三相异步电动机变频调速系统具有优良的调速性能，能充分发挥三相笼型异步电动机的优势，实现平滑的无级调速，调速范围宽，效率高，但变频系统较复杂，成本较高。

5. 答：依据全面质量管理的思想，电气设备维护质量管理应自始至终贯穿于生产的全过程，牢固树立“百年大计，质量第一”的思想和“预防为主”的方针，采用科学的方法、严格的管理，认真把好每一阶段、每个环节、每道工序的质量关，才能确保整个电气设备维护服务于生产的全过程。

附　　录

附录 1：企业高技能人才评价申报表

企业高技能人才评价申报表

姓名		性别		出生年月		照片（大一寸黑白）	
籍贯		最高学历		政治面目			
参加工作时间		本工种工龄	累计： 年 连续： 年	专业技术职称			
现职业（工种）		现工种职业资格等级		申报等级		联系电话	
个人学习工作简历							
企业初审意见	（盖章） 年 月 日						
鉴定中心审核意见	（盖章） 年 月 日						

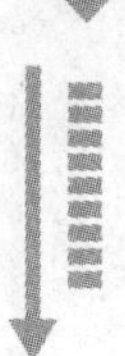

附录 2：高技能人才申报证明材料表

高技能人才申报证明材料表

姓名		职业资格 / 等级		身份证号码	
学历		专业名称		特殊作业操作证	
现有职业资格证书、学历证明、工龄证明、特殊作业（职业）工种附特种作业操作证及身份证等，请粘贴于此处。					

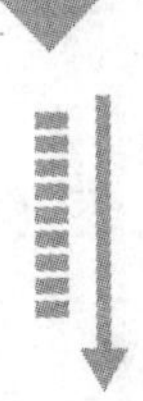

附录3：企业高技能人才评价业绩公示表

企业高技能人才评价业绩公示表

姓名		性别		身份证号码				工作年限	
工种		职务		学历		技术等级		申报时间	
公示时间	年 月 日至 年 月 日								

序号	参与的项目	时间	解决了何生产难题及关键技术问题	本人所起作用	

注：1. 本人所起作用主要指主持、独立完成、主要参加者和一般参与者。

2. 对公示业绩有任何疑问者可向企业人力资源部门反映，电话：________

联系人：________；也可向市职业技能鉴定指导中心反映，电话：________

联系人：________

公示结果：

本业绩经　　年　　月　　日至　　年　　月　　日在本单位________公示，在公示期间无有效投诉，确认其为有效业绩。

经办部门（盖章）

附录 4：企业高技能人才业绩记录表

_____________季度（__________年度）企业高技能人才业绩记录表

姓名		职业资格 / 等级		年份季度	
参与了哪些项目					
解决了何种生产难题及关键技术问题					
有何心得体会					
所在单位评价	签名：　　　日期：				

注：1. 该表按照季（年）度进行填写。

2. 如有需要，可带附加页。

附录5：季／年度业绩证明材料及有关资料表

季/年度业绩证明材料及有关资料表

姓名		职业资格/等级		年份季度	
季/年度业绩证明材料请粘贴于此处：					

附录 6：企业高技能人才主要项目业绩记录表

______企业高技能人才主要项目业绩记录表

姓名		职务		项目起止时间	
主要项目名称及其主要内容					
本人所起的作用	1. 主持　2. 独立　3. 主要参加者　4. 一般参与者				
	其他说明：				
所解决的现场技术问题或现象					
作业过程采取的措施或解决方法					
本项目技术评价（项目难度 / 效果 / 获奖情况）					
车间评价（个人作用 / 技术应用 / 技术复杂性 / 难度 / 效果等）	签名：　　　　日期：				

注：1. 每个主要项目填写一份主要项目业绩记录表，若是多个主要项目请填写多份业绩记录表。

2. 请附加完成该项目过程中的有关图样、数据记录报告和质量检测报告等证明材料，附加证明材料及有关资料形式见表附录 9。

附录 7：主要项目业绩证明材料及有关资料表

主要项目业绩证明材料及有关资料表

姓名		职业资格 / 等级		项目起止时间	
主要项目业绩证明材料及有关资料请粘贴于此处：					

附录 8：企业高技能人才业绩总结报告

企业高技能人才业绩总结报告

<table>
<tr><td>姓名</td><td></td><td>职业资格 / 等级</td><td></td><td>单位</td><td></td></tr>
<tr><td colspan="6">企业高技能人才业绩总结报告请粘贴于此处：</td></tr>
</table>

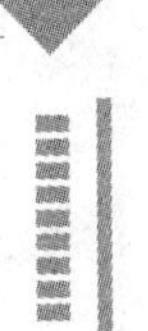

附录 9：企业高技能人才业绩总结报告证明材料及有关资料表

企业高技能人才业绩总结报告证明材料及有关资料表

姓名		职业资格 / 等级		单位	
企业高技能人才业绩总结报告证明材料及有关资料请粘贴于此处：					

附录 10：企业高技能人才评价审批表

××市企业高技能人才评价
审　批　表

姓　　　　名：________________
申报职业（工种）：________________
申　报　级　别：________________
工　作　单　位：________________
联　系　电　话：________________

<table>
<tr><td>姓名</td><td></td><td>性别</td><td></td><td>出生年月</td><td></td><td rowspan="5">照片
（大一寸黑白）</td></tr>
<tr><td>学历</td><td></td><td>毕业时间</td><td></td><td>参加工作时间</td><td></td></tr>
<tr><td>专业技术
职称</td><td></td><td>职称评定
时间</td><td></td><td>本职业
（工种）工龄</td><td></td></tr>
<tr><td>现职业
（工种）</td><td colspan="3"></td><td>现职业
（工种）资格等级</td><td></td></tr>
<tr><td>身份证
号码</td><td colspan="3"></td><td>考试资格
证书时间</td><td></td></tr>
<tr><td colspan="7">本人学习、工作简历（从初中毕业起）</td></tr>
</table>

<table>
<tr><td rowspan="11">主要
技术
业绩
工作
简历</td><td>参与的项目</td><td>起止时间</td><td>本人所起作用</td><td>证明人</td></tr>
<tr><td></td><td></td><td></td><td></td></tr>
<tr><td></td><td></td><td></td><td></td></tr>
<tr><td></td><td></td><td></td><td></td></tr>
<tr><td></td><td></td><td></td><td></td></tr>
<tr><td></td><td></td><td></td><td></td></tr>
<tr><td></td><td></td><td></td><td></td></tr>
<tr><td></td><td></td><td></td><td></td></tr>
<tr><td></td><td></td><td></td><td></td></tr>
<tr><td></td><td></td><td></td><td></td></tr>
<tr><td></td><td></td><td></td><td></td></tr>
</table>

<table>
<tr><td colspan="3">考评成绩记录</td></tr>
<tr><td>项目</td><td>成绩</td><td>备注</td></tr>
<tr><td>核心能力考核成绩</td><td></td><td></td></tr>
<tr><td>业绩评审成绩</td><td></td><td></td></tr>
<tr><td>生产现场能力考核成绩</td><td></td><td></td></tr>
<tr><td>理论成绩</td><td></td><td></td></tr>
<tr><td>专业考评小组评语</td><td colspan="2">专业考评小组负责人：
年　月　日</td></tr>
<tr><td>企业高技能人才评审委员会意见</td><td colspan="2">签名（章）：
年　月　日</td></tr>
<tr><td>××市职业鉴定指导中心备案</td><td colspan="2">签名（章）：
年　月　日</td></tr>
<tr><td>××市劳动和社会保障局审批意见</td><td colspan="2">签名（章）：
年　月　日</td></tr>
</table>